奈米材料科技原理與應用

馬振基　編著

全華圖書股份有限公司

學經歷資料表

主　　編：馬振基　國家講座主持人

現　　任：國立清華大學化工系特聘講座教授

學　　歷：國立成功大學化工學士(1969)
美國北卡羅萊納州立大學化工碩士(1975)
美國北卡羅萊納州立大學化工博士(1978)

經　　歷：
美國孟山都公司(MONSANTO Co.)	資深研究工程師(1977～1979)
美國洛氏公司(Lord Corp.)	資深研究員(1979～1980)
美國菲利浦石油公司 (Phillips Petroleum Co.)	高級材料工程師(1980～1984)
國科會及國立清華大學化工所	客座專家(1984～1986)
國立清華大學化工系	教授(1986～迄今)
經濟部科技顧問室及技術處	顧問(1990～1998)
國立清華大學	副研發長(2000～2002)
國科會工程中心	專利研究員(1991～2006)
國科會權益委員會	委員(1998～2006)
教育部科技顧問室	顧問(1998～2006)
自強工業科學基金會	執行長(2003～2006)
國立清華大學化工系	講座教授(2009～2014)
國立清華大學化工系	特聘講座教授(2014～迄今)
教育部	國家講座主持人(2013～迄今)
中華民國高分子學會	理事長(2016～迄今)

獲獎記錄：

第一屆國家傑出發明獎	經濟部中央標準局	1992
行政院傑出科技榮譽獎	行政院	1993
國防科技研究獎	國防部	1994
全國工業減廢個人獎	經濟部／環保署	1995
國科會傑出研究獎	國科會	1996
教育部產學合作獎	教育部	1997

Outsanding Achievement Award	Int' I Society of Plastics Engineers U.S.A	2004
教育百人團當選人	教育部	2005
國立清華大學績優教授	國立清華大學	2006
中國工程師學會傑出工程教授獎	中國工程師學會	2006
第二屆奈米產業科技菁英獎	經濟部	2006
國立清華大學特聘教授	國立清華大學	2006-2008
經濟部大學產業經濟貢獻獎	經濟部	2008
第 15 屆東元科技獎	東元科技文教基金會	2008
第三屆國立清華大學 傑出產學合作獎	國立清華大學	2008
傑出高分子應用獎	中華民國高分子學會	2009
國立清華大學講座教授	國立清華大學	2009
教育部第 53 屆學術獎	教育部	2009
侯金堆傑出榮譽獎	財團法人侯金堆先生文教基金會	2010
高分子學會終身成就獎	中華民國高分子學會	2011
材料學會會士	中華民國材料學會	2011
國際發明家終身成就獎	國際發明協會	2012
國際傑出發明家名人堂	國際發明協會	2012
國家標準化資深委員感謝狀	經濟部	2012
第十七屆國家講座主持人	教育部	2013
清華特聘講座教授	國立清華大學	2014
高分子學會會士	中華民國高分子學會	2015
化工學會會士	臺灣化學工程學會	2016

國際期刊與國際會議上發表 450 餘篇論文，並獲美、英、日、德、澳、加等國發明專利 120 件。

編　　　　輯

江金龍
學歷：東海大學化學工程系學士(1988)
　　　國立清華大學化工系碩士(1990)
　　　國立清華大學化工博士(2003)
經歷：台灣省政府勞工處中區勞工檢查所檢查員(1992～1995)
現職：弘光科技大學工業安全衛生系教授(2010)

李宗銘
學歷：大同工學院化工系學士(1985)
　　　大同工學院化工系碩士(1987)
　　　國立清華大學化工系博士(2006)
現職：工研院材料與化工研究所副所長

關旭強
學歷：國立清華大學化工系學士(1998)
　　　國立清華大學化工系碩士(2000)
　　　國立清華大學化工系博士(2005)
現職：遠東科技大學能源系副教授(2010)

助　理　編　輯

吳漢朗
學歷：國立中興大學化工系學士(2002)
　　　國立清華大學化工系博士(2009)
現職：台灣橡膠公司研究員(2010)

蘇訓右
學歷：國立中央大學化學工程與材料工程學系
　　　學士(2002)
　　　國立清華大學化工系碩士(2004)
現職：四維公司工程師

陳韋任
學歷：國立雲林工專機械工程科(1994)
　　　中原大學機械工程碩士(2002)
　　　國立清華大學動機博士(2009)
現職：中華科技大學助理教授

廖玉梅
學歷：國立中央大學化學工程與材料工程學系
　　　學士(2003)
　　　國立清華大學化工系碩士(2005)
現職：力晶公司主任工程師(2005)

許嘉紋
學歷：國立中央大學化學工程與材料工程學系
　　　學士(2002)
　　　國立清華大學化工系博士(2015)
現職：工研院材化所研究員

阮韶銘
學歷：國立成功大學化工系學士(2003)
　　　國立清華大學化工博士(2008)
現職：福建奈特化工公司　總經理(2011)

黃元利
學歷：東海大學化學工程學系學士(2002)
　　　國立清華大學化工系碩士(2004)
　　　國立清華大學化工系博士(2012)
現職：台積電公司主任工程師

楊士億
學歷：長庚大學化學工程學系學士(2007)
經歷：國立清華大學化工系碩士(2009)
　　　國立清華大學化工系博士(2012)
現職：台積電公司主任工程師

王家樺
學歷：國立清華大學化工系學士(2003)
　　　國立清華大學化工系碩士(2005)
現職：台積電公司工程師

顏銘佑
學歷：台北科技大學化學工程學系學士(2006)
　　　國立中學大學化工系碩士(2008)
　　　國立清華大學化工系博士(2012)
現職：台積電公司主任工程師

林志文 學歷：長庚大學化工系碩士(2012) 　　　國立清華大學化工系博士(2016)	**林聖奇** 學歷：元智大學化材系學士(2014) 　　　國立清華大學化工系博士班
王政安 學歷：元智大學化材系學士(2014) 　　　元智大學化材系碩士(2015) 　　　國立清華大學化工系博士班	**鄭茲瑀** 學歷：國立高雄大學應用化學系學士(2014) 　　　國立清華大學化工系碩士(2016) 現職：工研院化材所
詹繕源 學歷：國立成功大學環境工程學系學士(2015) 　　　國立清華大學化工系碩士班	**陳益鴻** 學歷：國立交通大學土木工程學系碩士(2007) 　　　國立清華大學化工系博士班(在職) 現職：潤泰精密材料股份有限公司課長

序

　　『奈米科技』是為二十一世紀最重要發展科技之一，而『奈米材料』可謂是奈米科技之發展核心。微觀奈米材料的尺度、特性、製備加工方式、原材料、半成品與成品的檢測方法都與巨觀傳統材料有極大的不同，其應用範圍更是無限寬廣。

　　『奈米材料』的研究已成為世界各國科技界研究的重點；『奈米產品』為各產業亟欲開發、應用的項目。深入瞭解『奈米材料科技原理』成為各學科及相關業界的必要課題。

　　編寫本書的目的在於提供大學及研究所學生之教科書，亦可供產業界及研究機構有關人員之參考用。本書之取材以世界各國最新之資料文獻為主；內容分六大部分：第一章介紹奈米材料之演進、分類及核心技術，第二章詳述奈米科技原理及特性，第三章說明奈米材料之檢測分析方法，第四章介紹各種奈米材料之製備方法，第五章蒐集奈米材料在各產業之應用情形，第六章簡述各國奈米材料發展趨勢及相關網站。

　　本書所參考之主要文獻均附於章末，在此向每位作者致謝。本書之編寫承國立清華大學多位研究生及研究助理蒐集、整理資料，在此深感謝意。

　　本書編寫過程力求嚴謹，惟倉促付梓，難免誤漏，尚祈各界先進不吝批評及指正。

主編

馬振基　謹識

於新竹　清華園

編輯部序

「系統編輯」是我們的編輯方針，我們所提供給您的，絕不只是一本書，而是關於這門學問的所有知識，它們由淺入深，循序漸進。

由國立清華大學化工系馬振基教授帶領下所著作奈米材料應用之書籍，其內容包含奈米材料科技原理及性能、檢測分析、製備方法及應用實例。從基礎理論涵蓋到應用層面，其中應用產品更是包羅萬象，並以豐富精采圖片呈現，是理論與應用兼備之科技書，對奈米材料科技有興趣的讀者，絕不能錯過！

適合大學、科大理工、醫工科系研究生及三、四年級學生選修「奈米科技」選修課之學生及對奈米科技材料有興趣之業界人士。

若您在這方面有任何問題，歡迎來函連繫，我們將竭誠為您服務。

目錄

第 5 章　奈米材料之加工與應用 5-1

▷ 彩色圖片介紹

 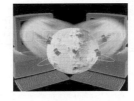 

加工精細度	毫米級	微米級	奈米級
使用特性	巨觀基木特性	巨觀整合特性	介觀特殊新性質 新機會

圖 1-2　材料科技與文明的演進

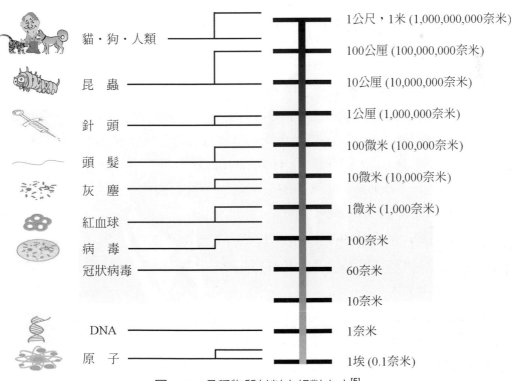

貓・狗・人類 ── 1公尺，1米 (1,000,000,000奈米)

100公厘 (100,000,000奈米)

昆　蟲 ── 10公厘 (10,000,000奈米)

針　頭 ── 1公厘 (1,000,000奈米)

頭　髮 ── 100微米 (100,000奈米)

灰　塵 ── 10微米 (10,000奈米)

紅血球 ── 1微米 (1,000奈米)

病　毒 ── 100奈米

冠狀病毒 ──────── 60奈米

10奈米

DNA ──────── 1奈米

原　子 ──────── 1埃 (0.1奈米)

圖 1-3　各種物質材料之相對大小[5]

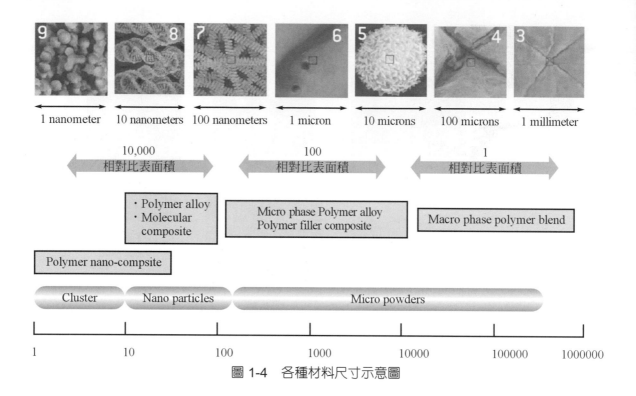

圖 1-4　各種材料尺寸示意圖

圖 1-9　國立清華大學馬振基教授(右)和 2014 年諾貝爾物理獎得主 LED 發明人中村修二(左)
　　　　(請參閱 P.1-43)

(a)   (b)

圖 2-4   荷葉效應(Lotus leaf effect)

((a) 為南寶樹脂公司黃慶源總經理所畫：(b) 為編輯之一陳韋任拍攝)

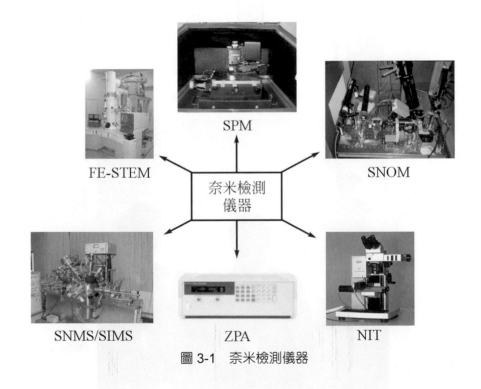

圖 3-1   奈米檢測儀器

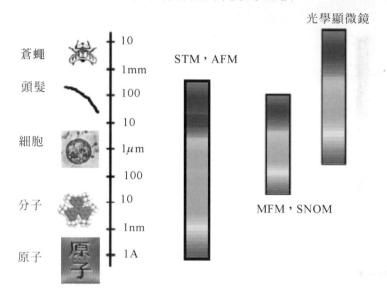

圖 3-59　水平掃描解析度比較[15]

圖 4-62　發現碳奈米管(CNT)之飯島澄男教授(右)與馬振基教授(左)合影(請參閱 P.4-84)

圖 4-75　國立清華大學馬振基教授(左)和發現石墨烯之 2010 年諾貝爾物理獎得主之一
A.K.Geim 教授(右)(請參閱 P.1-43)

圖 4-76　國立清華大學馬振基教授(左)和發現石墨烯之 2010 年諾貝爾物理獎得主之一
K.S.Novoselov 教授(右)(請參閱 P.1-43)

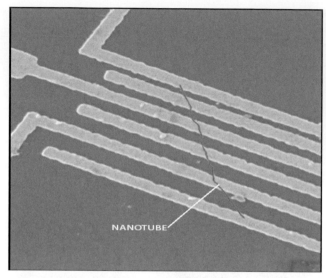

圖 5-1　利用碳管作為半導體線路間電子導通通道[1]

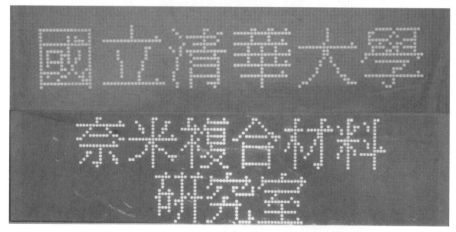

圖 5-4　國立清華大學研發之碳奈米管場發射顯示器[6]

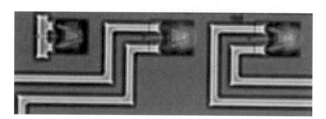

圖 5-6　最新的千足原型機[9]

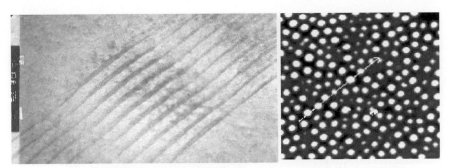

(a) 鍺量子點 TEM 剖面圖　　　　　　(b) AFM 正視圖

圖 5-11　SiGe 量子點光電元件[18]

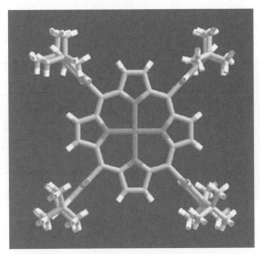

圖 5-37　分子開關(分子機器又稱為分子馬達)[42](請參閱 P.1-43)

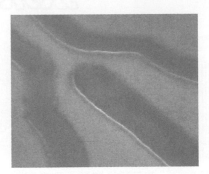

圖 5-38　Y 型奈米電子線路[43]

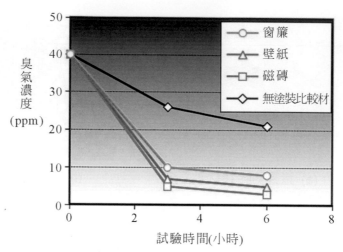

圖 5-43　除臭性能試驗[50]

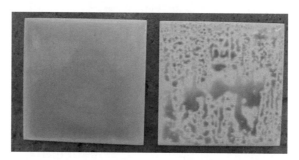

圖 5-44　超親水性測試結果[51]

圖 5-45　空氣淨化裝置系列產品[52,53]

建築用磁磚

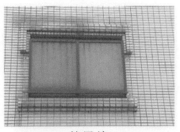
使用前

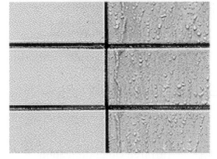
使用光觸媒劑　　　未使用

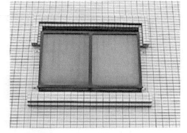
使用後

圖 5-46　建築物磁磚運用光觸媒之情況[56]

醫院待診室・吸煙室

醫院診療室

圖 5-47　醫院運用光觸媒之情況[56]

圖 5-49　使用光觸媒於浴室鏡面之情況[58]

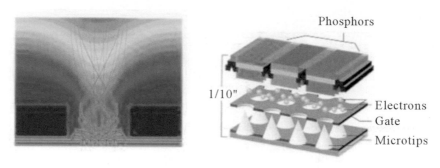

圖 5-60　場發射顯示器發光示意圖

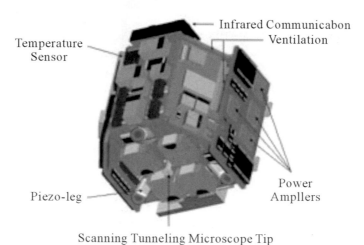

圖 5-99　MIT 研究員製造奈米組裝機器人[296]

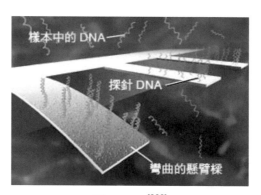

圖 5-108 [306]

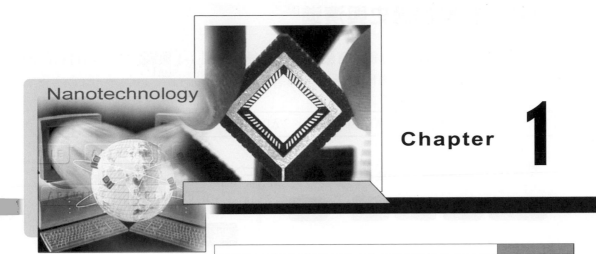

Chapter **1**

緒　論

1-1 材料的歷史與演進[8]

人類文明的演進與材料的發展有極密切的關係，由圖 1-1 與圖 1-2 可知材料的演進對人類文明的衝擊與科技的發展有著極為顯著的影響。

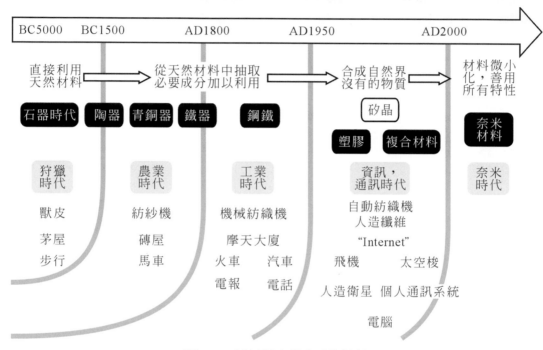

圖 1-1 材料對人類文明的衝擊

 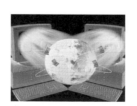 

加工精細度	毫米級	微米級	奈米級
使用特性	巨觀基本特性	巨觀整合特性	介觀特殊新性質 新機會

圖 1-2 材料科技與文明的演進

　　從遠古到現代，人類舉凡衣、食、住、行、育、樂之所需，必須完全依賴各種材料才能達成。約兩百萬年前的狩獵時代，人類直接使用石器，獵取鳥獸、砍伐林木，提供獸皮、食物、建材、鞋履等之材料。公元五千年前至一千五百年前發展出精緻的陶器並開始利用金屬銅製造各種器材，人類進入農業時代，紡紗機、磚屋、馬車帶給人類新的文明。四千年前人類就知道鐵礦的存在，並以鐵來製造器具與武器，純鐵十分柔軟，但在高溫下，長時間加熱，就會變得十分堅硬，這是因為在高熱下的鐵吸收來自燃燒木炭所產生少量的碳，而成為一種新的材料——鋼，它比一般的鐵硬、強度高、韌性佳，鋼鐵的製造與使用是人類文明史上的一件大事，鋼鐵亦促成了工業時代的來臨，機械、紡織、摩天大樓、火車、汽車、電話、電報也相繼問世。

　　在新材料的時代，重量輕、強度高的各式合金，取代了傳統的鋼鐵材料。耐高溫、高壓的精密陶瓷使航空與太空探險得以實現，塑膠、橡膠、人造纖維、複合材料的發明使人類的日常生活大幅改善。矽晶的成長技術開發成功，半導體材料的研製，促使電子計算機廣泛應用、改善了通訊系統，將人類帶進資訊、通訊時代。

1-2　奈米材料之緣起

　　約在一千多年前，我們的祖先即利用燃燒蠟燭的煙霧作為墨的原料或用於著色的染料，這些其實是最早的奈米級材料[Nanometer Materials，1 奈米，$1nm=10^{-9}m$ 即十億分之一米(公尺)]。

　　1861 年，隨著膠體化學的建立，科學家開始針對直徑為 $1\sim100nm$ 的粒子系統進行研究，不過，當時的化學家是用化學觀點，把它們當作巨觀體系的一個環節來研究。直到本世紀 60 年代，科學家才開始把奈米粒子當作單獨的研究方向，探索材料奈米化後的獨特性質[1]。

　　美國理論物理學家及諾貝爾物理獎得主費曼博士(Richard Feyman)於一九五九年十二月二十九日在美國加州理工學院的美國物理學會年會中提出預言："當人們能對細微尺度的物質材料加以操控，將可大幅擴充我們能得到的性質"在此處的細微尺度通常以奈米為計算單位。他並主張："物理學的原理並未否決原子層次上製造器具的可能性，如果有朝一日人類可以隨意操控原子，讓每一位元資訊在一百個原子上，人們可能把大英百科全書儲存在一個針尖大小的空間內，並且能移動原子，美國國會圖書館的書可存放在一個晶片上，而一個方糖大小的晶片可儲存 10^{16} 本書(即是：若世界上每年出版一百萬本書，100 億年才能填滿它)"[2]。

二十世紀六十年代，人類開始瞭解奈米科技、加速奈米材料時代的來臨，而這四十年來(尤其近十年來)，人們開始警覺材料微小化，將帶來許多特殊性質，奈米科技將融合各種現存與未來待發展的科技。

奈米科技的發展過程簡述如下[1]：

1962 年，日本科學家久保亮五等人[3]，針對金屬超微粒的研究，提出了著名的久保理論，也就是超微顆粒的量子限制理論或量子限域理論，進而推動了物理學家向奈米微粒進行研究。

1963 年，R. Vyeda 等人利用氣體冷凝法，在高純度的惰性氣體系統下，在蒸發和冷凝的過程之中，獲得具自清潔功能的超微顆粒，並對單個金屬超微顆粒的型態和晶體結構進行穿透式電子顯微鏡的研究[1]。

1970 年，日本科學家江崎·于令奈與中國科學家朱兆祥針對量子相干區域的範圍，提出了半導體晶格的概念。這是利用人工的方法將一定厚度的奈米薄膜按照一定的規則堆積起來的結構。隨後更利用分子束外延技術，張立剛和江崎等人製造了能隙高低不同的半導體多層膜，並在實驗中創造出了量子阱和超晶格，觀察到了極其豐富的物理效應，量子阱和超晶格的研究進而成為半導體物理學家研究最熱門的領域[1]。

1970 年代末到 1980 年代初，對一些奈米顆粒的結構、型態和特性進行了較有系統的研究。進而使得描述金屬顆粒費米面附近電子能階狀態的久保理論日臻完善，且超微顆粒的一些特性也從量子尺寸效應解釋中獲得證實。

1984 年，德國薩爾斯大學的 H. Gleiter 教授等人，首次採用惰性氣體凝聚法製造了具有清潔表面功能的奈米粒子，然後在真空下原位加壓成奈米固體，並提出了奈米材料介面結構的模型。隨後又發現 CaF_2 奈米離子晶體和 TiO_2 奈米陶瓷在室溫下具有良好韌性，使得陶瓷增韌後，又增加了新的用途[1]。

1985 年，Kroto、Smalley 和 Kurl 等採用激光加熱石墨使其蒸發，並在甲苯中形成碳的團簇。質譜分析發現 C_{60} 和 C_{70} 的新譜線，而 C_{60} 具有高穩定性的新奇結構，是由 60 個碳原子組成封閉的足球型，它是由 32 面體構成，其中有 20 個六邊型，12 個五邊型所構成。這種結構與一般的碳的同素異構體金剛石結構和石墨層狀結構完全不同，而且物理性質也很奇特，純 C_{60} 固體是絕緣體，用鹼金屬摻混之後就成為具有金屬特性的導體，適當的摻混成分可以使 C_{60} 固體成為超導體。Hebard 等人首先發現了 K_3C_{60} 為 $T_c=18K$ 的超導體；隨後改變摻混物，獲得了 T_c 更高的超導體；$C_{S2}RbC_{60}$ 為 32K，$Rb_{2.7}Tl_{2.2}C_{60}$ 為 45K。這些結果顯示，摻混 C_{60} 的 T_c 之高優於銅氧化物超導體，同時，C_{60} 固體在低溫下呈現鐵磁性，所以，此一發現馬上掀起 C_{60} 的研究熱潮[1]。

　　1990 年 7 月，在美國巴爾的摩召開了第一屆國際奈米科學技術學術會議，正式把奈米材料科學當作材料科學的一個新的分支公布於世。這表示奈米材料科學成了一個比較獨立的學科，從此之後，奈米材料引起了世界各國材料界和物理界的興趣與重視，很快就形成了世界性的 "奈米熱潮"。同年，英國科學家 Gohaim 發現奈米顆粒矽和多孔性矽在室溫下及在可見光範圍內的光致發光現象。

　　1991 年，日本科學家飯島(Ijima)在研究 C_{60} 過程中，發現了碳奈米管，此發現引起了世界的關注。碳奈米管可以分為半導體類型和金屬類型，又分為單壁碳管和多壁碳管，其性能奇特，很快就成為奈米研究領域的另一個重點[4]。

　　1994 年，奈米材料工程在美國波士頓召開的 MRS(材料研究學會)秋季會議上被正式提出。它是奈米材料研究的新領域，是利用奈米材料的研究基礎，擴大奈米材料的應用範圍，透過奈米材料的添加，對傳統材料進行改質，開始了基礎研究和應用科學並行發展的新局面。

　　隨後，奈米材料的研究範圍不斷擴大，不論是理論或實際應用都進展快速，現在，人們關注奈米顆粒的尺寸、原子團簇、奈米絲、奈米棒、奈米管、奈米電線和奈米組裝體系等等。同時，國際上還把 0.1nm～100nm 的加工技術的公差作為奈米科技的標準。1990 年在美國巴爾地摩召開了第一屆奈米科技會議，統一奈米的概念。

　　奈米材料和技術是奈米科技發展中最富有活力，研究方向最豐富的科學分支。在材料科學與工程領域中，長期以來以材料的組成(composition)、結構(structure)、性質(property)、及性能(performance)為研究主軸，以提升對現有材料的了解與應用，並建立新材料發展的基礎。為因應各產業的需求，各專業領域之元件及材料扮演了相當重要的支援角色。隨著各層次能力的提升，材料在晶體結構(crystal structure)及微觀結構(microstructure)的分析、設計與製造各方面，皆有顯著的進步與突破性的發展。

　　由於更細微的材料設計與製造，可提升元件的密度、降低單一成本，並能增進元件之性能與容量，因此，材料相關的製造、加工、組裝、系統或其操作能力邁向更精密、更細微的層次，已經成為各大產業(例如：電子、光電、機械、化工等)積極努力的目標，而材料及製程技術也逐漸從微米(micrometer)層次進入奈米(nanometer)層次。綜觀奈米材料發展的歷史，大致可分為三個階段[1]：

　　第一階段(1990 年以前)：主要是在實驗室裡製備各種材料的奈米顆粒粉體或將粉體製成薄膜，之後進一步探討奈米材料的特殊性能，並比較和一般材料的差異性。研究奈米顆粒材料的結構在 80 年代末期一度形成熱潮。由於研究對象一般侷限在單一材料，所以國際上通常以奈米晶或奈米相(nanocrystalline or nanophase)材料來稱乎這類奈米材料。

第二階段(1994 年前)：人們開始著重在如何將奈米材料的奇特物理、化學和力學性能，利用在設計奈米複合材料之上，奈米微粒與奈米微粒複合(0-0 複合)，奈米微粒與一般塊材複合(0-3 複合)，奈米線管材與一般塊材複合(1-3 複合)等，這類材料，國際上統稱奈米複合材料，在這個階段，奈米複合材料的合成和加工技術以及合成之後物性的探討，已成為奈米材料研究的主要方向。

第三階段(1994 年至今)：奈米自組裝體系、人工組裝合成的奈米結構材料體系(nanostructured assembling system)越來越受到重視。它的基本原理是以奈米顆粒以及它們所組成的奈米絲、管為基本單位在一維、二維和三維空間組裝排列成具有奈米結構的體系，其中包含奈米陣列體系、介孔組裝體系、薄膜鑲嵌體系，意指再經由人工的加工之後，奈米顆粒、絲、管是可以有序地排列。如果說第一、二階段的研究在某些程度上帶有一定的隨機性，那麼此一階段研究的特點更強調有規則的設計、組裝、創造新的體系，使該體系具有人們所期望的特性。

▶ 1-3　奈米材料之定義與範疇

「奈米」(nanometer)是長度單位，此用語最早是 1974 年底在日本出現，原稱「毫微米」，用 nm 表示($1nm=10^{-9}m$)，但把 "奈米" 一詞應用於材料方面，則是在 80 年代[5]。其他物質或材料之相對大小如圖 1-3[5]及 1-4 所示。早期材料領域研究人員僅以奈米晶體材料(nanocrystalline materials)含括奈米材料，為因應研究範圍的擴大，研究人員逐漸將奈米粒子(nanoparticles)、奈米元件(nanodevice)、奈米多孔材料(nanoporous materials)納入奈米結構化材料(nanostructured materials)的範圍，甚至有奈米結構化表面(nanostructured surface)的塊材亦涵蓋在內。

為因應奈米材料的發展彈性，奈米材料的定義是指材料特徵長度，在 100nm 以下，此長度可以是粒子直徑、晶體尺寸、鍍層厚度等，且具有與一般物質不一樣之性質的材料方稱之為「奈米材料」。

不過材料的尺寸範圍限定並不是那麼嚴格，而是著重於材料的性質是否有重大變異，即不同於微觀也不同於巨觀物質，而是具有嶄新的特性，所以，即使材料尺寸達到奈米的範圍，但材料性質沒有獨特的變化，也稱不上是奈米材料。

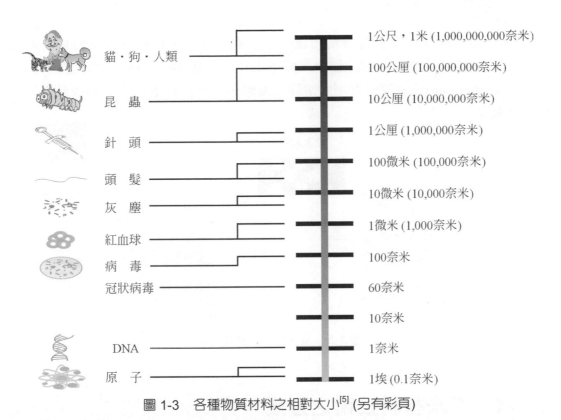

圖 1-3 各種物質材料之相對大小[5] (另有彩頁)

貓‧狗‧人類 ─── 1公尺，1米 (1,000,000,000奈米)
─── 100公厘 (100,000,000奈米)
昆 蟲 ─── 10公厘 (10,000,000奈米)
針 頭 ─── 1公厘 (1,000,000奈米)
─── 100微米 (100,000奈米)
頭 髮 ─── 10微米 (10,000奈米)
灰 塵 ─── 1微米 (1,000奈米)
紅血球 ─── 100奈米
病 毒 ─── 60奈米
冠狀病毒 ─── 10奈米
DNA ─── 1奈米
原 子 ─── 1埃 (0.1奈米)

1 nanometer　10 nanometers　100 nanometers　1 micron　10 microns　100 microns　1 millimeter

10,000
相對比表面積

100
相對比表面積

1
相對比表面積

· Polymer alloy
· Molecular composite

Micro phase Polymer alloy
Polymer filler composite

Macro phase polymer blend

Polymer nano-compsite

Cluster　Nano particles　Micro powders

1　10　100　1000　10000　100000　1000000

圖 1-4 各種材料尺寸示意圖(另有彩頁)

奈米材料的製備大致上可分為物理與化學兩種方式，物理方式主要是由上而下(top-down)改變蝕刻技術的方式，使能製備比 0.01 微米更小的材料尺寸；化學方式則是由下而上(bottom-up)透過溶液微細胞溶膠、凝膠…等方法漸漸往上成長成奈米粒子。如圖 1-5 所示。

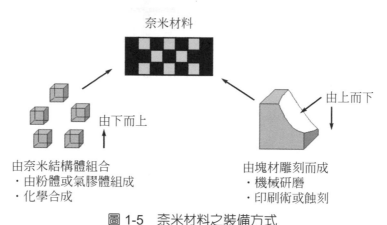

奈米材料

由下而上

由奈米結構體組合
· 由粉體或氣膠體組成
· 化學合成

由上而下

由塊材雕刻而成
· 機械研磨
· 印刷術或蝕刻

圖 1-5　奈米材料之裝備方式

1-4　奈米材料技術之分類

根據不同的依據奈米材料也有不同的分類方式。若以【奈米維度】來分類則奈米材料大致上可分為「零維奈米材料」、「一維奈米材料」、「二維奈米材料」及「奈米塊材」四類。其中「零維奈米材料」，三維尺度均在奈米尺度內(<100nm)之材料屬之，例如；奈米顆粒，「量子點」。「一維奈米材料」，有二維尺度在奈米尺度內(<100nm)之材料屬之，例如：「量子線」奈米線、奈米棒、奈米管等。「二維奈米材料」，有一維尺度在奈米尺度內(<100nm)之材料屬之，例如：「量子阱」奈米薄膜、奈米塗層、超晶格等。「塊材」則是屬於「三維奈米材料」。材料粒子大小不同許多特性也會因此而有所差異，例如：能隙(energy gap)會因粒子大小不同而不同，如圖 1-6。

若根據【化學成分】來分類，則奈米材料之分類有「奈米金屬」、「奈米晶體」、「奈米陶瓷」、「奈米玻璃」、「奈米高分子」等；按照【材料物性】則奈米材料可分為「奈米半導體材料」、「奈米磁性材料」、「奈米非線性光學材料」、「奈米鐵磁體材料」、「奈米超導體材料」及「奈米熱電材料」等。

從【材料應用】的層面，奈米材料包括「奈米電子材料」、「光電子材料」、「奈米生物醫用材料」、「奈米敏感材料」、「奈米儲能材料」等。而工研院則是從【產業技術】

的角度，將奈米材料技術分成「奈米粉體製造技術」、「奈米模板製造技術」、「自組裝奈米結構技術」、「奈米複合材料」及「奈米結構性能及製程模擬技術」等五項進行規劃報告。

　　根據不同的分類依據整理出奈米材料的相關分類表，如表 1-1[6]：

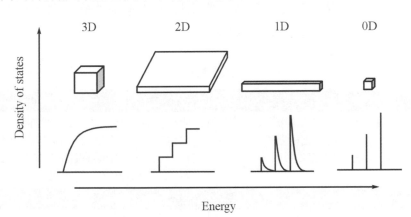

圖 1-6　奈米維度 & 能隙圖[6]

表 1-1　奈米材料的相關分類[6]

分類依據	分　　　　　　　　　類	
奈米維度	零維：三維尺度均在奈米尺度內(<100nm) 例如：奈米顆粒、量子點等	
	一維：有二維尺度在奈米尺度內(<100nm) 例如：量子線、奈米線、奈米棒、奈米管等	
	二維：有一維尺度在奈米尺度內(<100nm) 例如：量子阱、奈米薄膜、奈米塗層、超晶格等	
	三維：奈米塊材	
化學成分	奈米金屬、奈米晶體、奈米陶瓷、奈米玻璃、奈米高分子等	
材料物性	奈米半導體材料、奈米磁性材料、奈米非線性光學材料、奈米鐵磁體材料、奈米超導體材料、奈米熱電材料等	
材料應用	奈米電子材料、光電子材料、奈米生物醫用材料、奈米敏感材料、奈米儲能材料等	
產業技術	奈米粉體製造技術、奈米模板製造技術、自組裝奈米結構技術、奈米複合材料、奈米結構性能及製程模擬技術	

▶ 1-5　奈米材料之特性

物質中電子的波性及原子間的相互作用會受到尺寸大小的影響。由於奈米材料體積小，表面積相對增加，許多材料特性透過表面積發生作用，材料之活性也因而提升。奈米材料的基本性質，諸如熔點、磁性、電學性能、光學性能、力學性能和化學活性等都和傳統材料大不同，由表 1-2[6]可知。

表 1-2　奈米材料之特性[6]

聲音性質	電學性質
表面原子對傳感作用上，可增加敏感度，由於粒徑小，孔隙度亦縮小，使訊號的傳遞能迅速而不受干擾，其信號與雜音比提高，其聲譜也會因而改變。	奈米微粒表面原子之特殊結構亦引起表面電子自旋構象和電子能譜的變化，故亦具有新的電學特性。金屬粒子之原子間距離將隨粒徑減小而變小，金屬中自由電子的平均自由(半)徑會減小，其導電率會降低。
光學性質	熱學性質
微粒尺寸減小時，光吸收或微波吸收增加，並產生吸收峰等離子之共振頻移，故具有新的光學特性，如對紅外線的吸收和發射作用，或對紫外線有遮蔽作用等。不同粒徑材料對光的不透明度，亦即對其遮蔽力將隨光的波長而異。	奈米微粒晶體表面原子之振幅約為內部之 2 倍，故隨著粒徑減小和表面原子比例之增加，其晶體熔點將會降低，如摻混 0.1~0.5％之奈米鎢絲，其燒結溫度由 3000 度 C 下降至 1300 度 C。奈米微粒於低溫時，其熱阻趨近於零，熱導性極佳，可作為低溫導熱材料。
磁學性質	化學性質
微粒表面原子之特殊結構效應，從磁有序向磁無序狀態轉變，超導相向正常相轉變而產生新的磁學特性；且當粒徑變小時，其磁化率隨著溫度之下降而減少，甚至為零，成為磁絕緣體。	● 微粒尺寸逐漸趨近奈米大小時，原離子型晶體會轉為趨向共價鍵性；反之，原共價鍵型晶體會呈現出離子鍵性質；而原金屬鍵型晶體亦會逐漸轉變為離子鍵或共價鍵之性質，故化學性質有所變化。
力學性質	
奈米材料由於高比例表層原子之配位不足與極強之凡得瓦爾作用力，使奈米複合材之強度、韌性、耐磨性、抗老化性、耐壓性、緻密性與防水性大大提高，在複合材之力學物理上有革命性之改善。	● 由於表層原子數比例增加，具有非結合之電子與吸附作用，故加強了化學反應能力與催化特性。光催化效率與光效激發產生電子與正孔之時間有關，並與微粒直徑之平方成正比，故光觸媒粒徑愈小，其光催化活性愈強。

▶ 1-6　奈米科技與奈米材料之核心技術

圖 1-7 顯示奈米科學與技術(Nanoscience and Technology)主要之重點在於奈米材料、奈米製程與檢測及奈米製品(包括元件、devices、與系統)[7]。

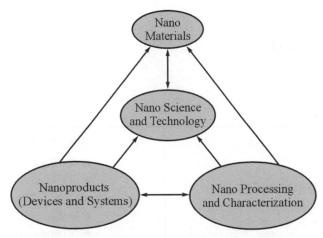

圖 1-7 奈米科學與技術的主要重點[7]

圖 1-8[7]所示為奈米材料之核心技術包括：

1. **奈米特性之操控：**

   成份、尺寸、介面等之操控與膜層之設計。

2. **奈米特性之檢測：**

   (1) 物理特性(如電性、光學、磁性、熱性質等)。

   (2) 化學特性(如活性、穩定性等)。

   (3) 成份與微結構分析。

   (4) 各種顯微鏡(AFM、SEM、SPM、TEM…)分析、鑑定技術。

   (5) 粒徑分析、孔隙性之檢測。

   (6) 表面能之測定。

   (7) 機械性質之測試。

3. **奈米材料之製作/合成方法：**

   (1) 氣相-液相製法。

   (2) 溶膠-凝膠(sol-gel)製法。

   (3) 研磨與分散技術。

   (4) 電漿及電子槍等方法。

   (5) 自組裝(self-assemble)方法。

   (6) 燒結及其他化學合成法。

4. **奈米元件及系統之製程及技術：**

   (1) 分散技術。

(2) 塗佈技術。

(3) 懸乳(suspension)方法。

(4) 燒結/成型技術。

(5) 成膜技術。

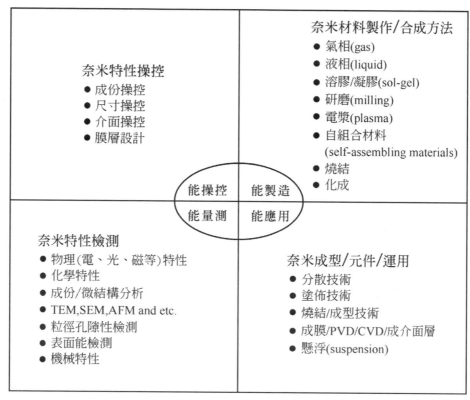

圖 1-8　奈米材料核心技術[7]

▷ 1-7　奈米材料與其他學科的關聯性

　　奈米材料科學是原子物理、凝聚態物理、膠體化學、固體化學、配位化學、化學反應動力學和表面、界面科學等多種學科交叉混合而出現的新學科。由於奈米材料中包含許多未知過程和新奇現象，很難用傳統物理、化學理論進行解釋，所以從某種意義上來說奈米材料的研究發展，勢必會把以物理、化學為基礎的各種學科推向一個新的層次，也給新世紀的物理、化學帶來新的研究觀點。

　　由於奈米材料的尺寸極小，電子因而被限制在一個十分微小的奈米空間內，電子輸送受到限制，電子平均自由徑很短，電子的區域性和相干性因而增強，且尺寸下降使奈米物質所能包含的原子數大幅下降，巨觀下的準連續能帶消失了，使得奈米材料的光、熱、電、磁等物理特性與一般材料不同，而出現許多新奇的特性。例如：奈米金屬材料的電阻值隨尺寸下降而增大，電阻溫度係數的下降甚至會達到負值；相反的，原本是絕緣體的金屬氧化物，當達到奈米等級時，電阻反而會下降；奈米氧化物和氮化物在低頻下，介電常數增大幾倍，甚至增大達一個數量級，表現出極大的增強效應。由上述現象可知，奈米物質大大地增加了 21 世紀凝聚態物理的研究範圍。

　　奈米材料另一個重要特點是表面效應，隨著粒徑減小，比表面積會大幅增加；例如，粒徑爲 2nm 時，表面積將會是粒徑爲 5nm 時的 1.6 倍，表面積的增加，會造成比表面鍵態嚴重失配，進而出現許多活性中心，會使得表面出現非化學平衡、非整數配位的化學鍵，這就是導致奈米物質的化學性質與化學平衡體系具有很大差別的原因。

　　奈米材料在催化反應中具有重要作用。一般的金屬催化劑中之鐵、鈷、鎳、鈀、鉑製成的奈米微粒可大幅提高催化效果。例如，粒徑爲 30nm 的鎳可把有機化學中加氫和脫氫反應速度提高 15 倍。在環二烯的加氫反應中，奈米微粒作催化劑比一般催化劑的反應速率提高 10-15 倍。又例如，液體燃料一直是人們研究的重要課題，最近日本利用奈米鉑作爲催化劑放在氧化鈦的載體上，再加入甲醇的水溶液中，進行光照射，可製取氫氣，且產率比原來提高幾十倍。奈米微粒對提高催化反應效率、優化反應路徑、提高反應速度方面的研究，是未來催化科學的重要研究課題。

　　奈米材料的誕生也爲一般複合材料的研究增添了新的方向，把金屬的奈米顆粒摻混入一般陶瓷中可大幅改善材料的力學性質，如把奈米氧化鋁放入橡膠中，可提高橡膠的耐磨性和介電性；奈米磁性氧化物粒子與高分子聚合體或其他材料複合，具有良好的微波吸收特性，所以，奈米粒子複合材料，近年來也受到世界各國極大的重視。

　　奈米材料與醫學藥物領域的結合是必然的發展過程，美國 MIT 已成功研究了以奈米磁性材料作爲藥物載體，稱爲"生物導彈"，即在磁性三氧化二鐵奈米微粒中，包覆表面攜帶藥物的蛋白質，注射進人體血管，再利用磁場的導航輸送到病變部位才進行藥物釋放，可減少肝、脾、腎等由於藥物而產生副作用，且也可減少藥物用量。

　　由此可見，奈米材料的出現，使人們對材料的基本物理效應研究不斷引向深入，且奈米微粒的獨特性質，在其他的學科，都有很好的發揮機會，奈米科技和其他科技的結合，更能達到一般材料所無法達到的特殊性能，因此，奈米結構的出現，有利於人們進一步建立新原理，並爲奈米材料體系的理論奠定下基礎。

▶ 1-8 奈米科技年代表 (1911-2016)[8]

1911 超導現象的發現—於 1913 年獲諾貝爾物理學獎
Superconductivity discovered by Onnes

荷蘭萊頓大學(Leiden University, Netherlands) 的 H.K.Onnes 發現溫度接近 4k，汞的電阻降至 0，他把這種狀態稱為超導態。

超導材料可以分為化學材料超導體，比如：鉛和水銀；合金超導體，比如：鈮鈦合金；氧化物超導體，比如釔鋇銅氧化物；有機超導體，比如：碳奈米管。

參考資料：

https://zh.wikipedia.org/wiki/%E8%B6%85%E5%AF%BC%E6%9D%90%E6%96%99

1925 第一個場效應晶體管原理被提出
Principle of field-effect transistors first proposed

德國萊比錫大學(University Leipzig, Germany) J.E.Lilienfell 在加拿大申請了一個關於固態電子設備的專利，這個設備被認為是第一個場效應電晶體。

大部分的材料，主要有非晶矽、多晶矽或其它在薄膜電晶體中，或者有機場效應電晶體中的非晶半導體。有機場效應電晶體基於有機半導體，常常用有機柵絕緣體和電極。

參考資料：

場效應管_百度百科　　http://baike.baidu.com/view/3964.htm

1928 第一個近場掃描光學顯微鏡原理被提出
Principle of near field-effect scanning optical microscopes first proposed

愛爾蘭 E.H.Synge 提出使用小孔探針的近場掃描光學顯微鏡的概念，由此指出光學圖像可能打破衍射限制。

近場光學顯微是由探針在樣品表面逐點掃描和逐點記錄後數位成像的。當入射鐳射照射樣品時，探測器可以分別採集被樣品調製的透射號和反射信號，並由光電倍增管放大，然後直接由模數轉換後經電腦採集或通過分光系統進入光譜儀，以得到光譜資訊。系統控制、資料獲取、圖像顯示和資料處理均由電腦完成。由以上成像過程可以看出，近場光學顯微鏡可同時採集 3 類資訊，即樣品的表面形貌、近場光學信號及光譜信號。

參考資料：

近場光學顯微鏡_百度百科　http://baike.baidu.com/view/3229944.htm

1932　電子顯微鏡的發明—於 1986 年獲諾貝爾物理學獎
Electron microscope invented

德國柏林科技研究院(Berlin Institute of Technology, Germany)的 M.Knoll 和 E.Ruska 發明電子顯微鏡。1986 年諾貝爾物理獎一半授予德國的馬克思、普朗克研究院弗裡茨、哈波爾研究所的恩斯特.盧思卡教授，另一半授予瑞士蘇黎世國際商業機器公司(IBM)研究實驗室的格爾德.賓尼希博士和海因裡希.羅雷爾博士。

參考資料：

https://zh.wikipedia.org/wiki/%E7%94%B5%E5%AD%90%E6%98%BE%E5%BE%AE%E9%95%9C

1935　Langmuir-Blodgett(LB)薄膜
Langmuir-Blodgett(LB)film discovered

美國通用電氣公司 I.Langmuir 和 K.B.Blodgett 發現了一個可以從液態表面沉積一個分子層的薄膜到固態表面的技術。

參考資料：

KSV,NIMA,KSV NIMA,LB 膜,Langmuir-Blodgett 膜,大型,交替,百歐林,Biolin_KSV NIMA 大型交替型 LB 膜分析儀_瑞典百歐林科技有限公司上海代表處

1936　無機光致發光材料的發現
Inorganic electroluminescence discovered

在法國居里研究所(the Institute of Curie, France)工作的 G.Destriau 發現了無機光致發光材料。不管是氣態、液態還是固態, 也不管是無機物、有機物還是生命物質都可能產生發光。無機發光材料主要由作為基質的晶體材料及摻雜在其中的稀土或過渡金屬

元素組成，為了更好地解釋無機 發光材料的發光現象，瞭解無機材料的晶體結構、能帶理論及相關方面的知識是十分重要的。

參考資料：

A History of Electroluminescent Displays.　www.indiana.edu/~hightech/fpd/papers/ELPs.html

1948　雙極型晶體管的發明—於 1956 年獲諾貝爾物理學獎
Bipolar transistor invented

1948 年美國貝爾實驗室(Bell Laboratories)的 J.Bardeen 和 W.H.Brattain 發明的點接觸型晶體管，後來，W.B.Shockley 發明雙極面結型晶體管。50 年代初發展成結型三極管，即現在所稱的雙極型晶體管。

1956 年美國物理學家 J.Bardeen、美國近代物理學家 W.H.Brattain 和美國的大學教授 W.Shockley 獲得了諾貝爾物理學獎。

參考資料：

雙極型電晶體_百度百科

http://baike.baidu.com/link?url=fRtocgeunidt5LA7FKUVVfzly9VX_XhfFZBx_UKX1Fdu_RfpuEse387isEt9Zt_r-071eXeO820dNCGh1DUvba

1949　鋅奈米顆粒的研究與發現
Research on zinc nanoparticles

日本名古屋大學(Nagoya University, Japan)的 R.Ueda 等人宣佈用陰極射線衍射的方法，測量出鋅顆粒粒徑的奈米級大小。

參考資料：

《鋅奈米顆粒的製備及其應用》，丁浩冉 王樹林 陳興建 韓光強，(上海理工大學 動力工程學院 化工過程機械研究所，上海 200093)。

1950　有機半導體的發現
Organic semiconductors discovered

日本東京大學(the University of Tokyo, Japan)的 H.Inokuchl 等人發現了有機材料的半導體性質，包括蒽酮紫(Violanthrone)，此發現引領有機電子時代的到來。

參考資料：

有機半導體_百度百科

http://baike.baidu.com/link?url=9yvWhZskNi2CsEKYmxu0DHPJA1uH7-hYYL8N_AoyxWx3O2xmkWxDQenVLRRlohsOZDkGgQUjSCxgfMVw_ewuEa

1953　　DNA 的雙螺旋結構—於 1962 年獲諾貝爾生理學和醫學獎

　　　　DNA structure discovered

　　英國劍橋大學卡文迪什實驗室(Cavendish Laboratory, University of Cambridge, UK)
的 J.D.Watson 和 F.H.C.Crick 發現了 DNA 的雙螺旋結構。

　　1962 年英國分子生物學家 J.D.Watson、英格蘭科學家 F.H.C.Crick 和英國分子生物
學家 M.H.F.Wilkins 獲得諾貝爾生理學和醫學獎。

參考資料：

DNA 雙螺旋結構_百度百科

http://baike.baidu.com/link?url=CxuKnWqKHhc52lFcO2QVstySo5CYAQ_BSdz413hzOMnWKeG19Gd
CsVGDTYkb-7hpME4WR0G_A3ol5d3o5fhs4q

1954　　半導體壓阻效應的發現

　　　　Semiconductor piezoresistive effect discovered

　　美國貝爾實驗室(Bell Laboratones, USA)的史密斯(C.S.Smith)發現了矽元素和鍺元
素半導體的壓阻效應。

1954　　太陽能電池的發明

　　　　Solar batteries invented

　　美國貝爾實驗室(Bell Laboratones, USA)的皮爾遜(G.L.Pearson)利用 p-n 結半導體發
明了太陽能電池。

　　為了提高單體太陽電池的性能，可以採取密柵、背電場、背反射、絨面和多層膜
等措施。增大單體電池面積有利於減少太陽電池陣的焊接點，提高可靠性。

參考資料：

《太陽能電池工作原理》

http://www.elecfans.com/consume/289013.html

1954　　MASER 理念的提出—於 1964 年獲諾貝爾物理學獎

　　　　MASER concept proposed

　　美國哥倫比亞大學(Columbia University, USA)的湯斯(C.H.Townes)和蘇聯列別捷夫
物理研究所(Lebedev Institute of Physics, Soviet Union)的普魯克赫魯夫(A.M.Prokhorov)
提出了 MASER 理念。其衍生的設計主要對於放射線受刺激產生的釋放可用於微波的

放大。

Microwave Amplification by Stimulated Emission of Radiation 的英文首字母縮寫定義 M.A.S.E.R。

參考資料：

《獲得諾貝爾獎的名人故事》作者:郭漫 華夏出版社 出版時間:2011 年 1 月

1957　　BCS 理念的發佈—於 1972 年獲得諾貝爾物理學獎
　　　　BCS theory announced

美國伊利諾大學(University of Illinois, USA)的巴丁(J.Bardeen)、古伯(.L.N.Cooper)和施裡弗(J.R.Schrioffer)發佈了一個理論，用於解釋金屬超導體的機制。

參考資料：

BCS 理論，維基百科

(https://zh.wikipedia.org/wiki/BCS%E7%90%86%E8%AE%BA)

1959　　積體電路的發明—於 2000 年獲諾貝爾物理學獎
　　　　IC invented

德州儀器(Texas Instruments)公司的基爾比(J.S.Kilby)和費查半導體公司(Fairchild Semiconductor Inc, USA)的諾伊斯(R.N.Noyce)發明了積體電路。

參考資料：

《數位積體電路——電路、系統與設計(第二版)》作者：(美)拉貝爾　等，周潤德　等譯　出版社：電子工業出版社　出版時間:2010 年 11 月

1959　　聚丙烯腈基纖維的發明
　　　　Polyacrylonitrile (PAN) carbon fiber invented

日本大阪國家研究所(Osaka National Research Institute, Japan)的 A.Shindo 利用碳化聚丙烯腈纖維原絲發明了高強度的碳纖維。

聚丙烯腈纖維可與羊毛混紡成毛線，或織成毛毯、地毯等，還可與棉、人造纖維、其他合成纖維混紡，織成各種衣料和室內用品。聚丙烯腈纖維加工可以純紡，或與粘膠纖維混紡，最重要是 PAN 碳纖維可強化熱固形樹脂或熱塑性塑膠製備高性能複合材料。

參考資料：

http://baike.baidu.com/link?url=lUHIJFliUkH3RcSzC9Va5eRXX54ovwxh7XhAx62PyCT3Fmxx_cVSZ-Kz-dwFzXQ3VW_acXK_836lD-ke__s4tq

1959　費曼的演講"原子科學的最基礎處還有很大研究空間"

Feynman's Lecture "There's Plenty of Room at the Bottom"

　　美國加州理工學院(California Institute of Technology, USA)的費曼教授(R.P.Feynman)在 1959 年 12 月美國物理學會的演講，預言了原子領域科學的到來和發展。

參考資料：

《你好，我是費曼》作者：(美)理查·費曼　出版社：南海出版社　出版時間：2016 年 2 月

1960　微機電系統被運用及解決實際問題

Microelectromechanical systems (MEMES) applied to real-world solutions

　　日本本田汽車公司中央研究中心 R&D 實驗室(Toyota Central R&D Labs)的 J.Igarash 利用壓電阻效應(Piezoresist effect)建立了一個應變儀，接著美國霍尼偉爾研究中心(Honeywell Research Center, USA)的 Later.O.N.Tufte 建立了一個壓力感測器，美國西屋電氣公司(Westinghouse Electric, USA)的 H.C.Nathanson 建立了一個共振器，三者都運用了壓阻效應。

參考資料：

《微機電系統》http://baike.baidu.com/view/95221.htm

1960　金屬氧化物半導體的發明

Metal-oxide-semiconducto (MOS) transistor created

　　美國貝爾實驗室(Bell Laboratories, USA)的 D.Kahng 和 M.M.Atalla 發明了 MOS 矽電晶體。

　　MOS 電晶體具有四種基本類型：增強型 NMOS 電晶體，耗盡型 NMOS 電晶體，增強型 PMOS 電晶體，耗盡型 PMOS 電晶體。在實際的邏輯電路應用中，一般不使用耗盡型 PMOS 電晶體。

參考資料：

《mos 電晶體》http://baike.baidu.com/view/11827298.htm

1960　雷射振動首次測試成功
Succesful oscillaton of laser

　　美國休斯實驗室(Hughes Research Laboratories, USA)的梅曼(T.M.Maiman)首次成功實現了紅寶石的雷射振動。紀念梅曼的活動在每年的 5 月 16 日舉行，這也是梅曼的雷射器首次使用的日子。

參考資料：

《鐳射發展史概論》作者：雷仕湛，張豔麗　編著　出版社：國防工業出版社　出版時間：2013 年 10 月

1960　具逆滲透性質的不對稱醋酸纖維膜的發明
Asymmetric cellulose acetate membranes for reverse osmosis invented

　　美國加州大學(University of California, USA)的 S.Loob 和 S.Sourirajan 發明了具逆滲透性質的不對稱醋酸纖維膜，並為將海水淡化開拓了新里程。

1962　利用硫化鎘薄膜晶體管製成積體電路的發明
Integrated circuit utilizing CdSTFT created

　　美國無線電公司實驗室(RCA Laboratories, USA)的 P.K.Weimer 成功發明了一個設備，利用了硫化鎘薄膜晶體管製成的積體電路。

1962　久保效應的提出
Kubo effect proposed

　　日本東京大學的 R.Kubo 教授提出奈米金屬的性能係由其能階統計值決定之概念。

參考資料：

科學發展 2005 年 2 月，386 期，奈米科技，高逢時

1962　綠色螢光蛋白的發現—於 2008 年獲諾貝爾化學獎
Green fluorescent protein (GFP) discovered

　　美國普林斯頓大學(Princeton University)的 O.Shimomura 發現綠色螢光蛋白 Green fluorescent protein (簡稱 GFP)。

參考資料：

科技部高瞻教育平台(http://highscope.ch.ntu.edu.tw/wordpress/)

1962　發光二極體的發明
Light-emitting diode invented

美國通用電氣公司的 N.Holonyak 發明發光二極體(Light-emitting diode)。

參考資料：

認識發光二極體，潘錫銘

http://ejournal.stpi.narl.org.tw/NSC_INDEX/Journal/EJ0001/

1963　互補式金屬氧化物半導體的發明
Complementary metal-oxide-semiconductor (CMOS) invented

美國 Fairchild 半導體公司的 F.M.Wanless 發明互補式金屬氧化物半導體 (Complementary Metal-Oxide-Semiconductor, CMOS)。

參考資料：

BlueEyes，(http://blueeyes.com.tw/TECH_CMOS.php)

1963　利用異質接面半導體之低激發閥值雷射被提出—於 2000 年獲諾貝爾物理學獎
Low thresholding of lasers by using heterojunction semiconductor

美國 Varian 公司的 H. Kroemer 和 Loffe Physical Technical 司的 Z.I. Alferov 提出利用異質接面半導體低激發閥值雷射。

1964　近藤效應(Kondo effect)被提出
Kondo effect proposed

東京 Electrotechnical Laboratory 的 J.Kondo 解釋電阻隨溫度上升而改變是因為磁性不純物使金屬中導電電子不尋常的散射機制。

參考資料：

量子點中量子尺寸對近藤效應與磁有序之影響，陳洋元、歐敏男

(http://www.psroc.org/xoops/modules/tadnews/download.php?d=1&cpid=153&did=11)

1965　摩爾定律的宣布
Moore's Law announced

美國 Fairchild 半導體公司的 G. Moore 提出摩爾定律(Moore's Law)，預測大型積體電路(LSI)的成長速率。

參考資料：

維基百科

(https://zh.wikipedia.org/wiki/%E6%91%A9%E5%B0%94%E5%AE%9A%E5%BE%8B)

1967　動態隨機處理儲存器的發明

Dynamic Random Access Memory (DRAM) invented

美國 IBM 公司的 R.H. Dennard 發明 one transistor-one capacitor 的動態隨機儲存器 (Dynamic Random Access Memory，DRAM)。

參考資料：

資訊教育(http://www.csie.ntnu.edu.tw/~violet/edu92-1/RAM.htm)

1967　冠醚的發現—於 1987 年獲諾貝爾化學獎

Crown Ether discovered

美國杜邦公司(DuPont Co.)的 C.J. Pederson 發現冠醚(crown ether)成為超分子 (supermolecular)的基礎。

參考資料：

WIKIWAND (http://www.wikiwand.com/zh-tw/%E5%86%A0%E9%86%9A)

1968　硫族化物的電子轉移現象和記憶效應現象的發現

Chalcogenide's electrical switch phenomenon and memory amorphous semiconductors discovered

美國 S.R. Ovshinsky 在硫族化物非晶形半導體中發現硫族化物的電子開關現象和記憶效應現象。

1969　光催化效應的發現

Photocatalysis discovered

日本東京大學(University of Tokyo)的 A. Fujishima 和 K. Honda 在進行電解水實驗時發現光催化效應(Photocatalysis)。

參考資料：

21 世紀的綠色技術－光催化應用

1970　　半導體超晶格概念的提出

Semiconductor superlattice concept proposed

美國 IMB 公司的 L. Esaki 提出半導體超晶格的概念(semiconductor superlattice)。

1970　　電荷耦合元件的發明—於 2009 年獲諾貝爾物理獎

Charge-coupled device(CCD) invented

美國貝爾實驗室(Bell Laboratories)的 W. Boyle 和 G.E Smith 發明電荷耦合元件(Charge couple device, CCD)。

參考資料：

科技部高瞻教育平台(http://highscope.ch.ntu.edu.tw/wordpress/)

1970　　室溫下可連續操作雷射半導體

Continuous semiconductor laser operation at room temperature succeeds.

美國貝爾實驗室(Bell Laboratories)的 M. B. Panish 和 I. Hayashi 成功利用雙異質接面結構(double hetero Structure)可在室溫連續操作雷射半導體(continuous semiconductor laser)。

參考資料：

科學月刊，更廣的應用發展-半導體雷射面面觀

(http://scimonth.blogspot.tw/2010/06/blog-post_4547.html)

1970　　富勒烯 C_{60} 分子結構之預測

Fullerene molecule structure predicted

日本北海道大學(Hokkaido University)的 E. Osawa 教授預測富勒烯(Fullerene,C_{60})分子結構。

參考資料：

維基百科

(https://zh.wikipedia.org/wiki/%E5%AF%8C%E5%8B%92%E7%83%AF)

1971　　相變化記憶體的發明

Phase-change memory invented

美國 S. R. Ovshinsky 的團隊發明了相變化記憶體。

參考資料：
工研院相變化記憶體元件與製程技術
https://www.itri.org.tw/chi/Content/techTransfer/tech_tran_cont.aspx?&SiteID=1&MmmID=620622510
147005345&Keyword=&MSid=3001

1971　微處理器的發展
MPU (Micro processing unit) invented

　　美國英特爾(Intel)公司的 F. Faggin、M. E. Hoff、Jr., S. Mazor 及 M. Shima 發明了世界第一型的微處理器(Intel 4004)。

參考資料：
http://www.intel.com/content/www/us/en/history/museum-story-of-intel-4004.html?iid=about+spot_4004

1972　由下而上(bottom-up)的方式製出非晶相異質結構光電二極體
Amorphous hetero-structure photo-diode created with bottom-up process.

　　日本日立公司 E. Maruyama 的團隊利用奈米級厚度的膜創造了非晶相半導體異質二極體 Saticon；1986 年，日本 NHK 公司的 K. Tanloka 團隊以 Saticon 的技術為基礎，發明了高增益雪崩式非晶硒疊層膜光感測器(High-gain Avalanche Rushing amorphous Photoconductor, HARP)。

參考資料：
https://en.wikipedia.org/wiki/Video_camera_tube#Saticon

1972　分佈回饋式(DFB lasers)雷射首次被提出
DFB lasers first proposed

　　美國貝爾實驗室 H. Kogelnik 的團隊首次提出分佈回饋式雷射 Distributed Feed Back (DFB) lasers。

參考資料：
http://www.pida.org.tw/optolink/optolink_pdf/87091707.pdf

1974　模式穩定雷射的開發
Mode stabilized laser developed

　　日本日立公司的 T. Tsukada、R. Ito 及 M. Nakamura 開發了用於光通訊及資訊處理的半導體雷射。

參考資料：

http://cryogenic.physics.by/index.php/en/scientific-activities/useful/299-nanotechnology-history

1974　奈米科技概念的提出
Concept of Nanotechnology proposed

　　日本東京理科大學的 N. Taniguchi 首次使用"奈米科技"(Nanotechnology)一詞並提出其概念。

參考資料：

http://cryogenic.physics.by/index.php/en/scientific-activities/useful/299-nanotechnology-history

1974　二維電子氣體的量子態之分析
Quantum states of two-dimensional electron gas analyzed

　　美國貝爾實驗室的 R. Dingle 團隊分析二維電子氣體在異質結構界面的量子態。

參考資料：

https://en.wikipedia.org/wiki/Two-dimensional_electron_gas

1974　丹納德提出微縮理論
Dennard's Scaling Theory proposed

　　美國 IBM 公司的 R.H. Dennard 及其團隊提出 MOSFET 微縮理論，成為半導體產業往後成長的引擎。

參考資料：

https://en.wikipedia.org/wiki/Dennard_scaling

1975　非晶相矽 p-n 接面的開發
Amorphous silicon p-n junction created

　　英國鄧迪(Dundee)大學的 W. E. Spear 與 P. G. LeComber 成功創造非晶相的矽之 p-n 接面。

參考資料：

http://pv.energytrend.com.tw/knowledge/20120821-4890.html

1976 碳奈米纖維的構成被觀察到
Carbon nanofiber formation observed

日本信州大學 M. Endo 的團隊研製並觀察到奈米直徑(nm)的碳纖維。

參考資料：

https://nano.nchc.org.tw/index.php?apps=news&mod=welcome&action=show&gid=790

1976 垂直磁性紀錄技術被提出
Perpendicular magnetic recording (PMR) proposed

日本東北大學 S. Iwasaki 的團隊提出垂直磁性紀錄技術。

參考資料：

https://zh.wikipedia.org/wiki/%E5%9E%82%E7%9B%B4%E5%AF%AB%E5%85%A5%E6%8A%80%E8%A1%93

1976 非晶相矽太陽能電池被提出
Amorphous silicon solar cells proposed

美國 RCA 公司的 D. E. Carlson 及 C. R. Wronski 提出利用非晶相矽製的太陽能電池。

參考資料：

http://www.solar-facts-and-advice.com/amorphous-silicon.html

1977 人造磷脂雙分子層的創製
Artificial lipid bilayer created

日本九州大學 T. Kunitake 的團隊製作了第一個人造的磷脂雙分子層，它是細胞膜極重要的部分。

1977 本質導電高分子的發現—於 2000 年獲諾貝爾化學獎
Intrinsically conducting polymer discovered

日本東京工業大學的白川英樹(Hideki Shirakawa)教授的團隊發現了能導電的塑膠—本質導電的高分子。

參考資料：

http://superstarsofscience.com/scientist/hideki-shirakawa

1979　　**非晶矽薄膜電晶體(TFT)被提出**

　　　　Amorphous silicon thin-film transistor (TFT) proposed

　　英國鄧迪大學(University of Dundee)的 P.G. Le Comber 等人提出非晶矽薄膜電晶體的技術，成為後來平板顯示器的基礎。

參考資料：

https://zh.wikipedia.org/wiki/%E8%96%84%E8%86%9C%E9%9B%BB%E6%99%B6%E9%AB%94

1979　　**低溫多晶矽薄膜電晶體之發明**

　　　　Low temperature polysilicon TFT invented

　　日本日立公司(Hitachi, Ltd.)的 Y. Shikari 和 M. Matsui 以玻璃作為基板，發明低溫多晶矽薄膜電晶體。其對於行動電話、數位相機及其他小型資訊設備的發展有所貢獻。

參考資料：

http://www.me.cycu.edu.tw/uploads%5C73.pdf

1979　　**人工分子機械之創造**

　　　　Artificial molecular machine created

　　日本長崎大學(Nagasaki University)的 S. Shinkai 等人利用偶氮苯(azobezenes)的順式及反式異構化的特點，合成出具有開關功能的分子。

參考資料：

http://case.ntu.edu.tw/blog/?p=6707#more-6707

1979　　**表面發射雷射之發明**

　　　　Surface-emitting laser invented

　　日本東京工業大學(Tokyo institute of Technology)的 K. Iga 等人發明表面發射雷射。

參考資料：

http://www.moneydj.com/KMDJ/wiki/WikiViewer.aspx?Title=VCSEL

1979　　**微全分析系統之發明**

　　　　μTAS invented

　　美國史丹佛大學的 S. C. Terry 等人創造了在矽晶片上的氣相層析儀和分析裝置，成為微全分析系統 μTAS(μ-Total Analysis System)的基礎。

參考資料：

https://zh.wikipedia.org/wiki/%E6%99%B6%E7%89%87%E5%AF%A6%E9%A9%97%E5%AE%A4

1980　　非晶體薄膜太陽能電池計畫開始
Amorphous thin film solar battery project begins

　　日本啓動以非晶體薄膜的太陽能電池計畫，爲日本日照研究計畫(Sunshine program)的重點項目。

參考資料：

http://baike.baidu.com/subview/1760202/18979959.htm

1980　　高電子遷移率電晶體(HEMT)的發明
High electron mobility transistor (HEMT) invented

　　日本富士通(Fujitsu)公司的三村高志(T. Mimura)先生發明了 HEMT。

參考資料：

https://zh.wikipedia.org/wiki/%E9%AB%98%E7%94%B5%E5%AD%90%E8%BF%81%E7%A7%BB%E7%8E%87%E6%99%B6%E4%BD%93%E7%AE%A1

1980　　薄膜有機電致發光被提出
Thin films for organic electroluminescence proposed

　　美國柯達公司(Eastman Kodak Co., USA, et al.)的鄧青雲(C. W, Tang)先生提出使用薄膜有機電致發光的概念，到目前都非常的實用。

參考資料：

https://zh.wikipedia.org/wiki/%E9%9B%BB%E8%87%B4%E7%99%BC%E5%85%89

1980　　量子霍爾效應被發現—於 1985 年獲諾貝爾物理獎
Quantum Hall effect discovered

　　德國符茲堡大學(the University of Wurzburg, Germany)的克勞斯·馮·克利青(Klaus von Klitzing)發現了量子霍爾效應。

參考資料：

https://zh.wikipedia.org/wiki/%E9%9C%8D%E7%88%BE%E6%95%88%E6%87%89

1981　林(Hayashi)超微粒子計畫(1981-1986)開始
Hayashi Ultra-fine Particle Project (1981-1986) begins

日本科學技術振興機構(Exploratory Research for Advanced Technology, ERATO)的尖端研究倡導 Hayashi 超微粒子計畫開始執行。

參考資料：

http://www.jst.go.jp/erato/en/research_areas/completed/hc_P.html

1981　單一生物分子的量測
Single biomolecule measured

日本京都大學(Kyoto University, Japan)的柳田充弘先生(M. Yanagida)等人成功的在溶液中量測到單一 DNA 分子；1984 年，日本大阪大學(Osaka University, Japan)的柳田敏雄(T. Yanagida)等人則是成功的量測到單一蛋白質分子，成為直接觀察分子馬達(molecular motors)的先驅。

參考資料：

https://zh.wikipedia.org/wiki/%E6%9F%B3%E7%94%B0%E6%95%8F%E9%9B%84

1982　量子點(Quantum Dot)之理論的發表
Quantum Dot proposed

日本東京大學(Uiversity of Tokyo, Japan)的 Y. Arakawa and H. Sakaki 提出在三度空間捕捉電子的概念(量子點被提出)。

參考資料：

https://zh.wikipedia.org/wiki/%E9%87%8F%E5%AD%90%E7%82%B9
http://highscope.ch.ntu.edu.tw/wordpress/?p=46529

1982　掃描穿隧式顯微鏡(STM)之發明—1986 年獲諾貝爾物理獎
Scanning tunneling microscope (STM) invented

瑞士 IBM 蘇黎士研究實驗室(IBM Zurich Research Laboratory)的 G. Binnig and H. Rohrer 等人發明掃描穿隧式顯微鏡(STM)。

參考資料：
https://zh.wikipedia.org/wiki/%E6%89%AB%E6%8F%8F%E9%9A%A7%E9%81%93%E6%98%BE%E5%BE%AE%E9%95%9C

1982 釹鐵硼磁鐵(Neodymium magnet)之發明
Neodymium magnet invented

日本 Sumitomo Special Metals 的 M, Sagawa 發明釹鐵硼磁鐵(neodymium magnet)，爲世界上最強之磁鐵。

參考資料：
https://zh.wikipedia.org/wiki/%E9%87%B9%E7%A3%81%E9%90%B5

1983 樹枝狀聚合物(Dendrimer)之發明
Dendrimer invented

美國 Dow Coming 公司的 D. A. Tomalla，開始有系統研究用於各種官能基化奈米材料之樹枝狀高分子。

參考資料：
http://baike.baidu.com/view/8324611.htm

1983 利用烷硫醇(Alkanethiolate)自組裝單分子膜(SAMs)
Alkanethiolate self-assembly monolayers produced

美國 Bell 實驗室的 R. G. Nuzzo and D. L. Allara 利用烷硫醇(Alkanethiolate)成功製備自組裝單分子膜(SAMs)。

參考資料：
http://www.che.ccu.edu.tw/~surface/research-1.htm

1983 DNA 自動定序技術(Automated DNA sequencer)被提出
Automated DNA sequencer proposed

日本東京大學(University of Tokyo, Japan)的 A. Wada 等人提出 DNA 自動定序技術。

參考資料：
https://zh.wikipedia.org/wiki/DNA%E6%B8%AC%E5%BA%8F

1984　　**可見光範圍內的近場掃描微口徑光學顯微鏡之發展**

Near-field scanning micro aperture optical microscopy within the visible range developed

瑞士 IBM 蘇黎士研究實驗室(IBM Zurich Research Laboratory)的 D.W. Pohl 和美國康乃爾大學(Cornell University)的 A. Lewis 發展可見光範圍內的近場掃描微口徑光學顯微鏡。

參考資料：

https://www.itrc.narl.org.tw/Publication/Newsletter/no121/p05.php

1984　　**用電磁實驗驗證金屬團簇的電磁特性**

Electromagnetic experiments on metal clusters in beams demonstrated

美國加利福尼亞大學(University of California)的 W.D. Knight 等人第一次證實金屬團簇中電子組成能用電子殼層模型來解釋。

參考資料：

https://www.materialsnet.com.tw/DocView.aspx?id=415

Surface Science 106 (1981) 172-177

1984　　**快閃記憶體之發明**

Flash memory invented

日本東芝(Toshiba)公司的 F. Masuoka 等人發明快閃記憶體。

參考資料：

http://wiki.mbalib.com/zh-tw/%E9%97%AA%E5%AD%98

CH2099-0/84/0000-0464 $1.00 O 1984 IEDM

1984　　**具有多孔性結構的矽於可見光波段可散發螢光**

Visible photoluminescence discovered in porous silicon

英國皇家信號和雷達機構(Royal Signals and Radar Establishment ,RSRE)的 C. Pickering 發現具有多孔性結構的矽於可見光波段可散發螢光。

參考資料：

J. Phys. C: Solid State Phys., 17 (1984) 6535-6552. Printed in Great Britain

1985　富勒烯 C_{60} 發現—於 1996 年獲諾貝爾化學獎
Fullerene C_{60} discovered

英國薩塞克斯大學(University of Sussex)的 H.W. Kroto 及美國萊斯大學(Rice University)的 R.E. Smalley 與 R.F. Curl 在氦氣中以雷射氣化蒸發石墨首次製得由 60 個碳組成的碳原子簇結構分子 C_{60}。並於 1996 年共同得到諾貝爾獎。

參考資料：

Nature Vol.318 14 November 1985-buckminster fullerene

1986　藉由磁場的完全遮蔽找出阿哈羅諾夫－玻姆效應驗證
Aharonov-Bohm(AB) effect demonstrated

日本日立(Hitach)公司的 A. Tonomura 利用全相攝影電子顯微鏡(1979 年發展出來的)，證實阿哈羅諾夫-玻姆效應，發現了向量能勢(Vector Potential)的存在。

參考資料：

PACS num bers: 03,65.Bz, 41.80.Dd

1986　原子力顯微鏡的發明
Atomic force microscope invented

瑞士 IBM 蘇黎世研究實驗室(IBM Zurich Research Laboratory)的 G. Binnig 發明原子力顯微鏡。

參考資料：

http://web1.knvs.tp.edu.tw/AFM/ch4.htm

1986　高溫超導的發現—於 1987 年獲諾貝爾物理獎
High Temperature Superconducting discovered

瑞士 IBM 蘇黎世研究實驗室(IBM Zurich Research Laboratory)的 J.G. Bednorz 與 K.A. Muller 發現鈣鈦礦氧化銅具有零電阻及高轉移溫度的現象，並於 1987 年得到諾貝爾物理獎。

參考資料：

Z. Phys. B-Condensed Mater 64, 189-193 (1986)

1986　　**在三維空間內操縱原子的示範—於 1997 年獲諾貝爾物理獎**

　　　　　Three-dimensional space manipulation of atoms demonstrated

　　美國貝爾實驗室(Bell Laboratories)的 S. Chu 利用雷射冷卻技術來操縱原子，並於 1997 年得到諾貝爾獎。

參考資料：

PACS numbers: 32.80.Pj

1986　　**有機薄膜電晶體被提出**

　　　　　The organic thin film transistor proposed

　　日本三菱(Mitsubish electric)電氣公司的 H. Koezuk 提出有機薄膜電晶體。

參考資料：

http://www.baike.com/wiki/%E6%9C%89%E6%9C%BA%E6%99%B6%E4%BD%93%E7%AE%A1

1986　　**增長滲透與滯留效應之發現**

　　　　　Enhanced permeability and retention (EPR) effect discovered

　　日本熊本(Kumamoto)大學的 H. Maeda 藉由控制輸送藥物系統(Drug Delivery System) 材料的大小，使得藥物可以選擇性地抵達到腫瘤位置。

參考資料：

https://en.wikipedia.org/wiki/Enhanced_permeability_and_retention_effect

1986　　**德雷克斯勒的「創新的原動力」一書發表**

　　　　　Drexler's engine of creation announed

　　美國的 K.M. Drexler 出版了一本書，其書名為"創新的原動力"，其內包含有"分子機械"的概念。

參考資料：

http://baike.baidu.com/view/1994131.htm

1987　　**金奈米粒子應用於新的催化反應**

　　　　　New catalytic action of gold nanoparticles discovered

　　日本大阪政府設立之工業研究所(Government Industrial Research Institute of Osaka) 的 M. Haruta 發現當金的粒子小至奈米尺寸時，並非化為惰性，而卻具有極佳的催化效果。

參考資料：

https://zh.wikipedia.org/wiki/%E5%A5%88%E7%B1%B3%E9%BB%83%E9%87%91

1987　以釔(Y)為基材的高溫超導材料之發現
Y-type high-temperature superconducting materials discovered

美國休士頓大學(University of Houston)的 C. W. Chu 以及美國阿拉巴馬大學的 M.K.
Wu 發現以釔(Y)為基材的超導材料。

參考資料：

http://www.phy.fju.edu.tw/files/archive/706_8b3c9544.pdf

1987　帶有陽離子的脂質體可用於基因的轉染被發表
Cationic liposomes-mediated gene transfection reported

美國帕洛阿爾托研究中心(Palo Alto Research Center)的 P.L. Felgner 提出利用帶正
電的脂質體可有效用於基因轉染。

參考資料：

https://zh.wikipedia.org/wiki/%E8%BD%89%E6%9F%93

1988　鉍型高溫超導體材料之發現
Bi-type superconducting material discovered

由日本材料研究院(Institute for Material Research)的 H.Maeda 發現含鉍之高溫超導
材料。

參考資料：

材料科技：超導材料－科技大觀園－科技部

http://scitechvista.most.gov.tw/zh-tw/articles/c/0/9/10/1/1912.htm

1988　巨磁電阻效應之發現—於 2007 年獲諾貝爾物理獎
Giant magnetoresistance effect discovered

由法國 Paris 大學的 A.Fert 與德國研究中心的 P.Grunberg 利用鉻鐵複合材料在室
溫下發現巨磁電阻效應。

參考資料：

巨磁電阻的原理與應用－科技大觀園－科技部

http://scitechvista.most.gov.tw/zh-tw/articles/c/0/8/10/1/1087.htm

1989　　單原子技術計畫之執行

Aono Atomcraft Project (1989-1994)

由日本先進科技研究中心(Exploratory Research for Advanced Technology, ERATO)和日本科學技術研究院(Japan Science and Technology Agency, JSTA)主導執行 Aono 原子技術計畫(Aono Atomcraft Project)。

參考資料：

AONO Atomcraft | ERATO

http://www.jst.go.jp/erato/en/research_areas/completed/agsh_P.html

1990　　像差校正電子顯微鏡

Aberration correction of electron microscope

德國 Darmstadt 大學的 H.Rose 提出電子光學系統，隨後在 1995 年德國歐洲分子生物實驗室(European Molecular Biology Laboratory, EMBL)的 M.haider 利用像差校正可增加電子顯微鏡解析度。

1990　　利用老鼠活體實驗，鑑定出有效抗癌的高分子微膠

Target treatment of cancer using polymer micelle anticancer drugs developed

由日本 Tokyo 科學大學的 K.Kataoka 和東京女子醫科大學的 M.YoKoyama 首先鑑定出利用高分子微膠在老鼠活體之抗癌效果。

參考資料：

凝聚先進藥物傳輸技術發現創新價值－出版品－工研院中文版

https://www.itri.org.tw/chi/Content/Publications/contents.aspx?SiteID=1&MmmID=2000&MSid=621022 512602247613

1990　　利用穿隧式掃描電子顯微鏡(STM)控制搬移 35 個原子排列出 IBM 字樣

Aberration correction of electron microscope

美國 IBM 公司 D.M.Elgler 成功地利用 STM 控制 35 個原子排列出 IBM 圖形。

參考資料：

物理或自然：觀看和搬移原子－前沿奈米科技－科技大觀園－科技部

http://scitechvista.most.gov.tw/zh-tw/articles/c/0/9/10/1/657.htm

1990　利用聚乙二醇脂質囊在血管循環中成功分離脂質體
Stealth liposomes isolated

　　由美國 Tennessee 大學的 L.Huang 和 A.L.Kilbanov 與德國 Murich 科技大學 G.Ceve 發現。利用聚乙二醇脂質囊在血管循環中成功分離脂質體(Liposomes)。

參考資料：

脂質體－維基百科，自由的百科全書

https://zh.wikipedia.org/wiki/%E8%84%82%E8%B4%A8%E4%BD%93

1991　利用自組裝多層帶電薄膜製備有機薄膜
Multilayer films formed through self-assembly

　　由德國 Johannes Gutenberg 大學的 G.Decher 利用自組裝多層帶電薄膜製備有機薄膜。

參考資料：

自組裝構建抗原子氧侵蝕奈米複合膜－免費文檔網

http://www.freedocuments.info/648208591/

1991　快速定序 DNA 之發展
High-speed DNA sequencer developed

　　日本 Hitachi 公司的 H.Kambara 發展出利用毛細管可快速定序 DNA。

參考資料：

DNA 測序－维基百科，自由的百科全书

https://zh.wikipedia.org/wiki/DNA%E6%B8%AC%E5%BA%8F

1991　染料光敏化電池雛型被提出
Dye-sensitized solar cell proposed

　　瑞士聯邦工業研究院(Swiss Federal Institute of Technology)的 M.Gratzel 提出並建立雛型的染料光敏化電池。

參考資料：

染料敏化太陽能電池－維基百科，自由的百科全書

https://zh.wikipedia.org/wiki/%E6%9F%93%E6%96%99%E6%95%8F%E5%8C%96%E5%A4%AA%E

9%98%B3%E8%83%BD%E7%94%B5%E6%B1%A0

1991　奈米碳管的發現
Carbon nanotubes discovered

日本 NEC 公司的飯島澄男(S.Ijima)發現碳奈米管(CNT)，並釐清其結構，請見圖 4-62(P.0-4)。

參考資料：

Carbon Nanotube : Research & Development | NEC

1992　一種新的金屬—碳團簇 Ti8C12 被發現
Ti8C12, a new metal-carbon cluster, discovered

美國賓夕法尼亞州立大學(Pennsylvania State University)的 A. W. Castleman. Jr.發現富勒烯形狀(Fullerene type)的金屬-碳團簇分子，並釐清其催化功用。

參考資料：

http://www.shangxueba.com/lunwen/v676161.html

論文：

Ti8C12+-Metallo-Carbohedrenes: A New Class of Molecular Clusters?

B. C. Guo, K. P. KERNs, A. W. CASTLEMAN, JR.*

SCIENCE, VOL. 255, 13 MARCH 1992

1992　分析 DNA 的奈米裝置之發展
DNA analysis nanodevice developed

美國普林斯頓大學(Princeton University, USA)的 R. H. Austin 等人，發現 DNA 可以藉由半導體微細加工製成的奈米元件所分析，有助於大幅縮減分析時間。

參考資料：

http://newsletter.sinica.edu.tw/file/file/97/9775.pdf

論文：

DNA Electrophoresis in Microlithographic Arrays ,W.D.Volkmuth & R.H.Austin

Department of Physics, Princeton University, New Jersey 08544

1992　無孔徑近場掃描式光學顯微鏡之發明
Apertureless near-field scanning optical microscope invented

　　日本大阪大學(Osaka University, Japan)的 S. Kawata 等人，發明無孔徑近場掃描式光學顯微鏡，係利用電漿子效應(plasmon effects)透過金屬奈米碳針來增強電場的儀器。

參考資料：

http://www.leos.phys.ncku.edu.tw/index.php?option=module&lang=cht&task=pageinfo&id=232&index=11

論文：

Near-field scanning optical microscope with a metallic probe tip. Yasushi Inouye & Satoshi Kawata Department of Applied Physics, Osaka University, Suita, Osaka 565, Japan Vol. 19, Issue 3, pp. 159-161 (1994) •doi: 10.1364/OL.19.000159

1992　日本開始致力於原子和分子等級的國家型計畫

　　日本國家工業科學與技術署(Industrial Science and Technology Agency)開始推動一項物質原子和分子等級的國家型研究計畫，對於美國和其他國家有重要的影響。

參考資料：

奈米與生化科技趨勢分析　奈米與生化科技趨勢分析

(http://elogistics.lhu.edu.tw/may/course/95_1/CA/pdf_all/na/%E5%A5%88%E7%B1%B3%E8%88%87%E7%94%9F%E5%8C%96%E7%A7%91%E6%8A%80%E8%B6%A8%E5%8B%A2%E5%88%86%E6%9E%90-p.pdf)

1993　中村修二發明藍光之發光二極體—2014 年獲諾貝爾物理獎
Blue-LED Invented

　　1993 年，中村修二對於名古屋大學的赤崎勇、天野浩師徒有關 p 型 GaN(氮化鎵)的早期研究，提出正確的理論解釋，並獨立發明以 InGaN(氮化銦鎵)晶體製作藍色發光元件的雙流式 MOCVD 方法(Two flow MOCVD)，使得高亮度藍色發光二極體正式實用化。愛迪生之後的首次人類照明革命於焉揭幕。三人於 2014 年共同獲諾貝爾物理獎。

1994 巨磁阻之發現

Colossal Magnetoresistance Effect

日本東京大學(University of Tokyo)的 Y. Tokura 發現鈣鈦礦的巨磁阻效果(Colossal Magnetoresistance Effect)，而開啓自旋電子學的相關研究。

參考資料：

https://en.wikipedia.org/wiki/Colossal_magnetoresistance

1995 穿隧式磁阻效應之發現

Tunnel magnetoresistance effect

日本東北大學(Tohoku University, Japan)的 T. Miyazaki 等人發現了鈣鈦礦的穿隧式磁阻效應(Tunnel magnetoresistance effect , TMR)，其電阻在室溫下變化很大。

參考資料：

http://www.sciencedirect.com/science/article/pii/0304885395900012

1995 奈米壓印技術首次被提出

美國明尼蘇達大學(University of Minnesota)的 S. Y. Chou 首次提出奈米壓印(Nano-imprinting)的技術。

參考資料：

http://scitation.aip.org/content/avs/journal/jvstb/14/6/10.1116/1.588605

1996 奈米片之合成

Nanosheets synthesized

日本國家無機材料研究所(the National Institute for Research in Inorganic Materials, Japan)的 T. Sasaki 等人，經由單層剝離層狀鈦酸鹽(Layered Titanate)成功合成出奈米片。

參考資料：

http://pubs.acs.org/doi/abs/10.1021/ja960073b

1996 奈米孔 DNA 測序被提出
Nano pore DNA sequencing realized

　　美國哈佛大學(Harvard University)的 D. Branton 等人，藉由當通過只有幾奈米寬的奈米孔洞來測量電流的微量變化，實現快速鑑定 DNA 序列可行化。

論文：

Nature Biotechnology 26, 1146 - 1153 (2008)

2000 美國正式宣布國家奈米技術啓動計畫
(National Nanotechnology Initiative, NNI)

　　美國政府正式宣布啓動國家奈米技術計畫且將奈米科技訂爲國家科技發展之重點領域，該計畫於 2001 年開始執行。

參考資料：

科技產業資訊室(http://iknow.stpi.narl.org.tw/post/Read.aspx?PostID=3087)

2001 日本第二次科學與技術基本計畫指出將以奈米技術為首要發展目標

　　日本經濟組織聯盟(Japan Federation of Economic Organization)的 Nippon Keidanren 宣布奈米計劃對日本的重要性。且政府也宣布奈米科技爲國家發展的政策之一。

參考資料：

日本前瞻研究及科技發展計畫管考機構參訪報告，行政院及所屬機關
(file:///C:/Users/amy/Downloads/C10402035_51253.pdf)

2001 MgB$_2$ 超導體的發現
MgB$_2$ superconductors discovered

　　日本青山學院大學(Aoyama Gakuin University)的 J. Akimitsu 發現 MgB$_2$ 的超導特性，並證實在 39K 時，它有非銅氧化物的最高轉化溫度(Transition Temperature)。

參考資料：

http://www.nature.com/nature/journal/v410/n6824/abs/410063a0.html

2001　奈米合金聚合物技術之發明
Nano Alloy polymer technology invented

日本東麗株式會社(Toray Industries Inc., Japan)的 S. Kobayashi 藉由自組裝合金技術(self-assembled alloy technologies)將兩個奈米尺度的高分子發展成爲合金材料(Nano-Alloy)。

參考資料：
http://pubs.rsc.org/en/content/articlehtml/2013/cc/c2cc36213a

2002　第一屆國際性奈米技術的"nano tech"會議與展覽在日本東京舉行

由日本發起的"Nano Tech"是世界最大的奈米會議與展覽，自 2002 年起每年春天在東京舉行。

參考資料：
歐盟 FP7 之奈米科技研究與發展政策－吳悅(portal.stpi.narl.org.tw/index/download/777)

2002　日本教育、文化、體育與科技部推動支持創新計劃，並成立奈米科技研究網路中心 (The Nanotechnology Research Network center of Japan)

日本奈米科技研究網路中心正式成立，策略性的支持日本奈米科技在工業、政府與學術各方面的發展。

2002　歐盟(EU)強調奈米科技的重要性

歐盟在其第六屆研究與工程架構啓動計畫(Sixth Framework Program for Research and Engineering Initiation)中特別強調奈米科技之重要性。

2002　日本之健康、勞動與福利部成立奈米醫學研究計畫

日本之健康、勞動與福利部(The Ministry of Health, Labor and Welfth)於 2003 年成立奈米科技於醫學 (Medicine) 之研究計畫，並將奈米科技延伸到生物科技(Biotechnology)。

2003　　**美國通過了 21 世紀奈米技術研究與發展法案**
21st Century Nanotechnology Research and Development Act passed in USA

The USA invests 370 million dollars in R&D funds.

美國政府通過法案投入 3 億 5 千萬美元之研究費用於奈米科技之研發。

參考資料：

科技產業資訊室(http://iknow.stpi.narl.org.tw/post/Read.aspx?PostID=3087)

論奈米科技之環境與健康風險之法規範必要性 P.11-P.13－吳行浩

2004　　**石墨烯成功被分離—於 2010 年獲諾貝爾物理獎**
Graphene successfully isolated

英國曼徹斯特大學(University of Manchester)的 A. K. Geim 和 K. S. Novosieoy (照片請參閱彩色頁 P.0-5)成功分離出石墨烯並測定它的電性質，並於 2010 年得到諾貝爾獎。

參考資料：

http://technews.tw/2015/11/21/pioneering-research-boost-graphene-revolution/

論文：

The rise of graphene (Nobel Prize) A. K. Geim[1] & K. S. Novoselov[1]

英國曼徹斯特大學(The University of Manchester)

Nature Materials 6, 183 - 191 (2007) doi:10.1038/nmat1849

2005　　**美國國家健康研究院發表了奈米醫學藍圖計畫**
Nanomedicine Roadmap Initiative launched by the US National Institutes of Health

美國國家健康研究院(US National Institute of Health)啟動奈米科技應用於醫學之研究計畫並成立八個奈米醫學研究中心。

參考資料：

奈米藥物研發情況解析

(http://big5.mofcom.gov.cn/gate/big5/ccn.mofcom.gov.cn/spbg/show.php?id=10992&ids=)

2005   日本內閣辦公室(Cabinet Office of Japan)正式推動國家型奈米科技計畫，並成為科技政策委員會(Council for Science and Technology)之主要部分

日本內閣辦公室通過奈米科技整合型計畫，成立跨日本相關部會與各署(Across the agencies and Ministers) 積極推動奈米醫學元件，氮燃料電池與奈米安全評估之計畫 (Nanomedicine device ,Nitrogen Fuel Cell, and Nano safety Projects)。

2006   日本建立第三次科學技術基本計畫

日本將奈米科技/材料領域在其最新的基本發展計畫再次列爲最優先發展項目。

參考資料：

全國科技大會綜述：官民共建的日本創新體係

(https://outlook.stpi.narl.org.tw/index/country/content/JP/3)

2008   鐵基層狀的超導體之發現
Iron-based layered superconductors discovered

日本東京工業大學(Tokyo Institute of Technology, Japan)的 H. Hosono 發現以鐵爲基礎的超導材料。

參考資料：

http://www.twwiki.com/wiki/%E9%90%B5%E5%9F%BA%E8%B6%85%E5%B0%8E%E9%AB%94

2010   石墨烯(Graphene)之發明—獲 2010 諾貝爾物理獎

英國 Manchester 大學之 A. K. Geim 與 K. S. Novoselov 共獲諾貝爾物理獎。
(請參閱 P.0-5 之彩色照片)

2014   藍光之 LED 發明—於 2014 年獲諾貝爾物理獎
Blue-ray LED invented

中村修二(請參閱 P.0-2 之彩色照片)與赤崎勇、天野浩因發明藍光之 LED 於 2014 年共同獲諾貝爾物理獎。

圖 1-9　國立清華大學馬振基教授(右)和 2014 年諾貝爾物理獎得主 LED 發明人中村修二(左)

2016　分子機器(Molecular machines)發明—於 2016 年獲得諾貝爾化學獎

得主為法國之 Jean Pierre Saurage、英國的 J. Fraser Stoddant 和荷蘭的 Bernand L. Feringa 三位學者，相關內容於 P.5-125。

參考文獻

1.　張立德，"第四次浪潮—奈米衝擊波"，中國經濟出版社(2003)。

2.　Feynman，R.P.，The Pleasure of Finding Things Out，"費曼的主張"，吳程遠等人譯，天下文化書坊，P155-190(2001)。

3.　Kubo，R. J. Phys. SOC. Japan，17，975，(1962).

4.　Ijima S., "Helical Microtubes of Graphitic Carbon" Nature, 354, 56-58(1991).

5.　張志誠，"奈米技術，全面報到"，就業情報，No. 319. P43, 2002。

6.　盧希鵬、馬振基，"奈米材料技術地圖"，國科會科學技術資料中心，P.4(2003)。

7.　MA，Chen-Chi M.，Plenary Speaker "Nano Technology in Chemical Science and Engineering"，Proceeding of 2002 Taiwan/Korea/Japan Chemical Engineering Conference，Taipei Taiwan，Oct. 30～Nov1(2002).

8.　2010 Japan Nano Tech.

Nanotechnology

Chapter **2**

奈米科技原理及特性

▶ 2-1 小尺寸效應

奈米材料乃是將材料設計至奈米級($1nm=10^{-9}m$)。奈米材料如由極細的晶粒所構成的奈米微粒集合體，其粒徑尺寸介於 1～100nm 之間，奈米結構的研究涉及到許多學科，涵蓋層面更論及奈米材料、量子理論，奈米結構是一個極微小架構，而奈米科學 nanotechnology 可能涉及以單一原子或者多個分子的科學技術。

表 2-1　材料尺度的分類

觀　別	尺　度	單　位	學　理
宏　觀	厘米尺度	macro：cm～m	macroscopy
微　觀	毫米尺度	micro：mm～μm	microscopy
介　觀	奈米尺度	nano：0.1nm～10nm	mesoscopy
原　子	原子尺度	atomic：0.1nm	atomic theory

奈米材料之小尺寸效應亦稱之為體積效應或量子尺寸效應，乃是指微粒尺寸減小，其體積縮小，粒子內部的原子數減小而外部的原子數增加之效應；當微粒尺寸小到比光波波長、電子德布羅依波長或更小時，其周期性之邊界條件會被破壞，因而微粒之固體顆粒粒徑逐漸減小，接近原子大小時，凡得瓦爾力效應特別強，微粒之聲、光、電、磁、熱及化學特性亦隨之改變，呈現新的邊界領域。

奈米微粒尺寸小，使處於表面的原子數越來越多，同時表面能迅速增加。由於表面原子數增多，原子配位不足及高的表面能，使這些表面原子具有高的活性，極不穩定，很容易與其他原子結合。例如金屬的奈米粒子在空氣中可能燃燒，無機的奈米粒子暴露在空氣中會吸附氣體，並與氣體進行反應。

▶ 2-2 表面效應

奈米材料之表面效應為奈米微粒表面原子與總原子數比，隨著微粒尺寸之減小而劇增，其粒子之表面能與表面張力亦隨之增加，進而引起奈米材料物性與化性之改變，其固體微粒表面積與粒徑之關係為

$$S_W = \frac{K}{P \times D}$$ .... (2-1)

上式中，S_W ：比表面積(m²/g)

$\quad\quad\quad P$ ：微粒理論密度(比重)

$\quad\quad\quad D$ ：微粒平均直徑

$\quad\quad\quad K$ ：形狀參數

若以球形的奈米粒子為例，假設半徑為 r，所含的原子總數為 n，那麼兩者具有以下關係：

$$r^3 = r_o^3 \times n \quad\text{...}\quad (2\text{-}2)$$

其中 r_o 為其組成單元原子半徑。

奈米粒子的表面積：$S = 4\pi r^2$

將上式代入(2-2)可得

$$S = 4\pi r_o^2 n^{\frac{2}{3}} \quad\text{...}\quad (2\text{-}3)$$

奈米粒子的表面原子數可以用粒子的表面積除以原子表面積約略估計：

$$n_S = \frac{S}{\pi r_o^2} = 4n^{\frac{2}{3}} \quad\text{...}\quad (2\text{-}4)$$

表面原子數佔總原子數的比率(F)，便可以計算

$$F = \frac{n_s}{n} = \frac{4}{n^{\frac{1}{3}}} \quad\text{...}\quad (2\text{-}5)$$

由上式可知，當微粒直徑減至很小時，其表面原子數大增，比表面積 S_W 亦大增；其表面原子所處之晶體環境和結合能，與內部原子不同，具有高度的不飽和性與化學反應活性，故極易與其他原子結合而呈穩定狀態。

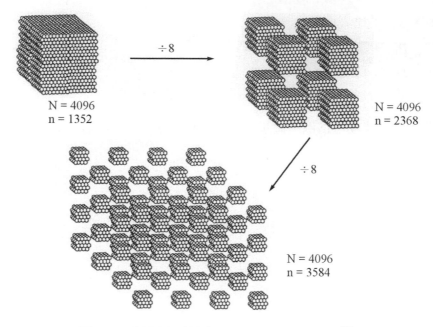

N = 4096
n = 1352

÷8

N = 4096
n = 2368

÷8

N = 4096
n = 3584

圖 2-1　表面原子比例隨尺寸減小而大幅增加[1]

　　由圖 2-1[1]和圖 2-2[2]可以看出隨著粒徑的減小，表面原子數迅速增加。這是由於粒徑小，表面積急劇變大所致。例如，粒徑爲 10nm 時，比表面積爲 90 m²/g，粒徑爲 5nm時，比表面積爲 180 m²/g，當粒徑下降到 2nm，比表面積迅速增加。由表 2-2 看出，Cu 的奈米微粒粒徑由 100nm→10nm→1nm 時，Cu 微粒的比表面積和表面能增加了 100倍[3]。

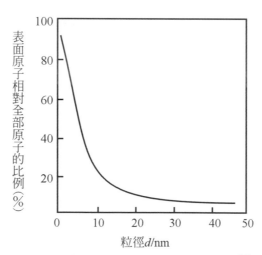

圖 2-2　表面原子數之比例與粒徑關係[2]

表 2-2　奈米晶表面原子數與表面能量估計[3]

粒徑(nm)	原子數	表面原子	表面能量(erg/mol)	表面能量/總能量
10	30000	20%	4.08×10^{11}	7.6
5	4000	40%	8.16×10^{11}	14.3
2	250	80%	2.04×10^{12}	35.3
1	30	99%	9.23×10^{12}	82.2

　　隨著表面粒子的粒徑逐漸減小到達奈米尺寸，除了造成表面積迅速地增加之外，表面能量也會大幅遞增。奈米晶粒(1～100nm)因有極大之表面積，表面原子比例極高而具有迥異於傳統材料之各種性質。利用氣相冷凝法，磁滯濺鍍法及機械球磨法製備純元素及合金奈米晶粒，可研究製程條件與晶粒大小及原子排列之相關性。以高顯像顯微鏡及熱分析可瞭解其基本特性，並分別針對不同材料研究其物理、化學或機械性質。此外，以急速冷凝之非晶質薄帶作原料，經由適當之熱處理，控制其孕核與成長，可研究其奈米晶化之相轉變。

　　奈米的表面效應主要特性如下：

1. **催化效果：**

　　由於奈米粒子與塊材相較之下，奈米粒子本身表面原子的結構具有較多的缺陷，導致表面具有活性，是構成惰性金屬觸媒活性的主要原因。圖 2-3 是利用奈米 RuO_2 成功地分散在沸石 zeolite 當中，可以使得 RuO_2 變成可以重複使用，並且大幅提昇其活性。Zeolite 有固定住 RuO_2 的效果，使 RuO_2 不容易擴散而造成相互聚集。此奈米粒子的粒徑大約在 1.3nm 左右[4]。

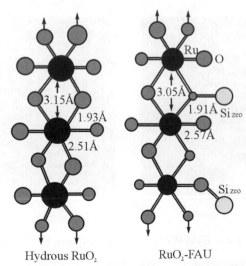

圖 2-3　奈米 RuO_2 分散在 zeolite 當中的情形[4]

2. **表面吸附特性：**

　　因為奈米粒子表面的結構不完整，唯有透過吸附其他物質，才可以使材料穩定，奈米粒子的表面吸附特性因此展現。質譜實驗證明不同種類的過渡奈米金屬都有特殊的儲氫能力[3]。

表 2-3　奈米金屬粒子釋放氫的相對量[3]

T/°C	Ni^2	Ti^{4+}	$Fe^{2+,3+}$	NiPil
100	0.18	0.10	0.19	0.01
200	0.74	0.17	0.56	0.05
300	0.90	0.35	0.78	0.26
400	1.00	1.00	1.00	1.00
500	0.74	0.64	0.73	0.24
600	0.35	0.17	0.40	0.03

　　儲氫材料是目前燃料電池中主要的發展項目之一，利用奈米金屬粒子，可以在低壓下儲存氫氣，大幅地降低氫氣爆炸所產生的危險性。

3. **荷葉效應(Lotus leaf effect)：**

　　所謂 Lotus leaf effect 是指荷葉表面有天然的奈米級尺寸顆粒，透過電子顯微鏡觀察葉子表面結構，會發現葉子表面這些奈米微粒形成小球狀凸起，而這些微小纖毛結構讓污泥、水粒子不容易沾附，而達到自清潔的功效。由圖 2-4 當中可明顯地看出水滴在荷葉表面上的情形。

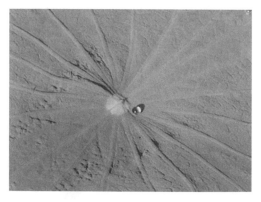

(a)　　　　　　　　　　　　　　　　　　(b)

圖 2-4　荷葉效應(Lotus leaf effect)(另有彩頁)

((a) 為南寶樹脂公司黃慶源總經理所畫；(b) 為編輯之一陳韋任拍攝)

　　奈米顆粒的表面與一般材料的表面非常不同，若用高倍率電子顯微鏡對金的奈米顆粒(直徑為 $2×10^{-2}$nm)進行表面觀察，會發現這些顆粒沒有固定的形態，隨著時間的變化會自動形成各種形狀(如立方八面體、十面體，二十面體等)，它既不同於一般固體，又不同於液體，是一種準固體。在電子顯微鏡的電子束照射下，表面原子彷彿進入了"沸騰"狀態，尺寸在 10nm 以下才看到這種顆粒結構的不穩定性，這時奈米顆粒具有固定的結構狀態。

　　奈米顆粒的表面具有很高的活性，在空氣中金屬顆粒會迅速氧化而燃燒。如要防止自燃，可採用表面包覆或有意識地控制氧化速率，使其緩慢氧化生成一層極薄而緻密的氧化層，確保表面穩定化。利用表面活性，金屬奈米顆粒可望成為新一代的高效催化劑和儲存氣體材料以及低熔點材料。

▶ 2-3　量子效應

一、量子效應與奈米科技

　　奈米材料的小尺寸，造就了表面原子數激增與量子效應的出現兩個基本特徵。首先由表面原子數激增的現象，可知許多材料的性質與裸露在材料表面上的原子數有直接的關係。例如，非均相催化性質，要求反應物有效地吸附在催化劑的表面上，以利催化反應的進行，以及化學感測器的靈敏度經常與感測體的總表面積有關等。當奈米材料的表面積對體積的比例大增時，自然使奈米材料成為注目的焦點。

　　奈米材料的另一基本特徵便是量子化效應的出現。量子化是微觀世界中一個普遍的現象，它敘述微觀世界的物質可以具備的能量或是其他的參數不會是任意值，而是量化的，也就是不連續的。這個量化的現象不同於巨觀世界中能量是連續的狀況，對奈米材料而言，當材料的尺寸由巨觀縮小至接近於數個原子或分子的大小時，其能量狀態的分佈由連續轉變為量化的狀態，繼而明顯地影響奈米材料的許多性質，可以著名的半導體奈米粒子的量子侷限效應來說明。

　　半導體材料分為純元素半導體以及化合物半導體，純元素半導體以矽與鍺為主，而化合物半導體則有兩種形式：III V 族半導體與 II VI 族半導體。前者是由元素周期表中 III A 及 V A 族的元素所組成，例如氮化鎵等；後者是由元素周期表中 II B 及 VI A 族的元素所組成，例如硒化鎘等。半導體材料具有一個很基本的電子結構特徵，那就是電子存在的價帶以及在室溫下並不存在著電子的導帶，二者之間的能量間隙，一方面不如導體的能量間隙那麼小，另一方面遠不如絕緣體的能量間隙那麼大。也就是因為這項特徵，使半導體材料的電子傳導特性可以經由外加的驅動力而調整。例如，材料可以經由加溫或是照光的方式，使得在價帶的電子吸收能量而激發到能量較高的導帶，導帶中的電子就如同金屬的自由電子一般，具有導電的特性。這個可以經由人為操控的特徵，使得半導體材料衍生出非常多且有用的物理特性，更發展成為各種用途的元件及產品。

　　當半導體材料縮減成奈米粒子的時候，會有什麼量化的現象呢？科學家發現，當粒徑減小時，粒子電子結構的能量分布出現逐漸分散的能階態，而非群聚式的能帶，也就是說在價帶與導帶之間的能隙越變越大。科學家發現要將不同粒徑的半導體奈米粒子的價電子以照光的方式激發至導帶，所需要光的波長就有所不同，也就是如前面的量化現象所述，粒徑越小的粒子，能隙越大，也就是需要的能量越大、波長越短的光。

二、量子力學發展簡史

1900　普朗克(M. Planck)提出能量量子化的觀念解釋黑體輻射。

1905　愛因斯坦(A. Einstein)提出光量子(即光子)觀念解釋光電效應。

1909　愛因斯坦由普郎克黑體輻射公式研究輻射的能量均方起伏(Mean square fluctuation)，他發現輻射同時具有波動和粒子的特性。

1913　波爾(N. Bohr)提出氫原子模型解釋氫原子光譜。

1916　索末斐(A. Sommerfield)提出更廣的量子化條件(Generalized quantization conditions)。

1918　波爾提出對應原理(Correspondence principle)。

1922　6月12日到22日，波爾在哥丁根(Göttingen)演講對應原理，索末斐，海森堡，包立(Pauli)等參加。

1923　德布洛依(de Broglie)提出物質波(Matter wave)觀念。

1924～1925 年初　愛因斯坦推廣波色統計(Bose Statistics)得到理想氣體的統計法。他發現理想氣體的能量均方起伏也同時具有波動和粒子的特性。

1925　5月，海森堡在海姑蘭島(Heligoland)完成矩陣力學(Matrix mechanics)第一篇論文。9月，波恩(M. Born)和約旦(P.Jordan)完成一篇矩陣力學的系統陳述。11月，波恩、海森堡和約旦三人合作完成一篇矩陣力學涵蓋極廣的論文。狄拉克(P.A.M. Dirac)完成量子力學的基本公式。

1926　1 月到 6 月，薛丁格(E.Schrödinger)完成五篇論文，其中四篇建立了波動力學 (wave mechanics)，另一篇證明波動力學與矩陣力學在數學上等效(equivalent)。 6 月，波恩提出波動函數的或然率詮釋(Probability interpretation)。9 月，薛 丁格應邀到哥本哈根討論量子力學的詮釋。12 月，狄拉克和約旦提出變換 理論(Transformation theory)。

1927　2 月，海森堡提出測不準原理(Uncertainty principle)。波爾提出互補性 (Complementarity)的觀念。10 月 24 日到 29 日，第五次薩爾未會議(Solvay Conference)召開，愛因斯坦和波爾等人討論量子力學的詮釋。

　　量子力學的發展史可以分兩個階段。第一個階段從 1900～1924 年，這時期通稱「古 典量子論」。古典量子論時期，是瞎子摸象的時期。從十九世紀下半葉開始，由於科學 儀器精密化，物理學家開始探索微觀世界的行為，獲得一些奇怪的現象，無法以當時 的物理理論來說明。從 20 世紀開始，理論物理學家提出一些特殊的假設，終而能在各 不同現象得出一些公式，這些公式和實驗數據高度吻合，其正確性難以置疑；可是推 導出這些公式的方法，並不是完全從當時已普通接受的基本物理理論得來的，而是加 上一些人為的條件(或假設)，因此只能被視為權宜的理論。它雖能解釋部分的現象，卻 未能賦予人們系統的理解，缺乏完整的理論應有的那種普通性及體系完備等性質。就 如瞎子摸象，各得部分真實，卻未能拼湊出微觀世界的全貌。這階段最主要的里程碑 有幾部分，分別詳述如後。

三、普朗克的能量量子假設

圖 2-5　量子物理學之父普朗克
(Max Karl Planck，1858-1947)

1900 年，普朗克(M. Plank)爲推導出一種熱輻射線的分布公式，提出假設：「輻射線的能量只能是某個基本常數的整數倍。」普朗克應用了當時已公認的主要物理理論，包括馬克斯威爾(Maxwell)的電磁學、熱力學與統計力學，加上他極具慧心地對輻射線系統的剖析，當他加入這麼一個看似簡單條件，就立刻得出一個簡潔而漂亮的公式，並與實驗數據高度契合，把一個物理量——能量「量子化」。

四、愛因斯坦的「光量子」說

圖 2-6　愛因斯坦(Albert Einstein 1879-1955)

1905 年，剛過二十五歲的愛因斯坦，提出了「光量子」說，用以解釋已發現近二十年卻一直無法解釋的「光電效應」。「光量子」說不僅解釋了「光電效應」的機制，所導出來的公式與實驗數據高度吻合，並能據以從實驗數據估算出「量子說」的一個基本常數——普朗克常數(Planck constant)，從不同的角度證實了普朗克的「量子說」。光電效應有個奇怪的性質：用實驗室產生的 X 射線照射某些物質，當 X 射線的頻率足夠高時，便能撞擊出電子來；如果射線的頻率不夠高，不論射線有多強都沒用，這和原來的理論相悖。X 射線是一種電磁波，就如光波相同。根據波動理論，波的振幅大小的平方稱爲波的強度，代表一個波所攜帶能量的大小。一個波的威力，與強度成正比，而與頻率無關，因此按照波動說，要把電子從照射靶的原子裡撞擊出來，應加大照射線的強度才對。可是實驗卻發現，強度並不能起作用，只有頻率夠高才能把電子打出來，而造成光電效應。

愛因斯坦從普朗克的「量子說」得到啓發。普朗克假設電磁波(輻射線就是電磁波)只能攜帶一定基本數量或其整數倍的能量，愛因斯坦則進一步假定，具有基本數量能量的電磁波(或光波)，便具有獨立存在粒子性質。這個粒子便叫「光量子」，簡稱「光子」。對於普朗克而言，電磁波所能攜帶的能量雖然已是量子化，但「光」的本質還是一種波。到了愛因斯坦這裡，乾脆連波也不要了，「光」已不是「光波」，而是粒子：「光子」。愛因斯坦不僅援引普朗克的假說，還將它作相對論方面的推演。

　　光子的能量正是電磁波能量「量子化」時的基本數量，這個基本數量正是該電磁波的頻率乘上一個常數 *h*，即普朗克常數。頻率愈高，光子的能量就愈大；另一方面，電磁波的強度與光子的數目成正比，光線強，光子的數目多，但每個光子的能量(與其頻率成正比)卻未必夠高，不足產生光電效應；這時，強度低，表示打出的電子數目少，造成光電效應的電流小而已。依目前的理解，光不是「波」，也不是「粒子」，它在某些場合中顯示「波」的性質(如干涉、繞射等)，在另外場合中呈現「粒子」的性質(如光電效應、康普敦效應等)完全視場合不同而定。為什麼同一樣東西會呈現互斥對立的面貌呢？這正是微觀世界有別於我們的日常所熟悉的宏觀世界之處。微觀世界有許多性質，是很難以宏觀世界的觀念或語言來了解或描述的。而量子正是兩者間的溝通橋樑。

五、尼爾斯・波爾的電子軌道說

圖 2-7　尼爾斯・波爾(Niels Bohr 1885-1962)

　　波爾在 1913 年初提出了他著名的原子理論，指出原子內部電子能階的觀念。這個理論的基本假設有兩個：原子系統只能處在一系列能量分立的穩態上；原子系統可以從一個穩態躍遷到另外一個穩態上，這時伴隨著光輻射量子的發射或吸收。

　　他並指出光譜條紋是源自原子內部電子結構，發現特定元素具有特定的光譜(這可以用來測定星球上的化學元素組成等等)，他並以光譜數據作指引，更詳細地探索原子內部的電子結構及其他性質，諸如電子自旋、磁場性質(帶有磁矩)、電子軌道的對稱性等等。其理論同時引進了電子旋轉角動量量子化的條件，符合這個量子化條件的旋轉電子不會放出電磁波，是穩定的狀態，因爲電子繞原子核要滿足量子化的條件，電子只能在一些特定的軌道上運轉，相應於一定軌道的電子具一定的能量，電子可以從高能階軌道躍落至低能階軌道，多出的能量便以電磁波輻射出去，這就是光譜產生的原因。

波爾並沒有停留在已取得的成就上，爲此，波爾提出他著名的「對應原理」(Correspondence principle)建立一個能在微觀現象中描述量子過程的基本的力學。尋求古典理論與新的量子理論對原子系統的對應關係。因此，描述原子現象的新的力學—量子力學的建立，是由年輕的海森堡在波爾的「對應原理」的思想引導下掀起的，其後經過玻恩、約當、狄拉克、薛丁格等許多物理學家的努力，確立微觀現象與宏觀現象的物理規律。

六、量子尺寸效應(Quantum Size Effect)

根據量子力學，在半導體材料中，電子是不能存在於能隙中且帶有能量的。對塊材半導體而言，電子在導帶中就像自由電子一般，可以佔據導帶中連續動量和動能能帶。然而當半導體材料粒徑縮小至 10nm 以內時，由於電子電洞因此而被限制在一個小區域中，造成材料之物理、化學或光學性質發生改變而有別於塊材材料，此效應稱爲量子尺寸效應(Quantum Size Effect)。

隨著量子效應的產生，當材料粒徑變小，其能間隙將逐漸變大，如圖 2-8 所示，主要的原因在於；當粒徑縮小時，電子與價電帶中電洞的距離也隨之變小而產生量子侷限效應(Quantum confinement)，此效應造成非連續性電子能態的量子化，如圖 2-9，加上甚強之庫倫交互作用而造成了激束縛能(Excitonic binding energy)的增加及光譜藍移的現象，並提高了半導體材料的能隙，其能量型式如式(2-6)所示：

$$\Delta E = \frac{n^2\pi^2}{2R^2}\left[\frac{1}{m_e^*}+\frac{1}{m_h^*}\right] - \frac{1.786e^2}{\varepsilon R} - 0.248\frac{e^4}{2\varepsilon^2 h^2}\left[\frac{1}{m_e^*}+\frac{1}{m_h^*}\right] \quad\text{(2-6)}$$

$$E_g^Q = \Delta E + E_g^{bulk} \quad\text{(2-7)}$$

其中，E_g^Q ：表示 Quantum size 時的能隙

E_g^{Bulk} ：bulk 時的能隙

R ：粒徑大小

E ：介電常數

m_e^*，m_h^*：電子與電洞的有效質量

　　對於奈米級材料而言，量子效應所產生的影響已引起注目並加以探討。當材料的粒徑縮小至奈米尺寸時，由於表面積的增大及量子效應造成半導體能隙變大，使得其光活性也伴隨著增加。

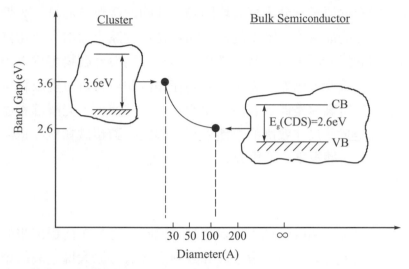

圖 2-8　半導體能隙之量子侷限效應(Linsebigler et al.，1995)

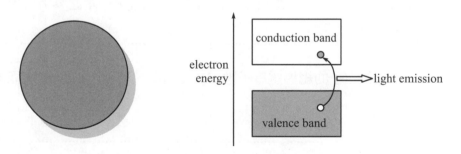

(a) 塊材(bulk)半導體(大小為 cm)

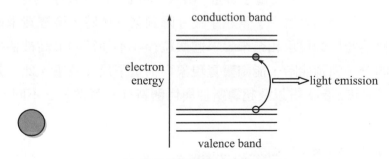

(b) 量子點半導體(大小為 nm)

圖 2-9　(a) 塊材半導體，電子可以佔據導帶及價帶中的連續能帶
　　　　(b) 量子點中電子能階如原子能階一般為分立的能階(Linsebigler et al.1995)

　　原子模型與量子力學已用能階的概念進行了合理的解釋，由無數的原子構成固體時，單獨原子的能階就併合成能帶，由於電子數目很多，能帶中能階的間距很小，因此可以看作是連續的，從能帶理論出發成功地解釋了大塊金屬、半導體、絕緣體之間的聯繫與區別，對介於原子、分子與大塊固體之間的超微顆粒而言，大塊材料中連續的能帶將分裂為分立的能階；能階間的間距隨顆粒尺寸減小而增大。當熱能、電場能或者磁場能比平均的能階間距還小時，就會呈現一系列與宏觀物體截然不同的反常特性，稱之為量子尺寸效應。例如，導電的金屬在超微顆粒時可以變成絕緣體，磁矩的大小和顆粒中電子是奇數還是偶數有關，比熱亦會反常變化，光譜線會產生向短波長方向的移動，這就是量子尺寸效應的宏觀表現。因此，對超微顆粒在低溫條件下必須考慮量子效應，原有宏觀規律已不再成立。

七、久保理論

　　久保理論是針對金屬超微顆粒費米附近電子能階狀態分布而提出來的，其理論為當顆粒尺寸進入到奈米級時，由於量子尺寸效應之緣故，原大塊金屬的準連續能階產生離散現象。針對低溫下電子能階是離散的，且這種離散對材料熱力學性質起了很大的作用，久保(R. Kubo)及其合作者提出了一個著名之公式(第一章之參考文獻 3)：

$$\delta = (4/3)(E_F / N) \propto V^{-1} \quad\text{.. (2-8)}$$

　　式中 N 為一個超微粒子的總導電電子數，V 為超微粒體積，E_F 為費米能階，它可以用以下式表示：

$$E_F = (h^2 / 2m)(3\pi n_1)^{2/3} \quad\text{.. (2-9)}$$

　　式中之 n_1 為電子密度，m 為電子質量。由式子可看出，當粒子為球形時，$\delta \propto 1/d^3$，及隨粒徑之減小，能階間隔增大。當粒子尺寸降到某一值時，金屬費米能階附近的電子能階由連續變為離散的現象和奈米半導體微粒存在不連續的最高被佔據分子軌道和最低未被佔據的分子軌道能階，能隙變寬現象均稱量子尺寸效應。此一效應將會導致奈米微粒磁、光、聲、熱、電以及超導電性與巨觀特性有著顯著之不同。以 Ag 為例，由公式

$$\delta = (4/3)(E_F / N) \propto V^{-1} \quad\text{.. (2-10)}$$

$$E_F = (h^2 / 2m)(3\pi n_1)^{2/3} \quad\text{.. (2-11)}$$

可得到

$$\delta / k_B = (8.7 \times 10^{-18}) / d^3 \quad\text{..} \text{(2-12)}$$

根據久保理論，只有 $\delta > k_B T$ 時才會產生能階分裂，從而出現量子尺寸效應，即

$$\delta / k_B = (8.7 \times 10^{-18}) / d^3 > 1 \quad\text{..} \text{(2-13)}$$

由此得出，當粒徑 $d_0 < 20\text{nm}$，Ag 奈米微粒變為非金屬絕緣體，如果溫度高於 1K，則要求才有可能變為絕緣體。實驗發現，奈米 Ag 的確具有很高之電阻，類似於絕緣體。

八、量子穿隧

英國牛津大學的 John B. Pethica 與其同事使用 STM(掃描穿隧式顯微鏡)的針尖來移動原子。STM 通常是用來"看"原子，STM 的針尖只有幾個原子寬，當針尖在物體表面掃描時，針尖與物體表面間會通上一個微小的電壓，當針尖與物體夠靠近時會產生量子穿隧效應，STM 即靠著穿隧電流的大小來讓針尖與物體表面維持一定的距離，如此即可描繪出物體表面的地形。當穿隧電流增加時，針尖將會開始推動物體表面的原子。1990 年科學家使用這樣的技術以 37 個 xenon 原子製造出世界上最小的字"IBM"。但是在推動原子之前他們必須將溫度降低到絕對溫度四度。在室溫下目標原子將會緊密的結合在銅表面上，此外熱擾動也會讓針尖的定位變得非常困難而無法精確的移動原子。然而，Pethica 的研究小組克服了這個問題，他們快速的震動針尖達數個原子的寬度，然後用一系列的撞擊來移動原子到預定的位置上。令人感到驚訝的是這樣的效應與電壓與針尖高度無關，而只與穿隧電流大小有關，這顯示出原子事實上不是被電場推著跑的，而是因為電流的加熱而移動。當原子被激發之後就會離開銅的表面而跳離針尖，研究人員希望其他的物質有不同的反應方式，如此將可能製造出更複雜的系統。Pethica 研究小組的成果將會對毫微米製造(nano-fabrication)這個領域帶來重要的進展。

當體系的尺寸進入到奈米級(一般金屬粒子為幾個微米，半導體粒子為幾十奈米)，體系是電荷量子化的，即充電和放電過程是不連續的，充入一個電子所需的能量 Ec 為 $e^2/2C$，e 為一個電子的電荷 C 為小體系的電容，體系越小 C 越小能量 Ec 越大。我們把這個能量稱為能障。換句話說，能障是前一個電子對後一個電子的庫倫排斥能，這就導致了一個小體系的充放電過程，電子不能集體傳輸而是一個一個單電子的傳輸。當材料結構小到奈米尺寸時，材料中的原子大部分都成為表面原子，這種材料結構的表面物理和化學性質會變得更加顯著，固體表面原子的熱與化學穩定性比裡面的原子要

差得多，也因如此表面原子才有觸媒作用，但是從奈米結構的耐用性來考量，這種性質卻是十分棘手的問題，首先需要解決的是找到有高度熱與化學穩定性的新材料。另外小結構中的電子會呈現顯著的量子效應，量子點會像原子或分子有分明的能階；量子線會有電導量子化現象，也就是說導線電阻的觀念已經不再適用；奈米大小表面會有電子波侷限和干涉現象；絕緣層薄到奈米級時其絕緣性質也會因電子穿邃現象而消失；超微小結構的電容量非常的小，一個電子進去就會改變它的電位；其他磁性、物性也和大型材料結構全然不同，其實我們對這些現象的了解仍然極為有限。現在急迫而嚴肅的問題是我們所用材料結構尺寸已經縮小到器件所利用物理原理即將失效的階段，科學家預測這些物理原理的適用性再撐不過十年，也就是說如果我們想要利用小材料結構，我們不只需要找出更好的材料和更簡便的生產方法，也同時必須知道它的新物理和化學性質，想出新運用的原理。

微觀粒子具有貫穿能障(potential barrier)的能力稱為穿隧效應(tunneling effect)。近年來人們發現一些巨觀量子如微顆粒的磁化強度、量子干涉元件中的磁通量等也具有穿隧效應，稱之為巨觀量子穿隧效應。巨觀量子穿隧效應的研究對基礎研究及實驗都有重要的意義。它限定了磁帶、磁碟進行資訊儲存的時間極限。量子尺寸效應、隧道效應將會是將來電子元件的基礎，或者可以說它確立了現有微電子元件近一步微型化的極限。因此當微電子元件近一步微小化時必須考慮上述的量子效應。科學研究發現，當微粒尺寸小於 100nm 時由於小尺寸效應，表面界面效應及量子穿隧效應，物質很多性質將發生改變，從而呈現出既不同於巨觀物質又不同於單個獨立原子的奇異現象：熔點降低、蒸汽壓升高、活性增大、聲光電磁熱、力學等物理性質出現改變。在微觀系統中出現這種單電子輸運行為稱為庫倫堵塞效應，如果兩個量子點通過一個結連接起來，一個量子點上的單個電子穿過能障到另一個量子點上的行為稱作量子穿隧。為了使單個電子從一個量子點穿隧到另一個量子點，在一個量子點上所加的電壓的電壓(V/2)必須克服 Ec，即 V>e/C。通常庫倫堵塞和量子穿隧都是在極低溫情況下觀察到的。觀察到的條件是($e^2/2C$) > kBT。根據估計，如果量子點的尺寸為 1nm 左右，我們可以在室溫下觀察到上述效應。當量子點尺寸在十幾個奈米範圍，觀察上述效應必須在液氮的溫度下，原因很容易理解，體系的尺寸越小，電容 C 越小，$e^2/2C$ 越大，這就允許我們在較高溫下進行觀察，利用庫倫堵塞和量子穿隧效應可以設計下一代的奈米結構器件，如單電子晶體管和量子開關等等。

根據海森堡測不準原理，經由量子力學無法同時於物質中正確得知電子(或光子)的位置與動量，其中一個愈準確，另一個就愈不準確。若將電子(或光子)限制在狹小的奈米空間範圍裏，則可能的動量範圍就愈廣，動量範圍愈廣，則電子(或光子)平均能量就愈高，且在範圍邊界處，其性質有量子化躍遷的效應。當奈米半導體微粒的粒徑 r 小於激子波耳半徑(exciton Bohr radius) a_B 時，電子的平均自由行程侷域於很小的空間，此時電洞極易與電子結合形成激子，由電子和電洞波函數的重疊所產生的激子吸收能帶，不僅具有很強的激子能帶吸收係數，於受光激發時，則呈現明顯的發光現象。

　　光子晶體(photonic crystals)是由不同介電常數的材料週期排列所成的結構，其規則排列週期寬度約爲可見光至紅外光波長的 1/4～1/2(約 80～800nm)，如同半導體材料對電子之影響一般，光子晶體的結構也會影響電磁波於晶體中的傳導，亦即在晶體結構中存在一能帶間隙可排除特定頻率的光子通過，所以光子晶體又稱爲光能隙晶體(photonic bandgap crystals，PBG)。光子能隙結構通常是以不同波長電磁波的穿透率量測，其能階間隙特徵主要由三個參數所決定：能隙中間值((min)；能隙寬($\Delta\lambda$)或 gap/midgap 比值($\Delta\lambda/\lambda$min)；能隙最大衰減值(10 log(Imax/Imin))(單位爲 dB)。光子晶體可用來侷域、控制、調變三次元空間的光子傳導，例如阻隔特定頻率光子的傳導；將限定頻率的光子定域化於特定面積；禁止激發態發光基團的自發光；充當特定方向無損耗的光波導，這些性質可應用於相干性發光二極體、無閥值半導體二極體雷射，及其他光學、光電及量子元件的性能提昇等。

▷ 2-4　光催化性

　　光化學反應一般可分成直接光解與間接光解兩類。直接光解爲物質吸收光能達到激發態後，物質本身繼續進行化學反應而分解；間接光解則是反應系統中某一分子吸收光後再引發另一分子進行化學反應。此外，若反應進行的過程中，加入不參與反應但具有加速光反應作用的光觸媒時，則此類光化學反應可稱之爲光催化(photocatalysis)反應。

　　根據光觸媒與反應分子所存在相(phase)的不同，間接光解催化反應又可以分爲均相光催化反應及異相光催化反應。

1. **均相光催化反應(Homogeneous photocatalysis)：**

　　　　光觸媒與反應分子存在於相同之物理相中，依觸媒之種類與性質，又可分成感光劑及氧化劑。

2. **異相光催化反應(Heterogeneous photocatalysis)：**

　　　　一般多發生在固-液、固-氣兩相間，反應分子存在於液、氣相中並藉由擴散傳送而吸附於固體光觸媒之表面，帶光觸媒受光能照射後進行一連串之氧化還原反應，進而將反應物分解。

異相催化的系統中，根據激發的對象不同，通常分成兩種典型過程：當吸附分子先被入射光激發，再與基態的觸媒反應時，稱做催化之光活化反應(catalyzed photoreaction)；當觸媒先受光激發，再轉移電子或能量進入基態的吸附分子時，被稱做光敏化反應(sensitized photoreaction)。

一、光催化的反應機制

Linsebiger 等人[5]在 1995 年所提出有關光能激發絕緣及半導體觸媒材料表面被吸附分子，以及激發半導體與金屬導體觸媒本身時之電子能階提升行為。

當材料無法提供適當的能階給吸附物，如：SiO_2、Al_2O_3，此時觸媒材料並不會參與光誘發電子轉移過程，電子直接由吸附的施體分子轉移到受體分子，如圖 2-10(a)所示。如果吸附分子形成激發態，而基材(半導體觸媒)及分子間會產生交互作用，透過電子轉移激發表面分子，在此，基材成為電子轉移的媒介，如圖 2-10(b)。以上兩類為光活化反應。

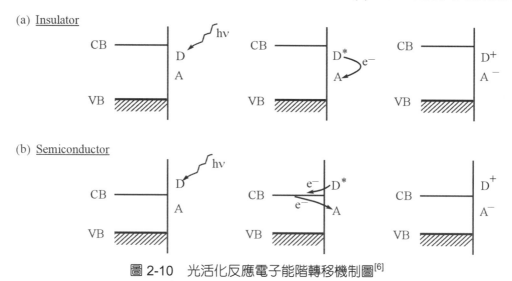

圖 2-10 光活化反應電子能階轉移機制圖[6]

二、光觸媒介紹[7]

概括地說就是經過光的照射，自身雖不起變化，卻可以促進化學反應的物質，舉例來說，植物的光合作用是眾所周知的，而在光合作用起重要作用的葉綠素，即為光觸媒，光觸媒分為有機金屬錯體(色素)和半導體，半導體光觸媒經過光的照射，能控制化學反應。此外可利用特定波長光源的能量來產生催化作用，使周圍之氧氣及水分子激發成極具活性的·OH^-及·$O_2{}^-$自由離子基，這些氧化力極強的自由基幾乎可分解大部分對人體或環境有害的有機物質及部分無機物質，光催化反應可以用圖 2-11 簡單的說明：

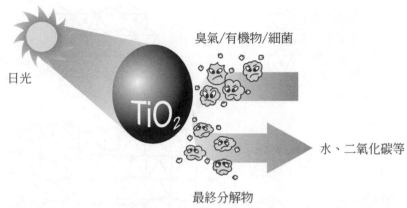

圖 2-11　光觸媒分解反應[7]

　　可用來作為光觸媒的化合物有 TiO_2，ZnO，Nb_2O_5，WO_3，SnO_2，ZrO_2 等氧化物及 CdS，ZnS 等硫化物，但其中因為二氧化鈦(Titanium Dioxide，TiO_2)具有強大的氧化還原能力，化學穩定度高及無毒的特性，因此最常用來做為光催化劑或實驗的物質。

　　二氧化鈦為 n 型半導體，其中分子結構屬閃鋅晶格，是以 Ti 原子為中心，周圍有 6 個氧原子形成配位數為 6 之八面體結構，其中 Ti 原子具有 22 個電子，利用外圍 3d 軌域的 4 個價電子與氧原子形成共價鍵。二氧化鈦常以銳鈦礦(anatase，A type)、金紅石(rutile，R type)及板鈦礦(brookite)三種結晶組態存在自然界中，而其中銳鈦礦與金紅石結構最廣為被使用，其晶格結構與分子鍵結方式分別如圖 2-12 及圖 2-13 所示。

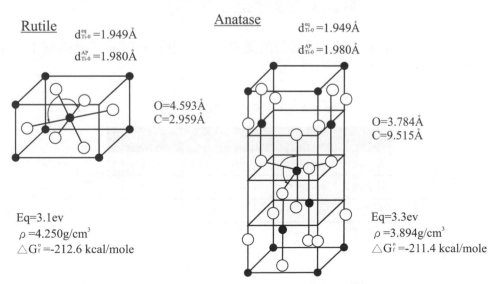

圖 2-12　金紅石與銳鈦礦之晶格結構[8]

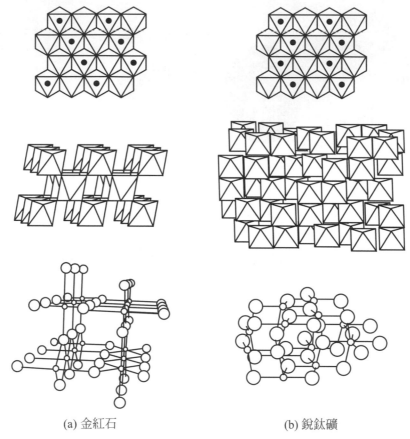

(a) 金紅石   (b) 銳鈦礦

圖 2-13　二氧化鈦之分子鍵結方式[8]

　　而一般廣泛被使用來作為工業顏料的鈦白粉則為金紅石結晶，這兩種不同用途的 TiO_2 的比較如表 2-4 所示：

表 2-4　不同用途 TiO_2 的比較

	光催化級	顏料級
顆粒粒徑，nm (10^{-9} m)	0.5～20	210
比表面積，cm^2/g	200	8
密度，cm^3/g	3.9	4.2

三、光觸媒反應機制

　　二氧化鈦作為光觸媒產生作用時，必須有光線(特別是紫外線)。紫外線包含在太陽光或室內的螢光，不需要特別的能量，是存在於一般生活空間的清潔能源。當波長在400nm以下之紫外線照射在超微粒 TiO_2 時，在價電子帶(valence band，VB)的電子(e^-)被紫外線之能量(約 3eV)激發，跳到傳導帶(conduction band，CB)，此時在價電子帶便會產生帶正電之電洞(hole)，而形成一組電子－電洞對，其反應時間僅數微秒(μsec)如圖 2-14 所示，此狀態即為半導體的光激發狀態。

　　價電子帶與傳導帶之間的能量差，被稱為能帶寬度(bandwidth)。銳鈦礦型二氧化鈦的能帶寬度為 3.3eV。

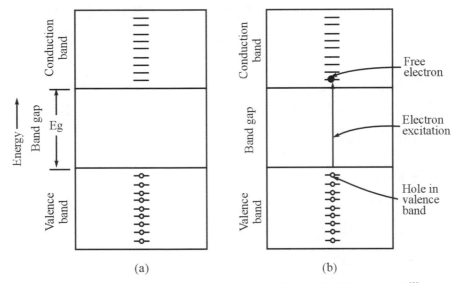

圖 2-14　光觸媒電子受光激發後由價電帶跳至傳導帶之示意圖[9]

　　光的能源(eV)=普朗克常數 X 光速/波長(nm) =1240/波長(nm)按上述計算方式，將光的波長換算後，能得出 387.5(nm)這一數值。而為了使銳鈦礦型二氧化鈦成光激發狀態，需要 388nm 波長的紫外線。

　　二氧化鈦利用所產生的電洞之氧化力及電子的還原力，然後與表面的 H_2O、O_2 發生作用，產生氧化力極強之自由基與離子有 $\cdot O^-$、$\cdot O_2^-$、$\cdot O_3^-$、$\cdot O$ 及 $\cdot OH^-$，而進行殺菌、除臭、分解有機物等作用。例如：可將碳氧化合物分解成二氧化碳和水、可分解對人體或環境有害的有機物質及部分無機物質，更可破壞細菌的細胞膜，抑制病毒的複製。

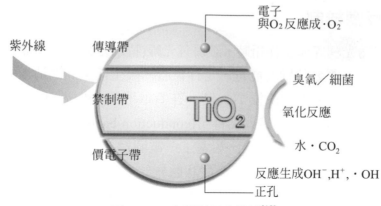

圖 2-15　光觸媒反應機構[10]

　　經光觸媒處理後的表面，氧化還原反應反覆進行。在環境淨化中使用二氧化鈦時，周圍存在空氣。空氣中有氧氣和水蒸氣，而氧氣和水蒸氣積極參與了反應。光觸媒反應是因紫外線照射二氧化鈦後引起的。它又被稱為光固體表面反應、光固體介面反應。二氧化鈦吸收紫外線後，氧化鈦內部生成電子與電洞。擴散到表面的電子與電洞能參與光觸媒反應。因此能在表面獲得較多的電子與電洞，能更進一步提高反應的效果。

　　TiO_2 其光化學反應式如下[10]：

$$TiO_2 \xrightarrow{\text{光}} h^+ + e^-$$

$$h^+ + H_2O \longrightarrow \cdot OH + H^+$$

$$e^- + O_2 \longrightarrow \cdot O_2^- \xrightarrow{H^+} HO_2 \cdot$$

$$2HO_2 \cdot \longrightarrow O_2 + H_2O_2$$

$$H_2O_2 + \cdot O_2^- \longrightarrow \cdot OH + OH^- + O_2$$

四、光觸媒之應用

　　如何減少污染源和消滅污染源是環境淨化的重要工作，要從消滅污染源的角度出發，利用光觸媒則是相當適合的方法，因為依照以往的方法要消滅污染源就必須利用其他的能源來達到消滅污染源的目的，現在則是可利用光觸媒本身具備的特殊條件和優越的自潔能力來完成消滅污染源的效果，所以未來光觸媒必然成為淨化環境的最主要的其中要角，表 2-5 為光觸媒具代表性的應用[11]：

表 2-5　光觸媒的應用範例[11]

適用對象	污染物質	效　能	應用商品
大氣環境	氮化物	分解淨化	鋪裝、隔音牆、圍籬
	錫	保持照亮度	隧道照明、隧道內牆
室內空氣	香菸味	除臭	空氣清淨機、內裝材、除臭纖維
	寵物臭味	分解淨化、除臭	
	花粉		
汽車	香菸	除臭	空氣清淨機、冷氣機、遮陽版
	甲醛	親水防污	

▷ 2-5　吸附特性

　　吸附是相接觸的不同相之間產生的結合現象，吸附可分成兩類，一類是物理吸附，吸附劑與吸附相之間是以凡德瓦爾力之類較弱的物理力來結合；另一類是化學吸附，吸附劑與吸附相之間是以化學鍵強結合。奈米微粒由於有大的比表面積和表面原子配位不足，與相同材質的大塊材料相比較有較強的吸附性。奈米微粒的吸附性與被吸附物質的性質、溶劑的性質以及溶液的性質有關。僅以奈米陶瓷顆粒吸附性為例，詳細比較奈米微粒的吸附特性。

一、非電解質的吸附

　　非電解質是指電中性的分子，它們可通過氫鍵、凡德瓦爾力、偶極子的弱靜電力吸附在粒子表面。其中以氫鍵形成而吸附在其它相上為主。例如，氧化矽粒子醇、醯胺、醚的吸附過程中氧化矽微粒與有機試劑中間的接觸為矽烷醇層，矽烷醇在吸附中有重要作用。對於一個醇分子與氧化矽表面的矽烷醇羥基之間只能形成一個氫鍵，所以結合力很弱，屬於物理吸附。

　　吸附不僅受粒子表面性質的影響，也受吸附相的性質影響，即使吸附相是相同的，但由於溶劑種類不同，吸附量也不一樣，例如，以直鏈脂肪酸為吸附相，以苯及正己烷溶液為溶劑，結果以正己烷為溶劑時直鏈脂肪酸在氧化矽微粒表面上的吸附量比以苯為溶劑時多，這是因為在苯的情況下形成的氫鍵很少，從水溶液中吸附非電解質時，pH 值影響很大，pH 值高時，氧化矽表面帶負電，水的存在使得氫鍵難以形成，吸附能力下降。

二、電解質吸附

電解質在溶液中以離子形式存在，其吸附能力大小由庫侖力來決定。奈米微粒在電解質溶液中的吸附現象大多數屬於物理吸附，由於奈米微粒大的比表面積常常產生鍵的不飽和性，致使奈米微粒表面失去電中性而帶電(例如奈米氧化物，氮化物粒子)，而電解質溶液中往往把帶有相反電荷的離子吸引到表面上以平衡其表面上的電荷，這種吸附主要是通過庫侖交互作用而實現的。例如，奈米尺寸的黏土小顆粒在鹼或鹼土類金屬的電解液中，帶負電的黏土超微粒子很容易把帶正電的 Ca^{+2} 離子吸附到表面，此處 Ca^{+2} 離子稱為異電離子，這是一種物理吸附過程，它是有層次的，吸附層的電學性質也有很大的差別。一般來說，靠近奈米微粒表面的一層屬於強物理吸附，稱為緊密層，它的作用是平衡了超微粒子表面的電性；離超微粒子稍遠的 Ca^{+2} 離子形成較弱的吸附層，稱為分散層。由於強吸附層內電位急驟下降，在弱吸附層中緩慢減小，結果在整個吸附層中產生電位下降梯度。上述兩層構成電雙層，電雙層中電位分佈可用一公式表明，例如把 Cu 離子-黏土粒子之間吸附當作強電解質吸附來計算，以粒子表面原點，在溶液中任意距離 x 的電位 Ψ 可用下式表示：

$$\Psi = \Psi_0 \exp(-K\chi) \text{..} (2\text{-}14)$$

其中

$$k = \left[\frac{2e^2 n_0 Z^2}{\varepsilon k_B T}\right]^{1/2} = \left[\frac{2e^2 N_A C Z^2}{\varepsilon k_B T}\right]^{1/2} \text{..} (2\text{-}15)$$

$\chi \to \infty$ 時，$\Psi = 0$，Ψ_0 為粒子表面電位，即吸附溶液與未吸附溶液之間界面的電位，又稱為 zeta 勢。ε 為介電常數，e 為電子電荷，n_0 為溶液的離子濃度，Z 為原子價，N_A 為亞佛加厥常數，C 為強電解質的莫耳濃度(mole/cm³)，T 為絕對溫度(K)。

▶ 2-6　微粒分散與凝聚

由於奈米微粒相當的小，使得其表面活性很大，所以很容易聚在一起而形成尺寸較大的凝集體，也可能會受到粒子之間的凡得瓦力或庫侖力而凝集在一起，這使得在收集奈米微粒時變得相當的困難，因為一旦變為團塊，原有的活性就會大為降低，甚至完全失去活性。而為了避免這個問題的發生，可藉由物理方法，如利用超音波振盪破壞凝集體中粒子之間的凡得瓦力或庫侖力，或使用化學方式，如加入界面活性劑使粒子之間產生排斥，奈米微粒可分散在溶液中進行收集。

一、微粒的分散

　　無論是用物理方法還是用化學方法製備奈米微粒經常以分散在溶液中進行收集，尺寸較大的粒子容易沈澱下來，當粒徑達奈米級時，由於布朗運動等因素阻止它們沈澱而形成一種懸浮液。這種分散物系又稱膠體物系，奈米微粒稱為膠體。在此情況下，由於小微粒間的庫侖力或凡得瓦爾力導致凝聚現象仍可能發生。如果凝聚一旦發生，通常可用超音波將凝集體打碎。其原理是由於超音頻震盪破壞了凝集體中小微粒之間的庫侖力或凡得瓦爾力，從而使小顆粒分散於分散劑中。為了防止小顆粒的凝結可採下列措施：

1. **靜電穩定的機制(又稱為雙電穩定機制)：**

　　在液相介質中，通過調節 PH 值或加入適當的電解質，使得微粒表面吸引異電離子形成雙電層，以電層間的庫侖排斥力大大降低了粒子團聚的引力，從而使奈米粒子分散。微粒表面的電位和溶液強度是粒子在液相介質中靜電穩定的兩個最主要的因素。以乙醇為介質可得到奈米 TiO_2 的穩定的懸浮液，並在檸檬酸的作用下將微米級 SiC，Al_2O_3 均勻的分散在乙醇中，磁性奈米粒子它直徑在 $6{\sim}12nm$，表面帶有正電荷，不加其他填充劑，以硝酸調節 PH 值，可以穩定均勻地分散在水中，形成酸性鐵磁流體。

2. **空間位阻穩定機制：**

　　在液相介質中加入不帶電高分子聚合物，奈米微粒表面吸附高聚物，形成了一個聚合物包覆奈米微粒的微胞，聚合物之間的空間阻礙產生排斥力，使懸浮液穩定，粒子在低介電常數的有機溶劑中分散，常常被認為是按空間位阻機制進行的，如液相反應中引入聚乙二醇，聚乙二醇分子產生位阻作用，阻礙奈米微粒進一步團聚長大，得到均勻分散液。

3. **電空間位阻機制：**

　　選用一個既可提供空間位阻作用同時又具有靜電排斥作用的聚電解質為分散劑，調節懸浮液的 PH 值，使奈米微粒表面吸附的聚電解質達到飽和吸附量和最大電離度，從而增加雙電層斥力，使粒子均勻穩定的分散。常用的多為高分子聚電解質，陽離子型高分子聚電解質，以聚丙烯酸和聚甲基丙烯酸的銨鹽或鈉鹽為代表。奈米氧化鋯的微粒表面帶有正電性，很容易以靜電作用吸附聚集在丙烯酸銨電離出來的帶負電的羧酸基集團，使微粒的表面帶有負電荷，其等電點發生偏移，調節 PH 值，提高 zeta 的電位，而使微粒間因斥力而均勻的分開。在氧化鋁的水懸浮液中，採用高分子的聚電解質 PMAA-Na 為分散劑，改變溫度可以有效的改變其分散穩定性。常見的陽離子型的高分子聚電解質，以聚乙烯胺(PEI)為代表，在酸性條件下 PEI 中的鹼性基-NH-，結合氫離子而表面帶有正電性，調節 PH 值，可得到奈米氧化鋯的穩定均勻的懸浮液。用兩種類型聚合物形成的嵌段或接枝共聚物為分散劑，能更有效的分散奈米微粒。4-乙烯基吡啶和甲基丙烯酸鈉的嵌段共聚物是用在高含量 TiO$_2$ 的水分散液中的有效的分散劑。在水相中分散奈米 BaTiO$_3$，用 PMAA-PEO 嵌段共聚作為分散劑，其中聚甲基丙烯酸部分為電解質，可以通過靜電的作用吸附到膠粒的表面；PEO 部分是非離子型的，可溶於水中形成空間位置，阻止顆粒間由於凡德瓦力作用而發生團聚。調整甲基丙烯酸甲酯親油基與丙烯酸銨親水基的不同配比後得到的共聚物可作為奈米氧化鋯在水中的懸浮液的分散劑，不同的比例，分散的效果不同。2-乙烯基吡啶與 ξ-己酸內酯的嵌段共聚物可以將 TiO$_2$ 均勻的分散在固相聚酯粉末塗料中。奈米微粒在液相中分散得到的懸浮液通常用沉降實驗，液體的流變學性能，以及膠粒 zeta 電位的測定予以定性和定量的表徵。

二、微粒的凝集

懸浮在溶液中的微粒普遍受到凡德瓦力作用很容易發生凝集，而由於吸附在小顆粒表面形成的具有一定電位梯度的電雙層可克服凡德瓦力，阻止微粒凝集的作用，因此，懸浮液中微粒是否凝集，主要由這兩個因素來決定。當凡德瓦力的吸引作用大於電雙層之間的排斥作用時，粒子就發生凝集，在討論凝集時必須考慮懸浮液中電介質的濃度和溶液中離子的化學價。

奈米微粒的聚集結構描述的是奈米粒子在高分子基材中的分散分佈形態，它與微粒的表面性質、基材性能及複合材料的加工工程和複合方式等因素有關。在高分子基材中，奈米粒子可以是有序分佈，通常指其位置的分佈具有長程週期性(一維、二維或三維有序，以及複式多模有序)，也可以是無序分佈。用來描述其結構特性的常用參數如幾何參數，包括粒徑分佈、粒間距和拓撲參數等，描述粒子比鄰狀況等。它們可能有確定的值，也可能用某一分佈函數描述，提供一個統計平均值，這與奈米粒子與高分子的複合方式和加工方式等有關。但在無序分佈中，存在一聚集結構，採用上述結構參數常常無法完全反應出其特徵，就是分形結構。分形是描述無規則體系結構特性的一種理論，分爲線性分形和非線性分形兩大類。線性分形結構在一定尺度範圍內具有自相似性和標準不變性，沒有特徵長度，常用分形維數來定量地描述。分形表示了一大類無規體系的內在規律性標準不變性，這在複合材料系統中是普遍存在的，與複合材料通常是在遠離熱力學平衡態的非線性過程中形成的有關，可以用相關函數來區分分形結構和真正的無序結構。在實際複合系統中，僅用一個分形維數來描述其複雜的結構常常是不夠的，要引入多重分形。

奈米微粒在基材中的聚集結構不同。對有序的奈米微粒聚集結構，粒子在基材中的位置構成一種超結構，有長程周期性，通過控制這種結構上的週期特徵對複合材料的諧振和干涉效應影響很大。而改變粒子系統的對稱性能可調節複合材料的物理性能，如粒子分散在折射率不同的同向性均勻基材中，如果是球形粒子，則複合材料也是同向性；如果是定向排列的針形粒子，則複合材料爲異向性，具有雙折射，且爲正光性；如果是定向排列的片狀粒子，則複合材料爲異向性，且爲負光性。另外，通過控制粒子的分佈，使之在基體中呈梯度排列，複合材料的物性參數也呈梯度連續變化，獲得梯度功能複合材料，它又可具備一般複合材料所沒有的許多特殊性能。

奈米微粒在基材中的聚集態結構對複合材料的性能影響很大，爲了獲得最佳的功能，就要對粒子的聚集結構進行調節。理論和實驗都表示與一般粒子在樹脂基材中的分散類似，奈米微粒在基材中的運動、聚集行爲不僅受粒子性質、基材性質、兩者相互作用的影響，還受選擇的加工條件影響，包括溫度、時間等，而對奈米微粒則尤其要考慮它比表面積大、表面活性高、表面能高、易團聚、尺寸與高分子鏈段單元運動的相關性等。這裡就簡要介紹一些典型加工條件下，奈米微粒在樹脂基材中的聚集結構的形成及影響因素。

而對奈米微粒與高分子以共混形式形成的複合系統，由於粒子的初級結構已經由其加工條件決定，主要研究其在基材中的次級形態。從熱力學角度考慮，材料演變的驅動力是自由能過剩，趨於熱力學平衡態，但實際上系統常常處在遠離熱力學平衡態，系統所能達到的最終穩定態由粒子在基材中的動力學規律決定，主要參數是系統之粘度、加工時間等，而對不同的聚合物系統，不同的加工方式有不同的表現形式。

可以利用多相高分子材料各相分子與粒子相互作用的不同，或黏度的不同，通過加工條件的改變來控制粒子的位置，使之優先處於混雜基體的某相或介面；對製備好的複合系統還可以進行後處理，如加熱使粒子遷移、聚集和生長，從而調整粒子的聚集結構。實際系統往往需要粒子處在團聚和分散之間的某一最佳狀態，由於奈米微粒表面能較大，易團聚，所以此類工程常常是要解決團聚問題，通常採用粒子的表面處理方法，使粒子易於在基體中分散。除了實驗研究外，還有大量工作是採用 DLA 等模型進行電腦類比，主要集中在研究奈米粒子團聚體的分形生長方面。

⊙ ▶ 2-7 懸浮液與動力學

懸浮液就是在溶液中分散著許多的膠體粒子，膠體是指線性尺度在 $1\text{-}10^3\text{nm}$ 間的粒子。雖然它無法以肉眼直接觀察，但是由於單位體積的表面積甚大，具有許多特殊的理化性質。與膠體相關的問題可分為兩類：膠體與膠體間的作用以及膠體與另一表面間的作用，前者如食品、乳膠溶液的穩定化，廢水處理中之凝聚懸聚，微生物、植物細胞之聚集等，後者如集塵與過濾操作，乳酸桿菌對牙齒之吸附，血球之吸附等。穩定性無疑是膠體懸浮液的主要的特性之一。中國人數千年前就知道在墨汁中加入高分子以保持其穩定性。如維持半導體製程中之研磨液，或食品，化妝品，油漆等的穩定液，或是相反的，在水處理，固液分離等程序中，如何使其懸浮其中的膠體粒子凝聚以利沈降分離等則是現今我們要面對與解決的問題。

粒子藉由流體運動至某一平面或其他粒子表面之過程便稱為擴散，其運動方式即稱為『布朗運動』；而在討論懸浮液時，擴散運動是一個重要的課題，因其代表微小粒子之主要動力效應，因而在討論微小粒子之動力特性時，應考慮其『擴散效應』。然而對於質量較大的膠粒來說，重力作用是不可忽略的，故其沈降行為也是討論的重點。

一、布朗運動

微小粒子懸浮於液體中，由於被迅速的液體分子撞擊，因此這些粒子會朝向各方向做隨機運動。對於某一特定粒子而言，在某一時段內會有淨位移產生，但對整體粒子而言，可把此現象看成一種粒子群之振動。在 1828 年英國科學家 Robert Brown 觀察粒子在液體中運動而發現此以一現象因此便稱為布朗運動。布朗運動是由於介質分子熱運動造成的。膠體粒子(奈米粒子)形成溶膠時會產生無規則的布朗運動。

當粒子做布朗運動時，能回到原來位置的機率相當小，因此任何粒子均有淨位移產生，即使整體淨值之平均位移為零。例如在一短時間內，一粒子移動 s_1 距離，另一粒子移動 s_2 距離，這些粒子之淨位移方向或正或負或上或下，但其平均位移之總和為零，可利用粒子之平方根平均平方位移(root mean square displacement)來推估任一粒子之淨位移。

　　爲求簡便起見，假設粒子均在一單軸上或前或後運動，若粒子向前運動則視爲正速度，並設定其平方根平均平方位移爲 s，此位移發生於時間 t 內。在這段時間內，能通過平面之左方單位面積至之總粒子數 $1/2\ c_1 s$，其中 c_1 爲平面 E 左方 V_1 體積內之平均粒子濃度。同理，可得穿過平面 E 右方單位面積之總粒子數爲 $1/2\ c_2 s$，而爲平面 E 右方 V_2 體積內之平均粒子濃度。因此，由左而右之淨粒子流量爲 $1/2\ (c_1 - c_2)s$。

　　假設 s 值很小，則可寫成下面微分方程式：

$$\frac{dc}{dx} = \frac{c_2 - c_1}{s} \quad\text{...} \text{(2-16)}$$

重新組合得：

$$c_1 - c_2 = -s\frac{dc}{dx} \quad\text{...} \text{(2-17)}$$

則淨粒子流量可寫成 $1/2\ (s\ (dc/dx))$，在單位時間內，自平面 E 擴散之 J 值爲

$$J = -\frac{1}{2}\frac{s^2}{t}\frac{dc}{dx} \quad\text{...} \text{(2-18)}$$

但上列方程式和虎克第一定律相似，因此可在另外定義擴散係數 D 爲

$$D = \frac{s^2}{2t} \quad\text{...} \text{(2-19)}$$

而平均平方位移則爲：

$$s^2 = 2Dt \quad\text{..} \text{(2-20)}$$

　　若粒子在三維座標運動時，其淨位移必小於一維座標之淨位移，因爲許多粒子之位移互相垂直，以三維座標爲例，其平均平方位移爲：

$$s^2 = \frac{4}{\pi}Dt \quad\text{...} \text{(2-21)}$$

　　而在 Einstein 之布朗運動理論中，假設有一個單位截面積之圓柱體，粒子在圓柱中沿軸心做單一方向擴散，在此圓柱中有二薄膜，分別爲 E 和 E'，薄膜 E 距離圓柱一端 x，且兩薄膜之間之距離爲 dx，如圖 2-16 所示。

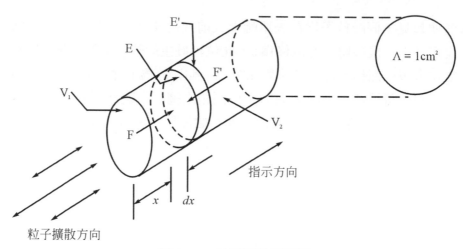

圖 2-16　粒子擴散示意圖

　　粒子在圓柱中擴散時，將產生一力作用於此薄膜上，作用在薄膜之力為 F，作用於薄膜 E 之為 F，此二力之合成力為 $F - F'$，其作用在 Adx 體積上，但此圓柱為單位截面積，所以 $A=1$，因此單位體積之作用力為$(F - F')/dx$，此力等於封閉體積之滲透壓力梯降，dp/dx，及 EE' 間之壓力降。令 ΣF_D 為單位體積之滲透力，可表示為

$$\sum F_D = \frac{(F - F')}{Adx} = \frac{-dp}{dx}$$ .... (2-22)

溶質在溶劑中的滲透壓力：$p = nRT$

　　其中為 p 滲透壓力，R 為氣體常數，T 為絕對溫度，n 為單位體積之粒子數。將上式對 n 微分得：$dp = RTdn$

　　代入方程式(2-5)，則得下式：

$$\sum F_D = -RT \frac{dn}{dx}$$ .... (2-23)

　　此乃單位體積內，作用於所有粒子之滲透力或擴散力。假使在單位體積內有 n 克莫耳之粒子，則單位體積內之真實粒子數為 $n \times N_A$，N_A 為 Avogadro's 數($N_A=6.02 \times 10^{23}$)。因單位體積之真實粒子數為 $C=n \times N_A$，則作用在單一粒子上之力為 F_D，表示為：

$$F_D = \frac{\sum F_D}{nN_A}$$ .... (2-24)

在低雷諾數時，介質對球體運動所產生的阻力，可依 Stokes 定律計算而得。所以 F_D 可列式成：

$$F_D = -\frac{RT\frac{dn}{dx}}{nN_A} = 3\pi\mu d\upsilon/C_e \quad\text{...} (2-25)$$

然後，重新組合成：

$$N_A n\upsilon = \frac{-RT}{N_A}\frac{C_e}{3\pi\mu d}\frac{d(nN_A)}{dx} \quad\text{..} (2-26)$$

或

$$c\upsilon = -\frac{RT}{N_A}\frac{C_e}{3\pi\mu d}\frac{dc}{dx} \quad\text{...} (2-27)$$

$c\upsilon$ 之乘積代表擴散之流通量，亦即單位時間內單位面積通過之粒子數目。虎克第一擴散定律為擴散流通量正比於粒子濃度梯降，亦即此二者之比例常數為擴散係數 D。因此膠體物系之擴散係數為：

$$D = \frac{RT}{N_A}\frac{C_e}{3\pi\mu d} = kT\frac{C_e}{3\pi\mu d} \quad\text{..} (2-28)$$

其中 k 為 Boltzmann 常數。

在此介紹另一因子，B，粒子運動度，定義為單位驅動力所造成之粒子速度，如下式：

$$B = \frac{C_e}{3\pi\mu d} \quad\text{..} (2-29)$$

對質量 m 之圓球而言，上式變為：

$$B = \frac{\tau}{m} \quad\text{...} (2-30)$$

而後，擴散係數可表示為：

$$D = BkT = \frac{\tau}{m}kT \quad\text{...} (2-31)$$

二、擴散效應

當粒子均勻分佈於氣體中時，布朗運動可改變個別粒子之位置，但無法改變整體粒子之濃度。如果粒子非均勻分佈，則布朗運動最後會使整體粒子濃度變為均勻，粒子將由高濃度區向低濃度區運動，這過程即稱為粒子擴散。

虎克第一擴散定律為粒子在單位時間內通過單位面積之粒子數，J，正比於垂直該單位面積之濃度梯降 dc/dx。比例常數，D，稱為擴散係數。假設有一平面垂直於 x 軸，則

$$J = -D \frac{dc}{dx} \quad\text{..} (2\text{-}32)$$

虎克第二擴散定律和時間有關，在空間中某一點之粒子濃度隨時間變化量正比於該點粒子濃度梯降之分散性，即擴散常數，D。以方程式表示為：

$$\frac{\partial c}{\partial t} = D\nabla^2 c \quad\text{..} (2\text{-}33)$$

其中 L 運算因子，應用在直角座標系為：

$$\nabla^2 = \frac{\partial^2}{\partial x^2} + \frac{\partial^2}{\partial y^2} + \frac{\partial^2}{\partial z^2} \quad\text{..................................} (2\text{-}34)$$

應用在球形座標為：

$$\nabla^2 = \frac{\partial^2}{\partial r^2} + \frac{2}{r}\frac{\partial}{\partial r} + \frac{1}{r^2\sin^2\theta}\frac{\partial^2}{\partial\phi} + \frac{1}{r^2}\frac{\partial^2}{\partial\phi^2} + \frac{1}{r^2}\cot\theta\frac{\partial}{\partial\theta} \quad\text{..........} (2\text{-}35)$$

應用在圓柱座標為：

$$\nabla^2 = \frac{\partial^2}{\partial r^2} + \frac{1}{r}\frac{\partial}{\partial r} + \frac{1}{r^2}\frac{\partial^2}{\partial\theta^2} + \frac{\partial^2}{\partial z^2} \quad\text{.........................} (2\text{-}36)$$

因此虎克第二擴散定律應用在直角座標時，可寫成：

$$\frac{\partial C}{\partial t} = D(\frac{\partial c^2}{\partial x^2} + \frac{\partial^2 c}{\partial y^2} + \frac{\partial^2 c}{\partial z^2}) \quad\text{.................................} (2\text{-}37)$$

以上方程式若有適當之邊界條件，在理論上可求得其解，而解決膠體單純擴散之問題。

三、分子動力學

分子動力學常用於材料的性質估計與製程模擬。一般認為，分子動力學源起於 1957 年 Wainwright 的硬球系統(Hard-ball system)，與 1964 年 Rahman 的 Lennard-Jones 粒子系統(Allen & Tildesley，1991)。其基本假設為原子運動由牛頓方程式決定，而原子間作用力係由假設的位能函數決定，至於位能函數的型式及其中參數，則可由材料相關的實驗參數間接決定，或以量子力學與統計分析直接計算而得之。在另一方面，平面顯示器為目前我國資訊產業的重點，其中液晶分子材料與薄膜電晶體的低溫多晶矽製程等，皆為攸關產品操作性與產能的研究焦點。

1. 基本原理：

分子計算動力的原理，是依照古典力學的計算法則，假設系統是由 N 個分子的系統，每一個質點瞬間受力 F_i 與位能 U 之梯度關係：

$$F_i = -\nabla_i U \quad (R_1，R_2，\dots\dots R_N) \quad\dots\dots\dots\dots\dots\dots\dots\dots\dots\dots\dots\dots (2\text{-}38)$$

其中 ∇_i 為梯度符號，R_1，R_2 表示系統內各質點的位置向量，位能 U 是位置的函數。依照牛頓第二運動定律，受力 F_i 的質點，其瞬間加速與作用力的關係為：

$$a_i = F_i / m_i \quad\dots\dots\dots\dots\dots\dots\dots\dots\dots\dots\dots\dots\dots\dots\dots\dots\dots\dots\dots\dots\dots\dots\dots (2\text{-}39)$$

因此質點 i 在 t 時間時之位置為 $R_i(t)$，速度為 $V_i(t)$，依泰勒展開，經一段極短時間後，其新的位置與時間為：

$$R_i(t+\delta_i) = R_i(t) + V_i(t)\delta_i + 1/2\, a_i(t)\delta_i^2 + \text{higher order terms} \dots\dots\dots\dots (2\text{-}40)$$

$$V_i(t+\delta_i) = V_i(t) + a_i(t)\delta_i + \text{higher order terms} \dots\dots\dots\dots\dots\dots\dots\dots (2\text{-}41)$$

當時間間隔 δ_i 趨近於零時，上述(2-40)(2-41)中之高次項可忽略。(2-40)-(2-41) 式，即為各原子運動方程式，可由數值積分方法求解，一般分子動力學計算多採用 Verlet Method 或 Predictor-Corrector Method 等數值方法。在實際的運算處理過程中，時間間隔 δ_i 的選取殊為重要。當 δ_i 取得過大，則可能失去速度與位置之真實性；反之，若取得過小，雖然所預測位置與速度接近連續運動，則所需之計算時間則大幅增加。一般來說，採用的時間間隔約 δ_i 在一個飛秒(Fento-second)的數量級左右。部份研究在處理單一種原子系統時會採用無因次化單位，以簡化程式的撰寫工作。

簡言之，分子動力計算的計算流程，即為利用古典物理的牛頓運動定律，包括位置、速度與加速度等訊息，以數值方法求得下一時間步驟之運動狀態。循環重複上述步驟，即可得到系統中分子運動的軌跡及各種動態的資料。

2. **勢能函數：**

分子動力計算中，決定原子間之作用力向量，是利用原子間之勢能函數 (Potential Function)，亦有稱之為力場(Force Field)。若此位能屬於同一分子內部原子之間，以 U_{intra} 表之；而若屬不同分子的原子之間，即以 U_{intra} 表之。在同一種系統中，可能兩種位能都存在，此時則兩種均需納入計算。

建構分子內原子間位能，U_{intra}，考慮因素包括鍵長、鍵角、扭轉與反轉等。例如描述鍵長變化，可利用簡諧函數或 Morse 函數描述。

$$U(r_{ij}) = 1/2k \, (r_{ij} - r_0)^2 \quad\text{..(2-42)}$$

$$U(r_{ij}) = E_0 \, \big【 (1 - e^{-\alpha(r_{ij} - r_0)})^2 - 1 \big】 \quad\text{...(2-43)}$$

其中 k 為力常數，r_0 為自然鍵長，E_0 表平衡鍵能，α 則為 Morse 比例參數。描述鍵角彎曲能，可利用：

$$U(\theta_{jik}) = 1/2k \, (\theta_{jik}\theta_0)^2 \quad\text{..(2-44)}$$

其中 k 為力常數，θ_0 為平均鍵角，θ_{jik} 為 ji 鍵與 jk 鍵間之夾角。

至於分屬不同分子之原子間的位能，U_{inter}，則包括凡得瓦力、靜電力、氫鍵等。描述凡得瓦力最常用的是 Lennard-Jones12-6 函數：

$$U(r_{ij}) = A/r_{ij}{}^{12} - B/r_{ij}{}^{6} \quad\text{..(2-45)}$$

其中 A、B 兩參數依材料而異。以庫倫為位能式描述靜電力：

$$U(r_{ij}) = K_c q_i g_j / r_{ij} \quad\text{...(2-46)}$$

K_c 為庫倫作用常數，q 為原子所帶電荷的電量。

3.　**計算條件：**

　　分子動力學的計算條件包括邊界條件與狀態條件，分子動力學計算的系統常採用的邊界條件為一週期性邊界條件，計算系統的周邊為具有相同結構的影像系統(Mirror Image Syatem)，當一分子因受力而離開計算系統時，其相對位置必有一同樣的分子進入此系統，如此才可維持此一系統中一定的分子數目。

　　至於狀態條件，分子動力學計算過程，常需控制各種狀態條件，以模擬真實問題的情況，這些條件包括總能量(E)、焓(H)、分子數(N)、壓力(P)、溫度(T)、應力(S)和體積(V)等，固定一些不同的狀態函數，將產生不同的統計系集。在這些統計系集中，可由熱力學變量的統計平均值計算出分子結構、能量和動力學性質的變化，一般常用的系集有 NVE，即分子數目(N)，壓力(P)，與溫度(T)為定值等。常用的方法，溫度控制包括線性調整、Hoover 等；而壓力的控制，即可藉由調整體積得到，反之亦然。

4.　**加速計算技巧：**

　　一般分子動力學計算耗費時間最多的步驟為計算原子間作用力，為節省計算時間，常用到一些可降低計算原子間作用力次數的技巧，例如截斷半徑(cut off radius)與臨近原子表列等，分別略述於後。

　　在截斷半徑方面，由於兩原子間之作用力隨距離增加而遞減，故於實際計算原子間作用力時，當兩分子的距離超過某一設定的值時，其作用力便不再考慮，以節省計算的時間，此設定的值稱為截斷半徑。截斷半徑的長短要適中，過短時有可能忽略仍有相當貢獻的作用力，造成計算誤差；反之，過長則將耗費時間於貢獻度微小的作用力。需注意當採用週期性邊界條件時，截斷半徑需小於系統盒長之一半。此外，計算壓力等系統特性時，截斷半徑的採用將造成誤差，可視需要計算修正項以補償之。

　　而在臨近原子表列方面，由於分子動力學每一計算時距均極為小，在此極短的時間內，各原子與其臨近原子之相對位置變動亦極小。故可建立一次臨近原子表列，每若干計算步驟更新一次，在計算作用力時，只需計算當時各原子與其對應表列中存在之臨近原子間的作用力即可，無須考慮系統中所有的原子對。而所謂臨近原子的認定，通常為截斷半徑內一點多倍距離內的原子。

▷ 2-8　介電限域效應

　　介電限域效應是指奈米微粒分散在異相介質中，由於介面所引起的介電增強現象。這樣的技術，未來可能運用在積體電路、通訊、資訊等領域的方面。目前，已開發出以常壓低溫的製程，奈米級高介電微粉及薄膜材料，將可應用於記憶元件、微波元件、感測器、微機電元件及光電 IC 等許多領域。

　　高介電材料為一種用於儲存電荷的絕緣材料，可製作成電容器，其儲存電荷能力的指標為介電常數，介電常數值愈大表示其單位體積所能蓄積的電荷愈多。以 DRAM 為例：目前使用之電容材料為 SiO_2，其介電常數值為 3.9，電容儲存的電荷正比於介電常數值及電容面積，因此隨著元件體積的輕薄短小，電容面積將隨之減少，因此為了維持電容的蓄電量必須將材料介電常數增加，也就是所謂高介電材料。為了縮小 DRAM 體積增加記憶容量，電容材料將由 SiO_2 變成 Ta_2O_5(介電常數約為 20～40)；而若要達到 Gbit 等級的記憶容量，未來就必須使用 BST 作為電容材料(介電常數約為 250)。

　　目前用於奈米介電材料的發展，主要是以化學溶液法製作介電微粉，因為其具有成分組成均勻以及細微粒徑的優點。此項合成反應是在常壓低溫下進行，所合成的粉末除了具 50～300nm 粒徑的特徵外，更重要的是粉末反應出來就是 perovskite(鈣鈦礦)的結晶相，比起固相反應法動輒需要上千度的製程溫度而言成本較低，遠超過固相反應法所能達到的 300nm 左右粒徑極限。

　　目前除了將化學溶液法應用在微粉製作上外，也積極發展薄膜技術，同時建立多元氧化物薄膜的合成技術，所製作的 BST 薄膜具有高介電常數(約 300)、低漏電、低溫製程以及良好均勻性等性質。

　　另外應用的層面以積體電路技術為最主要的領域。當積體電路的尺寸逐漸地縮小，使單位晶圓面積內的容量更大，同時加快元件的操作速度，提昇元件的性能。但是當製程技術達到 0.25 微米以下時，由內部連線所造成的時間延遲，將變成影響元件操作速度、單位面積容量大小、可靠度好壞與良率高低的最主要因素。在 0.25 微米的元件尺寸大小時，50%的元件速度延遲，將來自於由內部連線所造成的時間延遲(RC time delay)，如圖 2-17 所示。

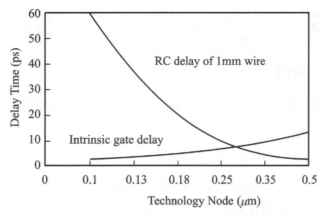

圖 2-17　時間延遲對元件尺寸的關係圖[17]

減少內部連線的時間延遲有兩個方法：

(1)　使用較低電阻值的金屬做為金屬導線。

(2)　使用具有低介電常數值的材料做為金屬與金屬間的介電層。

　　另外以碳奈米管做為材料的元件，可以利用碳奈米管小尺寸、高導通電流密度與高導熱度的先天材料特性，以突破現有電子元件的限制，達到更好的效能與元件密度。矽鍺量子點/井元件主要利用其異質介面、晶格不匹配的特性，形成奈米尺寸的量子點與量子井(Quantum Dots and Quantum Wells)結構，製作成以矽為基礎(Si-based)的光電元件。以矽為基礎的光電元件與傳統 III-V 半導體光電元件相比，具有低成本的優勢；單電子電晶體元件方面，主要開發室溫下能夠操作的單電子電晶體，並利用此單電子電晶體製成具有低消耗功率、高密度與低漏電流之積體電路。

　　更可以發展所謂的系統單晶片(SOC)，也就是將各具功能之單獨元件整合成一個具有多功能的晶片，主要整合的元件包含記憶元件、邏輯 IC、數位元件、類比元件、高頻元件、感測元件及電源等，SOC 可廣泛應用於資訊、通訊及消費電子 3C 整合產品上。開發的關鍵，SOC 可以增加記憶體元件的附加價值，使產品更微小化。電子元件越往小型化發展，新材料的開發就愈顯重要。高介電材料是一種新穎的分子結構材料，介電常數相當高，足以容納多種模組及大量的記憶體，非常適合 SOC 的應用。

　　未來 SOC 元件需整合的技術包括：低耗能高密度之邏輯線路、隱藏式記憶體(DRAM、SRAM)、非揮發性記憶體(FRAM、EEPROM、FLASH)、數位模組、類比模組、電源模組及被動元件等，其中記憶體部份為最先必須整合的關鍵零組件之一。高介電材料技術將可成功的整合設計、材料與製程技術，以降低製程及設計門檻，提昇良率，完成 IC 產業所需高經濟效益的 SOC 開發，預估可降低製造成本 30%以上，創造新台幣千億元以上之產值。

▷ 2-9 磁性

一、大塊材料之磁性

在說明奈米材料的磁學特性之前,先簡單介紹一下大塊材料可能表現的性質。

1. **基本專門術語**:

Magnetic Field(磁場):$H=nI$,I=current

H 為磁場,根據 Maxwell 理論可知:當電流流經導體將產生磁場。

Magnetic moment(磁偶矩):M

$M=\chi H$,χ=susceptibility (H/M)

Magnetic induction or flux density(磁通密度):B

$B=H+4\pi M$ ——(CGS)

2. **Permeability and Susceptibility**:

permeability(導磁係數):μ

$B=\mu H$

Susceptibility(磁化率):χ

$M=\chi H$

二者之關係為 $\mu=1+4\pi\chi$

其中學理用 χ,而學工程用 μ。

3. **磁性的基本分類**:

(1) Diamagnetic(反磁),χ 值非常小且為負值,μ 值小於 1,代表性材料如:Au、Cu、Ag。

(2) Paramagnetic(順磁),χ 值不大但為正數,代表性材料如:Mn。

(3) Ferromagnetic(鐵磁),χ 值大且為正數,代表性材料如:Fe、Co、Ni。

(4) Ferrimagnetic(陶鐵磁),χ 值大而為正數,代表性材料如:Fe_2O_3。

(5) Anti-ferromagnetic(反鐵磁),χ 值不大但為正數,$\mu_{slight} > 1$,代表性材料如:MnO_2。

我們可以想像磁偶矩可由原子的電子旋轉產生,而 Diamagnetism(反磁性)可以想像 μ 彼此抵銷,而 Para-、Ferro-、Antiferro-及 Ferrimagnetism 的 μ 則是部份抵銷,如圖 2-18 所示。

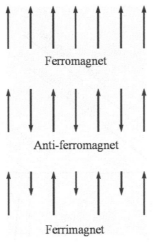

圖 2-18　各種磁性的磁偶矩排列情形，由上而下依序為鐵磁性、反鐵磁性、陶鐵磁性[54]

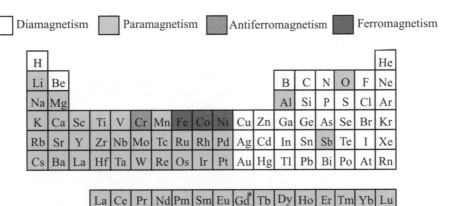

圖 2-19　於 20℃下，元素週期表中各元素的磁性分類[54]

4.　Curie Law：

順磁性物質滿足 Curie law：

$$\chi = C/T \qquad\qquad (2\text{-}47)$$

鐵磁性物質滿足 Curie-Weiss law：

$$\chi = C/(T-\theta) \qquad\qquad (2\text{-}48)$$

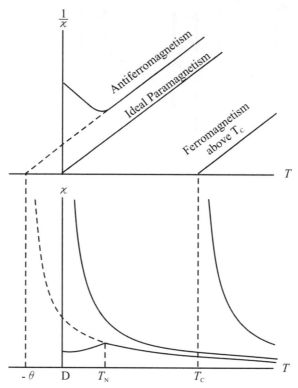

圖 2-20　順磁、鐵磁、反鐵磁材料之 χ 值與溫度的關係圖[57]

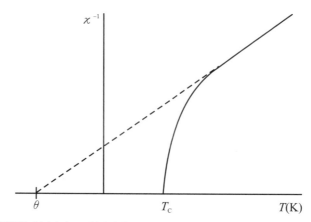

圖 2-21　陶鐵磁性材料之 χ 值倒數與溫度關係圖。其中 T_c 稱為居裡溫度(Curie Temperature)，溫度低於 T_c 時會有自發磁化現象產生。圖中虛線則是 Curie-Weiss law[54]。

5.　Domain：

　　　磁性材料裡面有很多的磁區，每個磁區都有其磁偶矩，而這些磁區稱為 domain，這些 domain 隨磁場的移動而移動。

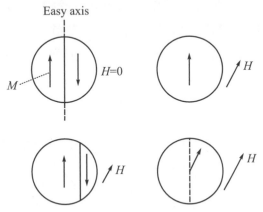

圖 2-22　外加磁場導致 domain wall 移動，使物質磁化方向與外加磁場平行[54]

　　　我們減少 domain wall energy 藉著 spin 180° 逐漸旋轉，希望 domain wall 越大能量越小。

$$E_{total} = E_{ms} + E_{wall} \dotfill (2\text{-}49)$$

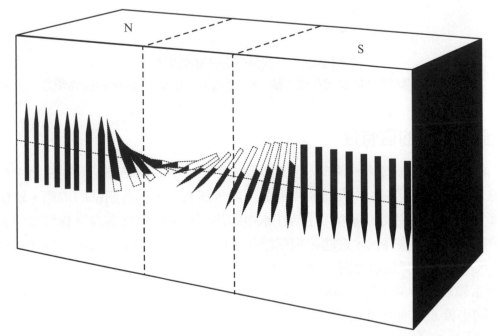

圖 2-23　Bloch domain wall 的磁陀方向旋轉示意圖[54]

6.　coercivity，Hc：

　　對一樣品施加一正向磁場，使樣品獲得一正向磁化量，將磁場逐漸增大至樣品磁化量達最大值(飽和磁化量，Ms)後，將磁場歸零，但樣品仍會有殘留磁化量，稱為飽和殘磁(Mr)。為了將此樣品所得的正向剩餘磁化量(Mr)去除，再施以一個反向磁場，當外加反向磁場逐漸增加，則原先之剩餘磁化量也會隨著此一外加磁場而逐漸衰減，當此剩餘磁化量在維持外加磁場強度下減弱為零時，其所對應之磁場強度稱之為磁矯頑力(Hc)。

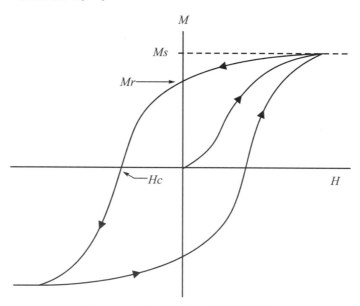

圖 2-24　封閉路徑之磁滯曲線圖

圖中的 Ms 為飽和磁化量，Mr 為磁化剩餘量，而 Hc 為磁矯頑力[54]

二、奈米微粒的磁特性

　　人們發現鴿子、海豚、蝴蝶、蜜蜂以及生活在水中的趨磁細菌等生物體中存在超微的磁性顆粒，使這類生物在地磁場導航下能辨別方向，具有回歸的本領。磁性超微顆粒實質上是一個生物磁羅盤，生活在水中的趨磁細菌依靠它游向營養豐富的水底。由電子顯微鏡的觀察發現，在趨磁細菌體內通常含有直徑約為 20nm 的磁性氧化物顆粒。小尺寸的超微顆粒磁性與大塊材料顯著的不同，大塊的純鐵磁矯頑力約為 80 安培/米，而當顆粒尺寸減小到 20nm 以下時，其矯頑力可增加 1000 倍，若進一步減小其尺寸，大約小於 6nm 時，其磁矯頑力反而降低到零，呈現出超順磁性。利用磁性超微顆粒具有高磁矯頑力的特性，已作成高貯存密度的磁記錄磁粉，大量應用於磁帶、磁盤、磁卡以及磁性鑰匙等。利用超順磁性，人們已將磁性超微顆粒製成用途廣泛的磁性液體。

奈米微粒的小尺寸效應、量子尺寸效應、表面效應等使得它具有常規粗晶粒材料所不具備的磁特性，奈米微粒的主要磁特性可以歸納如下：

1. **超順磁性**：

奈米微粒尺寸小到一定臨界值時會轉變成為超順磁狀態，例如 α-Fe、Fe_3O_4 和 α-Fe_2O_3 粒徑分別為 5nm，16nm 和 20nm 時變成順磁體，這時磁化率 χ 不再遵守 Curie-Weiss law(居禮-外斯定律)：

$$\chi = C/(T - \theta) \quad\text{.. (2-50)}$$

式中 C 為常數，θ 為居禮溫度。例如粒徑為 85nm 的 Ni 微粒，遵守 Curie-Weiss law(居禮-外斯定律)；而粒徑小於 15nm 的 Ni 微粒，進入了超順磁狀態，如圖 2-25 所示。

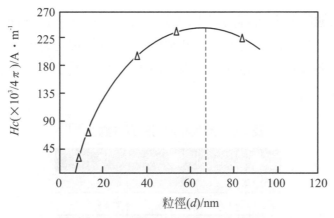

圖 2-25　Ni 微顆粒的磁矯頑力 Hc 與其顆粒直徑 d 的關係曲線[56]

圖 2-26 則是粒徑為 85nm、13nm 和 9nm 的奈米 Ni 微粒的 $V(\chi) - T$ 升溫曲線。$V(\chi)$ 與交流磁化率有關的檢測電信號，由圖看出，85nm 的 Ni 微粒在 Curie point(居里點)附近發生突變，也就是 χ 的突變，而 9nm 和 13nm 粒徑的情況，$V(\chi)$ 隨溫度呈緩慢的變化，而沒有 $V(\chi)$ 的突變，也就是沒有 χ 的突變現象。

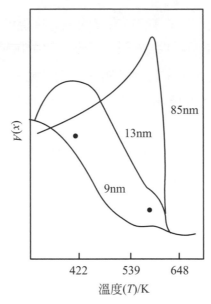

圖 2-26　奈米 Ni 微粒升溫過程 $V(\chi)$ 隨溫度變化曲線[56]

　　超順磁狀態的起源可歸為以下原因：在小尺寸下，當各向異性能減小到與熱運動能可相比擬時，磁化方向就不再固定在一個易磁化方向，易磁化方向作無規律的變化，結果導致超順磁性的出現。由表 2-6 可看出，奈米粒子或團簇的磁性與塊材磁性的不同。

表 2-6　團簇和塊材的磁性對比[57]

體　系	團　簇	塊　材
Na，K	鐵磁	順磁
Fe，Co，Ni	超順磁	鐵磁
Gd，Tb	超順磁	鐵磁
Cr	受抑順磁	反鐵磁
Rh，Pd	鐵磁	順磁

2.　**高磁矯頑力**：

　　奈米微粒尺寸高於超順磁臨界尺寸時通常呈現高的磁矯頑力 Hc。例如，用惰性氣體蒸發冷凝的方法製備的奈米鐵微粒，隨著顆粒變小，飽和磁化量 Ms 也跟著變小，而磁矯頑力卻明顯的大幅增加，如圖 2-27 所示。

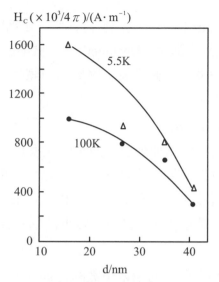

$H_c(\times 10^3 / 4\pi)/(A \cdot m^{-1})$

圖 2-27　奈米 Fe 微粒磁矯頑力與其顆粒粒徑和溫度關係[58]

　　奈米微粒高磁矯頑力的起源有兩種解釋：一致轉動模式和球鏈反轉磁化模式。一致轉動模式的內容是：當粒子小到某一尺寸時，每個粒子就成為一個單磁區(Single domain)，如對於 Fe 與 Fe_3O_4 的臨界尺寸分別為 12nm 和 40nm。每個單磁區的奈米微粒就像是一個永久磁鐵一般，若想要讓這個磁鐵去除掉磁性，必須使每個粒子整體的磁偶矩(Magnetic moment)反轉，需要很大的反向磁場才能達成，也就是具有較高的磁矯頑力。但是某些實驗證實，奈米微粒的磁矯頑力 Hc 與理論值不相符合。例如，粒徑為 65nm 的 Ni 微粒具有大於其他粒徑的磁矯頑力 $Hc=1.99\times10^4$，但卻遠低於一致轉動模式的理論值 $Hc=1.27\times10^5(A/m)$。

　　因此有些學者認為，奈米微粒 Fe、Fe_3O_4 和 Ni 等其高磁矯頑力的來源應該用球鏈模型來解釋較為合理[59,60]。他們採用球鏈反轉模型來計算奈米 Ni 微粒的磁矯頑力。由於靜磁作用，使得球形奈米 Ni 微粒形成鏈狀，其磁矯頑力可用下面公式表示：

$$H_{cn} = \mu(6K_n - 4L_n)/d^3 \dotfill (2\text{-}51)$$

其中 $K_n = \displaystyle\sum_{j=1}^{n}(n-j)/nj^3$

$$L_n = \sum_{j=1}^{\frac{1}{1}(n-1)<j\le\frac{1}{2}(n+1)} \frac{n-(2j-1)}{n(2j-1)^3}$$

n 為球鏈中的粒子顆粒數，μ 為顆粒磁偶矩，d 為顆粒間距。假設取 $n=5$，則 $Hc=4.38\times10^4(A/m)$，大於實驗值。Ohshiner[61]認為顆粒表面氧化層可會導致類似缺陷的作用，而對球鏈模型進行修正後，磁矯頑力就比上述理論計算結果低，定性地解釋了上述實驗結果。

3. **居禮溫度(Curie Temperature)：**

居禮溫度為物質磁性的重要參數，通常與交換積分(Exchange integral)Je 成正比，並與原子構型和間距有關。對於薄膜，理論與實驗研究發現，隨著鐵磁薄膜厚度的減小，其居禮溫度下降；對於奈米微粒，由於小尺寸效應和表面效應而導致奈米微粒的本徵和磁性變化，因此具有較低的居裡溫度。

4. **磁化率：**

奈米微粒的磁性和它所含的總電子數的奇偶性密切相關。每個微粒的電子可看成一個體系，電子數的宇稱為奇或偶。一價金屬的微粉，一半粒子的宇稱為奇數，另一半為偶數；兩價金屬的微粒的電子的宇稱為偶數，電子數為奇數或偶數的粒子磁性有不同的溫度特點。電子數為奇數的粒子集合體的磁化遵守居里-外斯定律，量子尺寸效應使磁化率遵從規律，電子數為偶數的系統，並遵從規律，它們在高場下為鮑立順磁性，奈米磁性金屬的值是常規金屬的 20 倍。

▶ 2-10　黏性－流變學

一、奈米流變學

發展奈米複合材料促使了次微米尺寸等級的流變學特性的發展，本節將討論三方面的測量。第一個是測量分散奈米觀察器探針的分子流動性，這可以轉換為奈米黏度的測量，第二個是由 Tabor 等人所發展出的 Surface forces apparatus (SFA)之利用，第三個是根據 Atomic force microscopy (AFM)的奈米流變學。

1. **奈米觀察探針動力學：**

藉由在材料中溶解奈米觀察器探針和觀察探針的轉移或轉動動力學(通常是利用光譜技術)，已有多種研究中測量到高分子材料的微米或奈米黏度，探針可能是分子尺寸的，例如螢光或是順磁性分子，其轉動擴散可以藉由螢光或 EPR 光譜監控，探針可能是膠狀物質(像是乳膠奈米球)，其轉移擴散可藉由動力光散射觀察。將轉動或轉移擴散係數換算為奈米黏度可直接利用下面的公式：

$$D_{rot} = \frac{kT}{\eta V_m} \qquad 及 \qquad D_{trans} = \frac{kT}{6\pi\eta R_m}$$

k=1.38×10^{-16}erg/deg，k 為波茲曼常數，T 是絕對溫度，V_m=(4π/3)R_m^3，是探針分子體積，V_m 必須由實驗求出。

2. **利用 Surface Forces Apparatus(SFA)的奈米流變學：**

　　由 Tabor 等人發展出的 SFA 包含兩個相交的雲母圓柱，彼此相接觸，淹沒在要研究的液體中。分子平滑的雲母表面間的距離由微米群的結合、微分彈力機制、和壓電變換器來控制，表面分離之測量可用光學干擾法使精密度達到 0.1nm 以下，精密的接觸區域可透過連接顯微鏡來顯影，垂直力藉由具可調整之 stiffness 的彈力之撓曲來測量，在轉化情形下，穩定或震盪應力的取代可以被應用在這樣的安排上，典型橫向黏度為 0.1～20μm/sec，接觸區域達到 10^{-8}m^2，橫向彈力作用像摩擦力偵測器，具有阻抗伸張標準。具有此安排、剪切黏度和 storage 與損失模數，可測量為雲母表面的距離的方程式。

　　用 SFA，研究者解決了幾個基礎問題的答案。第一，面際或邊界摩擦觀察的預測，例如，無磨損的摩擦，都可被證實。典型的摩擦研究發現，摩擦力正比於作用力但與接觸面積無關，但更之後才知道，事實上，摩擦的分子起源來自奈米尺度表面不規則的彈性變形，以及，真正接觸的區域小於外觀區域數個 order，因此，邊界摩擦具有摩擦力 F_F 的特性，直接正比於接觸面積 A_R，正比常數是應力長度 S，此為材料的常數：

$$F_F = SA_R \quad\text{... (2-52)}$$

藉由測量上述公式中的三個值，SFA 能夠證實其預測，結果證明 SFA 可以探索奈米顯微尺度的摩擦分子起源。

　　SFA 是研究高分子材料中奈米長度尺寸的流變學現象之改變的一種很清楚有用的方法，此資訊與多種工業重要現象有關，像是高分子－填充劑的交互作用，磁蓄裝置的潤滑，摩擦學，高分子擠壓的 wall-stick 條件等。

3. **根據 Atomic Force Microscopy(AFM)的奈米流變學：**

　　有兩種不同的 AFM 方法被應用於高分子材料的黏彈特性，在"Force mapping method"中，AFM 的頂尖是位於樣品的一點上，緩慢的被帶入壓印(indent)材料，然後再次收縮。

樣品的楊氏模數 E，可以從垂直力與距離的曲線計算出來(利用 Hertz 模式)，符合均相彈性材料和小變形，負荷力 F，與頂端撓曲 $d = z - \delta$，(δ 是 indention)，的關係是：

$$F = k(z - \delta) = (2/\pi)[E/(1 - v^2)]\delta^2 \tan\alpha \quad\text{...} (2\text{-}53)$$

K 是懸臂樑力常數，v 是樣品的 Poisson ratio，α 是 indenting cone 的半操作角度(由頂端立體得知)，上式可推導成：

$$z - z_0 = d - d_0 + \sqrt{\frac{k(d - d_0)}{(2/\pi)[E(1 - v^2)]\tan\alpha}} \quad\text{...} (2\text{-}54)$$

只有 Z_0 和 E 兩個值是未知數，因此他們可以由兩個撓曲值和他們相關的 z 值 (由 Force-distance curve)得知。將此法應用在凝膠上，證明 E 的正確值用來證明樣品夠厚，或是撓曲/力的範圍非常小。如果情況不能被控制，基礎物質的強度會不規則的增加表面 E 值。

另一種方法是利用以力控制的奈米探針，樣品作垂直於表面的正弦擺動，當樣品橫向掃描時，頂端回應的振幅和相會被控制，以此安排和適當的的機械模式，頻率獨立 storage 和損失模數 $E'(\omega)$ 與 $E''(\omega)$ 可被決定，此方法的變化，但利用震盪橫向 displacement，允許剪切模數 $G'(\omega)$ 與 $G''(\omega)$ 的測量。

▶ 2-11　光學

奈米微粒具有極大之比表面積，隨著粒徑減小，表面原子的百分比提高，大的比表面使處於表面態的原子、電子與處於小顆粒內部的原子、電子的行為有很大的影響，由於表面原子配位不完全(如：不飽和鍵)而引起較高之表面能，由於表面能大量提高，而造成奈米材料的許多物理性質均已改變(如：光吸收、熔點等)。由於奈米粒子的粒徑小，相較於許多大塊材就會顯現出與眾不同的特性，當粒子逐漸減小到某一尺寸時，也就是能隙會有所改變，因此會有能隙變寬或變窄的現象。

由於上述特性，奈米微粒具有相同材質的巨觀大塊物體不具備的新的光學特性，分別敘述如後。

一、表面電漿共振

當物質粒徑極小於入射光波長時，粒子表面的電子受到激發，做集體式的偶極震盪(Collective dipole)。由 Maxwell equation 可導出粒子在磁場作用下的吸收係數：

$$\sigma(\omega) = 4\pi Ne^2 / m_e V_s \left[\omega^2 \Gamma / (\omega_0^2 - \omega^2) + \omega^2 \Gamma \right] \quad\text{.......................................} (2\text{-}55)$$

N ：價電子數

m_e：傳導電子有效質量

V_s：物質原子體積

Γ ：自由電子碰撞頻率

ω_0：表面電漿共振頻率[62][63]

因 ω_0 會隨粒子的種類、大小而有所不同，所以當不同粒徑大小的粒子也就會造成不同的結果，傳導電子的有效自由徑也會改變，而影響光譜中表面電漿共振譜帶。電漿共振為三度空間的震盪，奈米微粒形狀改變，就會引起光譜吸收的變化，也就造成特有的光學特性。

二、寬頻帶強吸收

當尺寸減小到奈米級時，各種金屬奈米微粒幾乎都呈現黑色，對光的反射率極低，對可見光的低反射率，強吸收率使粒子變黑，如：金、鉑、鉻、鎳等等。金屬超微顆粒對光的反射率很低，通常可低於1%，大約幾微米的厚度就能完全消光。利用這個特性可以作為高效率的光熱、光電等轉換材料，可以高效率地將太陽能轉變為熱能、電能。此外又有可能應用於紅外敏感元件、紅外隱身技術等。

微粒尺寸減小時，光吸收或微波吸收增加，並產生吸收峰等離子之共振頻移，故具有新的光學特性，如對紅外線的吸收和發射作用，或對紫外線有遮蔽作用等。

奈米粒子對紅外光有一個寬頻帶強吸收光譜，因為奈米粒子比表面積大，導致平均配位數下降，不飽和鍵和懸鍵增多，造成鍵的震動模式多樣化，對於紅外光的吸收頻率增加，形成一個寬的鍵振動吸收峰。

不同粒徑材料對光的不透明度，亦即對其遮蔽力將隨光的波長而異，如 TiO_2 之粒徑在 200～350nm 時對可見光(400～700nm)之遮蔽力佳；若粒徑在 15～50nm 時，呈現透明狀，但對短波長之紫外線有較佳之遮蔽力。

所以，利用奈米材料對紫外線的吸收特性而製作的日光燈管不僅可以減少紫外光對人體的損害，而且可以提高燈管的使用壽命。

三、藍移和紅移現象

與大塊材料相比，奈米微粒的吸收帶普遍存在"藍移"現象，即吸收帶移向短波長方向。例如，奈米碳化矽顆粒和大塊碳化矽固體的紅外吸收頻率峰值分別是 $814cm^{-1}$ 和 $794cm^{-1}$，奈米碳化矽顆粒的紅外吸收頻率較大塊固體藍移了 $20cm^{-1}$。奈米氮化矽顆粒和大塊氮化矽固體的峰值紅外吸收頻率分別是 $949cm^{-1}$ 和 $935cm^{-1}$，奈米氮化矽顆粒的紅外吸收頻率比大塊固體藍移了 $14cm^{-1}$。利用這種藍移現象可以設計波段可控的新型光吸收材料。

藍移或紅移現象主要是由：

(1) 量子尺寸效應，顆粒尺寸下降能隙變寬，光吸收朝短波長移動。

(2) 表面效應造成晶格變形，鍵長縮短導致藍移。

在半導體的材料上，其吸收光譜會出現紅移或藍移的現象，奈米半導體材料的光譜藍移現象在文獻上已相當多。粒子的減小，奈米晶粒的週期性被破壞，也就造成其發光效應被破壞，通常當半導體粒子尺寸效應與波爾半徑相近時，隨著粒子尺寸的減小，半導體粒子有效能隙帶增加，其相對應的吸收光譜和螢光光譜發生藍移(可從 UV 光譜中觀察)，從而在能帶中形成一系列分離的能階。由於奈米晶粒具有較大之表面能和改變電子能階，因此在不同尺寸下就顯現出許多奇異的現象。在探討一些奈米半導體粒子，如 CdS、CdSe、ZnO 等所呈現的光學現象時，除了要考慮量子尺寸效應外，還必須考慮介電限域效應，由布拉斯(Brus)公式分析介電限域效應對光吸收帶邊移動(藍移，紅移)的影響：

$$E(R) = E_g(R=\infty) + h^2\pi^2/2\mu R^2 - 1.786e^2/\varepsilon R - 0.248E_{Ry} \quad\text{.................................... (2-56)}$$

式中 $E(R)$ 為奈米粒子的吸收能帶，$Eg(R=\infty)$ 為體相的能隙，R 為粒子半徑，μ 為粒子的折合質量，第二項為量子限域能藍移，第三項為電子-電洞對的庫侖作用有紅移效應[62]，第四項為有效雷得堡能。

物質對光的吸收及放射之間有波爾的關係：

波爾條件：$v = (E_1 - E_2)/h$ .... (2-57)

其中 v 爲頻率，$E_1 - E_2$ 爲能隙，h 爲普朗克常數[62]。當光由外界射進入時，物質對光的吸收及發射會有各種現象，因而形成了許多特殊的光學現象，而這些現象也可能與微粒的形狀及其環境有關。

近期研究顯示，奈米半導體粒子表面經化學修飾後，粒子周圍的介質可以強烈的影響其光學性質，表現爲吸收光譜和螢光光譜吸收爲紅移，初步認爲是由於偶極(Dipole)效應和介電限域效應所造成[63]。因此，在光學原理特性方面就有許多值得我們去研究探討的地方。

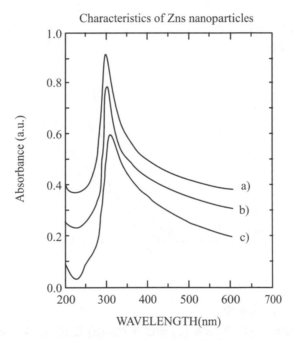

圖 2-28　UV absorption spectra of Mn-doped ZnS nano-particles (a) 2.3nm (b) 2.5nm (c) 2.7nm [64]

IL YU 等人研究發現，ZnS 奈米粒子的能隙隨著晶體尺寸下降而增加，從紫外可見光吸收光譜圖 2-28 可以看出，奈米粒子光的能隙從 2.3nm 的 4.21eV (295nm)，2.5nm 的 4.18eV (297nm)到 2.7nm 的 4.14eV (300nm)，其能量皆比塊狀的 ZnS 的 3.8eV (室溫)大很多，晶格小了 0.4nm，能量藍移了 0.34～0.41eV，其因素可歸於量子尺寸效應所造成的結果。

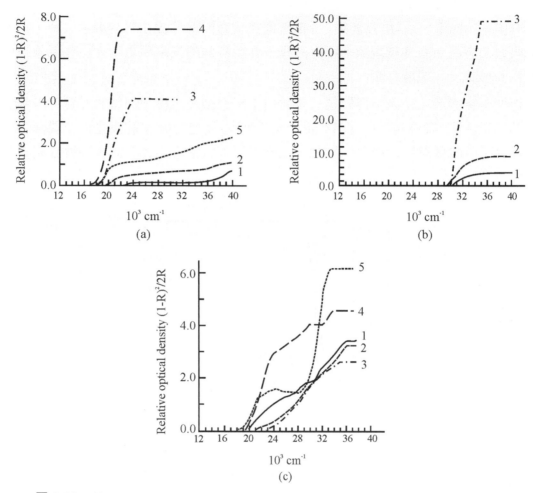

圖 2-29　Absorption spectra.

(a)　0.035% (1) 0.18% (2) and 9.7% (3) CdS in CdS/SiO₂ powdered
CdS (4) in mixture (1：4) with BaSO₄ (5).

(b)　3.0% (1) and 9.0% (2) ZnS in ZnS/SiO₂ powdered ZnS (3)

(c)　0.5% (1) 1.0% (2) 1.4% (3) 4.4% (4) and 9.7% (5) CdS in
CdS/ZnS/SiO₂ with CdS:ZnS=1:3 [65]

　　N. P. Smirnova 等人研究發現，在矽基材裡添加半導體奈米粒子如 CdS，其在可見
光能帶邊界相較於塊材 CdS 會朝向短波長區域移動圖 2-29(a)，此為小尺寸效應所造
成，而在圖 2-29(b)中，添加 ZnS 於矽基材中，其添加量> 9%，其現象與多晶粉體時的
現象無異，也就是說，在低濃度時小尺寸效應顯現，而在三成分複合材料 ZnS/CdS/SiO₂
光譜類似於 CdS/SiO₂，但藍移約 10-20nm 且能帶邊界位置較不明顯，如圖 2-29(c)所示。

四、奈米微粒的發光

當細微顆粒小到某一程度時就會產生發光的現象，可能是由於在奈米尺度下，材料的結構對稱性消失，因而對於特定波長的光，會產生偶極共振的效應，電子吸收特定波長的光跳至較高能階的地方，當其由高能階再度跳回低能階時，就造成發光的現象。

五、非線性光學效應

奈米材料光學性質另一個重點為非線性光學效應。奈米材料由於自身的特性，光激發引發的吸收變化一般可分為兩大部分：

(1) 由光激發引起的自由電子-電洞對所產生的快速非線性部分。

(2) 受陷阱作用的載流子的慢非線性過程。其中研究最深入的為 CdS 奈米微粒。由於能帶結構的變化，奈米晶體中載流子的遷移、躍遷和結合過程均呈現與常規材料不同的規律，因而其具有不同的非線性光學效應。

奈米材料非線性光學效應可分為共振光學非線性效應和非共振非線性光學效應。非共振非線性光學效應是指用波長高於奈米材料的光吸收邊的光，照射樣品後導致的非線性效應。共振光學非線性效應是指用波長低於共振吸收區的光，照射樣品而導致的光學非線性效應，其來源於電子在不同電子能階的分佈而引起電子結構的非線性，電子結構的非線性使奈米材料的非線性回應顯著增大。目前，主要採用 Z-掃描(Z-scan)和 DFWM 技術來測量奈米材料的光學非線性。此外，奈米晶體材料的光伏特性和磁場作用下的發光效應也是奈米材料光學性質研究的焦點，根據以上兩種性質的研究，可以獲得其他光譜無法得到的一些資訊[68]。

最近幾年發現當奈米顆粒狀的 Bi 被 Al_2O_3 或 SiO_2 所包覆時會有所謂自聚焦(self-focusing)的非線性光學性質。研究顯示利用 PLD 的方法在玻璃基座上成長的 Bi 超薄膜(100～200Å 厚)也具有非線性效應，用 Z-scan 的方法以穿透及反射兩種模式來檢定 Bi 薄膜的非線性光學性質，發現其巨大的非線性效應是奈米 Bi 的 10^5 倍以上[69]。

總體來說，奈米材料具有大塊材料不具備的許多光學特性，若將奈米材料的特殊光學性質製成的光學材料將在日常生活和高科技領域內將有相當廣泛的應用前景。例如奈米 SiO_2 光學纖維對波長大於 600nm 的光的傳輸損耗小於 10dB/km，此數值比 SiO_2 大塊材料的光傳輸損耗小許多倍；作為光存儲材料時，奈米材料的存儲密度明顯高於大塊材料[68]。

儘管奈米材料光學特性的研究已有長足進展，對其光學特性的應用也有一定程度的瞭解，但還有許多問題需要繼續深入系統的研究，如利用吸收、拉曼、發光等特性產生的理論根源和其研究，如何利用已知影響光學特性的因素來調整所需要的光學特性等，都是需要更進一步的實驗和探討。

▶ 2-12　熱學性能

奈米材料之熱學性質主要比熱、熱膨脹、熱穩定性三部分，以下依序介紹。

一、比熱

奈米結構材料的界面結構原子分布比較混亂，與一般材料相比由於界面體積百分比數比較大，因而奈米材料熵對比熱的貢獻比一般粗晶材料大的多，因此可以推測奈米結構材料的比熱比常規材料高的多，實驗結果也證實了這一點。系統的比熱主要由熵來貢獻，在溫度不太低的情況下，電子熵可忽略，系統熵主要由震動熵和組態熵貢獻。該改變有一半來源於兩者不同的化學成份，另一半來自於不同的原子結構。舉例來說，Cu 為抗磁金屬，而 Pd 為順磁金屬，因而在 150～300K 的溫度範圍電子或磁性對比熱的貢獻可忽略，所以奈米微晶 Pd 或 Cu 的比熱取決於物質的震動熵與組態熵的熱變化，亦即取決於晶格震動，平衡缺陷濃度的變化等。對於大尺度範圍有次序的多晶體，小尺度有次序的玻璃態，及奈米微結晶結構，這種熱變化各不相同，因此導致了三者比熱不同。

二、熱膨脹

奈米晶體的熱膨脹係數比一般晶體幾乎大上一倍，奈米材料增強熱膨脹的特性主要來自晶界組成的貢獻。固體的熱膨脹與晶格的非線性震動有關，如果晶體點陣做線性震動就不會發生膨脹現象。奈米微晶粒 Pd 和 Cu 的比熱增大程度不同，與這兩密度不同似乎一致。事實上，奈米微晶 Pd 的相對密度比奈米微晶 Cu 低，這表示奈米微晶 Pd 的晶界組成單元具有更為開放的原子結構，因而使原子間偶合變弱，導致比熱變大。這一解釋意味著比熱增大主要與晶界組成單元有關。如果這一解釋屬實則晶粒長大將使奈米微晶粒物質的比熱減小。這種現象已在奈米微晶樣品的回火實驗中觀察到。由系統的自由能很容易求出在一定壓力 P 下系統膨脹與溫度的關係。當溫度發生變化時非線性熱震動可分為兩個部份，一是晶體內的非線性熱震動，二是晶界組成的非線性熱震動，往往後者的非線性震動較前者更為顯著，可以說佔體積百分比很大的界面對奈米晶體熱膨脹的貢獻起主導作用。用來測量熱膨脹的機器主要有熱膨脹分析儀，亦稱為熱機械性分析儀(TDA-Thermal Dilatometer/TMA-Thermomechanical Analysis)，由材料之熱膨脹係數分析以了解分子運動，結構轉變或熱膨脹等行為，尤以解決半導體元件及製程中不同材料加熱接合等問題為最佳之分析利器。

三、熱穩定性

　　奈米材料晶粒為等晶軸、粒徑均勻、分布窄，保持奈米材料各向同性就會大大降低界面遷移的驅動力，不會發生晶粒的異常成長，這有利於熱穩定性的提高。奈米結構材料的熱穩定性是一個十分重要的問題，它關係到奈米材料的優越性能究竟能在什麼樣的溫度範圍內使用。

　　一般來說奈米材料由於壓製過程中晶粒取向是隨機的，晶界內原子的排列、鍵結的組態、缺陷的分布都較晶內混亂的多，晶界通常為高能晶界。高能晶界將提供晶粒較大的驅動力，很可能引起晶界遷移，但實際上奈米相材料晶界的物理過程並不因為晶界能量高而引起晶界遷移，而是在升溫過程首先是在晶界內產生結構鬆弛導致原子重排趨於有序以降低晶界自由能。這是因為晶界結構鬆弛所需要的能量小於晶界遷移能，升溫過程中提供的能量首先消耗在晶界結構鬆弛上，這就使奈米相材料經歷在較寬的溫度範圍內不明顯成長。能在較寬的溫度範圍獲得熱穩定性較好的奈米結構材料是奈米材料研究工作者急得解決的關鍵問題之一。奈米結構材料比表面積較大，表面能較高，這就為顆粒成長提供了驅動力，它們通常處於不穩定狀態。通常加熱回火過程將導致奈米微晶的晶粒快速成長，與此同時，奈米微晶物質的性能也通常向大晶粒物質轉變。但在退火溫度較低時，晶粒尺寸看來將保持穩定不變，隨著回火溫度的增加，晶粒生長的速度加快。

　　此外，奈米微晶物質在固態反應形成化合物過程中也會引起晶粒成長。對奈米相材料的回火實驗進一步觀察到其顆粒尺寸在相當寬的溫度範圍內並沒有明顯成長，但當退火溫度 T 大於臨界溫度時，晶粒突然快速成長。把奈米相材料顆粒尺寸隨溫度成長規律綜合一起會發現一個十分有趣的現象，亦即在某一溫度區間內顆粒長大遵循 Arrhenius 關係。由線性區間直線的斜率很容易求出晶粒成長的表觀活化能，直線斜率越大活化能越大。奈米金屬晶體的晶粒相對來說成長比較容易，熱穩定的溫區較窄，而奈米複合材料晶粒成長由於活化能較高變得較困難，熱穩定化溫區範圍較寬。

　　奈米材料熱穩定的核心問題是如何抑制晶粒成長，界面遷移為晶粒成長提供了基本的條件。從某種意義上來說，抑制界面遷移就會阻止晶粒成長，提高了熱穩定性。

晶界的遷移可以分解為原過程的疊加。一種晶體缺陷或一組原子從一個平衡狀態到達另一個平衡狀態，就構成了晶界運動的原過程。奈米相材料溶質原子或雜質原子的晶界偏聚使晶界能降低，偏析的驅動力來自於原子或離子的尺寸因素和靜電力，利用這一特點往往向奈米材料中添加穩定劑，使其偏析成長在晶界，降低晶界的靜電能和畸變能，使其遷移變得困難，晶粒成長得到控制，這有利於提高奈米材料的熱穩定性。

▶ 2-13　力學性能

奈米材料由於高比例表層原子之配位不足與極強之凡得瓦爾作用力，使奈米複合材料之強度、韌性、耐磨性、抗老化性、耐壓性、緻密性與防水性大大提高，在複合材料之力學物理上有革命性之改善。

陶瓷材料在通常情況下呈脆性，然而由奈米超微顆粒壓製成的奈米陶瓷材料卻具有良好的韌性。因為奈米材料具有大的介面，介面的原子排列是相當混亂的，原子在外力變形的條件下很容易遷移，因此表現出甚佳的韌性與一定的延展性，使陶瓷材料具有新奇的力學性質。美國學者報導氟化鈣奈米材料在室溫下可以大幅度彎曲而不斷裂。研究發現，人的牙齒之所以具有很高的強度，是因為它是由磷酸鈣等奈米材料構成的。呈奈米晶粒的金屬要比傳統的粗晶粒金屬硬 3～5 倍，至於金屬－陶瓷等奈米複合材料則可在更大的範圍內改變材料的力學性質，其應用前景十分寬廣。

其餘力學性質的相關介紹請參考第三章 3-10 奈米材料力學性能的內容。

參考文獻

1.　任鏘諭，清華大學碩士論文，1999。

2.　伊邦躍，奈米時代，五南出版社，2002。

3.　張立德，奈米材料，五南出版社。

4.　J. AM. CHEM. SOC. 125，2195-2199，2003.

5.　Linsebigler，Amy L.，G. Lu，and John T. Yates，Photocatalysis on TiO$_2$ Surfaces: Principles，Mechanisms，and Selected Results，Chem. Rev.，95，735，1995.

6.　林正得，二氧化鈦奈米微粒進行光催化金屬還原以形成核-殼結構之研究，清華材料所碩士論文，2002。

7.　http://www.tatung.com/b5/air/index.htm.

8.　Burdett，J. K.，Timothy Hughbanks，Gordon J. Miller，James W. Richardson，and Joseph V. Smith，Structural-Electronic Relationships in Inorganic Solids: Powder Neutron Diffraction Studies of the Rutile and Anatase Polymorphs of Titanium Dioxide at 15 and 295K，J. Am. Chem. Soc.，109，3639，1987.

9.　Callister William D，Materials science and engineering: an introduction，New York: John Wiley，1996.

10.　http://www.fibronet.com.tw/liture/china/化工進展/990411.htm，2000/09/01.

11.　Fine Chemicals. V.30，no.9，2001.

12.　楊毅、高明遠、邊鳳蘭等，高分子學報，4，477，1995。

13.　Mukherjee M，Saha S K，Chakravorty D. Appl. Phys. Lett.，63(1)，42，1993.

14.　工業材料雜誌 196 期 92 年四月份刊。

15.　工業材料雜誌 190 期 91 年十月份刊。

16.　張鼎張、周美芬，有機高分子低介電材料簡介，奈米通訊第六卷第一期。

17.　工業技術研究院，光電及化工材料產品研究公布新聞。

18.　http://www.peopledaily.com.cn/BIG5/channel5/29/20001017/275328.html.

19.　http://inoffice.adm.ccu.edu.tw/rcenter/spin.htm.

20.　http://140.116.22.107/yclee/modphyspdf/exp7.pdf.

21.　http://www.jeol.com/.

22.　http://www.bhkaec.org.hk/mainpage.htm.

23.　http://www.distinction.ch.ntu.edu.tw/content/plan3/midreport3-90.htm.

24.　http://www.itri.org.tw/chi/rnd/focused_rnd/nanotechnology/dn10.jsp.

25.　http://www.sciscape.org/articles/genius/.

26.　http://www.mrl.itri.org.tw/research/fine-metals/nano_material.htm.

27.　http://www.distinction.ch.ntu.edu.tw/content/plan3/content3.htm.

28.　http://www.stic.gov.tw/policy/nano/b91031.htm.

29.　http://www.bnext.com.tw/mag/2002_08_01/2002_08_01_133.html.

30.　http://www.feli.com.tw/nano/compare.htm.

31.　http://www.lib.ncit.edu.tw/.

32.　林鴻明，奈米陶瓷材料，大同大學材料工程學系。

33.　郭清癸、黃俊傑、牟中原，金屬奈米粒子的製造，國立台灣大學化學系及凝態中心。

34. 鄭世裕，無機奈米材料產業應用，工業材料雜誌，190 期，91 年 10 月。

35. 吳乃立，金屬氧化物奈米晶粒的合成與應用，國立台灣大學化學工程學系。

36. 吳文演，奈米材料與技術在紡織產業上之應用，台灣科技大學。

37. 牟中原、陳家俊，奈米材料研究展望，國立台灣大學化學系。

38. 蘇品書編譯，「超微粒子材料技術」，復漢出版社印行，台南，1989。

39. 馬遠榮，奈米科技，商周出版社，2002。

40. 汪建民，材料分析，中國材料科學學會，1998。

41. 奈米材料於材料及化工產業之應用規劃，經濟部技術處。

42. 李崇堡，新纖維素材及其應用，1992。

43. S. Iijima. Helical Microtubules of Graphitic Carbon，Nature，Vol. 354，pp.56～58，1991.

44. D.T. Colbert，J. Zhang，S.M. McClure，P. Nikolaev，Z. Chen，J.H. Hafner，D.W. Owens，P.G. Kotula，C.B. Carter，J.H. Weaver，A.G. Rinzler，R.E. Smalley. Growth and Sintering of Fullerene Nanotubes，Science，Vol.266，pp.1218～1222，1994.

45. F. Family，P. Meakin，B. Sapoval，R. Wool. Fractal Aspects of Materials，MRS Vol.367，1995.

46. Zujin Shi，Xihuang Zhou，Zhaoxia Jin，Zhennan Gu，Ji Wang，Sungi Feng，Xiaolin Xu，Zhenquan Liu. High Yield Synthesis and Growth Mechanism of Carbon Nanotubes，Solid State Communications，Vol. 97，pp.371～375，1996.

47. P.M. Ajayan，P. Redlich，M. Ruhle，J. Mater. Res.，12，pp.224，1997.

48. Ineke Malsch. Nanotechnology in Europe: Scientific Trends and Organizational Dyamics，Nanotechnology，Vol.10，pp.1～7，1999.

49. S Cui，C.Z. Lu，Y.L. Qiao，L.Cui. Large-scale Preparation of Carbon Nanotubes by Nickel Catalyzed Decomposition of Methane at 600 C，Carbon，pp. 2070～2073，1999.

50. N.A. Kiselev，A.P. Moravsky，A.B. Ormont，D.N. Zakharov. SEM and HREM Study of the Internal Structure of Nanotube Rich Carbon Arc Cathodic Deposits，Carbon，pp. 1093～1103，1999.

51. Zujin Shi，Yongfu Lian，Xihuang Zhou，Zhennan Gu，Yacgang Zhang，Sumio Iijima，Lixia Zhou，Kwok To Yue，Shulin Zhang. Mass Production of Single Wall Carbon Nanotubes by Arc Discharge Method，Carbon，pp.1449～1453，1999.

52. Hari Singh Nalwa. Handbook of Nano structured Materials and Nanotechlogy，2000.

53. 川合知二監修，圖解-奈米科技，工業技術研究院譯，2002.12。

54. R. Lawrence Comstock，"Introduction to magnetism and magnetic recording"，John Wiley & Sons，Inc.

55. 葛林・費雪班，奈米商機，培生教育出版集團，2003。

56. 張力德、牟季美，奈米材料和奈米結構，科學出版社，2002。

57. 張志焜、崔作林，奈米技術與奈米材料，國防工業出版社，2000。

58. Du Y W，J. Appl. Phys.，63，4100(1988).

59. 都有為、徐明祥、吳堅等，物理學報，41(1)，149，1992。

60. Jawb I S，Bean C P，Phys. Rev.，100，1060，1955.

61. Ohshiner K Z，IEEE Trans.，MAG-23，2826，1987.

62. 魏碧玉、賴明雄，奈米材料在光學上的應用及其製造法，工業材料，153，113，1999。

63. 林景正、賴宏仁，奈米材料技術與發展趨勢，工業科技，9，P.95～101，1999。

64. IL YU，J. Phys. Chem. Solids Vol 57，No. 4，pp. 373-379，1996.

65. N.P. Smirnova，Journal of Molecular Structure 408/409，563-567，1997.

66. 張立德編著，奈米材料，P.78～79，五南出版社，2002。

67. http://www.fzxk.com/1300/1303-zj/..%5C..%5C1200%5CYD-023%5CYD2304.HTM.

68. http://www.cpus.gov.cn/kjqy/file/0264.htm.

69. http://www.distinction.ch.ntu.edu.tw/content/plan3/endreport3-91.htm.

70. http://www.ssco.com.tw/Orton_Ceramics/ThermoAnalysis_index/ThermoAnalysis_index.htm，Orton 精密熱分析儀器專賣公司。

71. http://www.cae.nthu.edu.tw/default.asp，塑膠全球資訊網。

72. 李安謙，半導體製程診斷及設備自動化教學改善之計劃，交通大學，2002。

73. 陳榮昌，高溫超導體應用之熱學研究，博士論文，國立交通大學/機械工程研究所，1993。

74. 陳靜遠，超導薄膜材料之本質熱穩定研究，碩士論文，國立交通大學/機械工程研究所，1992。

75. http://pmc.ksut.edu.tw/index.html，CAE 模流分析課程，崑山科技大學精密製造中心。

· 奈米材料科技原理與應用 ·

Nanotechnology

Chapter **3**

奈米材料檢測分析

　　奈米材料檢測與分析主要包括微結構/微成份檢測、物理/化學性質檢測產業關鍵功能檢測等技術，奈米尺寸範圍的材料與結構分析鑑定，在整體奈米技術發展上扮演關鍵的角色。目前奈米檢測與分析所使用的設備依檢測功能與目的可歸納成下列幾類：

1. **結構/微成份檢測：**

　　　二次中性原子/離子質譜儀(SNMS/SIMS)、感應耦合電漿質譜儀、場發射掃描式電子顯微鏡(FE-SEM)、場發射穿透式電子顯微鏡(FE-STEM)。

2. **物理/化學性質檢測：**

　　　SPM(包括 AFM、MFM、LFM、SECM)、光學近場掃描顯微鏡(SNOM)、熱能或光熱掃描顯微鏡、電容掃描顯微鏡、靜電力掃描顯微鏡、近場聲波掃描顯微鏡。

3. **產業關鍵功能檢測：**

　　　功函數顯微鏡(WFM)、孔洞檢測儀器(BET)、Nano Indentation Tester(NIT)、Zeta電位量測儀(ZPA)、電容電壓測量儀、Potential/Galvano State/極譜測量儀。

　　主要的奈米檢測與分析儀器如圖 3-1 所示。

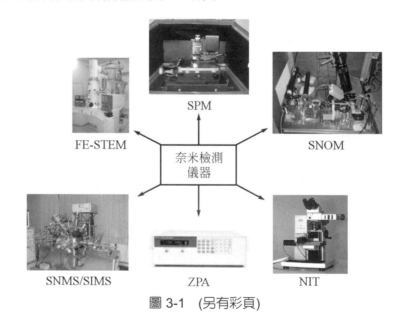

圖 3-1　(另有彩頁)

　　奈米材料檢測與分析儀器的分析檢測能力如表 3-1 所示，SEM、AES、AFM 等儀器具表面奈米等級分析能力，而利用 Backscattered SEM、X-RAY 及 EDS 可分析材料表層以下 0.5nm～4μm 之奈米結構。一般最常被使用的 TEM 可提供的訊息包括：

1. **電子繞射：**

   晶體結構、相鑑定、相與相的結晶關係。

2. **振幅對比影像(BF/CDF)：**

   材料/元件的內部結構、缺陷結構。

3. **高分辨影像：**

   晶體中原子結構、界面原子結構。

4. **EDS/EELS：**

   成份分析、化學鍵結。

表 3-1 [1]

主類別	儀　器	主　要　功　能	解析度
表面分析	AES	表面成份、化學鍵結	1 μm
	AFM	表面型態	5nm
	ESCA	表面成份、化學鍵結	5mm
	SIMS	表面成份、縱深分析	50 μm
電　鏡	SEM(×2)	表面微結構、成份分析、材質分析	0.1 μm
	TEM/STEM	內部微結構、晶體結構、成份分析	0.4nm/20nm
	HRTEM	晶體(原子/分子)結構、界面結構	0.18nm
XRD	XRD	晶體結構、相鑑定	
	TFXRD	薄膜相鑑定、薄膜厚度	
	Texture Cradle	Pole figure	

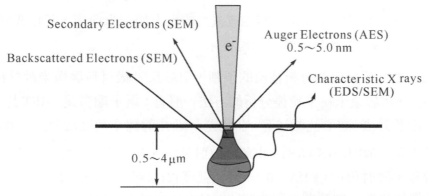

圖 3-2　分析奈米檢測與分析儀器分析範圍

▶ 3-1 奈米材料尺寸評估

奈米微粒尺寸與光波波長、德布羅意(de Broglie)波長以及超導態的相關長度或透射深度等物理特徵尺寸相當或更小時，晶體週期性的邊界條件將被破壞；非晶態奈米微粒的顆粒表面層附近原子密度減小，導致聲、光、電、磁、熱、力學等特性呈現新的小尺寸效應[1]。

針對不同形狀的粉末顆粒，對於粒徑的定義也有所不同：

(1) 對於規則的球型顆粒，球的直徑與用投影圓的直徑表示，兩者是一樣的。

(2) 對於近似球型或等軸狀顆粒，用最大長度方向的尺寸代表粒徑。

(3) 形狀不對稱的奈米粉粒，利用長、寬、高三維的某種值來表示粒徑，稱為幾何粒徑。

測量顆粒的幾何尺寸，通常採用下列四種粒徑為基準：

(1) 幾何學粒徑：利用投影的方式來定義不同幾何形狀的粒徑。

(2) 當量粒徑：利用沈澱法、離心法或水力學法測得的粉末粒徑。

(3) 比表面積粒徑：利用吸附法、透析法和潤濕熱法測定粉末的比表面積，再換算成具有相同比表面積的均勻球形顆粒的直徑。

$$d_{BET} = \frac{6}{\rho S_w} \quad\text{...} \text{(3-1)}$$

d_{BET} 為比表面徑

ρ 為顆粒密度，一般可取比重瓶密度

S_w 為比表面積

(4) 折射粒徑：對於粒徑接近電磁波波長的粉末如奈米粉末，可由光與電磁波(如 X 光等)的折射現象所測得的粒徑。

但是因為儀器解析度與分析技術的限制，對於奈米級材料與微米級材料，分析的技術有所不同，用於奈米粉末粒徑分析的方法一般有：電子顯微鏡、BET 比表面積法、X 射線小角度散射法、離心沈澱法等，在此先介紹 X 射線小角度散射法及離心沈澱法。

X 射線小角度散射法(SAXS)：小角度散射是指 X 射線折射中到一點陣原點附近的相互干射現象。散射角 ε 大約為 $10^{-2} \sim 10^{-1}$(弧度)數量級，散射線的強度在入射線方向最大，隨著散射角增大而減弱，在某個散射角度 ε_0 外處則變為零。ε_0 與波長 λ、粒徑 d 之間滿足

$$\varepsilon_0 = \lambda / d \quad\text{...}\quad (3\text{-}2)$$

表 3-2　粒徑測定方法[1]

粒徑基準	測定方法	測定範圍/μm	粒徑分佈基準
幾何粒徑	光學顯微鏡	500~0.2	個數分佈
	電子顯微鏡	10~0.01	個數分佈
當量粒徑	重力沈澱	50~1	質量分佈
	離心沈澱	10~0.01	質量分佈
	氣體沈澱	50~1	質量分佈
	擴散	0.5~0.001	質量分佈
比表面粒徑	吸附(氣體)	20~0.001	比表面積平均徑
	透過(氣體)	50~0.2	比表面積平均徑
	潤濕熱	12~0.001	比表面積平均徑
折射粒徑	光折射	12~0.001	體積分佈
	X 射線線寬	0.05~0.0001	體積分佈
	X 射線小角度散射	0.1~0.001	體積分佈

在實際測量中，假定粉末粒徑是大小均勻的，粒徑大小為幾個～幾十個奈米，因團聚現象，則散射的強度 I 與散射角度 ε 的關係可表示為：

$$\ln I \sim \varepsilon^2 \quad\text{..}\quad (3\text{-}3)$$

假設顆粒為球形，由 $\ln I - \varepsilon^2$ 直線的斜率 σ，則可以計算粒徑 d：

$$d = 1.273\sqrt{-\sigma} \quad\text{...}\quad (3\text{-}4)$$

由上式可知，用 X 射線小角度散射法測量粒徑時，其假設為：

(1)　顆粒是均勻球形的。

(2)　粒徑在幾個～幾十個奈米範圍。

(3)　顆粒是分散的。

離心沈澱法：粉末顆粒在靜止的液體介質中依靠重力克服介質阻力和浮力而自然沈澱，由此引起懸浮的壓力、相對密度、透光能力或沈降質量的變化，測定這些參數隨時間的變化規律，就能反映出粉末的粒度組成。重力沈澱法測量的粒徑範圍是 50～1μm，相對於重力沈澱法，可測量 10～0.01μm 的範圍，因而適用於奈米粉末的粒徑測定[2]。

▶ 3-2 奈米材料比表面積分析

多孔性材料常見的有分子篩、介孔材料、活性碳……等，在工業界已廣泛地被應用在分離、純化、吸附劑……等領域，其中多孔性奈米材料是指孔洞大小在奈米尺度範圍(1-100nm)之多孔性材料，近年來廣泛地被當作製造零維(Nanoparticles)和一維(Nanowire，Nanotube)奈米材料的模板。使用奈米模板來製備奈米結構材料，由於可藉由調控模板的孔洞大小、孔洞分佈、孔隙率與孔洞的長寬比、孔洞的表面特性（親水性或疏水性等特徵）來達到生產具有特殊性能與均一性之材料，因此成為製備奈米材料之熱門方法。

選擇模板時，除了孔洞大小必須控制在奈米尺度，尚需考慮其孔隙率、孔洞大小與分佈是否均一、孔徑長寬比、孔洞形狀、孔洞表面性質……等孔洞特性，如此才能掌控其所製備之奈米結構材料的性質。因此選擇具有特定大小、高孔隙度、低成本之奈米模板，便成為能成功製備大量具有工業應用價值奈米材料之第一步。

測定比表面積的方法繁多，如鄧錫克隆檢測法(densichron examination)、溴化十六烷基三甲基銨吸附法(CTAB)、電子顯微鏡測定法(electronic microscopic examination)、著色強度法(tint strength)及氮吸附測定法(nitrogen surface area)等。

不過，一般比表面積的量測多利用吸附的方法。

一、吸附原理

吸附(adsorption)就是利用固體本身表面力(surface force)之作用，將溶液中的某些物質吸住，並集中在固體表面上的一種現象。具有表面吸附力的固體皆稱為吸附劑(adsorbent)，吸附在此固體表面上之物質稱為吸附物(adsorbate)。多數吸附劑均為多孔性物質，吸附作用在孔壁發生或在吸附劑內部的某區域運作，由於孔壁一般都很小，其內部的表面積總和通常遠大於外部的總表面積。

而分離現象主要是靠吸附劑與被吸附物之間的作用力，將被吸附物牢牢限制在吸附劑上而讓其他成份通過，達到分離的效果。

表 3-3　物理吸附與化學吸附之比較[2]

	物理吸附	化學吸附
吸附力	凡得瓦爾力	原子鍵結力
吸附熱	10Kcal/mole 以下	10-100Kcal/mole
選擇性	無(在低溫時任何系統均可)	有選擇性
吸附速度	很快(無法判定)	通常不太快(可測定)
吸附層	多分子層吸附	單分子層吸附
定溫吸附量	高溫時減低(隨溫度減低)	高溫時增加(隨溫度增加)
可逆性	容易脫離	不易脫離

1.　**吸附法圖解：**

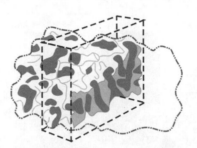

圖 3-3　固體粒子的放大圖[7]

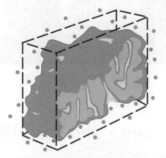

圖 3-4　吸附分子單分子層約 30%飽和[7]

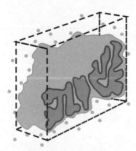

圖 3-5　多分子層/毛管凝縮段階約 70%飽和[7]

圖 3-6 細孔完全充填 100%飽和[7]

2. 比表面積分析儀器實例：

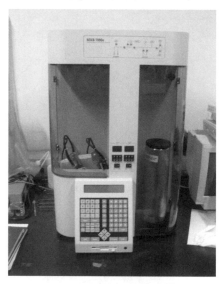

圖 3-7 比表面積儀[6]

二、BET(Brunauor，Emmett，and Teller)多層氣體吸附法[4]

BET 法是固體比表面測定時常用的方法，BET 方程式為

$$\frac{V}{V_M} = \frac{k \times p}{(p_o - p)\left[1 + (k-1)\dfrac{p}{p_o}\right]}$$ .... (3-5)

V 為被吸附氣體的體積

V_m 為單分子層吸附氣體的體積

P 為氣體壓力

P_o 為飽和蒸氣壓

K 為 y/x，對第一吸附層，$y = \dfrac{a_1}{b_1} p$，a_1、b_1 為常數

將上述，BET 方程式改為

$$\frac{P}{V(P_O - P)} = \frac{1}{V_m k} + \frac{K-1}{V_m k}\frac{P}{P_O} \quad\text{...............................} \text{(3-6)}$$

令 $A = \dfrac{K-1}{V_M k}$、$B = \dfrac{1}{V_m k}$ 將兩式相加取倒數

得 $V_m = \dfrac{1}{A+B}$ 代入(3-6)式可得 $\dfrac{P}{V(P_O - P)} = B + A\dfrac{P}{P_O}$

假設一吸附質分子的截面積 A_m，把 V_m 換算成吸附質的分子數（$\dfrac{V_m}{V_O \cdot N_A}$）

即可計算出粒子的表面積 S：

$$S = \frac{V_m}{V_O} N_A A_m \quad\text{..} \text{(3-7)}$$

這種分析方式通常有容量法和重量法，容量法簡單講就是測定已知量的氣體在吸附前後的體積差，進而得到氣體的吸附量；重量法直接測定固體吸附前後的重量差，計算氣體吸附量，此種方式比容量法準確。然而這兩種方法都需要高真空和預先嚴格脫氣處理，用 BET 法來測定比表面積時控制測定準度的因素主要為顆粒的形狀及缺陷，如氣孔、裂縫，這些會造成量測結果呈現負偏差。

▶ 3-3　奈米材料粒徑分析

粒徑的大小是材料能否達奈米級的一個重要指標，一般在 100nm 的大小以下的顆粒，即可算達奈米級程度的顆粒。而要如何檢測材料的粒徑是否達奈米級是一項重要的工作，一般可使用電子顯微鏡，如 SEM、TEM 來作檢測。另外也可使用複頻電聲波、雷射，或是超音波的方法。

一、高濃度超音波粒度分佈分析儀

結合超音波感測、數值訊號處理器及現代個人電腦設備，可以直接量測高濃度的懸浮液，如 TiO_2、陶瓷漿料；或乳液如潤滑液、化妝品等。如由英國 Malvern 儀器公司所推出的超音波粒徑分析儀 Ultrasizer，則具有以下特點：

(1) 高濃度測量，濃度可高達 70%。

(2) 粒徑範圍 $0.01\mu m \sim 1,000\mu m$。

(3) 可同時量測濃度。

(4) 可於生產線上即時量測。

圖 3-8　超音波粒度分佈分析儀

二、雷射粒徑分析儀

1.　原理：

儀器測量方法為利用雷射光散射原理，將各種分散於水或有機溶劑中的樣品直接去分析平均粒徑及各種粒徑分佈的結果。

2.　量測範圍：

一次測量完成 $0.1 \sim 600\mu m$ 粒徑範圍。

3.　應用：

金屬粉末、精密陶瓷、研磨材料、乳液、化妝品、界面活性劑、食品、藥物、染料、塗料、油墨、水泥、黏土、礦物。

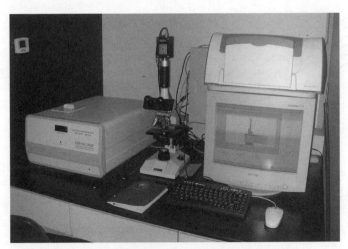

圖 3-9　雷射粒徑儀 Nicomp-380ZLS[6]

三、高效能粒徑分析儀 HPPS (high performance particle sizer)

　　測定微小顆粒粒徑的基本原理是利用 Dynamic Light Scattering(DLS)技術，利用雷射光照射在粒子上，而光會造成偏差，由這些偏差來判定粒子的顆粒大小尺寸。待測奈米顆粒是被分散在液體中，而 HPPS 可測量的濃度範圍可達 20 vol%到 10^{-6} vol%，可被測出的奈米顆粒粒徑範圍是 0.6～6000nm，幾乎所有的奈米顆粒都能夠被 HPPS 所測定。圖 3-10 為 HPPS 作用的基本原理示意圖。

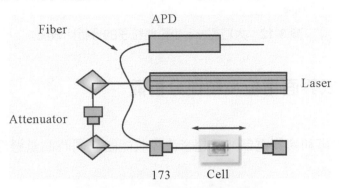

圖 3-10　HPPS 基本原理示意圖

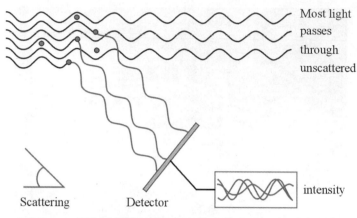

圖 3-11　雷射光照射分散在液體中的奈米顆粒時的狀況

　　如果是小粒徑，則布朗運動則會相當的明顯；反之，如果是大粒徑的顆粒則布朗運動不是很明顯。

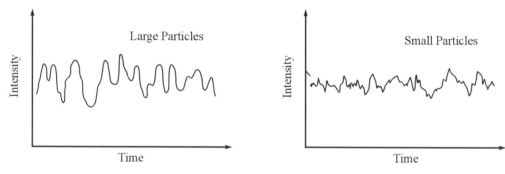

圖 3-12　大粒徑 v.s.小粒徑粒子的分析比較圖

四、電能聲波式界面電位及粒徑分析儀

1.　**原理：**

　　　儀器利用專利複頻電聲波及超音波吸收能譜法同時測量懸浮液之界面電位及粒徑分佈結果。

2.　**量測範圍：**

　　　粒徑測量範圍：$0.02 \sim 10 \ \mu m$。

3.　**應用：**

　　　半導體製程 CMP 研磨液、精密陶瓷、乳液、化妝品、乳膠、食品、藥物、礦物、黏土、水泥、螢光塗層材料、染料、塗料、油墨、觸媒、研磨材料。

圖 3-13　電能聲波式界面電位及粒徑分析儀[7]

五、動態光散射粒徑徑分析儀(DLS Method)

　　粒徑的大小是材料能否達奈米級的一個重要指標，一般在 100nm 的大小以下的顆粒，即可算達奈米級程度顆粒。而要如何檢測材料的粒徑是否達奈米級是一項重要工作，一般可使用電子顯微鏡，如 SEM、TEM 來做檢測。另外也可使用動態光散射粒徑徑分析儀(DLS Method)(圖 3-14)，直接於觀察溶液下材料粒子粒徑大小及聚集狀態。

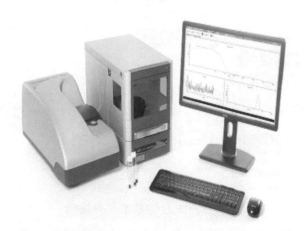

圖 3-14　Malvern Mastersizer 3000 粒徑分析儀

1. 原理：基於 Dynamic Light Scattering (DLS)技術，偵測粒子布朗運動行為(圖 3-15)與史托克方程式(圖 3-16)，在溶劑黏度與溫度固定條件下，大的粒子布朗運動慢，小的粒子布朗運動速度快。 得到奈米粒徑大小及分佈。圖 3-17 為 DLS 的基本光學架構：

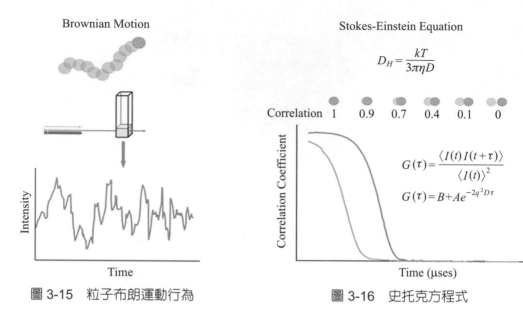

圖 3-15　粒子布朗運動行為　　　　圖 3-16　史托克方程式

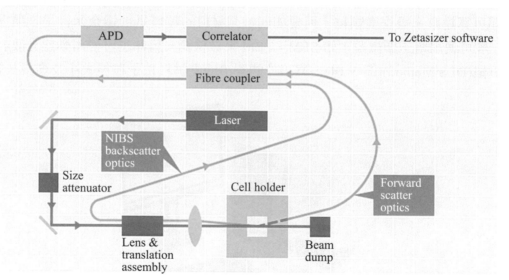

圖 3-17　DLS 的基本光學架構

2.　量測範圍：0.3nm～1000nm 粒徑範圍。

3.　搭配 Non Invasive Back Scatter (NIBS)非侵入式背向光散射技術(圖 3-18)，藉由背向偵測角度(173 度角)及移動雷射聚焦位置，擴充可量測的濃度範圍達 0.1ppm～40wt%，對於不透光溶液樣品及高透光性奈米樣品均可被量測。

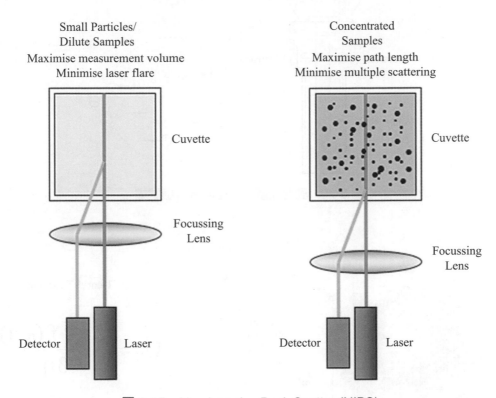

圖 3-18　Non Invasive Back Scatter (NIBS)

4. 另外，亦可加入光學組件(圖 3-19)及電場(圖 3-20)，使用 Electrophoretic Light Scattering (ELS)電泳光散射法來分析奈米溶液粒子 Zeta 電位(圖 3-21)，作為配方、改質劑等添加劑對體系穩定性影響評價。

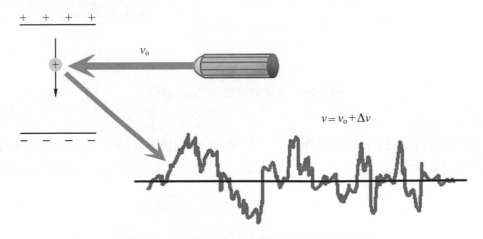

圖 3-19　動態光散射粒徑徑分析儀光學組件

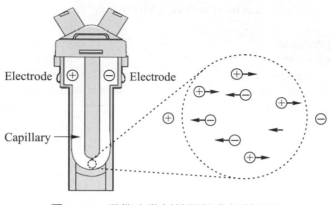

圖 3-20 動態光散射粒徑徑分析儀電場

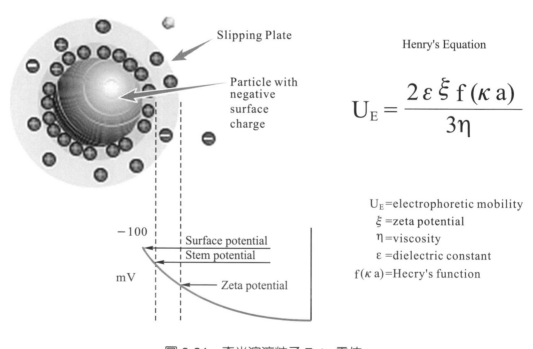

Henry's Equation

$$U_E = \frac{2\varepsilon\,\xi\,f(\kappa a)}{3\eta}$$

U_E=electrophoretic mobility
ξ=zeta potential
η=viscosity
ε=dielectric constant
$f(\kappa a)$=Hecry's function

圖 3-21 奈米溶液粒子 Zeta 電位

　　在單位電場下，粒子受電場作用產生之運動，藉由運動粒子光散射訊號，使用雷射都普勒法及相位差法計算出粒子運動快慢，即遷移率(Mobility)。進而得到 Zeta 電位值。

3-4　電子自旋共振

一、電子自旋(electron spin)

電子的自旋角動量與其軌道運動無關，電子總角動量中的自旋是量化者，其量子數為 ±1/2。若電子僅具有軌道角動量，分別為 0、1、2……等整數，其多重譜線必分別為($2L+1$)，即 1、3、5、7……等奇數，但原子光譜中常見多重譜線為雙數的，若假設電子有自旋而其量子數為 1/2 時，則總角動量 $J=L±1/2$，則多重譜線數為 $2J+1$，即 2、4、6……等偶數，此等現象即可圓滿解釋。

二、電子自旋共振(electron spin resonance)

具有未成對(unpaired)電子的原子或分子，或具有未成對核子(nucleon)的原子核（即奇數 Z 與奇數 A，或偶數 Z 與奇數 A，或奇數 Z 與偶數 A 的原子核）均有磁雙極矩，同時也有不為零的總自旋角動量。當此類試樣置於磁場中時，因則曼(Zeeman)效應，使磁矩的量子態劈裂成若干能階。當有另一外加振動磁場存在時，若其頻率適當，產生共振，則可誘發上述能階間發生躍遷現象，產生輻射或吸收輻射，這種過程稱為電子自旋共振(ESR)或稱電子順磁共振(EPR)。電子自旋共振現象多用以研究過渡離子(d電子)、內過渡離子(f電子)、穩定或非穩定單基(mono-radicals)雙基(bi-radicals)、金屬、有機化合物、三重態分子的基態及受激態以及固態物理中的雜質(impurity)等。簡而言之，電子自旋共振的現象，是由於在順磁物質內或反磁物質的順磁中心內，由不成對電子的磁矩引起的磁共振。

三、Zeeman 效應

Zeeman 在 1896 年發現，將原子光譜源(如放電管)置於很強的磁極之間，他分析在與磁場平行及垂直兩方向放出的輻射的光譜線，發現有些原子原來的一條光譜線在這兩種方向會分裂為兩條與三條分量。也就是說，當原子或分子置於強磁場中時，其光譜線往往會發生分裂，一條譜線分為數條，其分裂的程度與磁場強度成正比。在多種原子光譜中，當原子中電子的數量為單數時，則譜線的分支為雙數，此現象不能以古典量子理論解釋，而必須以電子的自旋角動量為軌道角動量的半數來解釋如圖 3-22 所示。

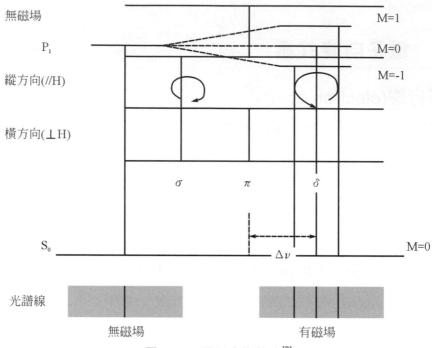

圖 3-22　電子自旋效應[8]

圖中的曲線表示光線為圓偏極化，σ 與 π 為線偏極化光，其電場向量與磁場垂直或平行的情形。同時又發現分裂的間隔(即圖中的 Δv)與 H 成正比，大約為 4.7×10–5 Hcm^{-1}，若 H 的單位為高斯，後來證實為 $\Delta v = eH/4\pi\,mc$，遠在 Zeeman 之前，Faraday 亦曾搜尋磁場對光譜線的影響，可惜未發現此效應。其失敗的原因，只是其磁場不夠強。

電子其本身具有自存(intrinsic)角動量，又稱之為自旋(spin)。一個旋轉的電荷(電子)，造成磁矩，又由於電子本身帶有負電，磁矩之方向與自旋的方向相反，其兩者之間的關係式如下：

$$\bar{\mu}_s = -\frac{g_s\mu_b}{\hbar}\bar{S}$$ .... (3-8)

其中　$\bar{\mu}_s$：自旋磁矩

μ_b：波爾磁元

$\bar{S}$　：自旋角動量 $\hbar = \dfrac{h}{2\pi}$

g_s：決定電子自旋的特徵(spin g-factor)

1. 決定電子自旋共振公式：

　　當電子自旋共振發生時，釋放的輻射能量 hf 恰等於在磁場中分裂所造成的能階躍遷(f：為輻射光子之頻率，也是產生電子共振吸收時振盪電路的頻率)

$$hf = (E_o + \frac{1}{2}g_s\mu_b B) - (E - \frac{1}{2}g_s\mu_b B) = g_s\mu_b B \dotfill (3\text{-}9)$$

　　一般實驗最主要在應證電子的自旋 g-factor(g_s=2)，而由上式可得

$$g_s = \frac{hf}{\mu_b B} \dotfill (3\text{-}10)$$

　　實驗過程的操作原理是藉由控制振盪電路頻率 f 與產生共振吸收時所對應之外加磁場強度 B，依此來計算出 g_s 值。

　　以一實驗為例，將一有機分子 DPPH(Diphenyl-picryl-hydrazyl)試料先放置在一交流高頻振盪線路中，由於 DPPH 中氮原子上的電子不具有任何軌道角動量(l=0)，當其被置於一外加的磁場中，電子自旋能階分裂成兩個分量，如圖 3-23 所示。

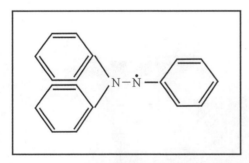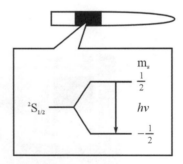

圖 3-23　DPPH 分子式及電子自旋能階

四、電子自旋共振裝置

1. 裝置一：

(1) ESR 產生器，含 DPPH 及線圈 E、F、G (LEYBOLD 51455)。

(2) ESR 控制器(LEYBOLD 51457)。

(3) Helmholtz 線圈一對(LEYBOLD 55506)。

(4) 雙軌示波器(PHYWE 11447.90)。

(5) 安培計，3A(BBC M2030)。

(6) 底座三個(LEYBOLD 30011)。

(7) BNC 連接線(LEYBOLD 57524)。

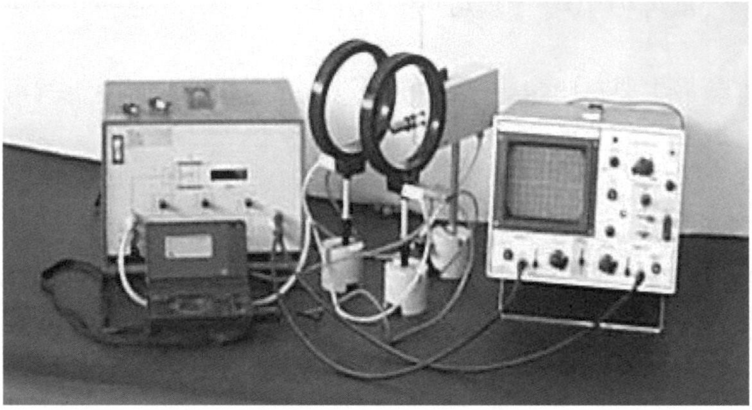

圖 3-24　電子自旋共振儀[9]

2. 裝置二：

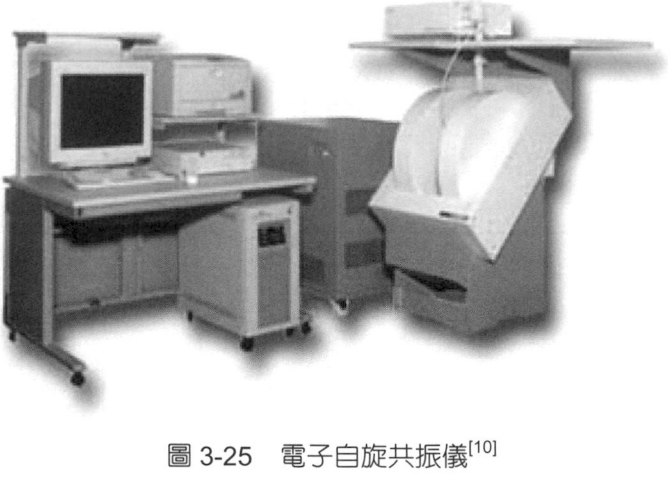

圖 3-25　電子自旋共振儀[10]

表 3-4　JES-FA Series

	FA100	FA200	FA300
磁場穩定度	暫時：1×10^{-6} 或者 $0.3\mu T$、長期：$3\times10^{-6}/\cdot h$		
磁場均勻度	1×10^{-5}/effective sample volume (在 330mT)		
磁場掃描時間	60mm	62mm	
磁場間隙	60mm	62mm	75mm
磁極直徑(根部)	150mm	240mm	360mm
磁極直徑(頂部)	150mm	180mm	300mm
最大磁場強度	0.65T	1.3T	1.4T

　　電子帶有電荷與自旋(spin)，兩者可分別視為最小的電與磁的單元。兩者對於巨觀尺度的物理現象都扮演著重要的角色。不過一般日常生活經驗中，對前者的瞭解似乎遠超過後者，隨著科技的發展，元件的尺度迅速減小，電子自旋所產生的效應可單獨受到控制，使得未來的科技領域將拓展到自旋電子系統。在此新舊世紀交替之際，對電子自旋的研究將直接影響到奈米科技的主要發展。

▶ 3-5　拉曼光譜

　　拉曼散射是 Raman 在 1928 年時發現，這是利用光散射來測定分子振動的光譜學，為此他獲得了諾貝爾獎。1960 年雷射發明，1964 即將雷射應用在拉曼散射光譜上。目前除了一般的拉曼散射外，還有共振拉曼散射、非線性拉曼散射及表面加強拉曼散射等。

　　拉曼光譜的原理是當雷射突然照射材料時，幾乎所有的散射光和雷射一樣具有相同的波長，但有很小一部分散射光譜即所謂 "拉曼光譜" 具有不同的波長。當入射光子與分子作用後，電子會由基態躍遷到一個虛態(virtual state)，但分子不吸收該能量，隨即以散射(scattering)方式釋出能量。此釋出的能量若恰等於入射光子的能量(v_0)，則此散射光稱為 Rayleigh scattering。若散射光能量不等於入射光子的能量，則為 Raman scattering，其中散射光子能量減少的稱為 Stokes scattering，能量增加的則稱為 anti-Stokes scattering。一般的拉曼光譜即偵測散射光子與入射光子的頻率差，通常稱之為 Raman shift，其對應的能量即分子的振動能。入射光的光子約有百萬分之一會被樣品分子散射，其中大部份的散射光均為 Rayleigh scattering，而 Raman scattering 僅約 Rayleigh scattering 強度的千分之一。

　　拉曼儀器構造的特殊點在於雷射光源與偵測器約為 90 度，簡易圖如圖 3-18，圖 3-27 為清華大學化學系拉曼光譜儀。

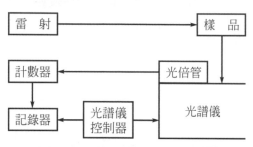

圖 3-26　　拉曼光譜儀簡易圖[15]

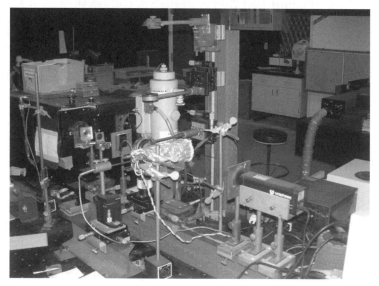

圖 3-27　　清華大學化學系拉曼光譜儀[11]

　　在雷射光源的使用上，常使用的有 He/Ne、Ar 離子、Nd/YAG 等，其各分述如下：He/Ne laser 輸出功率 500mW，輻射波長 632.8nm，但因會伴隨數個低強度非雷射線的產生，必須以窄帶濾光片去除。Ar ion laser 輻射波長 488.0～514.5nm，因強度隨激發光源四次方而變，拉曼光譜強度是 He/Ne 的 3 倍。另一雷射光源 Nd/YAG 在 1.064μm 發射的近-紅外線，最大的優點是即使上在功率 50W 下，樣品不光解，因近-紅外線能量不引起電子躍遷，不會有螢光的產生。

　　拉曼光譜可被使用在固體、液體、氣體方面的樣品偵測，與紅外線光譜最大的不同點在於：紅外線光譜無法使用於對稱結構的物質，也無法偵測液態物質。但拉曼光譜的應用範圍更廣，且製備簡便，只需將待測物放置毛細管即可。

　　1968 年 Tobin 首次發表以雷射(laser)當激發光源，來偵測蛋白質的拉曼光譜，大幅增強了 Raman scattering 的訊號強度，此後以雷射為激發光源的拉曼光譜法即被廣泛地應用在生物及生化分子的研究上。

　　因此目前拉曼光譜學的應用範圍遍及化學、物理學、生物學、醫學等多個領域，從純定性到高度定量的化學分析和測定分子結構都有很大價值。從拉曼光譜可以鑒別一些物質的種類，還可以測定分子的振動轉動頻率，定量地瞭解分子間作用力和分子內作用力的情況，並推斷分子的對稱性，幾何形狀、分子中原子的排列，計算熱力學函數、研究振動—轉動拉曼光譜和轉動拉曼光譜，可以獲得有關分子常數的資料。對非極性分子，因為它們沒有吸收或發射的轉動和振動光譜，振動轉動能量和對稱性等許多資訊反映在散射譜中。對於極性分子，通過紅外光譜固然可以獲得不少分子參數的知識，但是為了得到更完備的資料，也往往同時觀測紅外光譜和拉曼光譜，它們具有不同的選擇定則，可以提供互補的資料。目前這兩種光譜相互配合已經成為有力的研究工具。

　　奈米科技的發展仰賴研究人員操控奈米結構的能力，雖然許多先進方法如掃描探針(scanning probe)、光鑷子(optical tweezers)與原子力顯微鏡(Atomic force microscopy)等都能達到這個目的，但它們並不能讓人實際「看到」奈米結構；另一方面，拉曼光譜儀(Raman spectroscopy)是量測通過樣品後被散射的雷射光光譜，由於它能測得材料本身特有的振動型態，因此能提供比其他影像方法更詳細的分子結構資訊。

　　美國羅徹斯特大學的科學家最近使用一種稱為「近場表面增強拉曼光譜」(near-field surface-enhanced Raman spectroscopy)的技術來觀察碳奈米管，並得到迄今解析度最高(約 17nm)的光學影像——可見到寬度小於 30nm 的細部結構。這種方法是先將雷射光聚焦於銀探針尖端直徑約為 10nm 的區域內，接著以探針在距離樣品上方 1nm 處掃描，針尖的電磁波與樣品表面原子作用的結果，可使拉曼信號的強度增大 1015 倍，因此可用來研究單一分子。這種新技術可以用來鑑定材料的化學組成，甚至可以「看到」一根碳奈米管是直立還是橫躺著，這是以前遠場顯微鏡所無法辦到的。研究人員希望能進一步改進這個系統，將解析度降至 5nm，以得到蛋白質結構的影像[17]。

　　依據 2002 年 1 月 13 日刊登於 Applied Physics Letters 的研究文獻，"Controlling the Surface Enhanced Raman Effect via the Nanoshell Geometry"，此種新技術係利用廣泛應用於分子分析的拉曼光譜(Raman spectroscopy)技術，以及金屬奈米殼體光學性質的可調性所發展出來的[18]。

　　奈米殼體(nanoshell)爲萊斯大學 Naomi Halas 教授所發明，其結構與硬殼的巧克力糖相似，爲疊層膠體(layered colloids)，由一個金屬薄殼覆蓋非傳導材料核心所組成。奈米殼體直徑僅爲幾十個奈米，比分子稍大，藉著調整奈米殼體的性質，當科學家樣本置放於膠體金屬(metal colloids)旁邊時，光譜會增強百萬倍。科學家甚至以此法觀察單一分子，但是未能精確控制膠體金屬的電磁狀態，所以實驗結果以及對研究的解釋莫衷一是。萊斯大學的研究可以精確的控制表面增強拉曼散射(surface enhanced Raman scattering，SERS)，Halas 的研究群能夠急遽的提升 SERS 效應，於某些情況，能讓其增強十億倍。由於奈米殼體的尺寸大小和精確的結構，能提升 SERS 並應用於其他用途。奈米殼體發明人 Naomi Halas 教授稱："此發現相當的重要，因爲這是首次特別爲了獲得分子化學資訊而設計與製造的奈米感應器，此種技術能廣泛的應用於環境科學、化學與生物感測(biosensing)上，同時也許會重用於癌症的早期偵測上"。

　　另一重要的研究則是測出癌細胞的"手術刀與拉曼光譜探針[19]"的研究。據英《新科學家》表示：荷蘭和美國的科學家研究出一種可以測出癌細胞的手術刀，它可以在接觸細胞時不斷顯示是否患癌。這種可以檢查最早期癌症的手術刀，不久後不僅可能幫助醫生進行腫瘤外科手術，甚至可以代替活組織檢查。它的原理是利用著名的"拉曼效應"。"拉曼效應"已廣泛用於分析各種材料，包括金剛石。其原理是：當雷射突然照射材料時，幾乎所有的散射光和雷射一樣具有相同的波長，但有很小一部分散射光譜即所謂"拉曼光譜"具有不同的波長；不同的活組織(如正常細胞和癌細胞)就具有不同的拉曼光譜波長。荷蘭鹿特丹 Erasmus 醫學研究中心的 Gerwin Puppels 領導的研究小組研製了一種大約 1 毫米的光纖探頭，它可以測出一種組織的拉曼光譜，然後和光譜資料庫中其他各種組織包括癌細胞組織的拉曼光譜進行對照，就能知道所測組織是否癌變。爲了試驗這種技術，Puppels 的研究小組把一種致癌物加到老鼠的齶上，接觸致癌物的老鼠細胞在幾星期內就變成患癌的細胞，第一階段爲輕度癌變異常階段，第二階段爲高度癌變異常階段。他們將老鼠齶的拉曼光譜和齶活組織檢查結果進行對比後，發現用拉曼光譜檢查的結果和活組織檢查的結果是一樣的，而且每次都能正確診斷出癌變的發展程度。如，在 9 例試樣中用拉曼光譜檢查出 7 例是輕度癌變異常階段；在另 19 例試樣檢查中，用拉曼光譜檢查出 17 例是健康組織，也和活組織檢查結果一樣。美國田納西州納什維爾範德比爾特大學的 Anita Mahadevan-Jansen 和她的科研小組用她們自己研製的拉曼光譜儀探針也獲得了良好的結果。

▷ 3-6　電學性質

　　材料之檢測與分析中電學性質包括電阻、介電、及表面阻抗/體積阻抗量測等特性。由於尺寸小至奈米程度時，量子效應造成電性的大幅改變，也使得奈米電子材料應用性更為重要。物質世界在奈米尺度下表現出異乎尋常的特性，如本來是良導體的金屬當尺寸減小到奈米時就變成了絕緣體；本來是典型的絕緣體，當尺寸減小到幾奈米時電阻就會大大下降，甚至可能導電；原本是 P 型半導體在奈米尺度下會變成 N 型半導體；一般固體在一定的條件下物理性能是穩定的，但在奈米尺寸下顆粒極小尺寸對材料性能產生強烈影響。以下將簡單介紹傳統物理中常用的電性量測方法與設備。

一、基本電性量測法

　　歐姆定律：依穩定電流而言，電路中電流的大小與加於該電路之電動勢成正比，而與該電路的總電阻成反比。

　　即　$I = V/R$ .... (3-11)

V 代表電壓降或端電壓，單位為伏特。
R 代表被量度部份的電阻，單位為歐姆。

　　由歐姆定律定義如下：「一伏特電壓產生一安培電流的電阻為一歐姆。」可簡單地定義成：在三種電量(電壓、電流與電阻)中，電流和總電壓成正比，但和總電阻成反比。

1.　**數位式三用電表測試方法**：

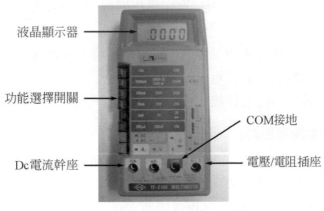

液晶顯示器

功能選擇開關

COM接地

Dc電流幹座

電壓/電阻插座

圖 3-28　數位式三用電表[6]

(1) 直流電壓測試 DCV：
① 連接紅色導線至 V/歐姆插座，黑色導線至 COM 插座。
② 將開關旋鈕轉至 DCV 測試之合適檔位。
③ 如對於未知電壓測試，應先選擇最高檔測試然後遞減至最佳解析之檔位。
④ 讀取測試值，如讀值為正值，則表示紅色測試棒輸入之電位較黑色測試棒輸入之電位為高，如讀值為負值，則情形相反。

(2) 交流電壓測試 ACV：
① 連接紅色導線至 V/歐姆插座，黑色導線至 COM 插座。
② 將開關旋鈕轉至 ACV 測試之合適檔位。
③ 如對於未知電壓測試，應先選擇最高檔測試然後遞減至最佳解析之檔位。

(3) 直流與交流電流測試 DCA、ACA：
① 連接紅色導線至 mA 插座(測 10A 時移至 10A 插座)，黑色導線至 COM 插座。
② 將開關旋鈕轉至測試之合適檔位。
③ 測試導線與待測電路成一串聯迴路。
④ 如對於未知電壓測試，應先選擇最高檔測試然後遞減至最佳解析之檔位。
⑤ 從顯示器上讀取電流值。

(4) 電阻測試：
① 連接紅色導線至 V/歐姆插座，黑色導線至 COM 插座。
② 將開關旋鈕轉至 OHMS 欲測的檔位，將呈現過載顯示。
③ 連接測試導線至待測電路，如果測試值為過載，此時必須選擇較高的測試檔位。

(5) 二極體測試：
① 連接紅色導線至 V/歐姆插座，黑色導線至 COM 插座。
② 將開關旋鈕轉至二極體圖示位置。
③ 將測試導線加於待測二極體，順向測試時將紅色棒接正，黑色棒接負，讀取順向電壓值，並判定良否與極性。
④ 逆向測試時將紅色棒接負，黑色棒接正，此時應為開路狀態，指示為 1。

2. **電絕緣性質測試儀(高阻計)：**

由日本東亞電波工業株式會社所生產的 SM-8200 系統，如圖 3-29 所示。主要是量測材料的表面阻抗與體積阻抗。

測試方法為：將準備好的試片裁切適當尺寸，放在絕緣測試儀之電極上進行測試。

可參考以下規範：ASTM D257、DIN 53582、GME 60344、JIS K6911

計算公式：

體積阻抗　　$\rho = \pi \times D1 / 4t \times Rv\,(\Omega \cdot cm)$ .... (3-12)

表面阻抗　　$\sigma = \pi \times (D1 + D2)/(D1 - D2) \times Rs\,(\Omega)$ .... (3-13)

其中　　D1：主電極直徑(cm)

　　　　D2：次電極直徑(cm)

　　　　t　：試片厚度(mm)

　　　　Rv：測得的體積阻抗(Ω)

　　　　Rs：測得的表面阻抗(Ω)

　　　　π　：圓周率

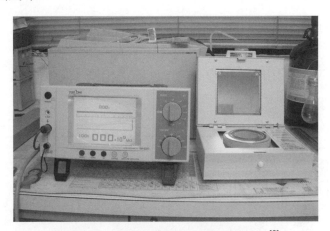

圖 3-29　電絕緣性質測試儀(高阻計)[6]

3.　**材料表面電阻測試法(四點探針法)：**

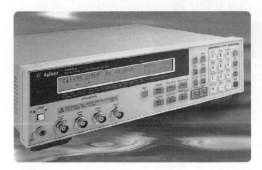

圖 3-30　Agilent 4268A 電容分析儀[165]

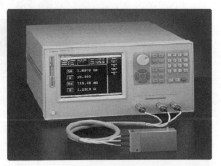

圖 3-31　Agilent 4287A LCR 分析
儀及接觸探針製具[165]

　　四點探針電阻儀所利用的原理為施加電壓和電流於待測物品表面上，在另一端測量出其通過待測物之電壓值和電流值，利用歐姆定律(公式 3-14)可得知待測物之體積電阻值ρ。

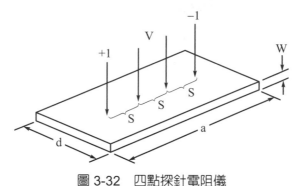

圖 3-32　四點探針電阻儀

$$\rho = \frac{V}{I} * W \quad \dotfill \text{(3-14)}$$

但因探針距離、待測物形狀和待測物厚度不盡相同，必須加入下列修正項：

(1)　F_{sp}：探針距離修正項：

$$F_{SP} = 1 + 1.082 \left(1 - \frac{S_2}{S}\right) \quad \dotfill \text{(3-15)}$$

$$S = 1/3 \left(S_1 + S_2 + S_3\right) \quad \dotfill \text{(3-16)}$$

$$\downarrow \quad \downarrow \quad \downarrow \quad \downarrow$$
$$S_1 \quad S_2 \quad S_3$$

(2)　$F\left(\frac{W}{S}\right)$：待測物厚度修正項，如表 3-5：

表 3-5　待測物厚度修正項

$\left(\dfrac{W}{S}\right)$	$F\left(\dfrac{W}{S}\right)$
0.5	0.997
0.6	0.992
0.7	0.982
0.8	0.966
0.9	0.944
1.0	0.921

(3)　F_2：待測物形狀因素修正項，如表 3-6：

表 3-6　待測物形狀因素修正項[3]

$\dfrac{d}{s}$	CIRCLE	$\dfrac{a}{d}=1$	$\dfrac{a}{d}=2$	$\dfrac{a}{d}=3$	$\dfrac{a}{d}\geq 4$
1.00				0.9988	0.9994
1.25				1.2467	1.2248
1.50			1.4788	1.4893	1.4893
1.75			1.7196	1.7238	1.7238
2.00			1.9454	1.9475	1.9475
2.50			2.3532	2.3541	2.3541
3.00	2.2662	2.4575	2.7000	2.7005	2.7005
4.00	2.9289	3.1137	3.2246	3.2248	3.2248
5.00	3.3625	3.5098	3.5749	3.5750	3.5750
7.50	3.9273	4.0095	4.0361	4.0362	4.0362
10.00	4.1716	4.2209	4.2357	4.2357	4.2357
15.00	4.3646	4.3882	4.3947	4.3947	4.3947
20.00	4.4364	4.4516	4.4553	4.4553	4.4553
40.00	4.5076	4.5120	4.5129	4.5129	4.5129
inf	4.5324	4.5324	4.5324	4.5324	4.5324

(4)　C：只有表層導電修正項：中間爲不導電層，如圖 3-33 所示：

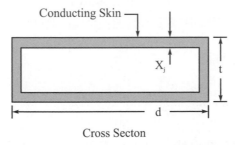

Cross Secton

圖 3-33　表層導電修正項，中間為不導電層

經過簡化後可得圖 3-34 之校正因素 CF[Sze，1985]：

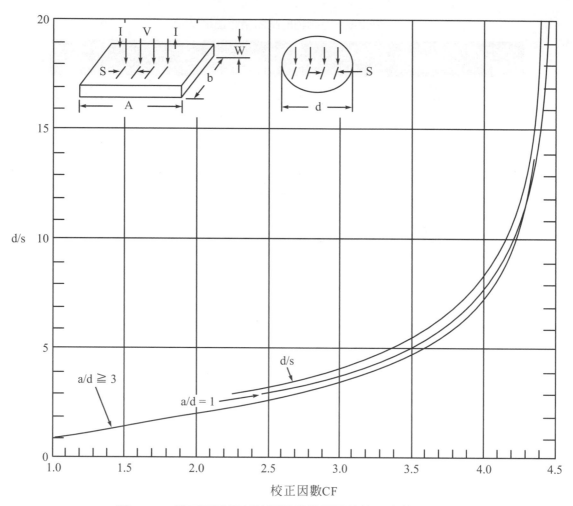

圖 3-34　使用四點探針法測量體積電阻時使用之校正因素

則真正待測物體積電阻為

$$\rho = \frac{V}{I} * W * CF \dotfill (3\text{-}17)$$

　　在物質中，電荷流動可能會遭遇到類似機械的摩擦力般的阻力，這種阻力是起因於電子與晶格原子或雜質原子之間的碰撞，這會使電能轉換成熱能。任何電路或裝置，常因發熱而消耗電功率。電阻發熱而消耗電功率，並非一無是處，需視其是否有用而定。有些電路就是利用電阻的特性來作功的，例如；利用電熱器取得熱能；但是電晶體發熱則非所需，就屬於能量的浪費了。電阻可用來限制電流量，也可用來調整電壓，例如；電阻器(resistor)。

4. **介電係數(Dielectric constant)：**

圖 3-35　電容電壓量測 C-V(Capacitance-Voltage)儀器[166]

(1) 原理：在施加一電壓的情況下量測元件所對應的電容值，典型的元件是
    MIS(Metal Insulator Semiconductor)，藉由半導體內的載子會隨所給予之電壓
    波引起一些遷移，導致絕緣層與半導體之間的界面發生載子累積、空乏、反
    轉等等現象，進而影響所量測的電容值，從這些曲線可以算出許多重要的電
    性參數，例如介電常數、起始電壓(threshold voltage)、載子濃度、絕緣層的厚
    度，絕緣層的電容等等。

(2) 構造：探測平台、顯微鏡、金屬屏蔽箱、Kathily590 高頻電容量測器、Kathily595
    低頻電容量測器、電壓供應器。

(3) 應用：
    ① 從量測中可以知道半導體的電性，由不同的電性，進而發展新的半導體製
       程方式或新的元件等等。
    ② 分析失敗的半導體製程，進而改善製程方法，達到高良率的結果。
    ③ 實際例子：例如 PC 市場的 Intel 生產的 P4，改良 MOSFET 的 channel
       length，縮短反應時間，使之增高時脈頻率到 GHz 以上。
    ④ 現今熱門的高頻通訊元件 HBT，便是利用高 mobility 的特性。

材料在交變電場作用下，除有漏電流損耗外，還存在交變極化的損耗，這些
損耗需通過介電參數，包括介電係數和界質損耗因數等。

根據電介質理論，單位體積電介質的能耗 P 可用下式表示：

$$P = \frac{E^2 f}{1.8 \times 10^{12}} tg\delta\varepsilon_s \quad\text{.. (3-18)}$$

E ：交變電場強度

f ：交變電場頻率

ε_s ：介質的介電係數或介質損耗因數

$tg\delta$ ：損耗因數

二、奈米材料電學性質檢測

1. 掃描探針顯微鏡(SPM Scanning Probe Microscope)：

　　由於尺寸小至奈米程度時，量子效應造成傳統材料電學性質的大幅改變，包括電阻、介電、及表面阻抗/體積阻抗量測等特性。為因應如此大幅的改變，掃描探針顯微鏡(SPM，Scanning Probe Microscope)便成為主要的量測設備。此類技術都是利用特製的微小探針，來偵測探針與樣品表面之間的某種交互作用，如穿隧電流、原子力、磁力、近場電磁波等等，亦可用來量測基本的電學性質。關於此類的技術可參考 3-9 節電子顯微鏡觀察，在此將不再贅述。

圖 3-36　掃描探針顯微鏡(SPM Scanning Probe Microscope)[166]

2. **儀器功能說明：**

(1) 材料表面形貌及物理特性量測與分析。

(2) 最大掃描面積：90×90×6 μm。

(3) 最大橫向解析度：Å LEVEL。

(4) 最大垂直解析度：0.1Å。

3. **測試項目：**

(1) 測量出樣品奈米級表面形貌。

(2) 測量樣品表面依不同材質特性所產生之摩擦力大小分佈圖。

(3) 測量樣品表面依不同材質特性所產生之磁性分佈圖。

(4) 測量樣品表面加電壓依不同材質特性所產之導電性質分佈圖。

(5) 測量出樣品表面加電壓依不同材質特性所產之電位能性質分佈圖。

(6) 測量樣品表面依不同材質特性所產生之 Phase 的分佈圖。

(7) 測量樣品表面依不同材質特性所產生之黏著力的分佈圖。

(8) 測量樣品表面依不同材質特性所產生之化學力分佈圖。

(9) 測量樣品表面依不同材質特性所產生之穿隧電流分佈圖。

(10) 測量樣品硬度等材料機械性質量測。

(11) Contact mode 及 Tapping mode 均可在開放或封閉式液體下操作。

(12) 應用力量及電流方式在材料表面刻出或長出不同奈米級圖案。

(13) 測量材料熱應力變化、反應質量天平量測、熱交換作用等快速，多量或超微量的動態反應。

▷ 3-7　磁性測試

物質產生磁性是因為量子效應的物理現象，在一般應用中以鐵磁性(ferromagnetic)材料最具重要性，在週期表上 106 個元素中僅有 Fe，Co，Ni 3 個元素及稀土族的 Gd 在室溫時具有鐵磁性之表現，而這前 3 個元素和稀土元素互相結合或與其他不具有鐵磁性表現之元素互相結合，則可以形成各種不同特性的磁性材料。本節將介紹一些磁性量測中所需用的儀器之量測原理。

一、順磁性(paramagnetism)

順磁性物質內的磁偶矩 M 是無序分佈，因此將其與一具有鐵磁性之磁石互相接近時，彼此間只會產生微弱的吸引力，一般常見的順磁性物質為 Al 及 Pt。順磁性物質之磁化強度與外加磁場成正比，但隨著溫度升高、熱能的增加，原子的擾動將會破壞原有磁矩方向的一致性，因而降低磁化的強度，其關係如下所示：

$$M \propto H/T \quad\quad\quad\quad (3\text{-}19)$$

表 3-7　不同順磁性元素的磁化係數

材　料	磁化係數
Aluminium	2.2×10^{-5}
Lithium	4.4×10^{-5}
Sodium	0.6×10^{-5}
Neodymium	34×10^{-5}
Palladium	79.7×10^{-5}
Oxygen	0.2×10^{-5}

順磁性原理除了純物理現象的研究外，在量測上亦有實際之應用，如：

1.　利用自旋共振(Electronic spin resonance)量測磁場。
2.　利用磁性隔熱原理(adiabatic magnetization)形成低溫環境。

二、鐵磁性(ferromagnetism)

鐵磁性物質之特性是將其與一具磁性之磁石靠近時，彼此間會產生強烈的吸引或排斥力。在常溫下可以表現出鐵磁特性的元素僅有鐵、鎳、鈷三種，但在低溫中卻有其他不同的元素有鐵磁的特性，如 Gd 需在 20℃以下，而 Tb 則需在−54℃以下才能表現出鐵磁性元素的特性。

在磁性特性中有所謂磁區(magnetic domain)的觀念，此一描述首先由 Weiss 所提出，具有鐵磁性之物質根據其本身能量分佈的狀態會將同一晶體結構區分成幾個不同的區域，而在此一區域中的磁偶極矩都會指向一個方向，這便是所謂磁區的現象。如果在不同磁區的磁偶極矩都指向不同的方向，由於彼此互相抵消的結果，此一物質將不具有磁性，亦即淨磁化強度 M 為 0。

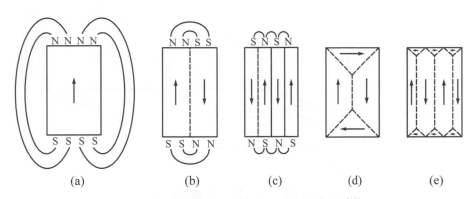

圖 3-37　單晶體中各種不同的磁區結構[12]

物質中之磁區各由一厚度約為數百個原子層的磁壁(domain wall)所隔開，因相鄰兩磁區之磁偶極矩方向不同，其方向會在磁壁中作緩慢的過渡，如圖 3-38 所示：

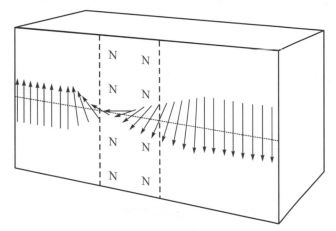

圖 3-38　兩相鄰間磁區磁化方向變化的情形[12]

一般在量測上可利用磁光克爾效應(magneto-optical Kerr effect)及磁光法拉第效應(magneto-Farady effect)兩種方法來觀察磁區。

三、霍耳元件磁量測儀—高斯計(Gaussmeter)

霍耳效應(Hall effect)磁量測儀是目前使用最普遍的磁性量測儀器。霍耳效應是利用半導材料如 GaAs，InSb 或 InAs 等所含的電子與電洞因外加磁場所產生的感應電壓來量測磁場的強度，如圖 3-39 所示，霍耳元件因外加磁場 B 而產生輸出電壓 V_H，此 V_H 值大小與外加磁場成正比。

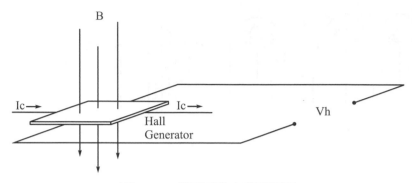

圖 3-39　霍耳元件之應用原理

　　因自由電子和電洞的數目與溫度有關，所以霍耳效應的表現亦與量測環境的溫度有高度的關係。霍耳元件材料本身極為脆弱，因此需固定在較為堅硬的物件中以作成霍耳感測棒(probe)，才能十分方便的作為量測之用。霍耳感測棒依方向分可以分成如圖 3-40 之軸向或垂直型。

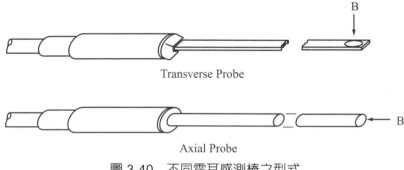

圖 3-40　不同霍耳感測棒之型式

　　目前高斯計(Gauss meter)若選用不同的市售感測棒，則其所能量測的範圍約介於 1nT 至 30T 之間，而若使用單一感測棒，其所能量測的最大範圍約介於 $1\mu T$ 至 3T 之間。通常在室溫時，高斯計之精確度約為 0.5%，但有時其精確度亦可達到 0.1%的程度，就一般磁石而言，如圖 3-41 所示，其磁通量的分佈會因量測位置之不同而有極大的差異，因此利用高斯計量測磁石的磁場，有時就會因量測位置的不同而得到不同的結果。

　　高斯計不僅可以量測磁場的強弱，還具有磁極判別的能力，高斯計所使用的偵測計是半導體材料，總稱這些元件為霍爾元件，霍爾係數大以及厚度越小的元件敏感度越高。另外溫度係數也是影響高斯計的重要因素之一，霍爾元件的溫度係數包括霍爾元件的輸出電阻係數、移動度的溫度係數、霍爾係數的溫度係數。因此在量測高精確磁場時，對霍爾元件做一溫度控制，或是直接校正，可以除去溫度的變化而直接對溫度與磁場做校正，可以去除因為溫度變化而引起的磁場誤差。

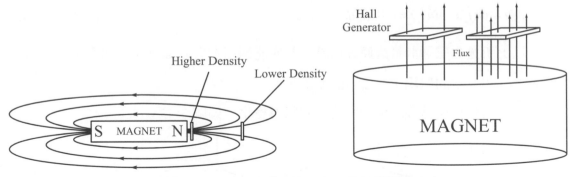

圖 3-41　磁石因不同位置有不同之磁通量

　　高斯計主要可應用於測量不均勻磁場磁通量密度，可以判斷磁場的方向，直流與交流磁場，還有因為面積小(最小可做到 0.5×0.5mm²)可以做點與點之間的測量。

圖 3-42　各類型高斯計：Gauss Meter System[13]

四、磁通量

　　磁通計之量測原理可以下述公式表示：

$$V = -d\Phi / dt \dots\dots (3\text{-}20)$$

V：量測之感應電壓　　Φ：磁通量

　　由於磁通量的變化與所產生的感應電壓成正比，故可以用來作為磁場量測之用，上述公式以積分式表示，可以求得磁通量的變化量。

$$\Delta\Phi = \Phi(t_2) - \Phi(t_1) = -\int V(t)dt \quad\text{...}\text{(3-21)}$$

由以上所述之磁通計量測原理而言，其僅能適用在有磁通變化的場合，如：

1. 隨著時間改變的磁場，如磁石的充磁。

2. 利用磁通計量測線圈的移動所造成的磁通變化，如圖 3-43：

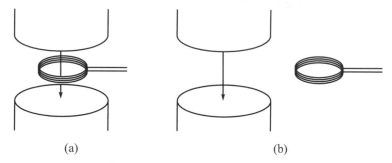

(a)   (b)

圖 3-43　利用線圈之移動量測磁通量

磁通計如經過良好的校正，其精確度可介於 0.2～0.3%。

五、磁通計的量測簡介

假設在一個均勻的磁場內，或是磁通密度 B 平均值為 B_m 之截面積，則通過截面積 At 的磁通量Φ如下：

$$\Phi = N\,B_m At \quad\text{..}\text{(3-22)}$$

B_m：截面積內磁通密度 B 的平均值。

At ：徑向的截面積。

N ：線圈的匝數。

六、磁通感測器

一般連接到磁通計的是 N 匝的感應線圈，通常有不同的形狀及感測截面，可用來作以下的量測：

1. 空氣中快速變化的磁場強度 H(最快 $10\mu S$)。

2. 永久磁石在工作點的 J(配合 Helmholtz coils)。

3. 永久磁石在工作點的磁場強度 H(配合 Rogowski 或 potential coils)。

4. 內在的磁通密度(Intrinsec induction) J (B-H 磁滯曲線儀所使用的補償線圈)。

磁通計可藉由線圈圍繞著被測物而實際量測不同奈米磁性材料內部的磁感應，也可判斷出磁通量的量測與溫度變化無關，而且磁通計能測量磁場的大小以及奈米磁性材料的特性。

七、磁力顯微鏡(MFM)

磁性物理一直是科學家非常有興趣的一個研究項目，其中磁性材料的表面微觀特性便是重要的領域。為了研究材料表面磁特性，特別是磁區(magnetic domain)分佈，許多技術被發展出來，如 Lorentz 穿透電子顯微術、磁光法拉第效應以及磁力顯微術(Magnetic Force Microscopy，MFM)等等。其中 MFM 由於其高解析度(約 50nm)，操作容易，而且可以適用於各種環境，因此逐漸成為磁性材料研究中重要檢測的技術。所謂磁力顯微術是指利用磁性探針與樣品間的磁交互作用去取得表面磁化結構的表面檢測技術，MFM 於 1987 年由 Martin 及 Wickramasinghe 兩位學者首先發明，第一個 MFM 影像亦由兩人觀測磁性記錄體而得來的，不過 Martin 兩人所得到的只有磁力影像，而無法得到材料表面結構，經過幾年的發展，MFM 已成為成熟技術。

八、MFM 之基本原理

利用鍍有磁性薄膜之矽探針，藉著探針尖端的磁矩與磁性材料間磁力來檢測表面磁特性，解析度約為 50nm。早期使用非接觸式 AFM 方式，只能得到磁力影像；現大多利用兩段掃描，先得到表面形狀，然後在定高度掃描取得磁力影像。應用於磁性薄膜、磁記憶裝置、磁記錄結果分析等等。圖 3-44 為磁力顯微術原理示意圖。

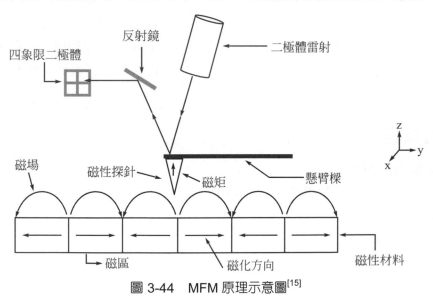

圖 3-44　MFM 原理示意圖[15]

　　圖中的磁性探針由一針尖及微懸臂所構成，當探針受到樣品表面的磁場產生偏移，則位於探針上方的一靈敏偏移偵測器會偵測到探針的位置已經改變，因此設定偏移量便可以固定磁交互作用(即磁力)，而得到磁力影像。接著說明如何偵測磁力，早期的 MFM 首先在距樣品遠處求得磁性探針的共振頻率，然後讓探針在此頻率下作小幅振動，當探針靠近樣品時，共振頻率會受到磁力作用而改變，因此振幅儀會產生變化，然後讓探針(或樣品)作掃描，在此過程中，利用回饋電路使振幅變化量維持定值，這樣便可以得到等磁力影像(更精確的說法是等磁力梯度影像)，也就是 MFM 影像。不過此種方式並無法區分磁力與樣品表面產生的凡得瓦力，也就是磁力影像中包含了表面幾何型貌，因此較佳的方式為圖 3-45 所示的兩段路徑掃描。

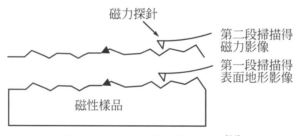

圖 3-45　兩段式掃描示意圖[14]

　　首先利用間歇接觸式模式求得樣品表面的高度變化(路徑一)，接著將探針拉起一高度，使探針延路徑一的軌跡作第二次的掃描(路徑二)，此時探針與樣品保持固定距離，然後再記錄探針振動頻率、相位或振幅因磁力產生的變化，便可以同時量取表面高度與磁力影像。

　　以上就是 MFM 的基本原理，其實與非接觸式 AFM 的原理相同。一般來說，對磁化結構的解析度大約在 50nm 左右，並且可以同時分析奈米材料表面結構和磁區結構之間的關聯性。

九、實例說明

1. **記錄材料的分析：**

　　首先以市面上可購得的 1.44MB 磁碟片作為樣品，其為水平磁化記錄材料，見圖 3-46 所示：

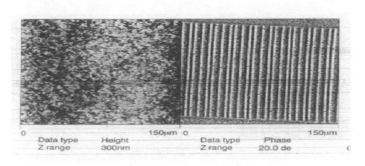

(a) AFM 影像　　　　　　　(b) MFM 影像

圖 3-46　1.44MB 磁碟片格式化後影像

　　藉由 AFM 可以得圖 3-46 左邊的圖，看出表面非常粗糙，而由 MFM 影像中，顏色淺、深乃為訊號最強處，分別代表斥力及吸力，記錄軌跡具有週期性。

　　而圖 3-47 所示，則為記錄資料後的情形，可以清楚看出記錄過的的磁軌與只經格式化後的磁軌分布不相同，亦即由不同的 0、1 排列而記錄下資料。

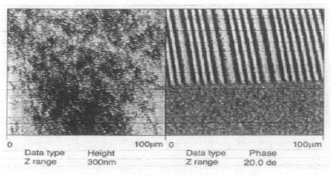

圖 3-47　磁碟片記錄資料後影像[14]

2. **解析度的差異：**

MFM 影像的解析度通常可以達到 50nm，是很多磁性檢測技術中非常占優勢的一項特點。對任何一個探針而言，其橫向解析度可以由探針與樣品分開的距離 (tip-sample separation，z)決定，這個關係由 Ruger 等幾位學者所證實[16]。

十、MFM 之發展

　　MFM 的發展，雖然只有十數年的時間，但是卻有很不錯的成果，起初是為了觀測樣品表面的磁性結構而發展的，的確也發揮其真正的功用。近年來在記錄材料的檢測上，MFM 已逐漸發展成實用的診斷工具，研究高密度記憶材料，如發現 CoCr 合金擁有超高密度的儲存功能，以及 MFM 磁力影像與表面的高度幾何形貌及化學結構的關係等等。MFM 已被應用於多項領域，展現出無窮的潛力，MFM 將是研究奈米材料表面磁性結構不可或缺的工具。

3-8 核磁共振測試

一、前言

核磁共振光譜 (nuclear magnetic resonance spectrometer) 基本上和紫外線 (Ultraviolet，UV)、紅外線(Infrared，IR)光譜類似，是光譜分析重要的一支。在紫外線光譜和紅外線光譜，只要有穩定的光源(source)，經過濾光鏡，得到樣品中分子可吸收的單色光，即有吸收光譜；但是核磁共振則需在拉曼磁場(zeeman field)的作用下，具有磁矩的核才能產生能階分裂(energy splitting)，其能差落在無線電磁波範圍(radio frequency，$10^3 \sim 10^8$ Hz，氫核在低磁能階分裂為 $2×10^3$Hz)，與較高頻率(較短波長)的紫外光譜(為 electronic transition，10^{14} Hz)和紅外線光譜(為 vibrational transition，10^{12} Hz)有下列三點差異：

1. 核磁共振光譜是使用無線電磁波發生器(radio frequency generator)所產生之無線電磁波使核激發，此無線電磁波發生器具非常小的頻率寬度(Du<<譜線寬度)，在固定頻率，只要小能量即可產生許多光子(Photons)，光子多則受激發而導致誘發遷移(stimulated transition)的機率大於自發的機率；但是在紫外及紅外線光譜，使用一般光源(source)，其頻寬遠大於譜線寬度(Du>>line width)，必須經單色分光器來選擇某一單波長，因此所得的單色光強度弱，此缺點可使用雷射做光源來彌補。

2. 無線電磁波其頻寬窄、光子多，若以波的性質來看，依測不準原理(uncertainty principle)：DnDy～h(constant)，光子多(Dn 大)則相之間差小(Dy 小)，因此產生同相(coherence)：在激發狀態此種同相的磁矩經過生命期 T_2 後，因為自旋-自旋之間能量交換，所以使得公轉(Precession)速度快慢不同，便失去相位關聯而導致淨磁矩量表褪(此稱為去相)，依測不準原理可知其激發狀態能層誤差在大約 h/T_2，導致核磁共振吸收光譜有其譜線寬度，而從此寬度可測得 T_2，從同相至去相是一種弛緩(relaxation)現象。此一過程謂之自旋-自旋弛緩，稱 T_2 為自旋－自旋弛緩時間。

3. 依據黑體輻射理論，自發發光(spontaneous emission)和頻率的三次方成正比(an^3)，在紫外線和紅外線光譜範圍，波長短(頻率高)在此範圍有吸收的分子被激發

(exciting)後，其自發發光的機率大，而經此機構回到基態(ground state)，這些系統不易造成飽和現象(saturation)。在核磁共振因為核自轉之吸收範圍在無線電磁波，頻率低、能階差小且自發發光率小，較易達到飽和現象，其由激發態回到基態過程的速率完全是由弛緩的機構控制，在弛緩過程中將能量轉移至分子動能上(稱之為晶格運動)，故能提供動力學(dynamics)上的資料。而此種弛緩現象約在 T_1 時間後就消失，因此定 T_1 為自旋-晶格弛緩時間。

一般所謂的連續波核磁共振光譜(continuous wave)和紫外光、可見光或紅外光譜一樣，其偵測原理是利用樣品吸收光源(或激發源)能量多寡而得光譜。此種核磁共振光譜亦可由自旋－自旋弛緩過程所得的訊號，經由傅立葉轉換至頻率空間而得到，所以弛緩過程以及弛緩前激發準備過程在最近核磁共振光譜學的發展佔了相當重要的角色。諸如在化學分析應用一般常見的一維核磁(1D-NMR)共振光譜，是將化學位移(chemical shift)和自旋-自旋間耦合(spin-spin coupling)在同一座標上顯示，但會有擁擠及重疊的現象，對於較複雜化合物有難以明確辨認之困擾。為了解決重疊現象，最近採用多重脈衝 FT-NMR(Multiple pulse FT-NMR)，可做局部光譜編輯，或者應用二維核磁共振(2D-NMR)，將有助於解析的變數以另一空間表示之。在分析材料上由於固體的核磁共振技巧的發展，已可得到較佳的解析度，更由於核磁共振攝影方法(NMR Image method)之發展，在醫學上的應用，補充提供許多其他儀器無法得到的資料，使得 NMR 在化學、生化，甚至醫學上有更好的分析結果，更廣泛的用途。圖 3-48 即為清華大學化學系之 700MHz 核磁共振儀，主要測液態 NMR 光譜，包括 1H，13C，15N。供參考。

圖 3-48　清華大學化學系之 700MHz 核磁共振儀

廠牌及型號：美國　VARIAN VNMRS-700

二、核磁共振原理

1. **核磁能階**：

   原子核的磁軸對外加磁場具有($2I+1$)各分立的排列位子，而每一位子對應一分立的能階。例如 $I=1/2$，則有兩能階為 $m=1/2$ 及 $m=-1/2$。而對於 $I=1$，則有三能階為 $m=-1$、$m=0$ 及 $m=1$ 等。

   如前所述，在未加磁場時，此些能階退化成為一階能階，若施加一強磁場則原子核的能階會分裂而成為分立的次能階，而分裂能階間寬(能量差)隨所加的磁場而定。此分裂的次能階相對磁場為零時的能階，其能量 E 為 $E=-m\mu H_0/I$。式中 m 為磁量子數，μ 為核磁矩，I 為核自旋量子數及 H_0 為外加磁場的磁場強度。

2. **核磁共振**：

   核磁共振是外加的電磁波的能量等於此次能階間的能量差時，可使原子核激發到較高能階的激態。此電磁波的頻率由下決定：

   $\Delta E=h\nu_0=\mu H_0/I$，此 ν_0 稱為共振頻率(resonance frequency)或稱拉莫爾頻率(Larmaor frequency)。

   產生核磁共振的元素應具備的條件，除 $I=0$ 的元素無核磁矩外，元素的原子核的核自旋量子數為整數或半整數者均可產生核磁共振。$I=1/2$ 的原子核可想像成帶電荷自旋的球體，可獲得解析度最佳的核磁共振光譜，(nuclear magnetic resonance spectra 簡稱 NMR spectra)。$I>1/2$ 的原子核可以想像成帶電荷自旋的變形球體，如扁平球體(oblate spheroid)或是扁長球體(prolate spheroid)，其共振光譜會明顯的增寬。

3. **化學位移(Chemical shift)**：

   上述原子核在磁場中分裂的核子能階間的能量差，同一原子隨其化學環境不同而有差異，故以電磁波產生共振而所用的共振頻率也不同，此現象稱為化學位移，為核磁共振術對於分子構造鑑定分析的依據。

4. **核磁共振譜線**：

   將欲分析的樣品置於一磁場中外加一電磁波，當外加電磁波的能量等於次能階間的能量差時此電磁波被樣品吸收發生共振激發。不同的次能階有不同的共振頻率，核磁共振的電磁波頻率在射頻範圍。

依射頻率的變化，相當樣品中各次能階獲得共振吸收信號，形成各吸收譜峰，其情形與光學吸收光譜相似，以吸收信號爲縱座標，頻率爲橫座標所得的曲線即爲核磁共振頻譜。

5.　**核磁共振吸收光譜線的掃描**：

由依頻率變化而得到相當各次能階的核磁共振吸收信號的頻譜，實際應用時需要有一可線性變化的射頻供應器提供掃描的射頻。

6.　**化學位移參數**(chemical shift parameter)：

文獻中常見的核磁共振頻譜其橫座標並非頻率亦非磁場，而是化學位移參數，因爲若用磁場掃描而要精確測定磁場爲非常困難，由以核磁共振磁場的變化均在毫高斯範圍更屬困難。

7.　**富氏轉換**(Fourier transfer)**核磁共振的原理**：

脈波式核磁共振(Pulsed NMR)富氏轉換核磁共振亦稱爲脈波式核磁共振，樣品以短暫的高強度射頻輻射做週期性照射，其強度高達足以飽和所有可吸收該輻射的原子核。

8.　**信號鎖定**(Signal locking)：

環境的影響常會使磁場改變，而改變的量常超出要分解樣品信號的量，利用一已知的特定核磁共振頻率作爲磁場的鎖定信號爲核磁共振術穩定磁場的方法，常用者以 ^2H 的核磁共振頻率作爲鎖定信號。

三、檢測上的應用

NMR 是屬於非破壞性的檢測方法，大多應用於核磁共振分析材料之物化特性。核磁共振檢測相對於同樣是非破壞性檢測的 X 光檢測以及紅外線檢測，圖 3-49 即爲 NMR 於奈米材料上的鑑定圖譜，具有下列優點：

1.　檢測速度很快，再加上電腦技術的輔助，使其自動化檢測與程序控制上的可行性大幅提升。

2.　可用於鎖定特定的 Functional Group，可用以檢查是否有反應未完全的先驅物或是副產品。以便掌握產物的純度並尋求純化分離的方法。

3.　因 NMR 使用電磁波作爲檢測的依據，不受材料樣本大小以及外觀色澤的影響。

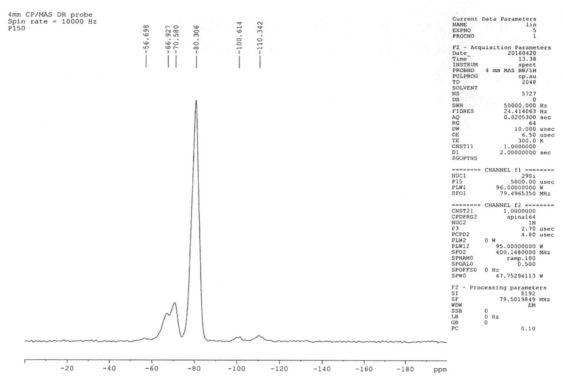

圖 3-49　多面體矽氧烷寡聚物(Polyhedral Oligomeric Silsesquioxanes)之 NMR Si 圖譜
圖片來源：清華大學化學工程系奈米複合材料實驗室[29]

▶ 3-9　電子顯微鏡觀察

一、電子顯微鏡的分類介紹

　　隨著奈米科技的進步，對於奈米尺度的量度也就更加顯得重要，簡而言之就是測量奈米級的解析檢測能力，因為有好的測量技巧才能進行此尺度下的科學，不然就只能使用猜測的方法來進行實驗，而目前運用在奈米尺度下的檢測也已經發展了許多種類，因為奈米對現在巨觀的世界來說實在是極為微小，不是肉眼可以觀察到的，因此用我們目前的量測行為絕對無法達成，在奈米尺度下的檢測，幾乎都是使用旁推側敲的方法來判定的，目前較讓人比較容易了解的就是電子顯微鏡，目前常見的電子顯微鏡大概可以分為下列幾種：

(1) 穿透電子顯微鏡(TEM，Transmission Electron Microscope)。

(2) 掃描電子顯微鏡(SEM，Scanning Electron Microscope)。

(3) 原子力顯微鏡(AFM，Atomic Force Microscope)。

(4) 掃描穿隧顯微鏡(STM，Scanning Tunneling Microscope)。

(5) 掃描探針顯微鏡(SPM，Scanning Probe Microscope)。

(6) 磁力顯微鏡(MFM，Magnetic Force Microscope)。

(7) 近場光學顯微鏡(SNOM，Scanning Near-field Optical Microscope)。

(8) 場發射掃描式電子顯微鏡(FE-SEM，Field Emission Scanning electron Microscope)。

(9) 場發射穿透式電子顯微鏡(FE-TEM，Field Emission Transmission Electron Microscope)。

(10) 場發射歐傑電子顯微鏡(FE–AES，Field Emission Auger electron spectroscope)。

(11) 電子自旋極化探針掃描穿隧顯微鏡(Spin-polarized scanning tunneling Microscope)。

(12) 光電子發射掃描穿隧顯微鏡(Photoemission scanning tunneling Microscope)。

(13) 熱電壓掃描穿隧顯微鏡(Thermalvoltages in scanning Tunneling Microscope)。

(14) 雷射掃描穿隧顯微鏡(Laser scanning tunneling Microscope)。

(15) 其他，礙於本章節篇幅有限僅介紹常見的幾種檢測設備。

表 3-8　掃描解析度之比較

Type	Properties used for scanning	Resolution	Used for
STM	Tunneling Current between sample and probe	Vertical resolution<1 Å Lateral resolution～10 Å	=> Conductors => Solids
SNOM	Optical surface profile	Vertical resolution～1 Å Lateral resolution～100 Å	Optical materials
AFM	Force between probe tip and sample surface (Interatomic or electromagnetic force)	Vertical resolution<1 Å Lateral resolution～10 Å	=> Conductors，insulators，semiconductor => liquid layers，liquid crystals and solid surfaces
MFM	Magnetic force	Vertical resolution～1 Å Lateral resolution～10 Å	=> Magnetic materials
SCM	Capacitance developed in the presence of tip near sample surface	Vertical resolution～2 Å Lateral resolution～1000 Å(SCM) Lateral resolution～10 Å(EFM)	=> Conductors => Solids

二、掃描電子顯微鏡(SEM,Scanning Electron Microscope)

掃描式電子顯微鏡(圖3-50),結構如下(圖3-51)是利用電子束經過不同電磁透鏡聚焦、入射掃描試片,同時偵測二次電子得到影像。原理與光學顯微鏡相似,只是由電子取代光子,因入射電子的物質波長較可見光波長短,所以可得到較佳的解析度及較大的放大倍率。掃描式電子顯微鏡(SEM)因其試片製作較為簡易,空間解相能力佳、景深長,可以顯示清晰的三度空間影像。

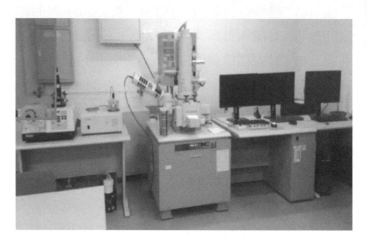

圖 3-50 清華大學化工系之 SEM, Hitachi SV8010

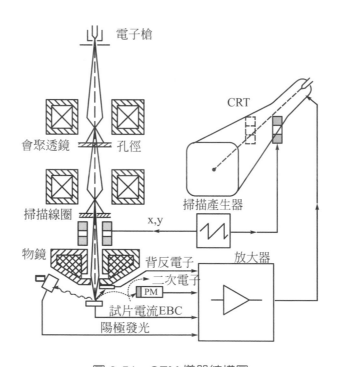

圖 3-51 SEM 儀器結構圖

　　此外亦可以由電子與物質作用所產生之訊號，來鑑定微區域晶體結構(Crystal Structure，CS)、微細組織(Micro-structure，MS)、電子分布情形(Electronic Structure，ES)。如與 X-ray 光譜量測儀器結合，如能量分散光譜儀(EDS)或波長分散光譜儀(WSD)，則可以探知材料中的化學成份組成、化學鍵結。故 SEM 為一性能高、檢測速度快之檢驗分析工具，廣泛的應用於各領域。下列圖 3-52 是掃描式電子顯微鏡影像圖(SEM Image)，供參考。

(a) 掃描式電子顯微鏡影像圖
(SEM Image) WPU
(水性聚氨酯)
放大倍率 1000 倍

(b) 掃描式電子顯微鏡影像圖
(SEM Image) 1 vol.% GNS
(奈米石墨烯) /WPU放大倍率
1000 倍

(c) 掃描式電子顯微鏡影像圖
(SEM Image) 1 vol.%AEMA
(甲基丙烯酸氨基乙酯)
-GNS/WPU放大倍率 1000 倍

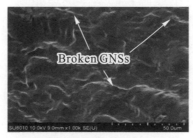

(d) 掃描式電子顯微鏡影像圖
(SEM Image)3:1 AMEA-GNS/WPU
含有 1 vol.%(3:1 AEMA GNS)
放大倍率 1000 倍

圖 3-52　水性 PU(WPU)及其奈米複材之 SEM(掃描式電子顯微鏡)影像圖

三、穿透電子顯微鏡(TEM，Transmission Electron Microscope)

　　穿透式電子顯微鏡分析時，通常是利用電子成像的繞射對比(Diffraction Contrast)，作成明視野(Bright Field，BF)或暗視野(Dark Field，DF)影像，並配合繞射圖樣來進行觀察。所謂明視野即是用物鏡孔徑(Objective Aperature)遮擋繞射電子束，僅讓直射電子束通過成像，至於暗視野則是用物鏡孔徑遮擋直射電子束，僅讓繞射電子束通過成像。

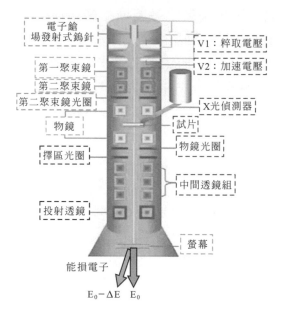

電子鎗
場發射式鎢針

V1：粹取電壓
V2：加速電壓

第一聚束鏡

第二聚束鏡
第二聚束鏡光圈

X光偵測器

物鏡

試片
物鏡光圈

擇區光圈

中間透鏡組

投射透鏡

螢幕

能損電子

$E_0 - \Delta E$ E_0

圖 3-53　穿透式電子顯微鏡基本構造

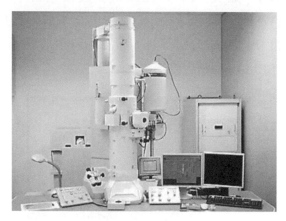

圖 3-54　清華大學化工系之 TEM, JEOL,
JEM-2100(HT) 200KV Electr

　　穿透式電子顯微鏡的基本構造如圖 3-53 所示，圖 3-54 即為清華大學化工所之 TEM。與掃瞄式電子顯微鏡成像原理不同的是，穿透式電子顯微鏡是利用高能電子束(一般約在 100keV～1MeV)穿透厚度低於 100nm 以下之薄樣品，和薄樣品內的各種組織產生不同程度之散射。散射後的電子以不同的行徑通過後續的透鏡組合和透鏡光圈，形成明暗對比之影像，而這些明暗對比之微結構影像是藉由螢光板來呈現。因此穿透式電子顯微鏡分析即擷取穿透薄樣品之直射電子(Transmitted Electron)或是彈性散射電子(Elastic Scattered Electron) 成 像 ， 或 作 成 繞 射 圖 案 (Diffraction Pattern；DP)進而解析薄樣品微結構組織與晶體結構，一般而言，除了電子顯微鏡本身的性能，樣品之厚度是否夠薄(<100nm)與夠平坦均勻，也決定穿透式電子顯微影像之品質。圖 3-55 是穿透式電子顯微影像圖(TEM Image)，供參考。

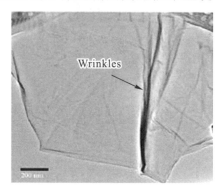

Wrinkles

圖 3-55　Graphene oxide(氧化石墨烯)穿透式電
子顯微影像圖(TEM Image)
清華大學化學工程系奈米複合材料實驗室拍攝

四、掃描探針顯微鏡(SPM，Scanning Probe Microscope)

　　SPM 顯微鏡是以一支探針接觸(Contact)或非接觸(Non-contact)方式掃描樣品表面，配合回饋迴路(Feedback loop)來擷取表面三維影像。SPM 與前二代顯微鏡不僅成像原理不同，而且更爲令人興奮的是 SPM 中的某些機型還能操縱一個個原子、分子。SPM 的工作原理是基於量子力學的隧道效應，通過一個由壓電陶瓷驅動的探針在物體表面作精確的二維掃描，其掃描精度達到幾分之一毫微米。該探針尖端可以製成只有一個原子大小的粗細，並且位於距樣品表面足夠近的距離內，以使探針尖端與樣品表面之處的電子有些微重疊。這時若在探針與樣品表面之間加一偏壓，就會有一種被稱作爲隧道電流的電子流流過探針。這種隧道電流對探針與物體表面的間距十分靈敏，從而在探針掃描時通過感知這種隧道電流的變化就可以記錄下物體表面的起伏情況。這些資訊再經計算機重建後就可以由計算機螢幕上獲得反映物體表面型貌的直觀圖象，這就是其工作原理。SPM 的基本架構與原理如圖 3-56 與 3-57 所示，圖 3-58 與 3-59 顯示 SPM 與其他顯微鏡的差異性與解析度。

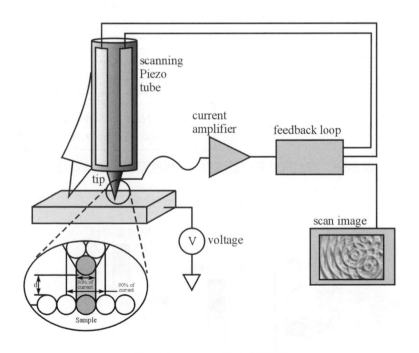

圖 3-56　SPM 基本架構圖

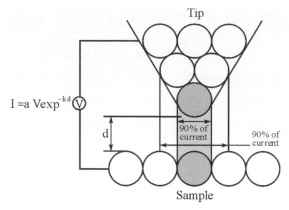

圖 3-57　SPM 基本架構圖

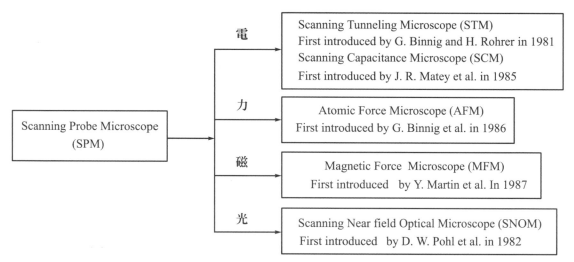

圖 3-58　掃描探針顯微鏡(SPM)與其他顯微鏡的差異性[15]

水平掃描解析度的比較

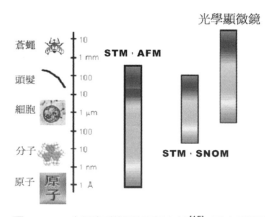

圖 3-59　水平掃描解析度比較[15] (另有彩頁)

　　最早的成果是 IBM 的科學家用一個個氙原子在鉑表面上排成 IBM 商標字樣。目前在操縱原子、分子上又有很大發展，人們有朝一日終將按照自己的意志直接操縱一個個原子來製造具有特定功能的產品。SPM 使人類在奈米尺度上，觀察、改造世界有了一種新的工具和手段。由於 SPM 的優良特性，使其一誕生便得到廣泛的重視。主要應用在教學、科研及工業領域，特別是半導體積體電路、光碟工業、膠體化學、醫療檢測、儲存磁碟、電池工業、光學晶體等領域。隨著 SPM 的不斷發展，它正在進入食品、石油、地質、礦產及計量領域。

圖 3-60　掃描探針電子顯微鏡[18]

五、掃描穿隧顯微鏡(STM，Scanning Tunneling Microscope)

　　掃描穿隧顯微鏡能提供物體表面原子結構的影像，使組成微觀世界中的原子或分子個別地呈現出來。STM 的操作方式，迥異於光學及電子顯微鏡，並未使用鏡片，而是用一支極細的金屬針，沿材料表面的高低起伏掃描，藉掃描時導致的穿隧電流變化來成像。

　　介紹 STM 的原理之前，我們必需先知道什麼是「穿隧效應」(tunneling effect)。量子穿隧現象乃量子物理的重要內涵之一；在古典力學中，一個處於位能較低的粒子根本不可能躍過能量障礙到達另一邊(參考第二章第三節量子效應)，除非粒子的動能超過 V_0。但以量子物理的觀點來看，卻有此可能性。所謂的「穿隧效應」就是指粒子可穿過比本身總能高的能量障礙。當然，穿隧的機率和距離有關；距離愈近，穿隧的機率愈大。當兩個電極相距在幾個原子大小的範圍時，電子已能從一極穿隧到另一極。穿隧的機率是和兩極的間距成指數反比的關係。對一般金屬而言(功函數約 4-5eV)，1Å 的間距差可導致穿隧電流 10 倍的增減。所以，藉偵測穿隧電流，可很容易地得知兩電極間距的變化達 0.1Å 的程度。至於在水平方向的解析度，則受限於針尖的大小，一般約為 1～2Å。

　　掃描穿隧顯微鏡即利用這種電子穿隧特性而發展出來的。如果上述兩電極中的一極為金屬探針(圖 3-61)，另一極為導電樣品，當它們相距很近，並在其間加上微小電壓，則探針所在的位置便有穿隧電流產生。藉探針在樣品表面上來回掃描，並記錄在每一取像點(pixel)上的高度值，便能構成一幅二維圖像。該圖像之解析度取決於探針結構，如果探針尖端只含幾顆原子，則表面原子排列情形便能獲知。因此，掃描穿隧顯微鏡是研究導電樣品表面原子性質的有利工具。

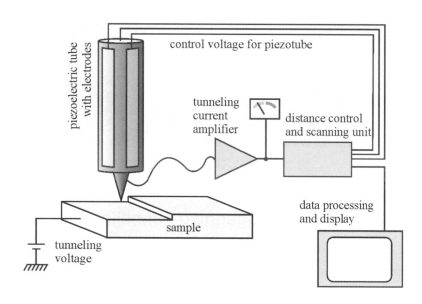

圖 3-61　STM 基本結構圖[19]

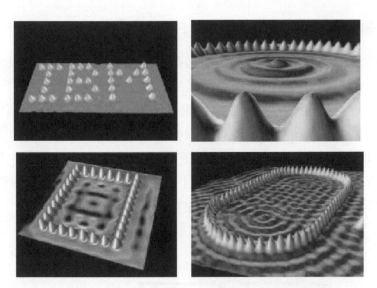

圖 3-62　利用 STM 探針移動原子，形成文字或圖形，可視為最尖端之記憶機制，同時也可研究原子尺度之電子行為，圖中原子所形成的柵欄內，即可觀察到電子的所產生的量子駐波[20]。

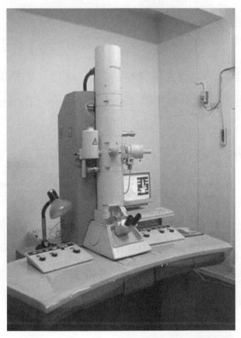

圖 3-63　STM 掃描穿隧顯微鏡[21]

六、原子力顯微鏡(AFM，Atomic Force Microscope)

原子力顯微鏡(AFM) (圖 3-64)屬於掃描探針顯微技術(SPM)的一支。此類顯微技術都是利用特製的微小探針，來偵測探針與樣品表面之間的某種交互作用，如穿隧電流、原子力、磁力、近場電磁波等等，然後使用一個具有三軸位移的壓電陶瓷掃描器，使探針在樣品表面做左右前後掃描（或樣品做掃描），並利用此掃描器的垂直微調能力及迴饋電路，讓探針與樣品間的交互作用在掃描過程中維持固定，此時兩者距離在數至數百 A° (10-10m)之間，而只要記錄掃描面上每點的垂直微調距離，我們便能得到樣品表面的等交互作用圖像，這些資料便可用來推導出樣品表面特性。

圖 3-64　清華大學材料系之 AFM 原子力顯微鏡
多功能大樣品掃描探針顯微鏡 (Bruker, Model：Dimension ICON)

AFM 的主要結構可分為探針、偏移量偵測器、掃描器、回饋電路及電腦控制系統五大部分，最常見的機構如圖 3-65 所示。距離控制方式為光束偏折技術，光是由二極體雷射產生出來後，聚焦在鍍有金屬薄膜的探針尖端背面，然後光束被反射至四象限光電二極體，在經過放大電路轉成電壓訊號後，垂直部份的兩個電壓訊號相減得到差分訊號，當電腦控制 X、Y 軸驅動器使樣品掃描時，探針會上下偏移，差分訊號也跟著改變，因此回饋電路便控制 Z 軸驅動器調整探針與樣品距離，此距離微調或其他訊號送入電腦中，記錄成為 X、Y 的函數，便是 AFM 影像。

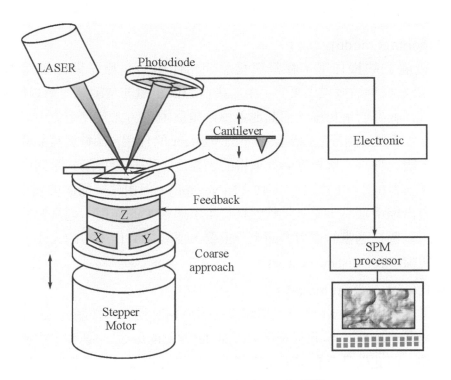

圖 3-65　AFM 操作原理示意圖[15]

　　AFM 的探針(如圖 3-65)是由針尖附在懸臂樑(cantilever)前端所組成，當探針尖端與樣品表面接觸時，由於懸臂樑的彈性係數與原子間的作用力常數相當，因此針尖原子與樣品表面原子的作用力便會使探針在垂直方向移動。

　　簡單的說 AFM 是利用探針與樣品表面原子的凡得瓦力的作用，作用力造成橫桿(cantilever)微小的位移，其位移量可以雷射束偵測法來感測。藉著掃描系統、雷射束位移偵測及回饋電路而得到表面結構的型貌。便可當成二維函數儲存起來，也就是掃描區域的等原子力圖，這通常對應於樣品的表面圖形(surface topography)，一般稱為高度影像(height image)。AFM 的操作模式可約略分為以下三種。

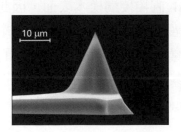 

圖 3-66　AFM 探針示意圖

1. **接觸式**(contact mode)：

在接觸式的操作下，探針與樣品間的作用力是原子間的排斥力(repulsive force)，這是最早被發現出來的，由於排斥力對距離非常敏感，所以接觸式 AFM 較容易得到較好的解析度，而其他兩種則頗為困難，尤其在空氣中，樣品表面都存在一層水薄膜，由於毛細現象(capillary effect)的作用，探針與樣品間存有很強的黏滯力，因此增加高解析度影像取得的困難度。在一般接觸式量測中，探針與樣品間的作用力很小，約為 $10^{-6}\sim10^{-10}$N(Newton)，但由於接觸面積極小，因此過大的作用力仍損壞樣品，尤其是軟性材質；不過較大的作用力通常會得到較佳的解析度，所以選擇適當的作用力便十分重要，而要得到作用力的大小，必須取得力對距離曲線(force-distance curve)。

2. **非接觸式**(non-contact mode)：

為了解決接觸式 AFM 可能損壞樣品的缺點，便有非接觸式 AFM 發展出來，這是利用長距離吸引力-凡得瓦爾力(Van der Waals force)來運作，由於探針與樣品沒有接觸，因此樣品沒有被損傷的顧慮，不過凡得瓦爾力對距離的變化非常小，因此必須使用調變技術來增強訊號對雜訊比，其基本構想是讓探針與一陶瓷震盪片接觸，再加入弦波電壓至震盪波，使探針在其共振頻率作小震盪，然後偵測其振幅或相位，當探針與樣品靠近時，由於凡得瓦爾力的作用，振幅便會變小，而相位也會改變，因此只要將振幅或相位送至回饋電路，便能得到等作用力圖像，這也就是樣品的高度影像。由於空氣中樣品表面水薄膜的影響，非接觸式 AFM 一般只有約 50nm 的解析度，不過原子解析度卻可在真空中得到。

3. **輕敲式**(tapping mode or intermittent contact mode)：

第三種輕敲式 AFM 則是將非接觸式加以改良，其原理就是將探針與樣品距離加近，然後增大振幅，使探針在振盪至波谷時接觸樣品，由於樣品的表面高低起伏，使得振幅改變，再利用類似非接觸式的回饋控制方式，便能取得高處影像。與非接觸式比較，由於輕敲式 AFM 直接接觸樣本表面，因此解析度提高為 5～10nm；而與接觸式比較，雖然解析度較差，但破壞樣品的機率大為降低，同時也較不受摩擦力的干擾。不過由於高頻率敲擊的影響，對很硬的樣品而言，探針針尖可能受損，而對很軟的樣品，尤其是生物活體，則樣品仍可能遭破壞。圖 3-67 即為原子力分析儀影像圖(AFM Image)，供參考。

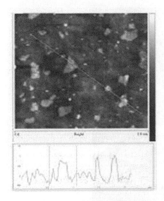
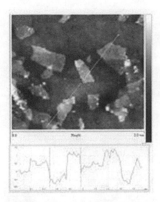
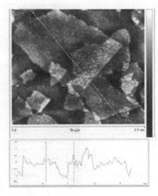

(a) 原子力分析儀影像圖
(AFM Image)
S-GO, d<200nm

(b) 原子力分析儀影像圖
(AFM Image)
M-GO,d=200~450nm

(c) 原子力分析儀影像圖
(AFM Image)
L GO,d>450nm

圖 3-67　不同長度之氧化石墨烯 TEM 影像圖
清華大學化學工程系奈米複合材料實驗室拍攝

七、磁力顯微鏡(MFM，Magnetic Force Microscope)

1987 年 Martin 和 Wickramasinghe 將原本 AFM 探針換上具有磁性的探針,除了可測得原本試片的表面形態以外,尚可得到磁性試片之磁區分布情況,這就是我們所稱的 MFM (magnetic force microscopy),如圖 3-68 所示。MFM 對磁性物質之磁結構解析度為已知分析方法中最佳者。原理結構請參考圖 3-44,其說明一具磁性的探針在試片表面作第一段掃描得到試片表面形態,接著提高探針再對試片做第二段掃描,此時探針遠離試片表面,探針所受之力為試片與探針彼此之磁性交互作用力,因此我們在第二段掃描時所得到的為磁力影像,第二段掃描時探針所受到的作用力為磁場的一次微分,而雷射光受到懸臂樑(cantilevel)振動反應到 detector 的變化量為探針所受力之一次微分,亦即我們得到的是磁場二次微分的變化量,可與 AFM 的表面形態作比較如圖 3-69 所示。

因為 MFM 得到的是磁場的二次微分變化量,因此在影像的解釋上較為困難,且跟探針的選用與試片的磁性有關,目前所使用的探針為標準的鍍 Co/Cr 探針,矯頑場為 400 Oe,文獻上亦有在不同狀況下使用之特殊探針,如軟磁探針(NiFe),超順磁性探針(Fe/SiO2),MFM 影像之結果會與針的選擇與操作條件的設定有關,使用者應對試片有充份了解,藉以決定最適當之操作條件,進而得到最佳影像。

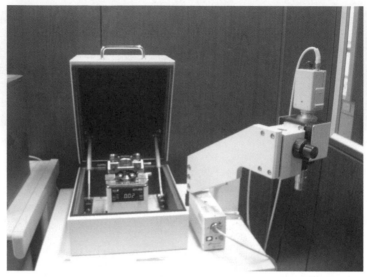

圖 3-68　AFM/MFM [6]

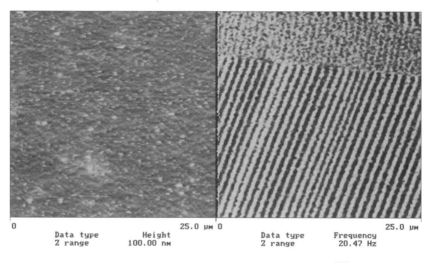

圖 3-69　左為 AFM 影像，右為 MFM 影像[21]

八、掃描式近場光學顯微鏡
(SNOM，Scanning Near-field Optical Microscope)

　　SNOM 乃是利用與原子力顯微鏡相似之距離回饋機制，將一光學孔穴在樣品表面 1～20nm 上掃描近場光學訊號，而得到表面高低及光學影像，其中最常用之探針為尖端直徑在 50～100nm 的光纖探針。

在掃描樣品時，通常利用保持光強度為定值。定光強度值掃描的影像的解釋上較為複雜，通常需要與表面型態的影像互相比較，多應用於光電元件、發光薄膜材料、螢光生物樣品分析等等。

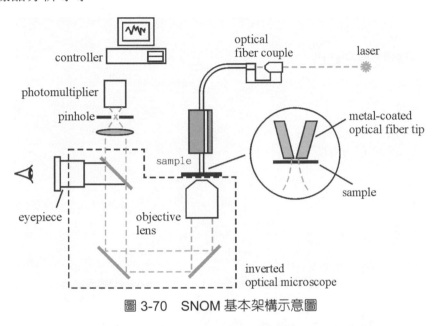

圖 3-70　SNOM 基本架構示意圖

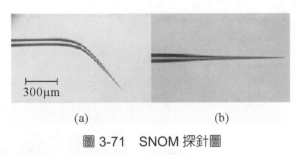

(a)　　　　　　　　　(b)

圖 3-71　SNOM 探針圖

九、FE-SEM 場發射掃描式電子顯微鏡

電子顯微鏡的發展，最早在 1931 年首先發展穿透式電子顯微鏡(TEM，Transmission Electron Microscope)，而在 1935 年提出掃描式電子顯微鏡(SEM；scanning electron microscope)的理論與構想，到 1942 年發展出第一台實驗室用掃描式電子顯微鏡，近來發展以場發射式(FE)為主。

掃描式電子顯微鏡主要是來觀察物體的表面型態，其試片製作較簡單，解析度高，可達 nm 級，且景深長，在觀察材料表面形貌上非常清楚而容易。

FE-SEM 提供的訊息：

(1) 型態學：

    ① 結晶。

    ② 顆粒。

    ③ 組成。

    ④ 橫斷面層間結構。

(2) 尺寸：

    ① 結晶尺寸。

    ② 顆粒尺寸。

    ③ 層間寬度與厚度。

(3) 組成：

    ① 定性。

    ② 定量。

    ③ 分佈。

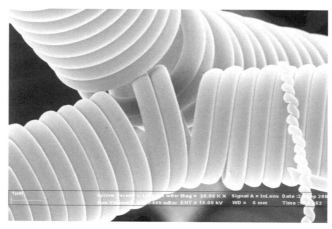

圖 3-72　Carbon micro-coil 之二次電子影像[15]

圖 3-73　以 FE-SEM 觀察奈米粉體(ZnO/TiO2)[15]

圖 3-74　以 FE-SEM 觀察碳奈米管(CNT)[15]

十、FE-TEM 場發射穿透式電子顯微鏡

　　穿透式電子顯微鏡為世界上第一台可看到原子排列影像之儀器，也就是說 TEM 最強大之功能即是其影像解析度可到達 1 Å；其分析之困難不在於儀器操作而在於試片之製作，一般試片需減薄至數千 Å 之厚度以下才可被電子束穿透，但這通常需要精密或熟練之技術，且非常耗時，在減薄之技術中還要注意對試片之影響：如 GaAs 在離子減薄時需以液態氮冷卻，避免原子排列 disordering，相變化材料宜用超薄切片法製作試片，而不是離子減薄法，以避免相變化產生。

FE-TEM 提供的訊息：

(1) 電子繞射：

    ① 晶體結構。

    ② 相鑑定。

    ③ 相與相的結晶關係。

(2) 振幅對比影像(BF/CDF)：

    ① 材料/元件的內部結構。

    ② 缺陷結構。

(3) 高分辨影像：

    ① 晶體中原子結構。

    ② 界面原子結構。

(4) EDS/EELS(加裝)：

    ① 成份分析。

    ② 化學鍵結。

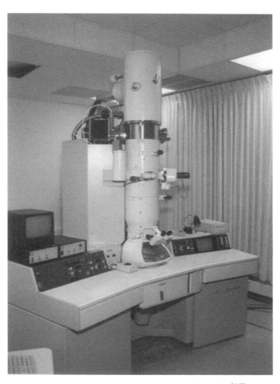

圖 3-75　FE-TEM (JEOL 2010F)[15]

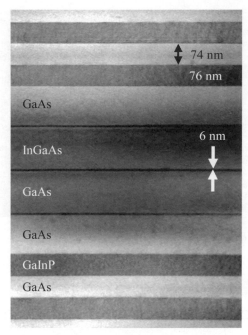

圖 3-76　薄膜剖面分析[15]

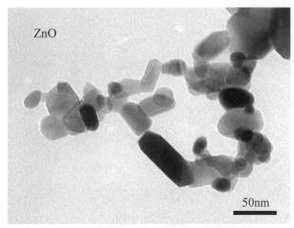

圖 3-77　奈米粉體分析[15]

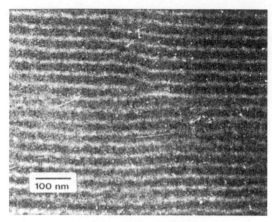

圖 3-78　晶體差排分析[15]

十一、場發射歐傑電子顯微鏡 FE-AES
(field emission auger electron spectroscopy)

(1) 材料成分分析中解析度最好之儀器。

(2) 材料縱深分析中最廣泛使用之儀器。

(3) 薄膜分析中應用範圍最多之儀器。

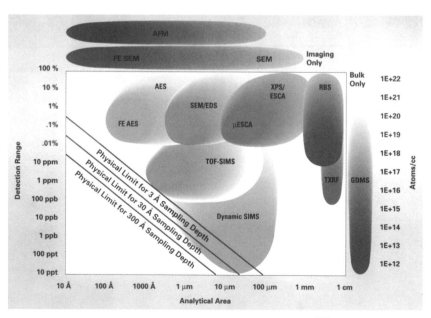

圖 3-79　FE-AES 分析儀器適用範圍[15]

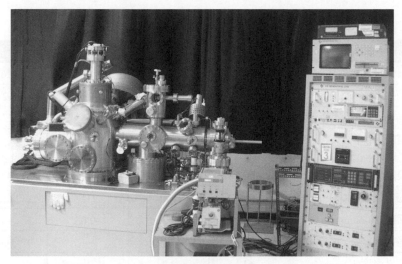

圖 3-80　FE-ASG 外觀(VG-Microlab 310-F)[15]

3-10　奈米材料力學性能

一、奈米力學性能

　　奈米材料之機械性質如材料強度、模數、延性、磨耗性質以及腐蝕行為，或物理性質，如其具有強磁性、高熱傳導性、高擴散性等，皆截然不同於傳統塊材。同時，奈米級材料由於其細微的結構，而具有溶解度高及原子擴散速率快等特性。而且粉末的粒徑縮減後硬度可增加 2 至 10 倍，其相關性質比較可參考表 3-9。

　　奈米材料的力學性質量測有一定的困難度，在本章節裡會有詳細的介紹其量測方法與設備。但是首先將以碳奈米管的力學性質表現為例來做說明，並介紹傳統力學量測方法做一比較。

二、碳奈米管的特性

　　碳奈米管現在所面臨較重大的挑戰為在奈米的等級之下，如何將碳奈米管的微機械特性、彈性及破斷行為模型化。在碳奈米管及其複合材料在特性上的爭議有

(1)　缺乏測量碳奈米管其微機械性質最直接的方式。

(2)　受限於試片的尺寸，準備試片困難。

(3)　所獲得的間接量測數據並不可靠。

(4)　測試的試片準備技術不佳，而且缺乏對碳奈米管的對準及分佈的控制。

表 3-9　常用材料性質[22]

性　　質	材　料	奈米晶	非晶質	結　晶
熱膨脹係數(10–6/K)	Cu	31	18	16
熱容(在 298K，J/gK)	Pd	0.37	–	0.24
密度(g/cm3)	Fe	6	7.5	7.9
彈性模數 楊氏模數(Gpa) 剪力模數(Gpa)	Pd Pd	88 32	– –	123 43
飽和磁化強度(4K，emu/g)	Fe	130	215	222
電納係數(10-6emu/Oe g)	Sb	20	−0.03	−1
破斷應力(Kg/mm2)	Fe–1.8C	6720		560
超導臨界溫度(K)	Al	3.2	–	1.2
擴散活化能(eV)	Ag in Cu	0.51	–	2.0
Debye 溫度(℃)	Fe	345	–	467

三、碳奈米管力學性質量測

　　為了更容易瞭解碳奈米管的機械性質，有很多的研究人員企圖直接定義碳奈米管，例如：

1. Treacy[49]等研究人員首先以穿透式電子顯微鏡(TEM)測量經本質熱震動的振幅研究出經分離過後的多層碳奈米管之彈性模數，經由 11 個試樣所得到碳奈米管的平均模數為 1.8Tpa。

2. Wong 及其研究人員[50]首先完成多層碳奈米管以 AFM 直接量測彈剛性及其強度。將碳奈米管固定在二硫化鉬的一端上，使用 AFM 的尖端對其施以應力，在不產生斷裂脫離的前提下，由碳奈米管產生的位移計算得知其彎曲應力，得到彈性模數為 1.26Tpa，平均彎曲應力為 14.2 ± 8Gpa。

3. 單層碳奈米管傾向聚集成束狀物，Salvetat 及其研究人員[51]以 AFM 測量這些成束狀的碳奈米管，當管束的直徑增加時，則在軸向模數及剪模數明顯降低，在此推論束狀物的內部發生了滑移的現象。

4. Walters 等人[52]更進一步以 AFM 研究出碳奈米管束的彈性應變，基於他們實驗的應變量及假定碳奈米管彈性模數為 1.25Tpa，計算出奈米束狀物之降伏應力為 45 ± 7Gpa。

5. Salvetat 等人提出[72]，碳奈米管束因滑移造成彈性模數的下降，會使得他們對於強度的計算值會更低。

6. Yu 及其研究同仁[26,27]從事多層及單層碳奈米管束在張力負荷下的研究，他們將碳奈米管連接到兩個相對的 AFM 的探針上，並施加一張力的負荷。對於多層碳奈米管[73]的破斷，奈米管的最外層先破裂，緊接著拉出內層的碳奈米管，這種破斷機構類似劍與劍鞘的疊嵌。經實驗計算得知最外圍的多層碳奈米管的張力強度為 11 至 63Gpa，彈性模數在 270 至 950Gpa 的範圍內。而其後對於單層碳奈米管束的研究[74]，他們假設在管束中只有最外圍的奈米管支撐在實驗當中所負載的應力，經計算得出的張應力在 13 至 52Gpa 之間，平均彈性模數在 320 至 1470Gpa 之間，

7. Xie[76]等人同時也對多層碳奈米管做了有關張力的測試，在他們的實驗中發現，張應力及彈性模數分別為 3.6 及 450Gpa，他們推論是因為以 CVD 成長的碳奈米管所產生的缺陷結果所導致。

四、碳奈米管的機械性質

如同先前所討論到的，有關碳奈米管的塑性變形已被實驗性地測試過了，其研究結果顯示碳奈米管具有極佳的機械性質，例如它具有特別高的彈性模數[49,50]，高彈性應變及高支撐破斷應變[56,57]。相同的結果可從一些在理論上的研究結果得到[79-82]，雖然在理論上的預言及在實驗上的研究鮮少有所關聯。單層及多層碳奈米管之機械性質詳述如下。

五、單層碳奈米管

關於單層碳奈米管在理論上機械性質的研究正持續的擴大進行中。

1. Ovemey 等人[79]研究以低頻率的震動方法，研究包含 100、200 及 400 個原子的長奈米管的結構剛性，其計算方法基於 Keating Hamiltonian 的第一原理中的經驗參數決定，比較單層碳奈米管及銥金屬懸樑的彎曲剛性，銥金屬懸樑的彎曲剛性可由連續性 Bernoulli-Euler 的懸樑彎曲理論推論得知，經分析之後，Overney 及其研究員斷定奈米管的彎曲剛性超越現存的任何材料。此外在實驗上，Iijima 等人[62]使用分子動力學模擬在一壓力下碳奈米管的反應，他們模擬單層和多層碳奈米管彎曲至大角度下的形變特性，他們的實驗及理論結果顯示碳奈米管具有極佳的彎曲能力，其彎曲的行為在彎曲角 110°以內是完全可逆的，超過 110°產生複雜的扭結形狀。結果證明在高應變下碳奈米管仍具有良好的彈性。

2. Ru[84]注意到若使用一般定義典型碳奈米管的厚度值，則實際上單層碳奈米管的彎曲剛性比以彈性連續 shell 模型所得到的還要更低，則 Ru 提出當材料參數與碳奈米管典型的厚度值無關時，則其彎曲剛性便可有效率地使用，有此觀念的幫助，使得彈性 shell 方程式可作立即的修正，並且應用在單層碳奈米管上，基於此觀念的計算結果與分子動力模擬的所得到結果相符合。

3. Vaccarini 等人[85]研究在張力及扭力的狀況下其對碳奈米管結構和 chirality 彈性性質的影響，他們發現 chirality 對碳奈米管的張力模型影響不大，chiral 碳管顯示出與左右扭轉有關的不對稱扭轉行為，反之 armchair 及 ziz-zag 碳管並不存在於這種不對稱性的扭曲行為中。

4. Lu[80]對於單層碳奈米管的彈性性質有相當廣泛的研究，在這些研究當中，Lu 採用經驗式的晶格動力模型[60]，目前已成功的用在計算原子光譜及石墨彈力特性中。在晶格動力學模型中，原子在單一碳層中的交互作用接近原子間 pair-wise 諧波電位的總和，碳奈米管在圓柱表面的層間結構由石墨板狀所構成，Lu 的研究工作嘗試解答一些基本的問題：

    (1) 碳奈米管的彈性性質如何依據在結構細節上的不同而產生變化。

    (2) 碳奈米管的彈性性質如何與石墨和鑽石做比較？Lu 認為在尺寸及 chirality 對碳奈米管彈性性質的影響不大，預料 Young's 係數約在 1 Tpa，剪力係數約為 0.45 Tpa，體積模數約 0.74 Tpa，可與鑽石相匹敵，Hemandez 及其研究員[60]執行計算的結果與 Lu 的結果相似，其中 Young's 係數較高，約為 1.24 Tpa，但與 Lu 的研究結果不同的是，彈性係數易受管徑及結構所影響。

    除了其獨特的彈性性質，在碳奈米管的非彈性行為也已經被高度的注意當中。

5. Yakobson 及其研究員[82]測試碳奈米管在線性反應下的不穩定行為，使用逼真的多體 Tersoff-Brenner 電位和分子動能模擬，他們的分子動能模擬證明碳奈米管受到大的形變時可轉變至不同的結構型態，這種形變是可逆的，每一個形狀的改變都符合能量的突然釋放，並且在應力應變圖中顯示特別突出的曲線，這些變化可以用連續性的 shell 模型做完整的解釋，有正確的參數，對於奈米管的行為他們的模型提供了一個非常精確的技術預測，超越了線性彈性的方式，他們同時也在不同的 chirality 及溫度下做出單層及雙層碳奈米管分子動態模型[60]，他們的模擬顯示碳奈米管有非常大的破斷應變(範圍為 30～40%)，而且破斷應變隨溫度的升高而下降。

6.　Yakobson[60]應用差排的理論解釋碳奈米管在張力作用下，其機械鬆弛的主要方式，他認為碳奈米管的降伏應力取決於它的對稱性，而且碳奈米管存在一內分子塑性流，在高應力下，此分子流符合差排在碳奈米管壁中沿著螺旋狀路徑運動，並且形成了一階梯式的頸縮，當不同 chiral 對稱的區域形成時，如同結果所顯示，碳奈米管的電子及機械性質就被改變了。

由雷射氣化法及電弧法生產的單層碳奈米管有很高的傾向形成束(rope)狀及方向性排列束狀物，因此在理論的研究上已經朝向研究這些奈米管束的機械性質。

7.　Ru[88]提出經修正的彈性蜂巢狀模型，研究在高壓下奈米 ropes 的彈性彎曲現象，Ru 為臨界壓力提供一個簡單的公式，此公式可當作奈米管 Young's 係數的公式及管壁厚度對半徑的比值。

單層 ropes 在高壓下易影響其彈性彎曲，並且彈性彎曲是因為震動模式的誘導壓力異常，以及單層碳奈米管的電阻所導致。

8.　Popov 及其研究同仁[89,90]使用基於力常數晶格動力模型，研究出單層碳奈米管形成的三角晶格的彈性性質，他們針對奈米管的類型，如 armchair 及 zig-zag 計算各種奈米管結晶的彈性常數，Poisson's 比及體積模數明顯的與管徑有關，對於半徑為 0.6nm 的單層碳奈米管，發現體積模數目前最大值為 38 Gpa。

六、多層碳奈米管

多層碳奈米管是由很多的同軸心單層碳奈米管所組合而成，層與層之間是由相當弱的凡得瓦爾鍵結，碳奈米管的多層結構會使得其性質的塑造更為複雜。

1.　Ruo 及 Lorent[65]由石墨的彈性性質得到理想多層碳奈米管的張力及彎曲剛性常數，與傳統的碳及石墨纖維的巨大的非等向性熱膨脹不同，碳奈米管的熱膨脹是等向性的，碳奈米管的導電性是非等向性的，其軸向的導電性非常的高，甚至超越現今任何其它的材料。

2.　Lu[80]也同時經由經驗晶格動態模型的平均值-計算由單層碳奈米管形成多層碳奈米管的彈性性質，發現彈性性質對於不同參數的合成不敏感，如 chirality、管徑、層間數量，並且所有半徑大於 1nm 的碳奈米管其彈性性質可被忽略，層間凡得瓦爾力對於張力及剪力剛性可被忽略。

3.　Govindjee and Sackman[71]首先使用連續力學估計多層碳奈米管的性質，他們使用 Bernoulli-Euler 彎曲理論推斷楊氏係數，並研究此一方法的正確性，並且表示在碳奈米管的尺度中，使用連續機械學必須謹慎的評估，以便得出合理的結果。他們表示當一連續橫截面的假設被使用時，則材料性質在系統尺寸上有著明顯的依賴性。

4. Ru[66]使用彈性平板模型研究凡得瓦爾力在一雙層碳奈米管軸向連接的影響，分析結果顯示凡得瓦爾力並不會增加雙層碳奈米管的臨界軸向連接應變，Ru[73,74]之後也提出多種的圓柱模型，認為層間放射位移因凡得瓦爾力而結合，這模型被用在研究圓柱連接時層間位移的效應，包含層間位移的影響是不能被忽視的，除非凡得瓦爾力非常的強。

5. Kolmogorov and Crespi[96]研究雙層碳奈米管的層間反應，證明多層碳奈米管的幾何形狀可以提供非常光滑的固相-固相界面，在成長的過程中可以阻止皺紋的生成，碳奈米管層間滑移的能量障礙可與石墨單晶相比擬。

七、傳統力學與材料性能

一般材料的力學性能(或稱為機械性質)通常以彈性模數(modulus of elasticity)、強度(strength)、延展性(ductility)、硬度(hardness)和韌性(toughness)等數值表示。具有奈米性質的材料，通常其強度會隨著其粒徑的減小而有增加的趨勢，如何去量化這些具有奈米性質材料的強度，便需要借重奈米的力學檢測技術來分析。

表 3-10　力學性質相關整理

性　質	符號	定　　　　　義	單　　位
應力	s	Force/unit area	Newton/m^2(pascal)
應變	e	$\Delta L/L$	
彈性模數	E	Stress/elastic strain	Pascal
強度		Stress at failure	
降伏強度	S_y	Resistance to initial plastic deformation	Pascal
極限強度	S_u	Maximum strength based on original dimensions	Pascal
延展性		Plastic strain at failure	
伸長率	e_f	$(L_f-L_o)/L_o$	
韌性		Energy for failure by fracture	Joules
硬度		Resistance to plastic indentation	Empirical unit
硬度有三種不同表示法： (1) Brinell【BHN】硬度；(2) Rochwell【R】硬度；(3) Vickel【DPH】硬度 下標 o-original；f-final			

1. **拉伸試驗(tensile test)：**

材料承受拉力以決定其基本機械性質所須的重要試驗。可以測定之機械性質有降伏強度、抗拉強度、伸長、收縮之外，尚有比例限界、彈性限界、彈性係數、柏松氏比。

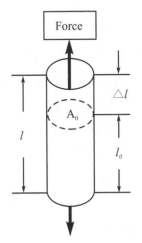

圖 3-81　拉伸試驗示意圖[23]

試片經拉伸試驗後可依據拉力與位移之關係得到工程應力-工程應變曲線圖，如圖 3-82 所示。

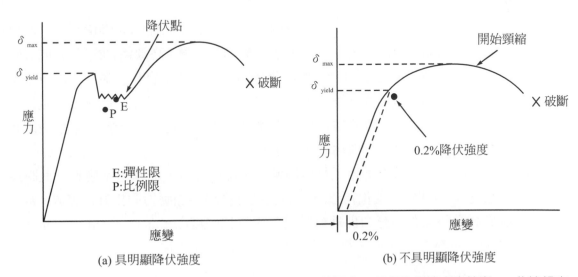

(a) 具明顯降伏強度　　　　　　(b) 不具明顯降伏強度

圖 3-82　應力-應變曲線圖。訂定從應變軸上 0.002 位置畫一平行比例線之直線與σ–ε曲線相交於一點，該點即為 0.2%截距降伏強度[23]

藉由工程應力-應變曲線可得到一些重要參數，說明如下：

(1) 比例限與彈性限：如圖 3-82 中所示，當外加應力不超過 P 點時，其應力(σ) 與應變(ε)成直線比例關係，即滿足虎克定律(Hooke's Law)：

$$\sigma = E\varepsilon \quad\text{... (3-23)}$$

斜率即為比例常數 E 或稱之為楊氏係數(Young's modulus)，此 P 點之應力值，以σ_p來表示，即稱為比例限(Proportional limit)。當外加應力大於比例限後，應力-應變關係不再是呈直線關係，但變形仍屬彈性，亦即當外力釋放後，變形將完全消除，試片恢復原狀。直到外加應力超過 E 後，試片已經產生塑性變形，此時若將外力釋放，試片不再恢復到原來的形狀。此 E 點所對應的應力，以σ_e來表示，即稱為彈性限。一般金屬與陶瓷之比例限與彈性限大致相同。

(2) 降伏點與降伏強度：有些材料具有明顯的降伏現象，有些材料則不具明顯降伏點，如圖 3-82 所示。超過彈性限後，如繼續對試片施加荷重，當到達某一值時，應力突然下降，此應力即為降伏強度，可被定義為在材料產生降伏時拉力(P)除以原截面積(A_0)：

$$\sigma_{yield} = \frac{P}{A_0} \quad\text{... (3-24)}$$

應力下降之後維持在一定值，但應變仍持續增加，此種明顯降伏現象一般可在中碳鋼的測試中被發現，但大部分金屬(如鋁、銅、高碳鋼)並不具有明顯的降伏現象，如圖 3-82(b)所示。此時降伏點之訂定並不容易，最常用的方法是以 0.2%或 0.002 截距降伏強度(Offset yield strength)表示之。此點之訂定即為從應變軸上之 0.002 位置畫一平行比例線之直線，此直線與應力-應變曲線相交於一點，此點之應力即為 0.2%截距降伏強度。

(3) 最大抗拉強度與破斷強度：材料經過降伏現象之後，繼續施予應力，此時產生應變硬化(或加工硬化)現象，材料抗拉強度隨外加應力的提升而提昇。當到達最高點時該點的應力即為材料之最大抗拉強度(Ultimate tensile strength，UTS)，如圖 3-81 所示。最大抗拉強度(σ_{UTS})可定義為：

$$\sigma_{UTS} = \frac{P_{max}}{A_0} \quad\text{.. (3-25)}$$

P_{max} 為材料在最大抗拉強度時所受之負荷，A_0 為材料之原截面積。對脆性材料而言，最大抗拉強度為重要的機械性質；但對於延性材料而言，最大抗拉強度值並不常用於工業設計上，因為在到達此值之前，材料已經發生很大的塑性變形。

試片經過最大抗拉強度之後，開始由局部變形產生頸縮現象(Necking)，之後進一步應變所需之工程應力開始減少，伸長部分也集中於頸縮區。試片繼續受到拉伸應力而伸長，直到產生破斷，此應力即為材料之破斷強度(Breaking strength)。破斷強度(σ_f)可被定義為破斷時之負荷(P_f)除以原截面積(A_0)：

$$\sigma_f = \frac{P_f}{A_0} \quad\quad\quad\quad\quad\quad\quad\quad\quad\quad\text{(3-26)}$$

(4) 延性：試片之延性可以伸長率表示之：

$$伸長率 = \left(\frac{L_1 - L_0}{L_0}\right) \times 100\% \quad\quad\quad\quad\quad\quad\text{(3-27)}$$

其中 L_0 和 L_1 分別為表示為材料在試驗前原長度及破斷時之長度。除了伸長率可表示材料之延性外，斷面縮率也可表示材料之延性：

$$斷面縮率 = \left(\frac{A_0 - A_f}{A_0}\right) \times 100\% \quad\quad\quad\quad\quad\text{(3-28)}$$

其中 A_0 及 A_f 分別表示為試驗前及破斷時面積。

(5) 真應力與真應變：工程應力是拉伸試片所受之外力 F 除以它的原截面積 A_0，然而在試驗過程，試片的截面積是隨外力呈連續變化的。在試驗過程中，當試片發生頸縮後，工程應力隨應變的增加而下降，使工程應力-應變曲線上出現最大工程應力。然而相對於工程應力-應變曲線會產生彎曲，在真應變-應力曲線中是以瞬時截面積來計算，所以其圖形是呈直線上升，如圖 3-83 所示。因此，當試驗中頸縮現象發生，真應力值就大於工程應力值。真應力(σ_t)及真應變(ε_t)之定義如下：

$$真應力\ \sigma_t = \frac{F}{A_i} \quad\quad\quad\quad\quad\quad\quad\quad\quad\quad\text{(3-29)}$$

A_i：試片的瞬時截面積

$$\text{真應變 } \varepsilon_t = \int_0^{l_i} \frac{dl}{l} = \ln \frac{l_i}{l_0} \quad\text{.. (3-30)}$$

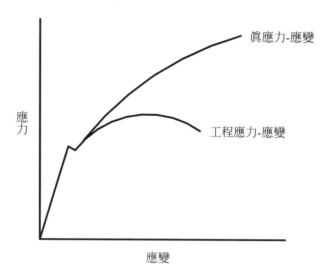

圖 3-83　真應變-應力與工程應變-應力曲線之比較[23]

(6) 柏松比(Poisson's Ratio)：材料被拉伸時，縱向的彈性變形，會引起橫軸相的變形，如圖，一立方體材料經拉力 σ_z 發生縱軸向變形(應變)+ε_z，會引起橫軸向的收縮$-\varepsilon_x$ 和$-\varepsilon_y$。若假設材料為 isotropic 時，ε_x 和ε_y 的值相同，則

$$\upsilon(\text{柏松比}) = -\frac{\varepsilon(lateral)}{\varepsilon(longitudinal)} = -\frac{\varepsilon_x}{\varepsilon_z} = -\frac{\varepsilon_y}{\varepsilon_z} \quad\text{... (3-31)}$$

彈性體(亦稱為理想體)的柏松比為 0.5，一般材料介在 0.24～0.4 之間或平均 0.3 左右，柏松比可作為一種材料機械性質的參考值。

2. **衝擊試驗(Impact test)：**

為辨別材料對衝擊力之抵抗能力即具脆性(Brittleness)或韌性(Toughness)為目的之試驗。衝擊試驗具有下列特徵：

(1) 材料負載後在$10^{-2} \sim 10^{-3}$ 秒之內破裂或負載後到達降伏點之時間僅$10^{-3} \sim 10^{-5}$ 秒左右。

(2) 非常溫的條件下。

衝擊試驗所得之衝擊值用於材料之特性比較甚爲便利，但並不直接用於強度計算
之基本數據。

$$衝擊強度 = 材料單位厚度下的破壞能量 = (h_1 - h_2)\frac{w}{d} \ (單位：ft \cdot lb/in) \ .... \ (3\text{-}32)$$

單位爲 in-lb/in^3 或 cm-kg/cm^3，對材料的破裂和敗壞(fracture and failure)有很重大的
影響。衝擊彎曲試驗之衝擊負載與應變內之關係有圖 3-84 所示之傾向。延性材料
在顯示最大阻力附近時材料缺口底部雖產生裂痕也不立即破裂，隨著面積之逐漸
減小而繼續沿 OABC 之線變形，材料吸收之能量由此曲線下方之面積表示。脆性
材料則發生裂痕後立刻擴大，幾乎不產生永久變形而破壞，如 OAA' 線範圍，所
吸收之能量極少。普通材料據於其間如 OABB' 線所示，有相當之永久變形之後才
破壞。材料吸收能量之大部分目當於裂痕發生至破壞爲止之後段部分，因此 BB'
之高度(變形大小)比 AA' 之高度(阻力大小)有助於衝擊值。

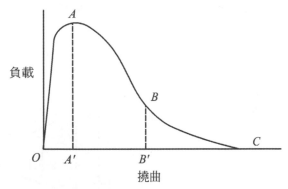

圖 3-84　負載與撓曲之關係(有缺口)[23]

　　材料有缺口時，缺口底部會產生應力集中，不但容易引起裂痕，也成爲不容
易永久變形之應力狀態，換言之，增加了脆性。

　　變形速度加大則阻力增加而變形減少。圖所示之延性材料在靜態與動態負載
之下所作試驗中得知吸收之能量差小，但脆性材料者其差較大，且動態者所吸收
之能量比靜態者小。可知衝擊試驗(屬動態試驗)比一般靜態試驗結果顯示有明顯之
脆韌差。將吸收之能量作爲衝擊試驗測定值之原理如下：重量 W 之鎚由旋轉中心
至重心之距離爲半徑 Rm 時，由提至角 α 高經衝擊後擺至 β 角，如圖 3-85 所示，
折斷試件所耗能量 E 可用下式計算。

$$E = WR(\cos\beta - \cos\alpha) - L_1 - L_2 - L_3 \quad\text{...}\quad (3\text{-}33)$$

但 L_1 表示擺子運動中由於空氣阻力及軸承摩擦阻力等所耗之能量，L_2 為試件摩擦及割傷支持台與擺刃等所耗能量，L_3 則表示試件破壞後彈出運動所耗能量。此等能量一般不大，可以省略不計，但脆性材料之 L_1 不小應予以考慮。此時可用 α' 代替 α，α' 是由 α 角自由擺動至另一邊所形成之最大角度。

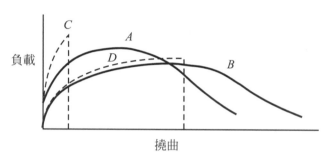

圖 3-85　負載與應變之關係(無缺口)

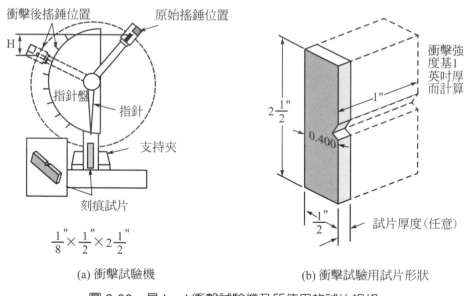

(a) 衝擊試驗機　　　　　　　　(b) 衝擊試驗用試片形狀

圖 3-86　是 Izod 衝擊試驗機及所使用的試片規格

3. **彎曲試驗**(Bending test)：

通常使用彎曲試驗用裝置安裝於萬能試驗機上實施。將試件以二點 A、B 支持如圖 3-87 所示，並在其中央處或由 A、B 二點等距溝之二處加上負載。

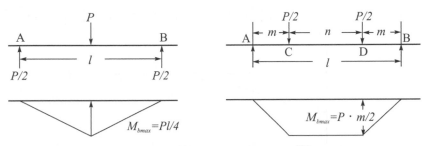

圖 3-87　負載方法與彎曲力矩[23]

前者稱為三點彎曲，後者稱為四點彎曲。三點彎曲方式在負載處產生最大彎曲力矩，而四點者在 CD 間有等值彎曲力矩。因此前者通常在負載處之相對表面上發生裂傷，但後者則在 CD 對抗拉最脆弱處發生裂傷，對獲得安全設計所須資料之立場而言，四點方式較妥。

應變如果相當大，同時支點與試件間之摩擦力也大時，隨著彎曲在縱向產生拉力，而拘束彎曲作用。因此在支點上使用滾子或圓柱以減少摩擦。

位移可在試件拉伸表面貼上應變規加以測定。但通常使用下述方法測定，最簡單者可測量十字頭之下降量，以此量視為位移量，但此法並非十分正確，因為支點或沖頭與試件接觸部分幾乎為點或線接觸，使接觸部分容易塑性變形。撓曲量 δ 在彈性範圍內可由下式求得。

$$\beta \approx \tan\beta\left(=\frac{d\delta}{dx}=\frac{Pl^2}{16EI}\right) \quad\text{...............}\quad (3\text{-}34)$$

$$\delta = l \times \tan\left(\frac{\beta}{3}\right) \approx \frac{al}{6m} \quad\text{...............}\quad (3\text{-}35)$$

上式中 l 為支點距離，m 為鏡面與刻度間之距離，而 a 則表示刻度之讀數。同時，試件二端裝上鏡子，由雙方所求得之撓曲量平均值作為真撓曲量。

4. **扭力試驗**(torsion test)：

是將圓桿或圓筒狀試件鉓二端施加扭矩或扭轉相當角度，測定其位移或扭矩以求剛性模數、抗扭強度、剪應變以及破壞扭轉角之試驗。

軟鋼製圓桿二端施加扭力，測其力矩與扭轉角時，可得如同拉伸試驗所得之曲線，如圖 3-88 所示。T_p 為比例限界，T_y 為降伏點，而 T_u 為最大扭矩。

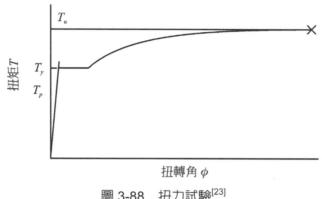

圖 3-88　扭力試驗[23]

此種試驗不發生剖面收縮，因此扭矩不致於破壞前變小。圓桿軸向單位長度之扭轉角 θ 如果甚小，在半徑方向、軸線方向均無位移，僅在鄰接之剖面以軸線為中心相對轉動，如圖 3-89 所示，以圓桿軸線垂直之二剖面形成之微小元件為說明扭矩、扭轉角、應力、應變、剛性模數間之關係。若以左側剖面為基準在桿表面所取之長方形 ABCD，經扭轉後變為 AB′CD′。右側剖面旋轉一角度 $d\phi$ 並令 $\dfrac{d\phi}{dx}=\theta$，θ稱為桿單位長度之扭轉角，則離軸線有半徑 r 之桿表面上之剪應變 γ 有下列關係。

$$\gamma = \frac{BB'}{Ab} = \frac{rd\phi}{dx} = r\times\theta \quad\dotfill (3\text{-}36)$$

故，桿表面微小矩形各邊之剪應力 τ 則有下式所示之關係。

$$\tau = G\gamma = Gr\theta \quad G\,為剛性模數 \dotfill (3\text{-}37)$$

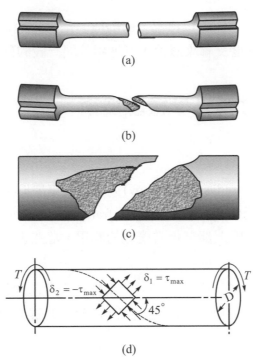

(a)

(b)

(c)

$$\delta_2 = -\tau_{max} \qquad \delta_1 = \tau_{max}$$

(d)

圖 3-89　扭轉破壞之試件與其應力狀態[23]

5. **疲勞(fatigue)：**

　　某些材料若施加特定應力值以下的反覆應力，經很長週期仍不會產生破壞，此種應力稱為極限耐力或疲勞強度；對硬質塑膠，如結晶性或玻璃性塑膠，在疲勞試驗中，因突然生溫而產生機變破壞。若對橡膠材料，顯示比較緩慢的破壞。在疲勞試驗中，塑膠材料內會先產生裂痕(cracks)，裂痕擴大後而破壞整個測試材料，在橡膠材料方面會因機械磁滯現象(mechanical hysteresis)，而產生氧化分解的現象。

6. **硬度(hardness)：**

　　硬度是材料對塑性壓痕(plastic indentation)的抵抗能力，在作硬度試驗時，會產生複雜的應力圖案，可提供強度和構造的內聚力間尺度。測試原則是將一鋼球在一定荷重下，對材料的穿透距離作為良測的準則。表示方法有下列三種：

(1) 勃氏硬度 Brinell(BHN)：使用大的穿透機，硬度以穿透直徑(1 至 4mm)作為基準。

(2) 洛氏硬度 Rackwell(R)：使用小的穿透機，硬度以穿透深度作為基準，有幾種尺寸可以使用。

(3) 維克氏 Vickers(DPH)：使用鑽石角錐，採用較輕的荷重測定較微小面積的硬度。

材料的表面硬度，有時以抓傷、耐磨擦表示，一般而言，高分子材料無法達到玻璃的硬度，但高度交聯夾層板，可達到玻璃一般的硬度。

▷ 3-11　奈米材料光學檢驗技術

一、紅外線光譜分析

紅外線光譜分析(Infrared spectroscopy)：是一個重要的光譜分析方法，尤其是利用傅立葉轉換紅外線光譜(fourier transform infrared spectroscopy，FTIR)來獲得光譜資訊。在化學分析或材料分析上都有相當廣泛的應用。當然也可用於奈米材料的檢測與分析上。

紅外線光譜學是研究某一化學分子或化學物種吸收(發射)紅外線輻射而在某些震動模式下產生震動或震動-轉動能量的變化。藉助於紅外線光譜的分析，化合物的鑑定和定量得以決定。

紅外線光譜通常是以穿透度對波數作圖來表示分析物對紅外線輻射的吸收情形。被吸收的輻射頻率是分子震動所吸收的能量。分子震動時，分子內各原子不時的對其平衡位置作震動，震動模式的數目則隨著分子所含原子的數目而增多，且越趨複雜。

紅外線光譜儀可分為分散型(dispersive type)及非分散型(non-dispersive type)儀器。分散型為傳統的紅外線光譜儀。非分散型的儀器則是指傅立葉轉換紅外線光譜儀(FTIR)。其結構及外觀如圖 3-90 和圖 3-91 所示：

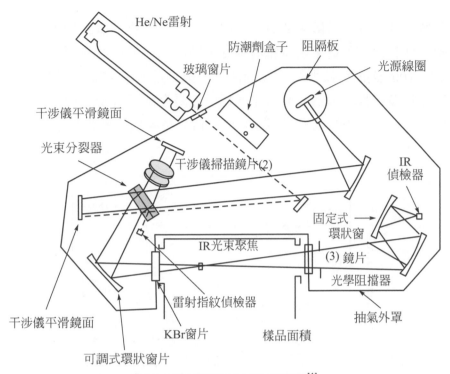

圖 3-90　單光徑 FTIR 光譜儀[1]

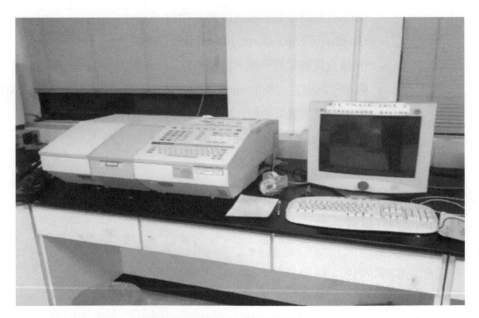

圖 3-91　清華大學化工系之 FTIR

　　傅立葉轉換紅外線光譜儀主要有三大優點。第一是能量輸出較大，因為此儀器具較少的光學元件且沒有狹縫來限制輻射強度，因此到達偵檢器的輻射功率遠大於分散型儀器(>10～100 倍)而可較大的訊號/雜訊比。第二是頻率(或波數)的準確度及精確度非常高。第三是多重性，因為光源發出的輻射波長全部同時到達偵測器，因此在極短時間內就能獲得單次掃描的全光譜。圖 3-92 為傅立葉轉換紅外線光譜圖(FTIR Image)，供參考。

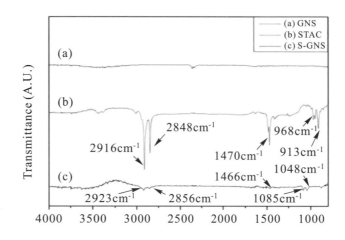

(a)傅立葉轉換紅外線光譜圖(FTIR Image)

Graphene Nanosheet, (GNS)奈米石墨烯片

(b)傅立葉轉換紅外線光譜圖(FTIR Image)

陽離子界面活性劑(stearyl trimethyl ammonium chloride, STAC)

(c)傅立葉轉換紅外線光譜圖(FTIR Image)

S-Graphene Nanosheet, (GNS)奈米石墨烯片

圖 3-92

基於傅立葉轉換紅外線光譜儀的特色及優點，欲獲取
(1)　高解析度的紅外線光譜。
(2)　樣品吸收度甚高或甚低的光譜。
(3)　需在極短時間內快速掃描而得的光譜。
(4)　微量樣品的光譜。
(5)　紅外線發射光譜等，往往需仰賴傅立葉儀器的使用。由於儀器售價降低，FTIR儀器已漸取代傳統式紅外線光譜儀。

在樣品的處理部分,氣體及低沸點液體樣品的蒸氣引入氣體容槽(gas cell)中加以測定。而溶液樣品因將樣品溶於溶劑中,導致溶劑往往因在某部分光譜區的吸收而無法完全穿透,為避免喪失此光譜區的訊息,容槽厚度必須減小或可選用吸收位置不同的溶劑來加以測定。對純液體而言,欲獲得滿意的光譜時,其光徑往往是 0.01mm 或更小。若做定性的光譜測定,通常是將一滴純液體滴於一鹽片上,然後用另一鹽片夾起,放在樣品支架上加以測定。而固體樣品可以磨成細粉分散在液體油膏或固體粉末介質中。通常固體樣品可與溴化鉀粉末壓成薄片或不需加壓以擴散反射法(diffuse reflectance method)加以測定。

紅外線光譜的定性分析方法通常可由特性頻率光譜區(即 4000～1300cm^{-1})的特性吸收頻率來判定分析物可能含有哪些官能基,以便推斷可能的分子結構。然後再進一步對分析物的光譜與可能結構的分子的紅外線光譜加以鑑定。

紅外吸收光譜對於奈米固體的研究,近年來比較集中在奈米氧化物、奈米氮化物和奈米半導體材料上。在對奈米 Al_2O_3 塊體的紅外吸收研究中觀察到在 400cm^{-1} 到 1000cm^{-1} 波數範圍有一個平而寬的吸收帶,當熱處理溫度從 837K 上升到 1473K 時,這時紅外吸收帶保持不變,顆粒尺寸從 15nm 增加至 80nm,奈米 Al_2O_3 結構發生了變化(η-Al_2O_3 → $\gamma+\alpha$-Al_2O_3 →α-Al_2O_3)對這個寬而平的紅外吸收帶沒有影響,與單紅寶石相比較,奈米 Al_2O_3 塊體紅外吸收現象有明顯寬化。單晶 Al_2O_3 的紅外吸收譜可以看出,在 400cm^{-1} 到 1000cm^{-1} 波數範圍紅外吸收帶不是一個『平臺』,而出現許多精細結構(許多紅外吸收帶),而在奈米結構塊體中這種精細結構消失。具體的實驗結果:對於單晶和粗晶多晶α-Al_2O_3 應為約 448 和 598cm^{-1} 振動模式在奈米態下出現了,且這兩個振動模式的強度與其他活性模式相當,而常規α-Al_2O_3 的 568cm^{-1} 的活性模式在奈米態已經不出現了。即便是在奈米 Al_2O_3 粉體中出現了與紅寶石和藍寶石相同的活性模式,它們對應的波數位置出現了一些差異,其中對應紅寶石和藍寶石的 637cm^{-1} 和 442cm^{-1} 的活性模式,在奈米 Al_2O_3 粉體中卻『藍移』到 639.7cm^{-1} 和 442.5cm^{-1}。

在奈米晶粒構成的 Si 膜的紅外吸收研究中觀察到紅外吸收帶隨沉積溫度增加出現頻移的現象。沉積溫度至 673K,紅外吸收又移向短波方向(藍移)。

關於奈米結構材料紅外吸收譜的特徵及藍移和寬化現象已有一些初步的解釋,概括起來有以下幾點:

1. **小尺寸效應和量子尺寸效應導致藍移:**

　　　　由於奈米結構顆粒組成單元尺寸很小,表面張力較大,顆粒內部發生畸變使鍵結變短,使奈米材料平均鍵結變短。奈米非晶氮化矽塊體以及奈米氧化鐵均觀察到上述現象。這就是導致了鍵振動頻率升高，引起藍移。另一種看法是量子尺寸效應導致能階距加寬，利用此一觀點亦能解釋同樣的吸收帶在奈米態下較之常態材料出現在更高波數範圍。

2. **晶場效應：**

因為在退火過程中奈米材料的結構會發生下面的一些變化，一是有序排列增強，二是可能發生由低對稱到高對稱相的轉變，總趨勢是晶場增強，激發態和基態能階之間的間距也會隨之增大這就導致同樣的吸收帶在強晶場下出現藍移。

3. **尺寸分佈效應：**

對奈米結構材料在製備過程中要求顆粒均勻，粒徑分佈窄，但很難做到粒徑完全一致。由於顆粒大小有一個分佈，使得各個顆粒表面張力有差別，晶格畸變程度不同，因此，引起奈米結構材料鍵長有一個分佈，這是引起紅外吸收帶寬化的原因之一。

4. **界面效應：**

就界面本身來說，界面中存在空洞等缺陷，原子配位數不足，未配位鍵結較多，這就使界面內的鍵長與顆粒內的鍵長有差別，龐大比例的界面的結構在能量上、缺陷的密度上、和原子的排列上很可能有差異，這也導致界面中的鍵長有一個很寬的分佈。

當然，分析奈米結構材料紅外吸收帶的藍移和寬化現象要綜合地進行考慮，不能獨立地僅僅引用上述看法的個別觀點。奈米結構材料紅外吸收帶的微觀機制研究還有待深入進一步之實驗。

二、紫外光-可見光光譜

紫外-可見光光譜(UV-Visible Spectroscopy)其原理為主要是電子吸收能量會產生躍遷的現象，當分子的電子吸收特定的能量時，會從低能階的地方躍遷高能階的地方。吸收頻率可由下列公式計算：

$$\Delta E = hv = hc / \lambda \quad\quad (3\text{-}38)$$

ΔE：電子躍遷的能階差。

v、λ分別為吸收電磁波的頻率及波長。

h：普朗克常數[7]。

　　分子的能量包括電子狀態能、振動能、轉動能，當給樣品適當的能量時，就會產生電子吸收能量的現象，因此在 UV 測定光譜中，就可觀察到其所吸收的波長大小。圖 3-93 為紫外可見光光譜儀。

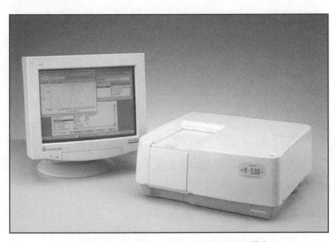

圖 3-93　紫外光-可見光光譜儀[24]

　　從事光電奈米材料的領域時，許多奈米材料對不同波長的吸收有其特有的性質，因此可從實驗來判斷各種材料對不同波長的吸收強度，而決定其應用的地方。例如：在做防曬油的產品中，常添加一些奈米級的二氧化鈦粉末，由於添加顆粒的大小不同，對不同波長的可見光，就有不同的吸收，因此為了有效的隔絕紫外光，就必須選擇不同粒徑的微粒，所以可先將不同微粒做成的產品，在 UV 的測試下，再來決定所需選用的微粒大小。

　　製作感光玻璃時，常添加一些 Au、Ag、Cu 等貴重金屬，因添加粒子的大小、種類、濃度不同，在光吸收及散射上就會呈現出不同特性，而可做為各種感光性及結晶性化的玻璃，如圖 3-94 所示，SiO_2 與 TiO_2/SiO_2 玻璃比較，其吸收光譜會表現出不同的吸收情形，因此可利用紫外光光譜儀作為檢測的工具，以鑑定是否為所需的奈米級材料。

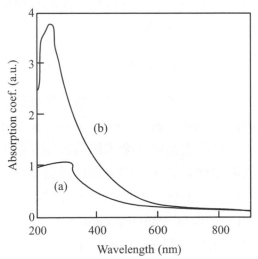

圖 3-94　(a) SiO_2；(b) TiO_2/SiO_2 的吸收光譜

奈米固體的光吸收具有常規粗晶不具備的一些新特點。例如，金屬奈米固體電漿共振吸收峰變得很弱，甚至消失；半導體奈米固體中粒子半徑小於或等於 a_B(激子波耳半徑)時，會出現激子(Wannier 激子)光吸收帶(例如，粒徑為 4.5nm 的 $CdSe\chi S_{1-\chi}$在波長約 450nm 處呈現一光吸收帶。)；相對常規粗晶材料，奈米固體的光吸收帶往往會出現藍移或紅移。在分析光吸收帶藍移或紅移的機制時，需釐清引起藍移或紅移的因素有哪些。一般而言，粒徑的減小，量子尺寸效應會導致光吸收帶的藍移，然而引起紅移的因素有很多，歸納起來有以下五方面[10,11,12]：

(1) 電子限域在小體積中運動。

(2) 隨粒徑減小，內應力增加，導致電子波函數重疊。

(3) 能階中存在附加能階，如缺能階，使電子躍遷時的能階間距減小。

(4) 外加壓力使能隙減小。

(5) 空位、雜質的存在使平均原子間距 R 增大，結果能階間距變小。

除了上述特徵外，有時奈米固體會呈現一些比常規粗晶的，甚至新的光吸收帶，這是因為龐大界面的存在，界面中存在大量的缺陷，例如，空位、空位團和夾雜等。這就很可能使奈米固體呈現一些強的或新的光吸收帶。奈米 Al_2O_3 塊體就是一個典型的例子，經 1100K 熱處理的奈米 Al_2O_3 具有 α 相結構，粒徑為 80nm。在波長為 200 至 850nm 波長範圍內，光漫反射譜上出現六個光吸收帶，其中五個吸收帶的峰位分別為 6.0，5.3，4.8，3.75 和 3.05eV，一個是非常弱的吸收帶分佈在 2.25 至 2.50eV 範圍。這種光吸收現象與 Al_2O_3 晶體(粗晶)有很大的差別，Levy 觀察到，未經輻照損傷的與上述奈米 Al_2O_3 塊體的光吸收結果相比較可以看出只有經輻照損傷的 Al_2O_3 晶體才會呈現多條與奈米 Al_2O_3 相同的光吸收帶。

三、近場光學顯微鏡

近來隨著奈米科技發燒，奈米尺度的表面檢測技術日益受到重視，今日的掃描探針顯微術(scanning probe microscopy，SPM)相當成熟，其工作原理是利用一尖端極細的探針，在樣品表面數十奈米的高度作掃描，以兩者之間的作用力做回饋，經由偵檢器取得表面結構訊息，若與光纖探針做結合，其光傳導性質可在探測表面微結構的同時進一步得到表面近場光學訊息，此種區域光學量測的探針顯微檢測方式稱為近場光學顯微術(near-field scanning optical microscopy，NSOM or SNOM)。此技術最早在 1982 年由瑞士 IBM 實驗室的 Dieter Pohl 等人研發出來，目前最常用的方法是由美國 AT&T 實驗室的 Eric Betzig 和 Rochester Institute of Technology 的 Mehdi Vaez-Iravani 在 1992

年提出，以測量側向力 Shearforce 的方式作為光纖探針高度回饋控制，以證實可獲得穩定且重複性佳的近場光學影像。

一般光學顯微鏡(optical microscope，OM)的解析度為 $0.2\mu m$，因為傳統的光學顯微鏡測量距離大於光波長，受到光波繞射的限制而無法提供超高的光學解析度。而近場光學的原理，由英國的 E. H. Synge 及美國的 O'Keefe 分別在 1928 年和 1956 年提出，就是在遠小於光波長的距離下，避免在遠場中光波動性質的出現及干擾(圖 3-81 為理論示意圖)，以獲得超越繞射極限(diffraction limit)之高空間解析度所做的光學的量測與觀察，它提供樣品表面數 nm 深的超高光學解析影像，因為近場光學顯微鏡提供我們遠小於光波波長的光學解析度，其解析度不受波長的影響，因此非常適用在觀察物質表面微細的光學特性，同時也保留了光學顯微鏡一些特性，如光之非破壞性與多樣性(波長、極化、相位，光偏振性、螢光性及影像光譜)等；不但具有一般光學顯微鏡的優點，也達到電子顯微鏡的解析度。

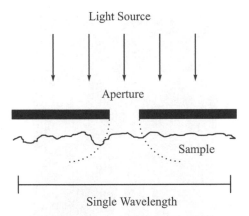

圖 3-95　孔穴直徑與其到待測物表面距離皆遠小於一個波長，近場光學的訊號由此一光孔穴的存在而產生，於是記錄樣品表面上每一點的近場光學訊號強度，並將其做成二維平面排列，便可得到近場光學顯影像[25]

目前近場光學顯微術最典型的例子如圖 3-96，其光纖探針的電子顯微鏡照片如圖 3-97，光纖探針被一小片壓電陶瓷振動在光纖探針的共振頻率時，可用一微型半導體雷射、光電二極體及鎖相放大器來測量其之振幅及相位，探針與樣品表面的作用力造成振幅及相位改變，此回饋控制的訊號基本上即是樣品表面形貌影像。

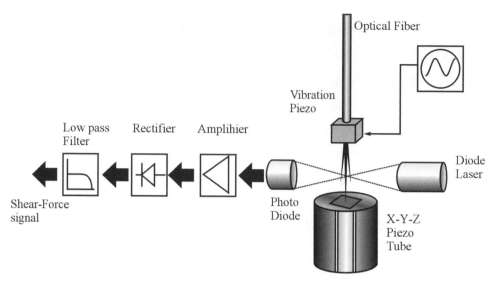

圖 3-96 近場光學顯微術利用剪力顯微儀(Shear force microscope)技術作為高度回饋控制[25]

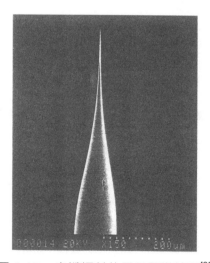

圖 3-97 光纖探針的電子顯微鏡照[25]

　　圖 3-98 為整個系統的簡圖，可用不同波長的雷射做光源，偵檢器一為內部反射式近場光學顯微鏡所使用，偵檢器二為外部反射式近場光學顯微儀所使用，偵檢器三為穿透式近場光學顯微儀所使用。圖 3-99 為近場光學顯微鏡實際圖。

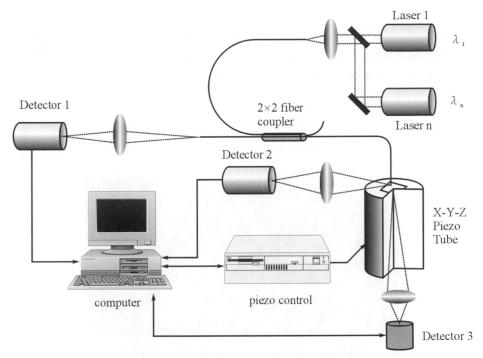

圖 3-98　近場光學顯微儀系統簡圖[25]

圖 3-99　近場光學顯微鏡[26]

　　近場光學顯微鏡讓我們可清楚觀察表面奈米級的光學影像，並且可藉由不同光波長與極化進行頻譜分析與分子排列聚集的探討，若配合螢光時間解析的技術我們並且可討論此分布情形與能量轉移的關係，提供了奈米級的表面幾何與光學解析。

近場光學顯微儀目前已應用在生物、醫學、半導體、光電及高分子材料，如線型量子井、半導體結構的近場光學顯影和光譜分析，以及高密度的光學讀取，其原理為將光由光纖的一端輸入，藉錐狀光纖出口端所產生點光源之衰減波，對儲存材料表面進行掃描，以點對點的方式記錄光場強度變化而得到光學資料，利用此種架構可得到 50nm 以下的解析，除了可以用來取得小區域光學訊息來作為光學影像和光譜研究，亦可應用於奈米科學和技術上，研究樣品表面奈米尺寸區域或結構的物理性質，如圖 3-100。

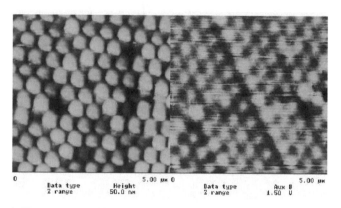

圖 3-100　直徑 500nm 聚苯乙烯顆粒球之表面結構形狀(左圖)，及反射近場光學影像(右圖)，掃描區域為 5 x 5μm[26]

3-12　奈米材料熱學性質

奈米材料熱性質之檢測主要測量有熱滴定分析、容積性質、熱卡性質、轉移溫度，詳細內容請參考 2-12 熱學性能。

1. **熱滴定分析**(TMT-thermometric titration)：

熱學分析是許多應用的基礎，對於超導體而言在很多方面具有應用潛力，針對超導體的應用所導致的穩定性問題，也就是超導薄膜材料的本質熱穩定，一直以來是探討的問題。

2. **容積性質**(volumetric properties)：

比容(specific volume)、密度(density)及 PVT 關係。比容是密度的倒數。在加工過程中由於相變化的結果，如塑料由固態經加熱熔融為液態，經加工後又冷卻為固態成品。塑料的比容或密度隨其相狀態(固態或液態)有所不同，亦會隨溫度及壓力而改變。一般而言，液態的塑料由於高分子鏈活動較自由，所佔據之自由體積(free volume)較大，因此具有較大比容(較小密度)；而固態的塑料由於分子鏈聚集較為緊密，因此具有較小比容(較大密度)。液固態間之比容(密度)差異是塑料加工後產生收縮(shrinkage)的原因之一。

對於結晶性(crystalline)塑料，如 HDPE，比容或密度在熔點附近會發生跳躍式變化，變化較大；而非晶性或不定形(amorphous)塑料，如 PS，比容或密度變化則是漸進的。由於塑料的比容或密度是相狀態、溫度、壓力等的函數，一般而言可利用狀態方程式(State equation)或 PVT 方程式加以定量化。一旦模式參數由實驗取得，代入此類半經驗方程式中，即可求得塑料在某一溫度壓力下的比容或密度值。

3. **熱卡性質**(Calorimetric properties)：

比熱(specific heat)、熱傳導係數(thermal conductivity)、熔化熱(heat fusion)、結晶熱(heat of crystallization)。比熱或熱容量(heat Capacity)定義作：欲將單位塑料溫度提高攝氏一度所需的熱量，是塑料溫度容易改變與否的度量。比熱越高，塑料溫度越不容易變化，反之亦然。熱傳導係數是塑料熱傳導(thermal conduction)特性的度量。由熱傳導係數可看出熱能由高溫傳向低溫的能力，熱傳導係數越高，熱傳導效果越佳。塑料於加工過程中溫度傾向均勻，較不會因熱量局部堆積而有熱點的產生；熱傳導係數攸關塑料之傳熱、冷卻性質，亦影響到冷卻時間的長短。

熔化熱代表將單位塑料由固態熔化為液態所需熱量；結晶熱則指結晶性塑料在結晶過程中所釋放的熱量，可利用 DSC 量測熔化熱及結晶熱數值，而熔化熱與結晶熱均屬於相轉移熱(heat of phase transition)。玻璃轉移溫度則是指塑料微觀高分子鏈開始具有大鏈節運動的溫度。若應用溫度低於玻璃轉移溫度，分子鏈節運動大部分被凍結，塑料呈現剛性硬脆之玻璃態(glassy state)；若應用溫度高於玻璃轉移溫度，分子鏈節可自由運動，塑料呈現柔軟撓曲之橡膠態(rubbery state)，因此玻璃轉移溫度可視作塑料發生玻璃態-橡膠態相轉移的溫度。此溫度與產品設計與運用溫度範圍有莫大關係。一般而言固體塑料的應用溫度範圍取在玻璃轉移溫度以下；若對塑料撓曲柔軟性有所需求，如橡膠料，則應用溫度取在玻璃轉移溫度以上。

4. **轉移溫度**(transition temperature)：

轉移溫度有玻璃轉移溫度(glass transition temperature)、熔點(melting point)兩種；其中熔點指由固態熔融成液態的溫度。對於結晶性物體而言，有一明顯熔點存在；對於非晶性或不定形塑料，熔融發生在一溫度範圍內，僅有熔化溫度區域而無明顯熔點存在。一般塑料加工溫度範圍約於熔點附近為之。

　　熱學分析，由以上各項分析過程利用儀器裝置連續記錄其單成份或多成份之物質與熱學特性隨不同溫度之變化狀態，此項分析記錄便稱之為熱譜(thermal Spectra/ thermograms)。當提升材料所既有之熱分析電腦控制系統，便可改善製程診斷中之熱性質分析，完善之熱分析系統應包括 TGA，DSC，DTA，DEA，TMA 等軟體及電腦控制系統，提供製程診斷中更迅速的熱性質分析，以加速分析診斷元件熱裂解及老化的成因，並進一步改善。

　　除了上述 2-12 熱學性能所提到的，在其他塑化奈米材料當中，玻璃轉移溫度 Tg、熔點 Tm、分解溫度 Td 這三個熱性質也是常常被提出做討論的，以下介紹測量這三種熱性質的儀器。

1. **熱重量分析**(TGA-thermogravity analysis)：

　　由材料之熱重損失量測分析可了解以下多項熱學性質，包含：熱裂解之老化溫度及老化動力學、在不同溫度及不同氣體環境下之老化行為可執行半導體元件在製程中使用之 IC 封裝材料、軟性印刷電路板、玻璃基板、陶瓷基板等各成份分析。圖 3-101(a)(b)為 TGA 外觀，圖 3-102、圖 3-103 為 TGA 圖譜，供參考。

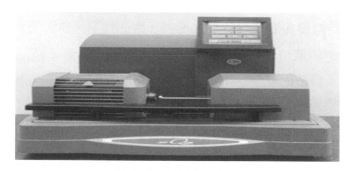

(a) 清華大學 化工系之TGA

(b) 清華大學 化工系之TGA

圖 3-101

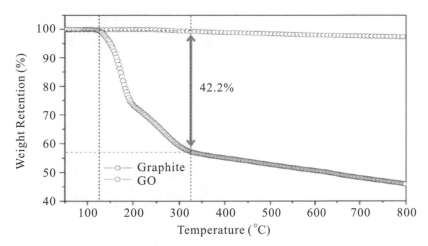

圖 3-102　Graphite 和 GO(氧化石墨烯)於氮氣中，加熱速度 10°C/分鐘之
熱重量分析圖譜(TGA Image)

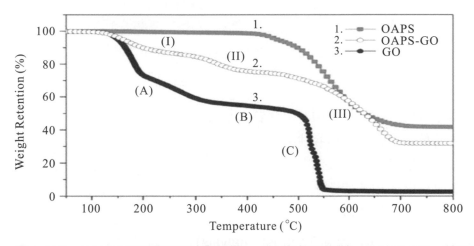

圖 3-103　OAPS(多面體矽氧烷寡聚物)，GO(氧化石墨烯)，OAPS-GO，於空氣中，加
熱速度 10°C/分鐘之熱重量分析圖譜(TGA Image)

2. **熱差分析**(DSC - Differential Scanning Calorimeter)：

由材料之介電鬆弛分析以了解分子運動，結構轉變或鬆弛等行為。可經由環
氧樹脂硬化行為監測、熱塑性材料行為評估、分子鬆弛的活化能計算等分析來改
善其製程以提高半導體元件之良率。其中 DSC 分析儀，是透過材料之熱掃描量測
分析可了解多項熱學性質。

其應用原理為物質在受到熱激發，或發生化學變化反應時會有熱量的變化，
而 DSC 對此熱的改變情形加以偵測，亦即為測量高分子材料的玻璃轉移溫度 Tg、

熔點 Tm、分解溫度 Td 或熱容量等。測量參考樣品與參考物質在相同的升溫條件下，所發生的熱量變化情形，再由此來觀察熱轉移的現象。基於能量補償的原理，當樣品在某個溫度範圍發生熱轉移(例如晶態轉變、熔融或化學變化)時會有吸熱或放熱的現象，此時加熱系統會自動調節並輸入能量以維持功能平衡，再由輸入之能量來計算其熱量變化。

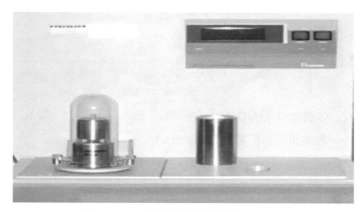

圖 3-104　示差掃描熱卡器<DSC>

其量測分析可了解以下多項熱學性質，包含：
(1) 薄膜和基材之間的相容性。
(2) 材料的熔融情形。
(3) 物理和機械相關特性。
(4) 最佳製程條件和最大工作效率。

3. **熱差分析**(DTA-Differential Thermal Analysis)：

差熱分析是在程序控制溫度下，測量物質與參比物之間的溫度差與溫度關系的一種技術。差熱分析曲線是描述樣品 Sample 與參比物之間的溫差(ΔT)隨溫度或時間的變化關系。在 DTA(圖 3-105)試驗中，樣品 Sample 溫度的變化是由於相轉變或反應的吸熱或放熱效應引起的。如：相轉變，熔化，結晶結構的轉變，沸騰，升華，蒸發，脫氫反應，斷裂或分解反應，氧化或還原反應，晶格結構的破壞和其它化學反應。一般說來，相轉變、脫氫還原和一些分解反應產生吸熱效應；而結晶、氧化和一些分解反應產生放熱效應。

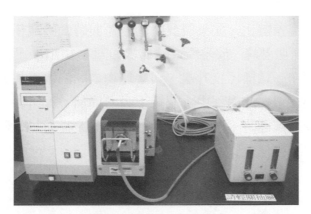

圖 3-105　清華大學材料系之熱差分析儀(DTA)

廠商：(Seiko Pyris) Diamond

　　圖 3-106 為 DTA 裝置的示意圖。DTA 是指按照一定程序控制試樣和參比物的溫度變化，並將兩種物質間的溫度差作為溫度的函數進行測量的方法。正如圖 3-106 所示那樣，DTA 所採用的測量方法是把試樣和參比物放入爐內，檢測其在升溫(或降溫)過程中兩者間的溫差。

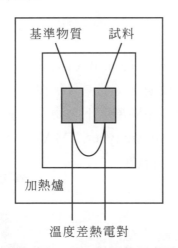

基準物質　　試料

加熱爐

溫度差熱電對

圖 3-106　DTA 裝置的示意圖

　　圖 3-107 是將升溫過程中的加熱爐、試樣以及參比物的溫度變化(圖 3-107)和試樣與參比物的溫差隨時間的變化的模型如圖 3-107(b)所示。當開始升溫時，由於各自的熱容量不同，試樣和參比物的溫度存在差異。但兩者的溫度變化均滯後於加熱爐的溫度上升如圖 3-107(a)。因為使用的參比物是在測量範圍內幾乎不發生熱效應變化的物質，所以，將以與加熱爐相同的斜率升溫。升溫過程中，試樣在熱穩定期間，與參比物之間的溫差維持零或某個穩定值。當試樣中發生某種熱效應

變化時，便產生溫差變化，如果將此時的溫差與時間的關係表示出來，便可按照各種熱反應記錄下吸熱峰、放熱峰或階梯線如圖 3-107(b)。例如，當試樣發生熔融時，在熔融過程中，試樣停止升溫，與參比物之間的溫差加大，當熔融結束後，又回到原來的溫差。在此過程中，記錄下吸熱峰值，就可以了解物質的熔點。發生其他的轉變或分解等時，同樣也可以進行檢測，從而可以研究、掌握試樣所特有的熱效應變化。

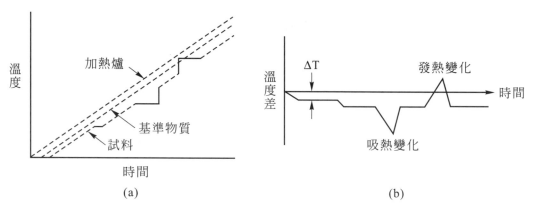

圖 3-107　加熱爐、試樣及參考基準物的溫度變化(a)和試樣及參考基準物的溫差(b)

4. 熱機械分析儀(TMA-Thermomechanical Analysis)

　　一般高分子材料在溫度變化時都會有物性上的變化，如膨脹收縮、軟化、交聯硬化等，而為一窺材料在不同溫度下的物性，常用的量測工具之一是靜態機械分析儀(Thermal Mechanical Analyzer, TMA)。

TMA 主要係用以量測樣品隨溫度變化產生的膨脹收縮現象，其方式是利用在樣品上施予一固定大小的力，藉由可溫度控制的爐體，在升溫或降溫時，材料有膨脹或收縮，藉由 TMA(圖 3-108)可量測到探針(Probe)的變化，藉此量得膨脹係數或收縮係數。圖 3-109 為熱機械分析儀圖譜(TMA Image)，供參考。

圖 3-108　Thermomechanical Analysis – TMA

　　所有材料在溫度變化時都會有物性上的變化，如膨脹收縮、軟化、交聯硬化等，而為一窺材料在不同溫度下的物性，常用的量測工具之一是靜態機械分析儀(Thermal Mechanical Analyzer, TMA)。TMA 主要係用以量測樣品隨溫度變化產生的膨脹收縮現象，其方式是利用在樣品上施予一固定大小的力，藉由可溫度控制的爐體，在升溫或降溫時，材料有膨脹或收縮，藉由 TMA(圖 3-108)可量測到探針(Probe)的變化，藉此量得膨脹係數或收縮係數。圖 3-109 為熱機械分析儀圖譜(TMA Image)，供參考。

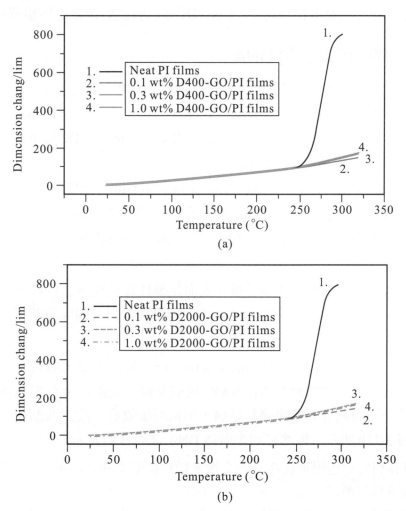

(a)

(b)

(a)熱機械分析儀圖譜(TMA Image)PI (Polyimide)膜及 D400-GO/PI 膜

(b)熱機械分析儀圖譜(TMA Image)PI(Polyimide)膜及 D2000-GO/PI 膜

圖 3-109

▷ 3-13 生物特性分析

由於金屬、半導體奈米晶體材料本身的物理及化學性質，使其具有較小的晶體體積，所以使其具有一些特別的光學、光電和物質特性，因而提供了金屬、半導體奈米晶體另一個新的應用面，如化學偵測器、光譜放大器、量子點、奈米製程和顯微鏡技術；因此如何將金屬或半導體奈米粒子應用至生物疾病檢測或藥物篩選(screening)已是科學家現今幾年重要的發展目標之一，下面以現今已發展的奈米生物檢測技術作介紹。

一、金奈米微粒用來偵測 DNA

當金微粒尺寸到達 10nm 以下時，金的表面活性大增，且隨著其大小的改變，光學顏色會因量子效應的不同而產生波長偏移的現象，依序為黃、橘(100nm)、綠(50nm)、深紅(13nm)，且形狀不同會有顏色變化。而含大小 13nm 金微粒的深紅溶液若是加入 NaCl 後，會因凝聚效應而變化呈藍色溶液。

金奈米微粒的製備方法分為三類：第一為 laser ablation，即利用高能量的雷射不斷地的將大塊的金打成奈米粒子；第二是氣相合成法，將金氣相原子化後變成氣態原子，後在凝集過程中聚集成奈米大小的金顆粒；第三種為利用化學還原法來合成所謂的金奈米顆粒。

金奈米微粒由於其大小、光學性質、表面化學性質及無毒之特性，經常被用來作為生化之用途，如美國西北大學的 Mirkin 博士所帶領的研究團隊發明了許多用於偵測 DNA 的奈米金球。

製備兩組表面含單股寡核甘酸(oligonucleotide)探針之金奈米微粒，其中一組金奈米表面之單股寡核甘酸與標定基因(DNA)的前端互補。當兩組金奈米微粒與標定基因混合時，由於互補的關係而造成網狀結構，類似凝集效應，故溶液顏色會由紅色轉變為藍色，如圖 3-110 所示。因此可用來做為 DNA 之簡易偵測。

另外，還有利用上述固定有探針的金奈米顆粒搭配電極做為電子式標定 DNA 的感測器。一單股寡核甘酸(探針)鍵結於金奈米球，但另一股固定於有蝕刻出微小電極之矽板上，接下來將標定 DNA 與含探針金奈米微粒帶入兩電極中的溝槽內，使其結合後，再加入含硝酸銀的顯影劑處理。由於金的觸媒活性會使銀還原反應，因而使得銀沈積於金的表面，當沈積量大增時，兩電極間形成通路，即可藉由電阻大小的改變而偵測得標定 DNA，如圖 3-111。

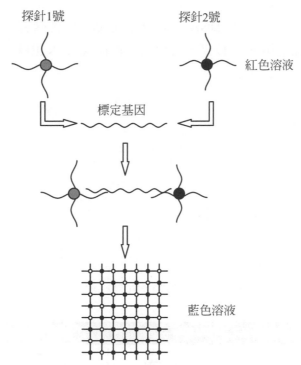

圖 3-110　利用表面固定探針的金奈米偵測標定基因的示意圖[27]

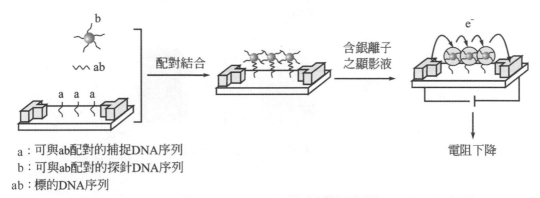

a：可與ab配對的捕捉DNA序列
b：可與ab配對的探針DNA序列
ab：標的DNA序列

圖 3-111　電子式 DNA 感應器原理[28]

　　另外，還有利用上述固定有探針的金奈米顆粒搭配硝酸銀的溶液與顯影劑處理，因為金奈米粒子可促進銀離子與顯影劑中所含還原劑之間的反應而生成還原態的銀，銀的沈積會顯出黑色，不但容易辨識，而且還可以用一般傳統的光學掃描儀器偵測，如圖 3-112。利用所得深淺不同的結果以灰階加以互相比較，就可區分樣品間濃度的高低，甚至能以肉眼觀察，因此大大提高了敏感度，如圖 3-113。且由於此種掃描式感應器的專一性結合溫度較高；可避免以往以螢光呈色時，其增溫範圍太小，只要溫度變化過高，就會導致專一性結合的 DNA 序列脫離而使得呈色減弱，而降低其敏感度。所以掃描式 DNA 感應器的敏感度較高，且對於樣品的量要求也就較低。

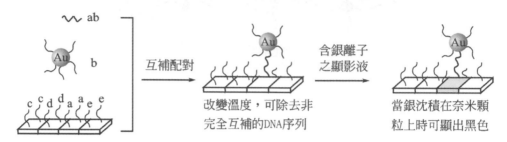

a：可與ab配對的捕捉DNA序列
b：可與ab配對的探針DNA序列
c：標的DNA序列
c，d，e：與ab非完全互補的DNA序列

圖 3-112　掃描式 DNA 感應器原理[28]

樣品濃度	不加銀離子顯影液	加銀離子顯影液
10^{-10} 莫耳濃度		
10^{-8} 莫耳濃度		

圖 3-113　加銀離子顯影劑，有助於低濃度時的觀測[28]

二、奈米機電系統識別生物分子

　　美國有兩個研究團隊正合作試著找出一種方法來解決生物分子識別的問題。傳統的作法是針對特定有機物尋找獨特的化學反應系統，靠觀察其特有的生物分子行為來識別，然而麻省理工學院與加州理工學院的科學家卻採用一種新方法，以奈米級的懸臂(cantilever)陣列浸入包含生物系統的水溶液中，然後研究其動態反應，希望能透過實驗及電腦模擬，找出懸臂對於特定有機物的唯一動態訊號，如圖 3-114。主要透過研究理論與模擬間的關係，並輔以分子生物實驗，來促進生物機能奈米機電系統

(biofunctionalized nanoelectromechanical systems，BioNEMS)的發展。這套方法在物理學上常用，但在分子生物學上則是先例，其中由於奈米機電系統能將物理系統縮小至與生物系統相同的尺度，而使得此項計畫變爲可行。奈米機電系統爲雖然可視爲是由微機電系統(MEMS)演變而來，但兩者其實不同。標準微機電元件可能是微米級的轉子或縮小的機械元件，奈米機電則是由約 100nm 大小的元件所組成，所需的工程技術高出許多。奈米尺度下的物理系統與微機電元件有很大的不同，尤其是奈米感測器或致動器的機械反應時間與電子線路非常接近，例如奈米懸臂的振動頻率約爲 1~15GHz，這個反應速度開啓了許多電子-機械方面的可能應用。奈米機電元件的問題是熱噪訊，這是因爲訊號很容易受到組成分子的機械振動所干擾，使設計靈敏的訊號轉換器成爲一大挑戰；其他困難的因素還包括在小尺度下元件的重製及可靠度問題。

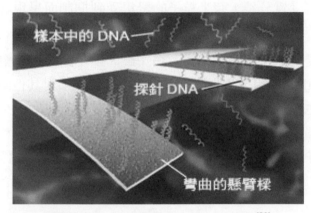

圖 3-114 奈米懸臂(cantilever)陣列[29]

三、用聚合物奈米晶體做為體內感探測器

美國加州大學聖地牙哥分校的科學家利用多孔矽(porous silicon)做爲基座模具，製造出具奈米晶格結構的高分子材料。該材料不但擁有多孔矽的獨特光學特性質，同時保有高分子塑膠材料的彈性，因此可做爲生物體內探測之用。在製程上，研究人員先以電化學蝕刻(electrochemical etch)製造出奈米級孔洞的多孔矽晶片，這樣的多孔矽系統相具有光子晶體(photonic crystal)的性質。研究人員接著利用熱氧化(thermal oxidation)將矽轉變成二氧化矽，再將高分子溶液填入孔洞內，最後將二氧化矽移除，便可得到多孔矽的「複製品」。科學家可透過改變原始多孔矽的性質，複製出可反射特殊波長的高分子結構，做爲體內探測器，藉由追蹤這些特殊波長的反射，便可提供各種有用的體內活動訊息。

四、奈米比色法鉛離子生物感測器

　　一種結合奈米金粒子的去氧核糖核酸酶(DNAzyme)感應試劑，會因周圍有鉛離子出現而改變顏色，因此可做為鉛離子檢測劑。這項技術可做為偵測油漆或環境中是否有鉛污染的指標。長久以來，我們在家庭和環境的監控、發育生物學與臨床毒理學上，利用螢光顯示金屬離子感測器來偵測有益及有害的金屬離子，僅少數採用高選擇性比色法(colorimetric)，而簡單比色感測器在價錢上卻比螢光偵測器便宜許多。這種簡單比色感測器由接在硫代 DNA 上直徑為 13nm 的奈米金粒子、17E 去氧核糖核酸酶(DNAzyme)及其受質組成。去氧核糖核酸酶為具有酵素活性的 DNA 分子，亦稱為催化性去氧核糖核酸(catalytic DNA)或去氧核糖酶(deoxyribozymes)，其受質可於兩端與金粒子進行雜交反應(hybridization)，使奈米粒子聚集而呈現藍色；當鉛離子出現時，去氧核糖核酸酶會催化受質分裂，奈米粒子的聚集受到抑制而呈現紅色，紅色的強度取決於鉛離子的濃度。

　　這種感測器不受其他金屬離子如鎂、鈣、鎢、鎳、銅、鋅或鎘的影響，但透過體外選擇(in vitro selection)的組合生物學方法，故可以製造出對其他離子具高度選擇性的去氧核糖核酸酶，也可以調整不具活性的去氧核糖核酸酶比例，來改變鉛感測器的靈敏度，變化可達數個數量級之譜。而新的去氧核糖核酸酶與奈米粒子的感應器可以克服現行檢測工具的許多缺點，提高檢驗結果的可信度，並且有希望製成 pH 試紙般的簡單工具。

五、用碳奈米管陣列來檢測 DNA

　　美國國家航空暨太空總署(NASA)研發出一種多壁碳奈米管(multiwalled carbon nanotubes)陣列，可以用來偵測低濃度的 DNA。該陣列只有 20 微微米見方，卻能偵測數量低於一百萬分之一的寡核甘酸(oligonucleotide)，其靈敏度和以雷射為主的螢光檢測法相當。並希望最終能將偵測極限降低至數千個標的 DNA。對於生物感測而言，將電極半徑降至 10～100nm 是非常重要的，因為這個大小已接近生物分子的尺寸，而多壁碳管具有明確的奈米級幾何結構，因此是非常吸引人的奈米電極材料。為了製作該元件，科學家們以電漿輔助化學氣相沉積法(plasma-enhanced chemical vapor deposition)在預先圖案化的微電極上長出垂直的多壁碳奈米管陣列，然後利用四乙氧基矽烷(tetraethoxysilane)化學氣相沉積法將碳管封入矽中，並以化學機械研磨法(chemical mechanical polishing，CMP)使碳管的頂端露出來。

在應用層面來說，它可以用來發展手持式的快速分子診斷裝置，做為早期癌症檢測的工具，也可應用於以酵素為基材的生物感應器上，例如製成葡萄糖感測器供居家保健用，或應用於以抗體-抗原為基材的免疫感應器(immunosensor)中，用來偵測生物戰劑。

六、人造奈米細孔能偵測單-DNA 分子

利用人工奈米細孔所構成的電晶片電子感應器能偵測單一 DNA 分子。以電子束微影及光微影術(photolithography)塑造製造細孔及儲存槽用的陰模(negative master)，然後注入 PDMS(poly(dimethylsiloxane)，在攝氏 80 度下熟化 24 小時後，取出固化的 PDMS 層，並密封在含有鉑電極的玻璃基板上。如此製作出的裝置的核心是一根長 $3\mu m$、直徑 200nm 的細孔，兩端分別連接 $5\mu m$ 深的微流儲存槽(microfluidic reservoirs)。當非導電性的分子進入細孔時，透過電解溶液流經細孔的電流會受到干擾，測量干擾的程度及持續時間便可推測出分子的大小與長短。

參考文獻

1. 奈米科技 nanomaterial，尹邦耀編著，張勁燕校訂。
2. 奈米材料。張立德，2002，五南書局。
3. 陳信宏，奈米銀微粒之化學合成與應用研究，碩士論文，國立清華大學/化學工程學系，2002。
4. http://www.midwest.com.cn/，中西器材網。
5. http：//www.trekintal.com.tw/laser2.html.
6. 陳韋任拍攝，清大化工系(比表面積儀 DSC、FTIR……)。
7. http://www.titanex.com.tw/.
8. 140.116.22.107/yclee/modphyspdf/exp7.pdf.
9. http://www2.hunnu.edu.cn/~reynold/exp21.htm.
10. http://www.jeol.com/.
11. 陳韋任拍攝，清大化學系(拉曼光譜儀)。
12. B. D. Cullity，Introduction to Magnetic Materials.
13. www.trificld.com.

14. 科儀新知第 19 卷第 3 期 86 年 12 月。

15. 陳韋任拍攝，工研院材料所(SPM、SNOM、AFM……)。

16. Ultramicroscopy，V47，393，1992.

17. 陳韋任拍攝，清華大學，材料科學中心。

18. 工研院化工所。

19. pei.cjjh.tc.edu.tw.

20. www.almaden.ibm.com.

21. 清華大學貴重儀器中心。

22. H. Froes and C. Suryanarayana，Jom，June 1989，P.121.

23. 中興大學薛顯宗教授，材料基礎實驗(一)。

24. 有機化合物結構鑑定與有機波譜學，寧永成，1992，P.396。

25. 蔡定平，近場光學顯微術及其應用，科儀新知，17 (5)，10 (1996)。

26. www.mse.nthu.edu.tw.

27. 生醫生化用途之奈米微粒，化工第 50 卷第 2 期，王子賢、李文乾。

28. 奈米科技與 DNA 感應器，科學發展 91/11，隋安莉。

29. http://www.nthu.edu.tw.

30. 奈米科學與技術導論，李世光等著，2002。

31. 奈米材料與技術在紡織產業上之應用，台科大吳文演著。

32. http://www.hvacr.com.tw/index.htm.

33. http://yuasa-ionics.co.jp/technology/power1.shtml，日本～儀器分析公司。

34. 奈米材料和奈米結構，張立德、牟季美著。

35. 科儀新知，Vol.22，No.5 "脈衝式電子自旋共振光譜儀的設計、原理及在生物系統上的應用"。

36. Program and Abstracts for the 13th International Conference on Solid State Dosimetry，Athens，Greece，July 9th-13th，2001.

37. Textbook for the Solid State Dosimetry Summer School，Athens，Greece，July 3rd-7th，2001.

38. G. Skandan，Synthesis of Oxide Nanoparticle in Lowpressure flame.

39. A. Singhal，Minizing Aggregation Effects in Flame Synthesized Nanoparticles.

40. 國立成功大學/化學工程學系碩博士班/90/碩士/90NCKU5063070 汪富瑜，聚丙烯醚含聚乙烯亞胺擬樹枝狀高分子之合成與其在製備銅奈米粒子。

41. N. G. Glumac，Particle Size Control during Flat Flame Synthesis on Nanophase Oxide powders.5j/.

42. 奈米科學網，http://nano.nchc.gov.tw.

43. 工研院奈米科技研發中心，http://www.ntrc.itri.org.tw/.

44. 中國科普博覽，http://www.kepu.com.cn/gb/index.html.

45. 奈米材料簡介，http://www.mse.nthu.edu.tw/~tpp/studies1/N/N-intro.htm.

46. 中國科學院奈米科技網，http://www.casnano.net.cn/gb/jigou/namizhongxin/index.html.

47. Brave New Nanoworld，http://www.ornl.gov/ORNLReview/rev32_3/brave.htm.

48. Douglas A. Skoog and F. James Holler and Timothy A. Nieman，principle of instrumental analysis，Five Edition.

49. 馬遠榮，奈米科技，商周出版社，2002。

50. Iijima S. Helical microtubules of graphitic carbon. Nature 1991; 354:56-8.

51. www.cnanotech.com.

52. Kroto HW，Heath JR，O'Brien SC，Curl RF，Smalley RE. C_{60} :Buckminsterfullerene. Nature 1985; 318:162-3.

53. Collins PG，Avouris P. Nanotubes for electronics. Scienti.c American 2000; 283(6):62-9.

54. Fan S，Chapline MG，Franklin NR，Tombler TW，Cassell AM，Dai H. Self-oriented regular arrays of carbon nanotubes and their. eld emission properties. Science 1999; 283:512-4.

55. Wong SS，Joselevich E，Woolley AT，Cheung CL，Lieber CM. Covalently functionalized nanotubes as nanometre-sized probes in chemistry and biology. Nature 1998;394:52-5.

56. Rueckes T，Kim K，Joselevich E，Tseng GY，Cheung C-L，Lieber CM. Carbon nanotube-based nonvolatile random access memory for molecular computing. Science 2000; 289:94-7.

57. Yao Z，Postma HWC，Balents L，Dekker C. Carbon Nanotube Intramolecular Junctions. Nature 1999；402:273-6.

58. Dresselhaus MS，Dresselhaus G，Eklund PC. Science of fullerenes and carbon nanotubes. San Diego：Academic Press，1996.

59. Yakobson BI，Brabec CJ，Bernholc J. Nanomechanics of carbon tubes: instabilities beyond linear range. Physical Review Letters 1996; 76(14):2511-4.

60. Yakobson BI，Samsonidze G. Atomistic theory of mechanical relaxation in fullerene nanotubes. Carbon 2000; 38(11-12):1675-80.

61. Nardelli MB，Yakobson BI，Bernholc J. Brittle and ductile behavior in carbon nanotubes. Physical Review Letters 1998; 81(21):4656-9.

62. Iijima S，Ichlhashi T. Single-shell carbon nanotubes of 1-nm diameter. Nature 1993; 363:603-5.

63. Bethune DS，Kiang CH，Devries MS，Gorman G，Savoy R，Vazquez J，et al. Cobalt-catalyzed growth of carbon nanotubes with single-atomic-layer walls. Nature 1993; 363:605-7.

64. Journet C，Maser WK，Bernier P，Loiseau A，de la Chapelle ML，Lefrant S，et al. Large-scale production of single-walled carbon nanotubes by the electric-arc technique. Nature 1997; 388:756-8.

65. Rinzler AG，Liu J，Dai H，Nikolaev P，Hu.man CB，Rodriguez-Macias FJ et al. Large-scale puri.cation of single-wall carbon nanotubes: Process，product and characterization. Applied Physics A 1998; 67(1):29-37.

66. Nikolaev P，Bronikowski MJ，Bradley RK，Fohmund F，Colbert DT，Smith KA et al. Gas-phase catalytic growth of single-walled carbon nanotubes from carbon monoxide. Chemical Physics Letters 1999; 313(1-2):91-7.

67. Ren ZF，Huang ZP，Xu JW，Wang DZ，Wen JG，Wang JH et al. growth of a single freestanding multiwall carbon nanotube on each nanonickel dot. Applied Physics Letters 1999; 75(8):1086-8.

68. Ren ZF，Huang ZP，Xu JW，Wang JH，Bush P，Siegal MP et al. Synthesis of large arrays of well-aligned carbon nanotubes on glass. Science 1998; 282:1105-7.

69. Huang ZP，Xu JW，Ren ZF，Wang JH，Siegal MP，Provencio PN. Growth of highly oriented carbon nanotubes by plasmaenhanced hot. lament chemical vapor deposition. Applied Physics Letters 1998; 73(26):3845-7.

70. Treacy MMJ，Ebbesen TW，Gibson TM. Exceptionally High young's modulus observed for individual carbon nanotubes. Nature 1996; 381:680-7.

71. Wong EW，Sheehan PE，Lieber CM. Nanobeam mechanics: elasticity，strength，and toughness of nanorods and nanotubes. Science 1997; 277:1971-5.

72. Salvetat JP，Briggs GAD，Bonard JM，Bacsa RR，Kulik AJ，Sto ckli T et al. Elastic and shear moduli of single-walled carbon nanotube ropes. Physical Review Letters 1999; 82(5):944-7.

73. Walters DA，Ericson LM，Casavant MJ，Liu J，Colbert DT，Smith KA，et al. Elastic strain of freely suspended single-wall carbon nanotube ropes. Applied Physics Letters 1999; 74(25):3803-5.

74. Yu MF，Lourie O，Dyer M，Moloni K，Kelly T. Strength and breaking mechanism of multi-walled carbon nanotubes under tensile load. Science 2000; 287:637-40.

75. Xie S，Li W，Pan Z，Chang B，Sun L. Mechanical and physical properties on carbon nanotube. Journal of Physics and Chemistry of Solids 2000; 61(7):1153-8.

76. Falvo MR，Clary GJ，Taylor RM，Chi V，Brooks FP，Washburn S et al. Bending and buckling of carbon nanotubes under large strain. Nature 1997; 389:582-4.

77. Bower C，Rosen R，Jin L，Han J，Zhou O. Deformation of carbon nanotubes in nanotube-polymer composites. Applied Physics Letters 1999; 74(22):3317-9.

78. Overney G，Zhong W，Tomanek D. Structural rigidity and low frequency vibrational modes of long carbon tubules. Zeitschrift Fur Physik D-Atoms Molecules and Clusters 1993; 27(1):93-6.

79. Lu JP. Elastic properties of single and multilayered nanotubes. Journal of the Physics and Chemistry of Solids 1997; 58(11):1649-52.

80. Yakobson BI，Campbell MP，Brabec CJ，Bernholc J. High strain rate fracture and C-chain unraveling in carbon nanotubes. Computational Materials Science 1997; 8(4):341-8.

81. Bernholc J，Brabec CJ，Nardelli M，Maiti A，Roland C，Yakobson BI. Theory of growth and mechanical properties of nanotubes. Applied Physics A-Materials Science and Processing 1998; 67(1):39-46.

82. Iijima S，Brabec C，Maiti A，Bernholc J. Structural. exibility of carbon nanotubes. Journal of Chemical Physics 1996; 104(5): 2089-92.

83. Ru CQ. E.ective bending sti.ncss of carbon nanotubes. Physical Review B 2000; 62(15):9973-6.

84. Vaccarini L，Goze C，Henrard L，Hernandez E，Bernier P，Rubio A. Mechanical and electronic properties of carbon and boronnitride nanotubes. Carbon 2000; 38(11-12): 1681-90.

85. Al-Jishi R，Dresselhaus G. Lattice dynamical model for graphite. Physical Review B 1982; 26(8):4514-22.

86. Hernandez E，Goze C，Bernier P，Rubio A. Elastic properties of C and BxCyNz composite nanotubes. Physical Review Letters 1998; 80(20):4502-5.

87. Ru CQ. Elastic buckling of single-walled carbon nanotube ropes under high pressure. Physical Review B 2000; 62(15):10405-8.

88. Popov VN，Van Doren VE，Balkanski M. Elastic properties of crystal of single-walled carbon nanotubes. Solid State Communications 2000; 114(7):395-9.

89. Popov VN，VanDoren VE，BalkanskiM. Lattice dynamics of singlewalled carbon nanotubes. Physical Review B 1999; 59(13):8355-8.

90. Ruo. RS，Lorents DC. Mechanical and thermal-properties of carbon nanotubes. Carbon 1995; 33(7):925-30.

91. Govindjee S，Sackman JL. On the use of continuum mechanics to estimate the properties of nanotubes. Solid State Communications 1999; 110(4):227-30.

92. Ru CQ. E.ect of van der Waals forces on axial buckling of a double-walled carbon nanotube. Journal of Applied Physics 2000; 87(10):7227-31.

93. Ru CQ. Column buckling of multi-walled carbon nanotubes with interlayer radial displacements. Physical Review B 2000; 62(24): 16962-7.

94. Ru CQ. Degraded axial buckling strain of multiwalled carbon nanotubes due to interlayer slips. Journal of Applied Physics 2001; 89(6):3426-33.

95. Kolmogorov AN，Crespi VH. Smoothest bearings: interlayer sliding in multiwalled carbon nanotubes. Physical Review Letters 2000; 85(22):4727-30.

96. Yu MF，Files BS，Arepalli S，Ruo. RS. Tensile loading of ropes of single wall carbon nanotubes and their mechanical properties. Physical Review Letters 2000; 84(24): 5552-5.

97. Sha.er MSP，Windle AH. Fabrication and characterization of carbon nanotube/poly (vinyl alcohol) Composites. Advanced Materials 1999; 11(11):937-41.

98. Qian D，Dickey EC，Andrews R，Rantell T. Load transfer and deformation mechanisms in carbon nanotube-polystyrene composites. Applied Physics Letters 2000; 76(20): 2868-70.

99. Jia Z，Wang Z，Xu C，Liang J，Wei B，Wu Detal. Study on poly(methyl methacrylate)/ carbon nanotube composites. Materials Science and Engineering A 1999; 271(1–2): 395-400.

100. Gong X，Liu J，Baskaran S，Voise RD，Young JS. Surfactantassisted processing of carbon nanotube/polymer Composites. Chemistry of Materials 2000; 12(4):1049-52.

101. Lordi V，Yao N. Molecular mechanics of binding in carbonnanotube-polymer composites. Journal of Materials Research 2000; 15(12):2770-9.

102. Wagner HD，Lourie O，Feldman Y，Tenne R. Stress-induced fragmentation of multiwall carbon nanotubes in a polymer matrix. Applied Physics Letters 1998; 72(2):188-90.

103. Lourie O，Wagner HD. Transmission electron microscopy observations of fracture of single-wall carbon nanotubes under axial tension. Applied Physics Letters 1998; 73(24):3527-9.

104. Lourie O，Wagner HD. Buckling and collapse of embedded carbon nanotubes. Physical Review Letters 1998; 81(8):1638-41.

105. Lourie O，Wagner HD. Evidence of stress transfer and formation of fracture clusters in carbon nanotube-based composites. Composites Science and Technology 1999; 59(6):975-7.

106. Cooper CA，Young RJ，Halsall M. Investigation into the deformation of carbon nanotubes and their composites through the use of raman spectroscopy. Composites Part A: Applied Science and Manufacturing 2001; 32(3-4):401-11.

107. Ajayan PM，Schadler LS，Giannaris C，Rubio A. Single-walled nanotube-polymer composites: strength and weaknesses. advanced materials 2000; 12(10):750-3.

108. Schadler LS，Giannaris SC，Ajayan PM. Load transfer in carbon nanotube epoxy composites. Applied Physics Letters 1998; 73(26): 3842-4.

109. Jin L，Bower C，Zhou O. Alignment of carbon nanotubes in a polymer matrix by mechanical stretching. Applied Physics Letters 1998; 73(9):1197-9.

110. Haggenmueller R，Gommans HH，Rinzler AG，Fischer JE，Winey KI. Aligned single-wall carbon nanotubes composites by melt processing methods. Chemical Physics Letters 2000; 330(3-4): 219-25.

111. Gommans HH，Alldredge JW，Tashiro H，Park J，Magnuson J，Rinzler AG. Fibers of aligned single-walled carbon nanotubes: polarized raman spectroscopy. Journal of Applied Physics 2000; 88(5):2509-14.

112. Andrews R，Jacques D，Rao AM，Rantell T，Derbyshire F，Chen Yetal. Nanotube composite carbon .bers. Applied Physics Letters 1999; 75(9):1329-31.

113. Vigolo B，Pe' nicaud A，Coulon C，Sauder C，Pailler R，Journet C et al. Macroscopic. bers and ribbons of oriented carbon nanotubes. Science 2000; 290:1331-4.

114. Hughes，Chambers，Manufacture of carbon filaments，USP 405,480，1889.

115. Howard G. Tennent，Carbon Fibrils，Method for producing same and compositions containing same，USP 4,663,230，1987.

116. Skoog，D. A. Principles of Instrumental Analysis，4th ed，Saunders College pulishing，United states of American，1984，pp296-308.

117. www1.shimadzu.com/products/ lab/spectro/ftir.html.

118. MoC，Yuan Z，Zhang L，et al.，Nanostructured Mater.，2，47，(1993).

119. Barker AS，Jr. Phys. Rev. 132，1474 (1963).

120. Veprek S. Iqbal Z，Oswald H R，et al.，J. Phys.，C14，295 (1981).

121. Zhang L D，Mo C M，Wang T，et al.，Phys. Stat. Sol. (a)，136(2)，291，(1993).

122. www.analab.com.

123. "奈米材料在光學上的應用及其製造法"，魏碧玉、賴明雄，工業材料，153，113 (1999)。

124. MocM，Zhang L D，Yuan Z，Nanostructured Mater.，5(1)，95 (1995).

125. Levy PW，Phys. Rev. 123(4)，1226 (1961).

126. Berkowtz AE，Mitekell J R，Corey M J，et al，Phys. Rev. Lett.，68，3745 (1992).

127. http://www.ch.ntu.edu.tw/faculty/Instrument/raman.htm.

128. http://biochem98.myrice.com/papers/struchem/031.html.

129. 汪建民，材料分析，中國材料科學學會，1998，p 659-671。

130. http://www.chinaqde.com/yqjj/yqjj-03.htm.

131. Phys. Rev. Lett. 90，095503 (2003).

132. http://www.sciscape.org/news_detail.php?news_id=963.

133. http://periodicals.wanfangdata.com.cn/showqk.asp?lmmc=kzai&ID=1224.

134. 蔡定平，掃描式近場光學顯微儀，科儀新知，21 (5)，17 (2000)。

135. 陳思漢、李正龍、林鶴南，近場光學顯微系統研製，科儀新知，20 (3)，33 (1998)。

136. 尖端奈米光學實驗室，Laboratory of Advanced Nono Optics，http://www.sinica.edu.tw/~caser/lab-wei/NSOM.htm.

137. http://www.ssco.com.tw/Orton_Ceramics/ThermoAnalysis_index/ThermoAnalysis_index.htm，Orton 精密熱分析儀器專賣公司。

138. http://www.cae.nthu.edu.tw/default.asp，塑膠全球資訊網。

139. 李安謙，"半導體製程診斷及設備自動化教學改善之計劃"，交通大學，2002。

140. 陳榮昌，"高溫超導體應用之熱學研究"，博士論文，國立交通大學/機械工程研究所，1993。

141. 陳靜遠，"超導薄膜材料之本質熱穩定研究"，碩士論文，國立交通大學/機械工程研究所，1992。

142. http://pmc.ksut.edu.tw/index.html，CAE 模流分析課程，崑山科技大學精密製造中心。

143. 奈米晶體在生物檢測上的應用，科學月刊 91/10，楊正義、吳佳璇。

144. 奈米生物科技的認識與應用，生物醫學報導 91/05，劉盈村等。

145. 當 Nanotech 遇到 Biotech....，工業材料 91/05，徐善慧。

146. 金屬、半導體奈米晶體在生物檢測及分析上的應用，物理雙月刊 90/12，楊正義等。

147. 奈米生技/醫藥技術發展現況與未來，化工科技與商情 91/12，江晃榮。

148. 奈米材料與奈米結構，張立德。

149. 奈米金屬微粒之製備及其性質研究，清大化工碩士論文，任鏘諭。

150. 微粒導論，鄭福田。

151. 擋不住的奈米醫學新潮流，生技時代 Vol. 8 June，2002。

152. 奈米狂潮掀起生醫世紀大戰，生技時代 Vol. 8 June，2002。

153. 「奈米纖維墊」開創外傷敷材新商機，生技時代 Vol. 18 April，2003。

154. http://nanotechweb.org/articles/ncws/2/6/2/1.

155. http://nanotechweb.org/articles/news/1/12/6/1.

156. http://www.nature.com/nsu/021202/021202-12.html.

157. http://www.nanotechweb.org/articles/news/1/8/24/1.

158. http://nanotechweb.org/articles/news/1/6/16/1.

159. http://www.eet.com/at/m/news/OEG20030421S0065.

160. http://www.nanotechweb.org/articles/news/2/3/16/1.

161. http://nanotechweb.org/articles/news/2/3/11/1.

162. http://nanotechweb.org/articles/news/2/3/2/1.

163. http://www.nanotechweb.org/articles/news/2/2/6/1.

164. http://www.ntrc.itri.org.tw/research/bn07.html.

165. http://tc.home.agilent.com/.

166. http://www2.nsysu.edu.tw/.

167. http://www.gnt.com.tw/nanotech1.htm.

168. http://www.epochtimes.com.

169. http://www.sae.com.tw/know.htm.

170. http://kks.hkcampus.net/~kks-kg/eshome/scivote/s5.htm.

171. http://www.sciscape.org/.

172. http://140.114.18.41/ssp/6-1.html.

173. 林伯實主編，複合材料產業技術手冊，經濟部技術處發行，民國 87 年。

174. 科學 Online 科技部高瞻自然科學教學資源平台
(國立彰化師範大學物理所陳建淼研究生/國立彰化師範大學物理學系洪連輝教授
責任編輯)http://highscope.ch.ntu.edu.tw/wordpress/?p=1599

175. 研發奈米科技的基本工具之一電子顯微鏡介紹– TEM 清華博士羅勝泉著作
http://www.materialsnet.com.tw/AD/ADImages/AAADDD/MCLM100/download/
equipment/EM/FE-TEM/FE-TEM010.pdf

176. 原子世界>透射電子顯微鏡>透射電子顯微鏡的基本原理
http://www.hk-phy.org/atomic_world/tem/tem02_c.html

177. 國立台北科技大學 奈米光電磁材料技術研發中心
CTE 熱膨脹係數及 TMA 熱機械分析檢測使用及管理辦法
http://www.cc.ntut.edu.tw/～wwwemo/instrument_manual/CTE.html

178. TMA 熱機械分析儀全拓科技有限公司 Trendtop 實驗室設備專家
http://www.trendtop.com.tw/ec99/ushop10124/GoodsDescr.asp?category_id=614
&parent_id=58&prod_id=B02-005

179. 界達電位&粒徑量測儀 ELSZ-1000ZS -大塚科技股份有限公司
http://otsuka-tw.com/products/cate2/elsz1000zs/

180. 界面電位分析儀 Zeta Potential Analyzer
http://ibenservice.nhri.org.tw/?page_id=429

181. 熱分析熱分析(DSC/TGA/STA/TMA/DMA/DIL) - 全拓科技有限公司
http://www.trendtop.com.tw/ec99/ushop10124/GoodsDescr.asp?category_id=105
&parent_id=58&prod_id=B02-001

182. 熱分析的基礎與分析-日立高新
http://www.hitachihightech.com/file/hig/pdf/products/science/tech/ana/thermal/column
/01.pdf

183. 熱分析-介紹
http://gsmat5.weebly.com/291052099826512.html

184. 清華大學貴儀中心 Instrumentation Center at National Tsing Hua University
http://www.nscric.nthu.edu.tw/

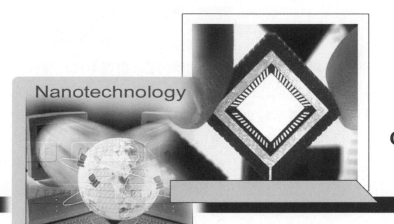

Nanotechnology

Chapter 4

奈米材料製備方法

▷ 4-0 前言

奈米材料粒子的製備方法大致可粗分為物理方法與化學方法，物理方法是從較大的分子層級研磨至奈米大小的粒子，其製程前後的化學組成沒有變化，利用機械動力將固體微細化。而化學法為從原子層級合成至較大的奈米粒子，主要是控制化學反應生成固相成品過程中的析出條件，以產生奈米粒子，並可藉由界面活性劑，高分子及偶合劑等保護劑的添加，控制粒子的成長與防止凝聚現象的發生。各種製造方式均有其優劣點、適用的材質、及產品粒徑或品質的極限，一般常見的物理及化學製備方法如表 4-1 所示。

表 4-1　奈米材料之製法

物理法	化學法
粉碎法	沉澱法
濺鍍法	加水分解法
鹽析結晶法	氧化還原法
電弧發電法	雷射合成法
流動油面上真空蒸發法	水熱合成法
氣相蒸發法 (1) 電阻加熱 (2) 高周波感應加熱 (3) 電漿噴柱加熱 (4) 電子束加熱 (5) 雷射束加熱	噴霧法(溶劑乾燥法) (1) 凍結乾燥法 (2) 噴霧乾燥法
	溶膠凝膠法
	微乳化法/逆微胞法
	化學氣相沉積法
	超臨界流體乾燥法

奈米粉體的製造技術可以說是非常的多，圖 4-1 為奈米粉體製成技術的樹枝狀圖：

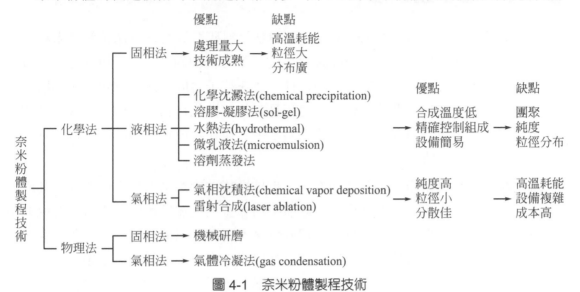

圖 4-1　奈米粉體製程技術

材料奈米化製作的方式：

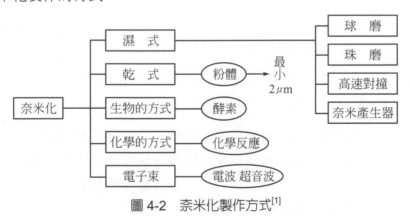

圖 4-2　奈米化製作方式[1]

表 4-2　不同奈米化處理方式其壓力操作範圍[1]

方式＼壓力	1 Mpa	10 Mpa	30 Mpa	50 Mpa	100 Mpa	150 Mpa
破　碎					←──── 高壓 ────→	
分　散			←────→			
乳　化	←──────────→					
攪　拌	←────→					

▷ 4-1　化學還原法

以由上而下處理法(top-down method)如塊狀材料研磨等物理方法製備奈米粒子有其極限，而由下而上(bottom-up methods)為主的化學方法製備奈米粒子可在分子等級大小下進行合成，因此可有良好的化學均勻性，並在粒子合成上能控制粒徑，形狀和粒徑分布，其缺點是對於一些複雜化學反應和具有危害性化合物的製備中，最後產物必須純化以減少其雜質含量才達到可以接受的水平，而在合成過程中發生的聚集行為也可能會影響到產品性質。

氧化還原法為最常用且最有效的方法，也是最基本的奈米微粒生成方式，其原理是氧化還原反應：以金屬鹽溶液作為反應前驅物，並加入還原劑將金屬離子還原成奈米金屬微粒，依不同保護劑、溶劑、及還原劑之不同發展出檸檬酸根法、醇還原法、多元醇法、微乳化法、有機溶劑法等。最早利用氧化還原法製備奈米金屬粒子的是在1857 年 Faraday 利用檸檬酸鈉還原$[AuCl_4]^-$來製備奈米金粒子，而金粒子吸附了離子而產生電雙層使粒子穩定[2]。

氧化還原合成奈米金屬的優點為[3]：

(1) 可應用的金屬鹽類很多，週期表中 4～II 族的金屬鹽類都可以使用。

(2) 合成的奈米粒子粒徑分布窄。

(3) 可利用不同金屬鹽類共同還原製備雙金屬奈米粒子或合金。

(4) 生成的奈米粒子比較穩定，容易把製程放大。

在液相中含可溶物質，當液體成為過飽和時，可溶物質就會由均相或異相成核，其分別在於均相核不涉及外來物而異相成核則涉及外來物來穩定核的形成，成核之後即由擴散來使核成長。要形成單一分散的粒子必須要使所有粒子在同一時間形成，而且沒有進一步成核或粒子聚集[4]。

一、氧化還原法所使用的還原劑

常用的還原劑如 $NaBEt_3H$，$LiBEt_3H$，$NaBH_4$ 等可有效的還原金屬鹽類[5]而成奈米粉體。在甲苯溶劑下利用 $NaBEt_3H$ 還原第 VI 族金屬氯化物如 $CrCl_3$，$MoCl_3$，$MoCl_4$，WCl_4 等可得到奈米金屬：

$$MCl_x + xNaBEt_3H \rightarrow M + xNaCl + BEt_3 + (x/2)H_2$$

x=3 for M=Cr or Mo，x=4 for M=W

而同樣的方法和材料在 THF 中反應則得到金屬碳化物。使用 MBH_4 (M=Li，Na) 也可以還原一系列的金屬鹽類製造奈米金屬。但因為 BH_4^- 涉及還原反應，所以用這種還原劑所得到的奈米金屬含大量的硼雜質[6]，而使用 $M[BR_3H]$ 則因為 $[BR_3H]^-$ 不參與還原反應，因此產品所含的硼少很多[7]。使用 NR_4BEt_3H 為還原劑所產生的副產物為四級銨鹽，極容易分離，因此可用於製作純度極高的奈米金屬[8]。

使用醇類如乙二醇等，還原金屬鹽類稱為醇還原(polyol process)[9]，在這種方式中醇類作為還原劑也作為溶劑，為了控制其粒徑分布則必須在成核和核成長過程中控制粒子間的隔離預防聚集，Fievet 等人[10]把銅的前驅物在乙二醇下以 150℃ 到 195℃ 下反應三十分鐘，得到高純度，單分布的奈米銅金屬。

Tsai 和 Dye[11]利用 alkalides 或 electrides 溶在極性溶劑如 dimethyl ether 或 THF 中，還原金屬鹽類。alkalides 或 electrides 是含有鹼金屬離子或受限制電子的離子鹽。alkalides 或 electrides 溶在極性溶劑中生成 M^+ 和 e_{solv}^-，有很強的還原能力[12]。

氧化還原法除了可以製備奈米金屬外也可以製備奈米 intermetalics。Intermetalics 定義為含有兩種或更多金屬以不同比較互溶的固體溶液[13]。氧化還原法是製造 Intermetalics 的重要方法，使用各種還原劑還原金屬鹽的混合物如利用 MBH_4 還原不同比例的 Co–Cu 和 Fe–Cu 合金[14]，用 alkalides 或 electrides 合成 Au–Zn，Au–Cu，Cu–Te 和 Zn–Te 等[11]，和醇還原法合還原[$Co(O_2CCH_3)_2.4H_2O$]和[$Cu(O_2CCH_3)_2.4H_2O$]混合物合成 Co_xCu_{100-x}(4%<x<49%)[15]等。

二、氧化還原法所使用的保護劑

在反應溶液中會加入保護劑，一方面可以防止生成過於巨大的粒子，另一方面也可防止溶液中生成的奈米微粒互相碰撞而產生凝聚現象。由於粒子越小表面能越大，粒子極易因接觸而凝集成更大的顆粒而降低其表面能，因此需要有保護劑來防止粒子凝集，保護劑的作用方式有兩種[16]：

1. 靜電排斥力(Electrostatic stabilization)：

粒子表面吸附電荷，形成電雙層(electrical double layer)，粒子表面帶有相同電荷，兩粒子相互接近時庫倫排斥力增加，防止粒子聚集。

若表面吸附的陰離子被中性吸附物取代則表面電荷減少，粒子聚集。在高濃度粒子下或溶液離子強度增加時介電強度增強，電雙層被壓縮而不利粒子穩定。

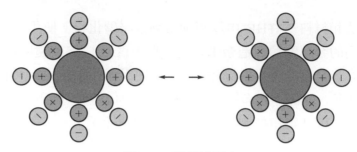

圖 4-3　靜電排斥力

2. **立體障礙(Steric hindrance)：**

　　粒子表面吸附保護劑，藉由有機分子在金屬粒子表面形成保護劑層而阻礙粒子的凝聚：

圖 4-4　立體障礙

　　常用的保護劑有水溶性高分子、界面活性劑、配位基或螯合劑等。利用有機配位子如 amine，thioethers，phosphanes 等以化學吸附於金屬表面，除立體障礙穩定粒子的功能外，也可以使成膜的粒子有自組裝排列結構的功能，但於配位子和金屬離子形成強的作用力時，弱的還原劑可能無法還原金屬離子，必須使用強的還原劑如 $NaBH_4$ 等才能把金屬離子還原。

　　由於保護劑分子量與產物粒徑極其相關，Hirai 等人[17]用 PVP 作為保護劑，以甲醇還原 $PdCl_2$ 生成奈米鈀微粒，結果發現隨著 PVP 分子量的增加，附著於產物表面的保護層厚度也相對增加，使得產物粒徑逐漸降低。但是實驗亦證實較厚的保護層會影響表面擴散速度，使得產物作為非勻相催化劑時，反應速率隨保護層厚度增加而降低。

Yee 等人[18]在單一相中使用化學還原法生成奈米鉑顆粒：以 THF (tetrahydrofuran)作為溶劑，lithium triethylborohydride 當還原劑，保護劑則是使用 ODT (octadecanethiol)。另外為了討論 Pt(II)與 Pt(IV)的差異性，分別使用 K_2PtCl_4 與 H_2PtCl_6 作為反應前驅物。不過從產物的分析結果看來，二者的差異性不是非常明顯。

Esumi 等人[19]利用化學還原法，以 $HAuCl_4$ 作為反應前驅物，選用樹枝狀分子 (dendrimer)的聚醯胺基胺(poly amideamine)，表面上有甲基酯基團(methyl ester group)分佈作為保護劑，$NaBH_4$ 為還原劑，並分別採用甲醯胺(formiamide)以及 DMF(N, N–dimethylformamide)做為溶劑。實驗結果發現在以甲醯胺作為溶劑的系統中，隨著樹枝狀分子的濃度增加，產物粒徑會逐漸降低；此外，假設加入 $NaBH_4$ 前將系統先靜置一段時間，則因為甲醯胺本身亦具有還原金離子的能力(但反應極慢)，系統中會有少量金粒子被還原，之後再加入 $NaBH_4$ 後這些先析出的金粒子扮演類似成核點的角色，進而影響產物粒徑。另一方面，利用 DMF 作為溶劑的系統產物則有粒徑分佈較為集中的優點。

Chen 等人[20]以 $Cu(NO_3)_2$ 作為前驅鹽，六硫醇為保護劑，並利用 superhydride 進行化學還原生成 1～2nm 之奈米粒子。值得注意的是將此產物放置於 45℃的烘箱中保溫兩個月，透過 TEM 觀察可發現粒徑因凝聚而變大，除了圓形顆粒外(>50%)，還生成三角形(～10%)、六角形(～20%)、以及其他如短棒狀等具有完整晶面的顆粒。

▶ 4-2　化學氣相沉積法

一般微粒子的合成法可分為固相法、氣相法、液相法三種。以固相法來說，其程序不外乎混合、鍛燒、造粒、燒結、粉碎等步驟，特別是造粒和鍛燒的步驟必須重複許多次，製程的本身不複雜但是成本高，而且所能達到的粒徑也有限度，不是能無限的縮小尺寸。而奈米微粒的製法則偏向於 bottom-up 式的氣相法或是液相法，氣相法以 PVD(物理氣相沉積)，液相法當中以 CVD(化學氣相沉積)最具代表性，表 4-3 為各種製造奈米顆粒的方法簡介[21]。

表 4-3　奈米粒子材料的製備方法[21]

製　備　名　稱		製　　備　　方　　法
氣相凝結 (最早)	物理性凝結	熱或其他電子束、電弧、電漿、雷射光束等高密度能量源將原料在低壓環境中熔融蒸發，再使其冷凝在基材上。
	化學反應性沉積	類似一般化學氣相沉積薄膜製程製作奈米粒子。
機械合金法		以高能量球磨的方式，利用磨球將較粗大的原料粉末施予塑性變形，而逐漸磨碎並經由不斷的焊合、破裂再焊合的過程達到合金化的目標。
濕式化學溶液合成法		沉積法、溶膠凝膠、水熱法、噴霧裂解法、電化學製程。

化學氣相沉積法，主要是利用化學反應，進行薄膜的沉積，可應用在奈米微粒的沉積。其特性及優點列如下列諸點：

(1) 以較高的表面移動性(surface mobility)進行表面反應。

(2) 薄膜對不平的基材有較佳的順應性(conformability)，即可處理高低起伏不平的基材。

(3) 可均勻覆蓋薄膜在孔或深溝之側壁及底部。

一般化學氣相沉積的方式可分類如下：

1. **以氣體壓力區分：**

    (1) 常壓化學氣相沉積(Atmospheric Pressure CVD，APCVD)。

    (2) 低壓化學氣相沉積(Low Pressure CVD，LPCVD)。

    (3) 超高真空化學氣相沉積(Ultra High Vaccum CVD，UHVCVD)。

2. **以施予能量來源區分：**

    (1) 熱化學氣相沉積(Thermal CVD，通常溫度>300℃)。

    (2) 光化學氣相沉積(Photo CVD，PCVD)。

    (3) 雷射化學氣相沉積(Laser CVD，LCVD)。

    (4) 電漿加強化學氣相沉積(Plasma Enhance CVD，PECVD)。

3. **以前驅物(氣態的分子化合物)區分：**

    (1) 鹵化物或氫化物。

    (2) 有機金屬化合物或具有官能基之配位化合物。

化學氣相沉積的機制通常有二。一為反應物先反應生成固態生成物，再利用固態生成物的重量，自然沉積到基材上。另一種為反應物經擴散進基材、吸附到基材表面，反應生成固態生成物，未反應物則與其他氣態副產物脫附。薄膜機制為生成物先晶核化(nucleation)，晶核再成長成晶島(island)，最後晶島接合(island coalescence)，構成生成物薄膜。

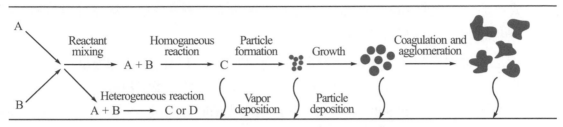

圖 4-5　化學氣相沉積法製作微粒的圖例[22]

化學氣相沉積法(CVD)是目前製備單層碳奈米管最有效率的方法，此法可應用於大表面積的生產或擁有多種產物型態的特質。而此法最早是被用來製作碳纖維。其原理示意圖如圖 4-5 所示[22]。反應主要原理乃是將 CH_4、C_2H_2、C_2H_4、C_6H_6 等碳氫化合物的氣體，通入高溫的石英管爐中反應(約 1,000～1,200℃)，碳氫化合物的氣體會因高溫而催化分解成碳，吸附在基板催化劑表面而進行沉積成長。由化學氣相沉積法所得到的碳管直徑約 25～130nm 不等，長度 10～60μm 以上。此製程方法改善了電弧放電法中碳管太短、低產率、低純度及高製作成本等缺點。

事實上，目前製作奈米微粒，有兩種主要的化學氣相沉積法：

一、催化劑化學氣相沉積法
(Catalytic Chemical Vapor Deposition；CCVD)

首先，將乙炔(或甲烷等)為主的碳氫化合物氣體通過一置有催化劑的高溫石英爐管，這些氣體因受高溫金屬催化劑的作用將產生裂解，因而生成碳原子且吸附在金屬顆粒的晶面上。而因晶面上溫度或濃度梯度的關係致使碳原子往其內部進行擴散，使得過飽和的碳持續在金屬顆粒的某結晶面上析出，進而堆積長成中空的奈米級碳管。獲得之碳管直徑約在 25～130nm 間，碳長可達 60μm 以上。此法改善了電弧放電法中碳管短、低產率及較高製造成本的缺點。

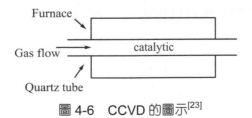

圖 4-6　CCVD 的圖示[23]

二、微波電漿觸媒輔助電子迴旋共振化學氣相沉積法(ECR-CVD)

微波電漿觸媒輔助電子迴旋共振化學氣相沉積法(ECR-CVD)利用 CH_4 及 H_2 為反應氣源,成功地合成大面積(4 吋直徑)且具定向性的碳奈米管。使用的觸媒材料包括 Fe、Ni、Co 顆粒及 $CoSi_x$ 膜和 Ni 膜等[22]。

製程之關鍵因素包括:觸媒的種類及其施加方式、基材的偏壓和溫度、沉積的時間以及反應氣體中氫氣的含量等。而生成的碳奈米管直徑與觸媒顆粒的大小則有密切的關係,直徑一般可在 $20\sim80nm$ 左右;管長則與沈積時間有關,約在 $1.3\mu m$ 間;管數密度由觸媒濃度及施加方式所控制,其每平方公分的管數最高可近一億根(10^8 tubes/cm^2),且是垂直於基板成長,長度也相當一致[22]。

化學氣相沉積反應發生的步驟如下:

(1) 反應及稀釋氣體通入反應室中。

(2) 氣體移至基板表面。

(3) 反應物吸附在基板表面。

(4) 附著原子作遷移及發生鍍膜形成反應。

(5) 氣態的反應副產物脫附表面並經由抽氣系統抽離反應室。

對於在未達到基板表面之前即在反應室發生氣相反應的情形,較不理想,因為如此一來鍍膜的結構會變得較鬆散,容易使雜質摻雜在其中,且成分較不易控制。在化學氣相沉積反應中,能源的來源有熱能、光能及電子。

對於將化學氣相沉積法運用於薄膜成長與其基礎研究可概分為下列四個部分:

1. **熱力學**:

用以了解反應氣體與固體基板介面間化學反應驅動力的大小。由熱力學可以計算出最大生長速率。通常真實的生長速率不會超過熱力學所算出的數值,並且會受介面質傳或表面動力的限制而更小。

2. **質量傳送**:

用以了解反應物氣體如何到達基板表面,及氣體生成物如何由表面移除,包括在質傳邊界層外的對流作用以及其內的擴散作用。

3. **表面動力**:

包含氣體反應物於基板表面的吸附、表面擴散、成核作用、表面階狀的形成、在表面階狀上吸附之反應物間的化學反應及產物的脫附。

4. **薄膜結構：**

　　包含結晶缺陷的產生與克服，同質磊晶層的表面狀態晶體位向，及異質磊晶層間晶格常數與熱膨脹係數差異的問題。

　　產生反應的機制有二種，一是質量傳輸限制，一是反應速率限制。當沉積速率是由單位時間內到達基板表面的粒子數目決定時，即為質量傳輸限制；若是由基板表面反應發生的速率來決定，則為反應速率限制。通常，在高溫環境之下，由於表面反應速率較快，因此是屬於質量傳輸的範圍，此時反應發生的快慢主要是由反應氣體在基板表面的濃度梯度及擴散係數來決定。質量傳輸限制的反應對溫度較不敏感，大約成 $T^{1.5\sim2}$ 的關係。相對上，反應速率限制的反應則受溫度很大的影響，其方程式可表示如下：

$$R = A \exp\left(-E / kT\right) \dots\dots\dots\dots\dots\dots\dots\dots\dots\dots\dots\dots\dots\dots\dots\dots\dots (4\text{-}1)$$

　　其中 A 與反應氣體碰撞基板表面的頻率有關。對一特定反應，當溫度不夠高，表面反應的速率不足以將撞擊到表面的氣體分子反應掉時，我們提供再多的氣體也是枉然，因為這時候決定反應進行快慢的關鍵在於表面的反應速率。因此，在設計化學氣相沉積系統時，對於不同的反應限制有不同的設計。在一個質量傳輸限制的反應系統內，如何設計使得反應氣體能夠最均勻的到達基板表面的每一點是最首要的考量，而在一個反應速率限制的系統中，基板溫度的一致則較反應室中氣流的模式重要的多，如此一來，才能在不同的系統中都長出厚度非常均勻的鍍膜。

　　由於化學氣相沉積系統的設計與操作各依循不同的原則，因此有幾種領域可以加以分類，一種常見的是將其分為熱壁(hot-wall)及冷壁(cold-wall)式的化學氣相沉積，這其中的區別是在於熱源提供方式的設計。加熱基板及其承盤的方式有四種：1.電阻式；2.音頻感應式；3.電漿；4.光能。熱壁式化學氣相沉積系統通常採用電熱阻式加熱方法，熱阻絲線圈圍繞在反應管四周，不但基板被加熱了，管壁也同時處於高溫之下，在這類的系統中，鍍膜沉積反應不僅在基板上發生，也會在管壁內側進行。因此反應管必須時常抽出來清理。反之，以其他方式加熱的即為冷壁式系統。儘管如此，在某些這類的反應系統中，顯著的反應室壁溫度上升仍然可見，(例如長時間高微波能量電漿製程)因此需安裝一些冷卻裝置，以阻止鍍膜沉積的發生。

▶ 4-3　化學氣相凝聚法

　　此法主要是利用金屬有機前驅物分子熱解獲得奈米陶瓷粉體。化學氣相凝聚法的基本原理是利用高純惰性氣體作為載體，攜帶金屬有機前驅物，以熱阻絲加熱材料至熔點之上，使其蒸發，材料之蒸汽會在蒸鍍熱源上方與鈍性氣體碰撞損失能量凝結並成長，最後被液態氮冷卻陷阱(Cold trap)所捕捉，並形成 3～20 奈米的晶體。當鈍性氣體壓力越小，得到的粒子尺寸越小，也較均勻，而壓力越大時，得到的粒子尺寸變大，但一般較難製備超過 50 奈米。舉例來說如六甲基二矽等，進入鉬絲爐，爐溫為 1100～1400℃，氣體的壓力保持在 100～1000Pa 的低壓狀態，在此環境下原料熱解成團簇，進而凝聚成奈米粒子，最後附著在內部充滿液氮的轉動基材上，經刮刀刮下進入奈米粉收集器，如圖 4-7 所示[23]。

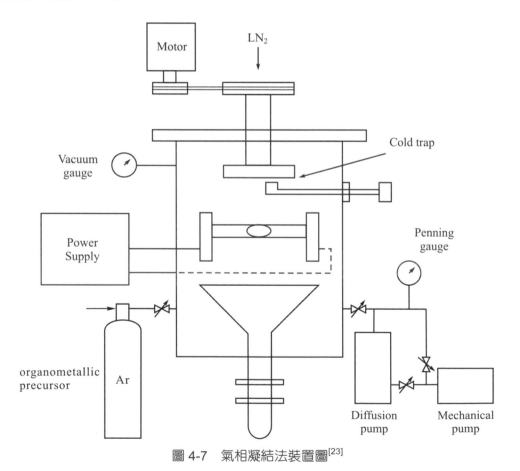

圖 4-7　氣相凝結法裝置圖[23]

至於燃燒火焰-化學氣相凝聚法(CF-CVC)則多用於製造各種金屬氧化物及碳粉。其基本原理為反應物在火焰中燃燒反應成所欲之氣相生成物；在生成物蒸氣過飽和之情況下，生成物粉末經由均質成核並成長而形成。燃燒火焰-化學氣相凝聚法採用的裝置基本上與 CVC 法相似，唯一的差別是將鉬絲爐改換成平面火焰燃燒器，燃燒器的前面由一系列噴嘴組成。當含有金屬有機前驅物蒸氣的載氣(例如氦氣)與可燃性氣體的混合氣體均勻地流過氣嘴時，產生均勻的平面燃燒火焰，火焰由 C_2H_2，CH_4 或 H_2 在 O_2 中燃燒所致。反應室的壓力保持 100～500Pa 的低壓。金屬有機前驅物經火焰加熱在燃燒器的外面熱解形成奈米粒子，附著在轉動的冷阱上，經刮刀刮下收集。此法比 CVC 法的生產效率高得多，這是因為熱解發生在燃燒器的外面，而不是在爐管內因此反應充分並且不會出現粒子沉積在爐管內的現象。此外由於火焰的高度均勻，保證了形成經歷了相同的時間和溫度的作用，因此粒徑分布窄。影響粉末性質的製程參數為先驅物、燃料和氧氣的流量，流速、火焰溫度及形狀和其內鈍性氣體壓力。燃燒在低壓鈍氣的環境中進行，除了較為安全外，最主要的原因是控制粉末粒子的大小。而先驅物、燃料和氧氣的流量、流速則直接影響到粉末的化學計量(Stoichiometry)組成。另外，火焰溫度的均勻性亦會直接影響粉末的粒徑分佈[23]。

近來，由於奈米材料規模化生產以及防止奈米粉體凝集的要求日益迫切，相繼出現了一些新的製備技術。例如，氣相燃燒合成技術就是其中的一種，其基本原理是將金屬氯化物鹽溶液噴入 Na 蒸氣室燃燒，在火焰中生成 NaCl 的包覆，金屬粒子不凝集。另外一種技術是超聲電漿粒子沈積法，其基本原理是將氣體反應劑噴入高溫電漿，該電漿通過噴嘴後膨脹，生成了奈米粒子。

4-4　氣相法

本節主要介紹使用氣相法來製備奈米材料的製程和方法，一般來說氣態原料的奈米材料合成方法，可分成物理式與化學式。

化學式的製程中，氣態原料由載送氣流送至反應器中直接熱分解形成特定結晶的奈米材料，製程中存在化學分解過程。

物理式為加熱固態金屬材料產生的蒸氣為原料，藉與反應氣體反應形成分子團簇，最後經冷卻製得奈米材料。典型的製作過程如圖 4-8 所示[24]，包括固態前驅物(金屬)汽化、反應氣體之反應、分子團簇的冷凝等主要階段。為使反應完全與粒徑均勻，汽化後的金屬微粒利用類似噴霧的方式噴入反應器中，形成之奈米粉體粒徑與噴霧狀況有直接關係。

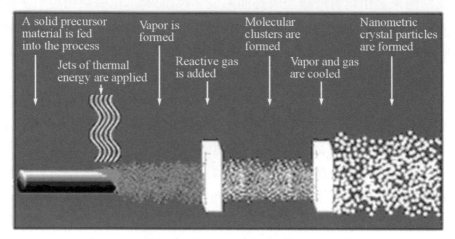

圖 4-8　物理氣相合成法[24]

　　不論採用何種形態的原料，奈米材料的產生來自反應器中，常見的反應器如圖 4-9 所示[26]，包括管式、電漿腔體、火燄法反應器等，其中火燄法反應器依反應氣流通入方式分成合流擴散、預混合、逆流擴散等方式。

　　管式反應器之火燄噴霧方式製作奈米材料系統如圖 4-9 所示[24]，載送氣流將前驅物以接近火燄噴嘴位置送入火燄中，形成的奈米粒子經分流管收集於靜電集塵器中。前驅物在反應器中形成奈米粒子的過程如圖 4-10[24]，金屬有機化合物受熱分解形成陶瓷質蒸氣粒子，這些微小粒子再經成核變成較大的陶瓷微粒，其後經成長與粗化便成為陶瓷粉體，粉體中同時含有因燒結現象之彼此黏結導致的橢圓粉粒。視加熱分解之速率，製成的奈米粒子可包括完整與缺角的多晶質粉體粒子。

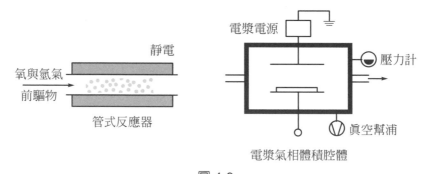

圖 4-9

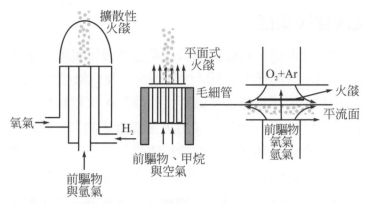

圖 4-10   火焰反應器(合流擴散、預混合、逆流擴散方式)[24]

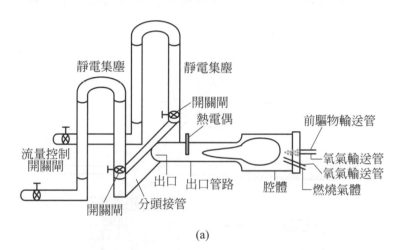

(a)

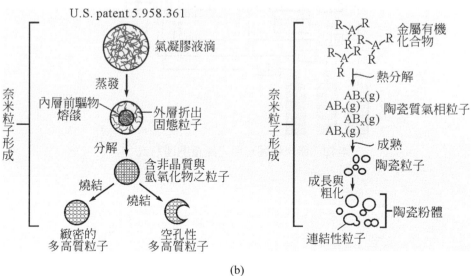

(b)

圖 4-11   火焰噴霧熱分解法製作奈米粉體[24]

一、奈米粉體處理與操控

奈米粉體由於具高表面能，粉體粒子間容易產生凝聚現象，使粉體應用時分散困難，因此奈米粉體實用前需進行如表面活性劑添加以及電漿/雷射能量施加方式獲得，這類處理均在奈米粉粒表面提供降低表面活性的機制，使粉粒相互間的作用力降低，獲得分散效果。圖 4-12[24]為利用雷射能量對火燄法合成的奈米粉體進一步作處理的方式，雷射能量可穿入火燄中，加速成核的微粒成長與粗化，同時因額外能量的提升，奈米粉粒有更高緻密性與更低表面活性，對粉體分散性可有效改善。

合成之奈米粉體可經如圖 4-13[24]之溶膠噴霧方式來進一步處理，將粉體分散於水或醇類液體中，以超音波霧化與空氣氣流帶動，送入高溫爐體中作熱處理，以靜電集塵收集處理過的粉體。

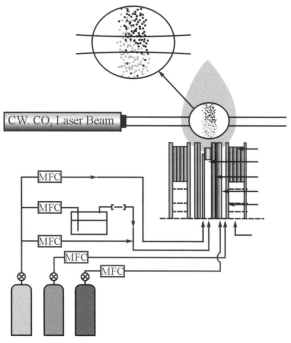

4-12　奈米粉體粒徑之能量處理方式[24]

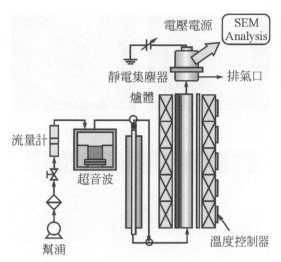

圖 4-13　溶膠噴霧式製作奈米粉體[24]

　　處理過的粉體外觀如圖 4-14 所示[24]，霧滴進入高溫爐之前採用擴散式乾燥來提高霧滴的含量，粉體具圓球體的外觀且分散容易。未預先乾燥的霧滴經高溫處理後，因液體大量揮發使粉體有中空的現象，唯粉體間亦有好的分散性。高溫熱處理雖可改善分散性，由於高溫燒結現象造成的粉體粒徑粗化是不可避免的，適當調整霧化條件與氣流流速可減緩粗化程度。圖 4-15[24]為不同粒徑粉體溶膠噴霧處理後的外觀，每一圓球體由多個奈米粉粒聚合而成，直徑約 250 奈米，不受原奈米粉體粒徑大小的影響。由此可知，包括氣流速度、霧化條件、溫度等製程變數為決定處理後粉粒大小的主要因素。這項結果有如傳統陶瓷製程中的粉體造粒，只要製程條件不變，造粒所得的粉體粒徑近乎不變，不受原粉體粒徑大小的影響。

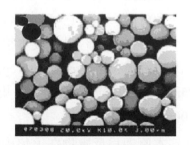

(a) 未用預先乾燥所形成粒子　　　　(b) 採用預先擴散式乾燥器所形成粒子

圖 4-14　溶膠噴霧方式製作奈米粉體[24]

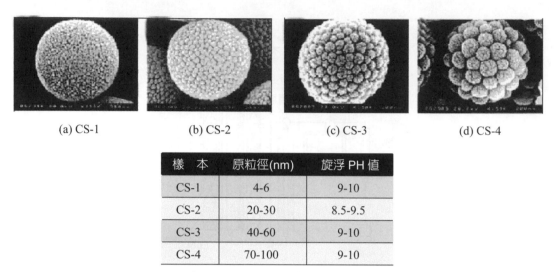

| (a) CS-1 | (b) CS-2 | (c) CS-3 | (d) CS-4 |

樣　本	原粒徑(nm)	旋浮 PH 值
CS-1	4-6	9-10
CS-2	20-30	8.5-9.5
CS-3	40-60	9-10
CS-4	70-100	9-10

圖 4-15　溶膠噴霧方式製作奈米粉體，一次粒子粒徑對最終粒子外觀的效應[24]

　　粉體粒子的操控除氣流帶動外，電磁場能量也是有效的方法，以高能電子束衝擊絕緣性基板表面使之帶電，帶電之電荷會使粉體微粒感應帶靜電，藉靜電吸引力將粉粒佈植到基板上。隨帶電電荷排列方式，控制粉粒佈植的圖樣，因此可直接操控粉粒形成所需的圖樣。

▶ 4-5　火焰燃燒法

　　火焰燃燒法全名又稱為「火焰燃燒－化學氣相凝結法(Combustion Flame－Chemical Vapor Condensation，CF-CVC)」，多用於製造各種金屬氧化物及碳粉。CF-CVC是一種良好的奈米粉體製程，它可以靠著操作參數的變化來影響產物的性質，如顆粒大小等。CF-CVC 不但操作容易且成本很低，產量又大；相當適合用於奈米粉體的大量生產。所產出的粉體在聚集效應(aggregation effect)後大約～100nm 左右，主要顆粒大小是 15～25nm。目前發展的方向大多集中在如何減少聚集效應，使顆粒大小可以穩定的停留在 100nm 以下。

　　CF-CVC 基本原理為反應物在火焰中燃燒反應生成所欲之氣相生成物；在生成物蒸氣過飽和之情況下，生成物粉末經由均質成核並成長而形成。

　　圖 4-16 是 CF-CVC 的示意圖[25]，混合氧氣和燃料，連同先驅物一同輸入 Flat-flame burner 中。在過程當中，先驅物由 Carrier gas 輸送，當溫度上升使先驅物接近沸點，先驅物隨著 Carrier gas 和氧氣以及燃料混合通過火焰，在低壓的情形下形成奈米等級粉體。

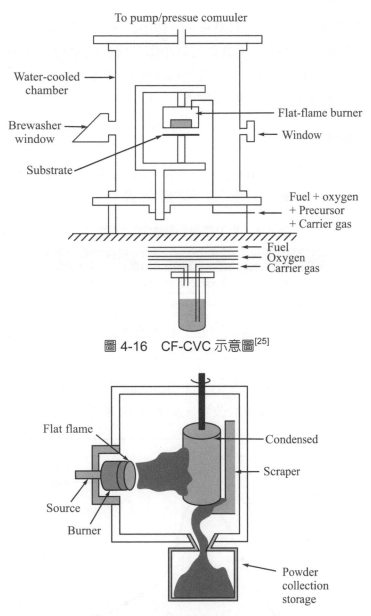

圖 4-16　CF-CVC 示意圖[25]

圖 4-17　Flat Flame Burner 結構圖[26]

一、製程參數

　　影響粉末性質的製程參數爲先驅物、燃料和氧氣的流量(或流速)、火焰溫度及形狀和其內鈍性氣體壓力。燃燒在低壓鈍氣的環境中進行，除了較爲安全外，最主要的原因是控制粉末粒子的大小。而先驅物、燃料和氧氣的流量、流速則直接影響到粉末的化學計量組成。另外，火焰溫度的均勻性更直接影響粉末的粒徑分佈。

　　舉例來說：在矽奈米粒子的製造過程，是利用同流式的氫氧焰將 SiCl$_4$ 轉變矽的奈米粒子，而 SiCl$_4$ 的流速控制在比氫氣和氧氣小兩個級數的情況，以避免矽在相變化的過程中會造成環境溫度的不穩定。製造的過程中可以 CO 的雷射束控制矽顆粒周圍的環境溫度，並以熱偶感測器偵測反應溫度條件[27]。

二、參數一：先驅物

　　先驅物大多是有機金屬(Metal organic)，要生成不同的奈米粉體材料，需使用不同的先驅物。表 4-4 就是奈米粉體對應之先驅物對照表：

表 4-4　常見奈米粉體對應之先驅物

產　　物	先　　驅　　物
nanoSiO$_2$,	Hexamethyldisalazane (HMDS)
nanoTiO$_2$,	Titaniumethoxide
NanoCoO	Cobalt acetylacetonate
nanoAl$_2$O$_3$.	Aluminum tri-sec butoxide

　　先驅物的濃度也會影響粉體的大小，G. Skandan[25]以 TiO$_2$ 為例，不同的先驅物流量，會造成粉體大小的分佈有顯著的改變。如圖 4-18 所示[25]。

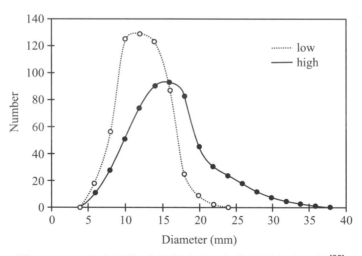

圖 4-18　不同先驅物流量對奈米二氧化鈦粒徑之影響[25]

三、參數二：燃料/氧氣流量

根據 G. Skandan 的研究[25]，燃料和氧氣流量的最佳比例如表 4-5 所列[25]。燃料與氧氣的流量直接影響燃燒時的溫度分佈以及高低，適當的燃燒溫度以及均勻的溫度分佈，可以使產出的粉體較小，並且大小較一致。

表 4-5　製備各種奈米粉體燃料與氧氣操作條件[25]

Flow Parameter for Power Production			
	SiO_2	TiO_2	Al_2O_3
Fuel used	Methane	Hydrogen	Acetylene
Optimized fuel flow rate (cm³/sq. cm of burner area)	27.64	44.23	37.91
Oxygen flow rate (cm³/sq. cm of burner area)	78.98	31.59	108.32

四、CF-CVC 的優點

CF-CVC 和傳統的 atmosphere pressure flame 比較，有著幾個較顯著的優點：

1. 由於先驅物(大多為有機金屬)的熱分解溫度相當低，CF-CVC 有相當高的放射狀火焰集中度(high flame radical concentration)，可以維持較低的溫度(這裡的低溫是指可以燃燒但不會造成熱分解的溫度)。

2. 因為 CF-CVC 採低壓製程(是 atmosphere pressure flame 壓力的三十五分之一)，因此粒子在 CF-CVC 中的滯留時間(residence time)大幅的縮小。

3. 比起 atmosphere pressure flame，CF-CVC 有較均勻的加熱情況，有利於奈米等級粉體之製備。

五、火焰燃燒－化學氣相沉積法

CCVD(火焰燃燒-化學氣相沉積法)不同於傳統的 CVD 法，而是在火焰燃燒下完成作業程序。在 T.A. Polley 的研究中，是將 Zinc 2-ethylhexanoate 溶解於有機溶劑中，形成可燃燒的溶液，並提供足量的氧氣，利用噴嘴讓溶液形成燃燒火焰；燃燒後直接將氧化鋅奈米粒子沉積於基材上，懸吊基材的表面與火焰方向呈 45°；其溫度必須隨時間監測控制，一般使用的溫度範圍在 190-850℃，沉積速度也比傳統的 CVD 快。

在 CCVD 中，火焰提供氣相沉積所需的熱能，在整個沉積的過程必須控制多樣的操作變數，包括基材溫度、前驅體濃度和組成、噴霧液珠大小、溶劑組成和沉積物的排列等。圖 4-19[28]為 Combustion CVD 的裝置圖，表 4-6 為製程的基本參數[28]。

表 4-6　沉積參數[28]

Solution	0.01M Zn 2-ethylhexanoate
Solution flow rate	3(ml/min)
Oxygen flow rate	20(standard l/min)
Substrate	Fused silica (amorphous)
Substrate temperature range	190-850(°C)
Deposition time	16(min)
Pilot flame fuel	Hydrogen

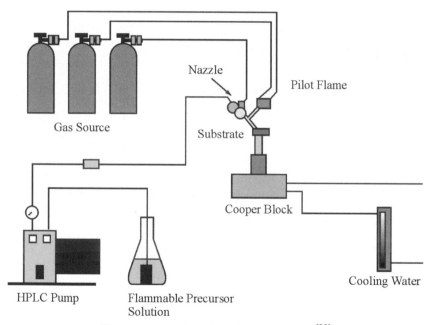

圖 4-19　Combustion CVD 的裝置圖[28]

　　氧化鋅引人注目的應用在於太陽能電池，壓電式轉換器，表面聲波裝置，光波控制器，氣體感測器等。

　　由 B. Schinkinger 的研究中看出，在鋼板上鍍鋅作為火焰燃燒法的氣相凝結基材，將 SiO_2 的奈米顆粒蒸鍍於其上，會形成如圖 4-20 的層狀結構[28]，在鋅的表面可能會形成氧化鋅的表面，並在 SiO_2 的薄層上覆蓋燃燒揮發的有機化合物。而圖 4-21[28]是二氧化矽薄膜，利用 CFCVD 製造的示意圖，由這種方法所做出來的薄膜厚度很小，其塗佈顆粒甚至小到直徑為 20～30nm[28]。

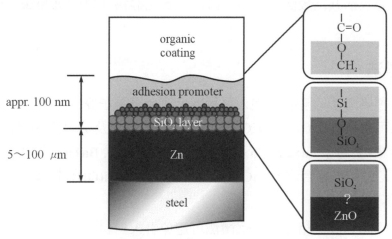

圖 4-20　利用 CCVD 製作二氧化矽薄膜示意圖[28]

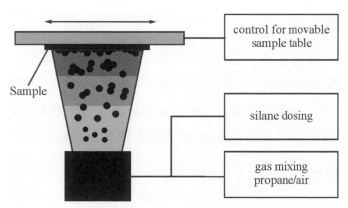

圖 4-21　CCVD 實驗步驟[28]

　　火焰燃燒法亦可用於製造碳奈米管和碳纖維，氣相生成的碳纖維或碳管在金屬存在氫氣環境下，由碳氫化合物之熱裂解產生的，一般而言，生成碳細絲或奈米纖維之機制，是由於碳在催化劑微粒的表面分解及擴散並且沈積在金屬/碳化物之界面。其製造低成本及製程容易，常使用於複合材料的應用，用以提高材料的力學機械強度。目前奈米科技最大的問題是如何量產，若以化工設計的觀點來看，這項低成本的技術，對未來奈米商品商業化的可行性，加了不少分數。

▶ 4-6　沉澱法

沉澱法主要包括共沉澱法、均勻沉澱法、多元醇為介質的沉澱法、沉澱轉化法、直接沉澱法等。

一、共沉澱法

在含有多種陽離子的溶液中加入沉澱劑，使金屬離子完全沉澱的方法稱為共沉澱法。共沉澱法可製備 $BaTiO_3$、$PbTiO_3$ 等 PZT 系電子陶瓷及 ZrO_2 等粉體。以 CrO_2 為晶種的草酸沉澱法，製備了 La、Ca、Co、Cr 摻雜氧化物及摻雜 $BaTiO_3$ 等。以 $Ni(NO_3)_2 \cdot 6H_2O$ 溶液為原料、乙二胺為絡合劑，NaOH 為沉澱劑，製得 $Ni(OH)_2$ 超微粉，經熱處理後得到 NiO 超微粉。

與傳統的固相反應法相比，共沉澱法可避免引入對材料性能不利的有害雜質，生成的粉末具有較高的化學均勻性，粒度較細，顆粒尺寸分佈較窄且具有一定形貌。

二、均勻沉澱法

在溶液中加入某種能緩慢生成沉澱劑的物質，使溶液中的沉澱均勻出現，稱為均勻沉澱法。本法克服了由外部向溶液中直接加入沉澱劑而造成沉澱劑的局部不均勻性。

這種方法多數用在金屬鹽溶液中採用尿素熱分解生成沉澱劑 NH_4OH，促使沉澱均勻生成。製備的粉體有 Al、Zr、Fe、Sn 的氫氧化物及 $Nd_2(CO_3)_3$ 等。

三、多元醇沉澱法

許多無機化合物可溶於多元醇，由於多元醇具有較高的沸點，可大於 $100°C$，因此可用高溫強制水解反應製備奈米顆粒。例如 $Zn(HAC)_2 \cdot 2H_2O$ 溶於一縮二乙醇(DEG)，於 100-220°C 下強制水解可製得單分散球形 ZnO 奈米粒子。又如使酸化的 $FeCl_3$---乙二醇---水體系強制水解可製得均勻的 Fe(III)氧化物膠粒。

四、沉澱轉化法

本法依據化合物之間溶解度的不同，通過改變沉澱轉化劑的濃度、轉化溫度以及表面活性劑來控制顆粒生長和防止顆粒團聚。例如：以 $Cu(NO_3)_2 \cdot 3H_2O$、$Ni(NO_3)_2 \cdot 6H_2O$ 為原料，分別以 Na_2CO_3、NaC_2O_4 為沉澱劑，加入一定量表面活性劑，加熱攪拌，分別以 NaC_2O_3、NaOH 為沉澱轉化劑，可製得 CuO、$Ni(OH)_2$、NiO 超細粉末。

這種方法工程之流程短，操作簡便，但製備的化合物僅侷限於少數金屬氧化物和氫氧化物。

1. **沉澱法原理：**

　　在含有金屬離子的溶液，利用簡單的化學還原方法，在溶液中可得到還原後的懸浮金屬粒子，由於金屬微細粒子之間包含了凡得瓦力、磁力等作用力，經一段時間後，可以發現金屬粒子之間有明顯聚集的現象，為了避免此種情形，在這個步驟中我們必須添加一些高分子，使金屬粒子和高分子產生配位，達到穩定的效果，如圖 4-22 所示[29]。

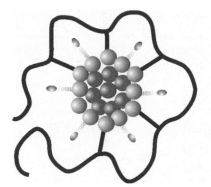

核心為鈀金屬，外殼為鉑金屬；PVP與Pt之間形成化學鍵結。

圖 4-22　高分子與奈米微粒之間的鍵結示意圖[29]

　　接下來控制溶液的 pH 值，使金屬粒子與高分子一同沉澱下來，經過離心之後，即可得到奈米級的金屬粒子如圖 4-23。以下舉幾個例子，說明以沈澱法製備奈米金屬粒子。

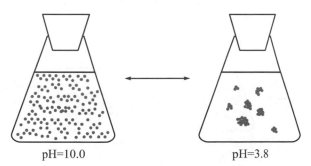

pH=10.0　　　　　　　　　　pH=3.8

圖 4-23　不同 pH 值時，懸浮液的外觀變化[29]

2. 奈米鎳微粒的製備範例：

A 溶液為含有鎳離子、高分子和氯化鈀的溶液。

B 溶液為氨水和 N_2H_4 的混合溶液。

首先先將 A 溶液加熱至 80℃後，再將 B 溶液倒入 A 溶液中並以玻棒迅速混合，再加熱至黑色(代表鎳微粒已經生成)，待一段時間後取出溶液，並迅速以冰水冷卻之。

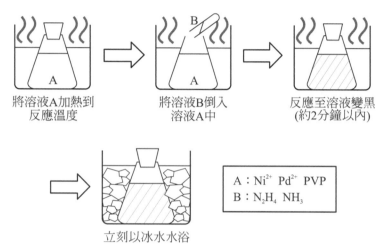

圖 4-24　製備鎳微粒懸浮液流程圖[29]

製備懸浮液完成之後，加入分散劑於懸浮液中，分散劑對於鎳微粒之間有很好的分散效果，為良好的保護劑。可得到穩定的鎳微粒膠體。之後改變溶液的 pH 值，可將鎳微粒與保護劑同時從溶液中沈降分離出來。經過純化之後，即可得到奈米級的鎳微粒或鎳粉體。

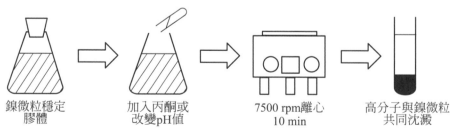

圖 4-25　將鎳微粒與高分子自溶液中分離的流程圖[29]

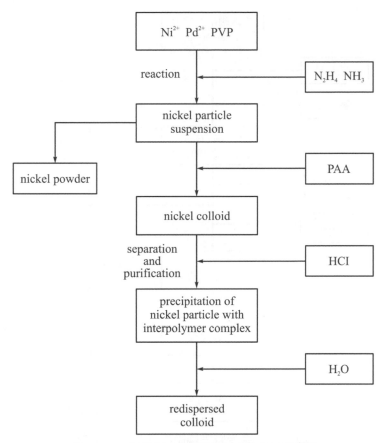

圖 4-26　鎳微粒與鎳粉的總製程流程圖[29]

3.　**奈米銀金屬微粒製備範例：**

　　所使用的製備方法則是以甲醛作爲還原劑，但由於甲醛的還原能力十分受到鹼濃度的影響，以此系統而言，反應的初始 pH 值在 11～12 之間。此時金屬的還原電位相當大，所以實際上操作時採用低濃度，並且以氫氧化鈉、碳酸氫鈉等鹼液作爲沈澱劑，提供較緩和的反應條件。同時添加 PVA、PVP 等高分子作爲保護劑，以避免生成粒子在溶液中凝聚，可製得粒徑在 10nm 左右的銀金屬。

對生成之膠體溶液，採用離心方式使之沈澱分離，爲了幫助分離，則加入大量丙酮幫助離心沈澱，其作用主要是保護劑對丙酮的溶解度小，可以促進膠體的聚集。之後再以超微濾膜來進行過濾，以取得不帶金屬粒子之澄清液，利用 ICP 進行金屬離子殘留之分析。

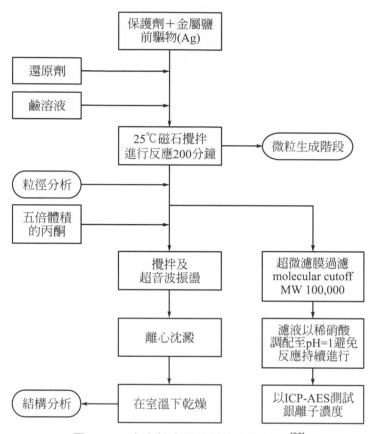

圖 4-27 奈米銀金屬微粒之製備流程[30]

4. **奈米合金超微粒的製備範例：**

在製備鈀銀合金粒子時，由於銀離子與氯離子在溶液中會生成氯化銀沈澱，所以不能將氯化鈀水溶液混點，同時硝酸鈀固體易與空氣中濕氣生成氧化鈀不溶物，所以亦不能作為鈀銀合金系之鈀前驅物。所以在實驗操作上先以氯化鈀還原生成鈀黑，然後再溶於硝酸中，同時適當調整其 pH 值，以作為鈀之前驅物，其製備流程圖如圖 4-28 所示[30]。

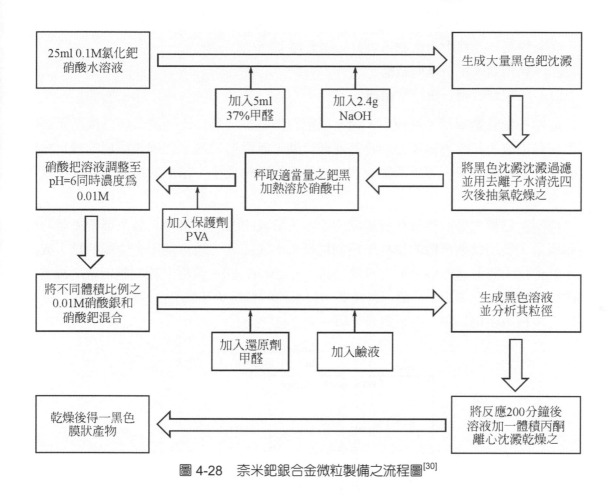

圖 4-28 奈米鈀銀合金微粒製備之流程圖[30]

▷ 4-7 氣體冷凝法

　　氣體冷凝法(Evaporation-Condensation)由字面就可以了解其意義,當材料經過加熱處理後,因為原子、分子本身所提帶的能量增加,而增加了彼此間的距離,當加熱到一個程度時原子間的距離會脫離原本的相態,會各自分離蒸發到空氣中呈現氣態,當材料呈現氣態時大部分都是以單原子、單分子的集合存在,換句話說,此時材料所處的樣貌是比奈米尺還要小的材料,此時我們在利用特殊的凝結法,使材料經過降溫但設法讓這些分子或原子的材料不至於太大,如此一來就可以得到我們所謂的奈米材料,此時的材料因為分別以奈米的尺度呈現,因此會有別於巨觀下的行為和性質。其特點純度高、結晶組織好、粒度可控,但技術設備要求高。

在氣體凝結過程中的機制可以分為兩大類:
(1) 氣相到固相→球形結構。
(2) 氣相到液相→樹枝狀結構。

通常在作氣體凝結的過程中,希望凝結的物質會加熱到比週遭環境溫度還要高的溫度,藉由溫度差的熱驅動力使物質逐漸降溫,而降溫的速度和周遭環境的變化會直接影響到凝結的效果,如果希望能製備出適當的顆粒大小,精準的控制這些條件就是一個重要的課題。

控制凝結最主要的參數在於溫度的控制、環境的溫度和壓力、以及攜帶氣體的流速和流量,利用這些參數的調控來控制粒徑大小。此外,通常使用在金屬的粒子或是基本氧化物的製備過程中,蒸氣的壓力約在 1-25torr 間,當壓力控制越低時所製造出來的粒子半徑就會越小,一般而言所製造出來的的粒徑大小約在 5～50nm,圖 4-29 是實驗室規格中使用氣體冷凝製造奈米微粒的器材[30]:

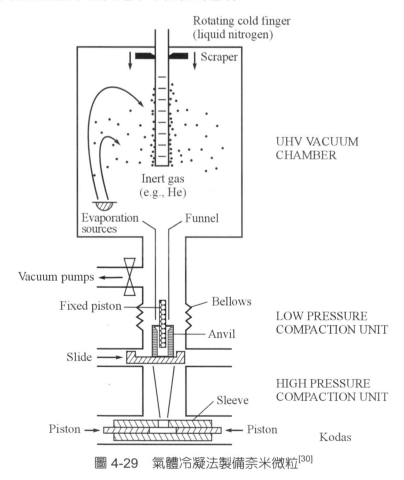

圖 4-29　氣體冷凝法製備奈米微粒[30]

▶ 4-8　水熱法

"水熱"一詞大約出現在一百四十年前，原本用於地質學中描述地殼中的水在溫度和壓力聯合作用下的自然過程，以後越來越多的化學過程也廣泛使用這一辭彙。儘管拜耳法生產氧化鋁和水熱氫還原法生產鎳粉已被使用了幾十年，但一般將它們看作特殊的水熱過程。直到 20 世紀七十年代，水熱法才被認識到是一種製備陶瓷粉末的先進方法。

水熱法又稱為熱水法，以水熱法合成晶體已經有一百多年的歷史，其靈感來自地質學家與礦物學家觀察許多礦物在地層流體中結晶析出的現象。岩漿於冷卻的末期，殘留於岩漿的揮發性物質逐漸集中形成熱水，此熱水與周圍的岩漿作用，常產生含水的礦物。熱水由地下上升而噴流至地表附近的過程中，形成廣泛的熱水沉澱或熱水換質作用，也形成許多的礦物。現在以水熱法合成晶體，就是模仿自然界的熱水作用而來。

水熱狀態的定義是水在 100°C 與一大氣壓以上的狀態；在實驗室中，水熱反應是在密閉的高壓反應器內，高溫高壓下進行。水的臨界溫度與壓力分別是 374°C 與 220bar，臨界墳滿度為 32%。在高溫高壓水熱系統中，水的性質會產生變化，包括黏度變低、表面張力變小、離子積(Ion Product)變高；而在超臨界(Supercritical)的狀態，水中離子的滲透速率則會大幅增加，使得晶體生長速率增快。

一、水熱法的發展歷程

水熱法是一種在密閉容器內完成的濕化學方法，與溶膠凝膠法、共沉澱法等其他濕化學方法的主要區別在於溫度和壓力。水熱法研究的溫度範圍在水的沸點和臨界點(374°C)之間，但通常使用的是 130～250°C 之間，相應的水蒸汽壓是 0.3～4 MPa。與溶膠凝膠法和共沉澱法相比，其最大優點是一般不需高溫燒結即可直接得到結晶粉末，從而省去了研磨及由此帶來的雜質。水熱法可以製備包括金屬、氧化物和複合氧化物在內的 60 多種粉末。所得粉末的粒度範圍通常為 0.1 微米至幾微米,有些可以小到幾十奈米，且一般具有結晶好、團聚少、純度高、粒度分佈窄以及多數情況下形貌可控等特點。在超細(奈米)粉末的各種製備方法中，水熱法被認為是環境污染少、成本較低、易於商業化的一種具有較強競爭力的方法。

水熱法製備超細(奈米)粉末自七十年代興起後，很快受到世界上許多國家，特別是工業發達國家的高度重視，紛紛成立了專門的研究所和實驗室。如美國 Battelle 實驗室和賓州大學水熱實驗室；日本高知大學水熱研究所和東京工業大學水熱合成實驗室，法國 Thomson-CSF 研究中心等。國際上水熱技術的學術活動也相當活躍，自 1982 年起，每隔三年召開一次"水熱反應"的國際會議，並經常出版有關專著，如"材料科學與工程中的水熱反應"。利用水熱法製備超細(奈米)粉末，目前處在研究階段的品種不下幾十種，除了銅、鈷、鎳、金、銀、鈀等幾種金屬粉末外，主要集中在陶瓷粉末上。基本處於擴大試驗階段，近期可望開發成功的有氧化鋯、氧化鋁等氧化物、鈦酸鉛、鋯鈦酸鉛等壓電陶瓷粉末，規模從幾公斤/天到幾百噸/年。

二、水熱法的原理

水熱反應通常是在壓力釜(autoclaves)中進行，此設備的斷面示意圖如圖 4-30[31]所示。水熱法合成主要是一種溶解-析出的反應(dissolution/precipitation reaction)，而反應的步驟主要包含水解(hydrolysis)和脫水(dehydration)之程序，以金屬硝酸鹽為例，其反應過程如下所示：

$$M(NO_3)_y + yH_2O \xrightarrow{\text{hydrolysis}} M(OH)y + yHNO_3$$

$$M(OH)_y \xrightarrow{\text{dehydration}} MO_{y/2} + \frac{y}{2}H_2O$$

其中 M 為金屬離子。

特定的合成溫度及快速的水解反應將是決定生成粒子均勻性的重要因素。

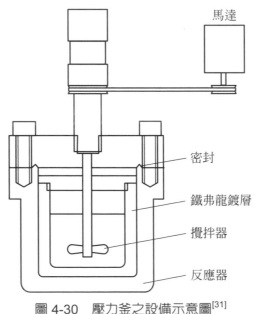

馬達

密封

鐵弗龍鍍層

攪拌器

反應器

圖 4-30　壓力釜之設備示意圖[31]

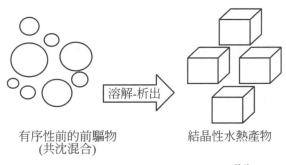

有序性前的前驅物　　　　　　　結晶性水熱產物
(共沈混合)

圖 4-31　水熱法之溶解-析出反應[31]

三、水熱法製備粉體的優點

　　理想的粉體必須具備粒徑範圍為奈米級(nanometer)、分布均一、型態為球型、分散性佳、內部孔隙率低、粉體內部化學成份的均勻分布等。由於傳統固相法於粉體的製程因素上難以掌握，故無法對上述要求加以控制，而水熱法合成的粉末則具有下列獨特的優點：

1. 粒徑微細且均勻，可達到次微米($<1\mu m$)的等級；具有高度的燒結活性，可大幅降低後續燒結製程之燒結溫度。

2. 合成粉體的結晶性較佳且化學組成均勻。配合適當的乾燥方法，即可得到所需的粉體，大幅簡化了粉體的製程，且減少合成步驟中，粉體遭受污染的可能性。

3. 反應溫度低，反應時間短，合成粉體的晶粒大小可控制，比固相反應節省更多的能源，符合現今的環保要求。

四、水熱法的分類

　　用水熱法製備的超細粉末，最小粒徑已經達到數奈米的水準，歸納起來，可分為以下幾種類型：

1. **水熱氧化**：

　　　典型反應可用下式表示：

　　$mM + nH_2O \rightarrow M_mO_n + nH_2$

　　其中 M 可為鉻、鐵及合金等。

2. **水熱沈澱**：

　　　如：$4KF + 2MnCl_2 \rightarrow 2KMnF_2 + 2KCl + Cl_2$

3. **水熱合成：**

   如：$FeTiO_3 + 2KOH \rightarrow K_2O \cdot TiO_2 + H_2O + FeO$

4. **水熱還原：**

   如：$Me_xO_y + yH_2 \rightarrow xMe + yH_2O$

   其中 Me 可為銅、銀等。

5. **水熱分解：**

   如：$ZrSiO_4 + 2NaOH \rightarrow ZrO_2 + Na_2SiO_3 + H_2O$

6. **水熱結晶：**

   如：$2Al(OH)_3 \rightarrow Al_2O_3 \cdot 3H_2O$

目前用水熱法製備奈米微粒的實際例子很多，以下為幾個實例。

用鹼式碳酸鎳及氫氧化鎳水熱還原方式可成功地製備出最小粒徑為 30nm 的鎳粉。

鋯粉通過水熱氧化可得到粒徑約為 25nm 的單斜氧化鋯奈米微粒，具體的反應條件是在 1000MPa 壓力下，溫度為 523～973K。

$ZrAl_3$ 合金粉末在 1000MPa 壓力下，溫度為 773～973K 水熱反應生成粒徑約為 10～35nm 的單斜晶氧化鋯、正方氧化鋯和 α–Al_2O_3 的混合粉體。

用水熱分解法製備奈米 SnO_2 的過程如下：將一定比例的 0.25mol/L 溶液和硝酸溶液混合，置於裝有聚四氟乙烯的高壓容器內，於 150℃加熱 12 小時，待冷卻至室溫後取出，得白色超細粉，水洗後抽乾而得 5nm 的四方 SnO_2 的奈米粉的乾粉體。

五、水熱法長晶分類

利用水熱法長晶可分為水熱成長法(Hydrothermal Growth)及水熱合成法(Hydrothermal Synthesis)，而這兩種則具有不同的反應機制。

1. **水熱成長法**[32]：

   如圖 4-32 所示，水熱成長法是將陶瓷原料加入大型密閉容器中，容器頂部放置一晶種。於容器的底部加熱，使底部與頂部的溫度產生溫度差，頂部為較低溫的狀態；原料在底部於高溫高壓下溶解，形成過飽和溶液，利用溫度梯度產生對流的效應使在晶種處結晶析出，晶種若為單晶，則可成長出大體積的單晶。

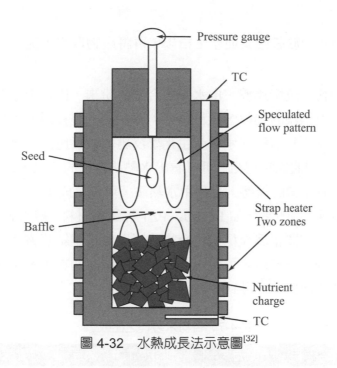

圖 4-32　水熱成長法示意圖[32]

　　石英(Quartz，SiO$_2$)，具有壓電性，且在外加電壓下有穩定的震動性，如手錶等需要穩定的震動元件，石英即是一個不錯的選擇。目前商業用的石英單晶片，就是利用水熱成長法成長。在一個兩三層樓高的堅固高爐巨筒內注入大量的無水矽酸鹽，再加入適當的鹼性溶液，於底層部分加溫至 400℃左右，上層則保持在360℃左右，以約二十公分長的尺狀天然水晶當作晶種，放置底部低溫處。無水矽酸鹽類在底部高溫高壓下融入溶液中，形成過飽和溶液，對流到頂部時因溫度下降，溶解度降低，於晶種上結晶析出；因晶種為單晶，故晶體會沿著晶種的晶格排列方向而析出，維持單晶的狀態，故可長成大體積單晶。通常經過 4～6 個月時間，即可成長成約 3″～4″晶圓大小的人工水晶，應用於電子產品上。

2.　**水熱合成法：**

　　將原料加入水中，並加入適當的礦化劑(Mineralizer)，以提升原料的溶解度以及促進溶液的傳輸能力；在一個密閉的環境下，將水加熱至 100℃以上，壓力為飽和蒸氣壓；於此高溫高壓下，原料溶入水中產生化學反應，產生具有確定結晶構造的固體氧化物；此生成物的溶解度較低，會在水熱環境中析出，得到我們所需要的產物。利用水熱合成法合成粉末已經發展一端時間，並已商業化量產，主要是美國以及日本的公司；包括各種介電陶瓷粉末、壓電陶瓷粉末…等。方法是將多種原料以溶膠凝膠法混合後形成膠體，再置入壓力釜中水熱反應，使膠體脫水，結構重排，於膠體表面產生粉末，再將產物取出，洗去未反應的膠體即可得到粉末。

　　與傳統的粉末燒結比較，由水熱法合成的粉末，因粉末具有高度的活性，製程上不需要高溫鍛燒的過程，原料也不需要粉碎，製程溫度可以大幅的降低。因水熱合成是利用原料溶解在水中產生化學反應，故反應原子級，產物成分均勻。表 4-7[33]為各製程的比較總結，可以看出水熱法合成的粉末，在純度、組成控制、晶形控制上具有相當的優勢，且利用水熱法，可以合成：

(1) 多成分組成的氧化物，如 $BaTiO_3$、PZT 等鐵電材料，鐵鋇氧磁粉等磁性材料。

(2) 中間相，此中間相為介穩態化合物，適用傳統燒結等方法所不易得到的。以水熱法控制製程參數，可使所需要的中間項產物在水熱系統中符合熱力學的最穩定性態而析出，得到所需要的中間相。

表 4-7　各粉末製程之比較[33]

項　　　目	傳統方式[a]	溶凝膠法[b]	共沉澱法[c]	水熱法
成本[d]	L～M	H	M	M
組成控制	差	優	佳	佳
晶型控制	差	中等	中等	佳
粉體活性	差	佳	佳	佳
純度(%)	<99.5	>99.9	>99.9	>99.9
鍛燒步驟	需要	需要	需要	不需要
研磨步驟	需要	需要	需要	不需要

a：指燒結法　　　　　b：sol-gel
c：coprecipitation　　d：L：低廉，M：中等價位，H：價昂

▶ 4-9　溶劑揮發法

　　溶劑揮發法就是用物理方法將溶劑脫除、溶液濃縮而使之析出溶質的方法。濃縮後的乾燥方法有：加熱噴霧乾燥法和在真空中進行的凍結乾燥法。進而，還有在像丙酮一類的吸濕性液體中使溶劑吸收的液體乾燥法。溶液的組成如果是多成分時，則應避免偏析的情況發生。

　　加熱噴霧乾燥法為 1980 年代末期所被研發出來用於製造奈米碳化鎢/鈷(WC/Co)粉。其製程如圖 4-33 所示[34]，包括下列步驟：1.鎢及鈷鹽類水化合物之準備及混合；

2.用噴霧乾燥(Spray Drying)法將水化合物製成化學成分均勻的先驅物粉粒；3.用流體床反應器(Fluid Bed Reactor)進行包括還原及碳化(Carbonization)反應的熱化學轉換(Thermo-chemical Conversion)，將先驅物粉粒製成所要的奈米碳化鎢/鈷粉。第三個步驟是決定能否成功合成奈米 WC/Co 粉之關鍵。此外，用此法所製成的奈米碳化鎢/鈷粉的另一特色是碳化鎢和鈷已被均勻地混合，省去了均勻混合奈米碳化鎢/鈷粉之步驟。

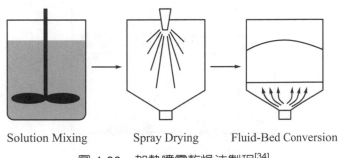

Solution Mixing　　　Spray Drying　　　Fluid-Bed Conversion

圖 4-33　加熱噴霧乾燥法製程[34]

而冷凍乾燥法則是把含有金屬離子溶液霧化成微小液滴，並且快速凍結成固體，然後加熱讓凍結液滴裡的水分汽化，以形成只有溶質的無水金屬鹽，進而熔燒合成超微粒粉體。冷凍乾燥法的優點為

(1)　產量大，適用於大型工廠製造超微粒子。

(2)　設備簡單、成本低。

(3)　粒子組成均勻。

▶ 4-10　真空蒸鍍法

眞空蒸鍍法爲物理氣相沉積法的一種，其原理可視爲由熔融蒸發金屬後產生奈米粒子的現象；通常，在高度眞空下將金屬加熱-蒸發，金屬原子會在容器壁或固體表面上形成薄膜，即一般的眞空蒸鍍作業。但是，若在 0.01 至數百 torr 的惰性氣體環境下，被蒸發的原子則會和環境中的氣體分子相互碰撞-冷卻，而於氣相中凝結成奈米粉體。由此可知，眞空蒸鍍法類似氣相沉積法，都是利用加熱原材料，使其成爲氣相原子或分子，離開熱源到達冷的一端，藉由濃度過飽和而沉積爲奈米材料的方法，故我們暫且以氣體沉積法來對眞空蒸鍍法作大略敘述。

關於氣相沉積技術之發展，我們可追溯至 60 年代，且此技術爲目前最主要之合成方法之一，而眞空蒸鍍法爲其中主要的一支。其基本原理是利用氣相中的原子或分子處在過飽和狀態時，將會開始成核析出，可能為固相或液相。而若在氣相中進行均質成核時，控制其冷卻速率，則可漸成長為純金屬、陶瓷或複合材料之奈米粉體；若在固態基板上緩慢冷卻而成核-成長，則可長成薄膜、鬚晶或碳管等奈米級材料，如圖 4-34 所示[35]。

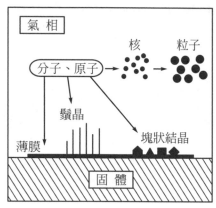

圖 4-34　氣相析出的固體型態[35]

▶ 4-11　奈米薄膜法

　　奈米薄膜為二維的形式，僅含有少量的原子或分子。如單原子層薄膜。大多數薄膜的厚度，達數百個原子，並呈現幾十個晶胞之局部週期性。影響薄膜的因素有很多，例如薄膜沉積的方式、成長技術與環境、本身的結晶能力、與基板之結構關係、薄膜材料、溫度都是影響薄膜成長重要的參數，如圖 4-35 所示。影響奈米磊晶結構的重要因素來自於表面原子的情況。位於表面的原子由於鍵結的中斷會擁有高能態的懸鍵(dangling bonds)，可由結構重組(reconstruction)、表面鬆弛(relaxation)，或其他原子吸附而得以紓解。圖 4-35 是利用碳六十來成長奈米薄膜，在圖 4-35 中顯示，不同的溫度下對其結晶顆粒大小影響很大。溫度低時，顆粒小，且邊界明顯，隨著溫度的提高，顆粒尺寸也有變大的趨勢，而且邊界漸漸變得不明顯，其原因是因為當溫度高時，其頂部具有較大的平台面積(top terrace size)，在邊界造成重新蒸發的現象，因此造成不同的表面型態[37]。

(a) 40℃　　(b) 80℃　　(c) 100℃　　(d) 120℃

(e) 150℃　　(f) 170℃　　(g) 190℃　　(h) 200℃

圖 4-35　不同溫度下之結晶型態[37]

奈米薄膜的成長方式有很多種，化學氣相沉積法是相當常用的一種方式。Norikazu Nishiyama[38]等人利用類似氣相沈積的方法來做奈米薄膜。先利用旋轉塗佈的方式將催化劑、界面活性劑塗在玻璃基材表面，再利用聚矽氧烷的蒸氣，在玻璃表面形成一片薄膜。其可以控制薄膜的厚度從一百奈米到三百奈米。另外，利用 XRD，Norikazu Nishiyama 等人也有探討在不同溫度下結晶行為的變化，其結果也顯示，在高溫下的結晶尺度比較大。

奈米薄膜分為，超微薄膜，超晶格薄膜，顆粒膜。超微薄膜代表其厚度小於 10 奈米，而超晶格薄膜是利用在超微半導體磊晶層，有時會重複長上幾層低能磊晶層。

複量子阱(multi-quantum well，MQW)，高能隙磊晶層厚度大於電子穿遂深度，低能磊晶層彼此不相互影響。不同超晶格結構之光致發光(photoluminescence)與光致發光激發(photoluminescence excitation，PLE)。

顆粒膜是由奈米粒子與另一異相物質，包括孔隙、非晶質、與其他材料等等。奈米顆粒膜可分為奈米孔隙和奈米複合兩類的薄膜。顆粒上外觀為二維體系，但實際上，是以零維的奈米粒子為中心。

▶ 4-12　乳化液膜法

乳化(emulsification)是指油相與水相兩互不溶液體，需藉由界面活性劑(surfactant)降低界面張力，使其中一種液相以液滴形態分散於另一液體中，形成一均勻相。其中的油相是指非極性之有機溶劑等物系，水相可以為純水或含有溶質的水溶液，而界面活性劑其化學構造可以分爲非極性親油基與極性親水基兩部分，至於界面活性劑可溶於極性化合物水中或非極性化合物油中，需視疏水基與親水基的大小與平衡而定。一般而言，在室溫下當親水基的強度比親油基強時，此界面活性劑溶於水並不溶於油中，稱爲親水性界面活性劑；反之，當親油基的強度比親水基強，界面活性劑溶於油並不溶於水中，則稱爲親油性界面活性劑。一般而言，碳、氫等原子所組成的烷基可以構成非極性的親油基，烷基越長表示親油性越大；而分子中的含氧或氮原子的官能基是爲極性的親水基。

由於乳膠系統中水油比例的不同，可區分爲兩種形式：

(1) 油在水中型(oil-in-water，o/w)乳膠：此爲連續相爲水相，分散相爲油相時，其結構爲界面活性劑分子將極性親水基與外面的水相接觸，而非極性的親油基朝內乳化液滴內部。

(2) 水在油中型(water-in-oil，w/o)乳膠：連續相爲油相，分散相爲水相時，其結構爲界面活性劑分子將極性親水基朝向裡面的水相。一般而言，o/w 型乳膠已存在許多系統，反之 w/o 型乳膠較難製備成穩定乳膠，所以 w/o 型乳膠系統較少，因此又將 w/o 型乳膠稱爲逆乳膠(reverse emulsion)。

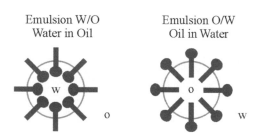

圖 4-36　兩種乳化法[39]

在乳化的過程中，其所使用的乳化劑即屬界面活性劑，由於活性劑的存在而產生了粒子間的排斥力，使得粒子間不能接觸，從而防止奈米粒子再度凝聚在一起成團。因爲界面活性劑主要分布在溶液的界面上，而僅微量會分布在溶液中。但當整個溶液濃度達到其臨界微胞濃度(CMC)值時，界面活性劑分子會聚集在一起形成微胞，相對的，若界面活性劑溶在非極性溶劑中，界面活性劑分子的疏水性基會與非極性溶劑分子作用而形成逆微胞。

微乳液是以至少三種成分所組成的溶液，主要是以水、油和界面活性劑等三成分。在熱力學平衡狀態下，溶液內較常見的結構可分爲微小液滴分散在連續相中及油水兩相皆爲雙連續形態等兩類型。因爲將界面活性劑加入油中會產生逆微胞，但若再加入少量的水，水與油會因為極性的不同而進入逆微胞中，使逆微胞的半徑變大而行成液滴，此即變成油包水的微乳液。那逆微胞和油包水的微乳液有何差別呢？根據文獻指出，主要是以系統中水的含量來區別，若水對界面活性劑的莫耳數比值小於 15 時稱之為逆微胞系統，而當大於 15 時則稱之為油包水的微乳液系統。

▶ 4-13　電漿法

　　一般而言，物質皆以固、液、氣三態呈現，不過若在氣態時持續施予能量，如加熱、放電等，氣體分子會產生新的變化；在組成上，將成為帶電粒子、受激粒子和中性粒子組成的集合體，在性質上，它是一種導電流體但能維持電中性；另外，此集合體間存在庫侖力，其運動行為會受到磁場的影響和支配。此一新的物質聚集態，有別於一般所知的固、液、氣三態，列為物質第四態，科學家將其命名為電漿(plasma)，圖4-37 為一簡易電漿產生器。

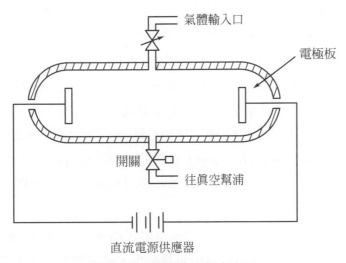

圖 4-37　簡易的電漿產生器

　　反應腔內是由兩個相對的金屬電極板所組成，這兩個電極板分別接往一組直流電源供應器的正負兩極，而容器內的壓力則可以由惰性氣體的輸入量和真空系統的抽氣速率來加以控制。假設腔體處於適當的低壓狀態，約 10mTorr 到數個 Torr 之間，且直流電源供應器的負極接在左邊的電極板上，此時容器內帶正電荷的氣態離子將往左邊移動，並藉著電極板所提供的電場而加速，最後轟擊在帶負電的電極板上，這個過程稱為 "離子轟擊" (Ion bombarment)。離子轟擊會產生很多不同的粒子，如圖 4-38 所示。

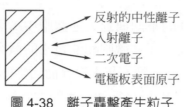

反射的中性離子
入射離子
二次電子
電極板表面原子

圖 4-38　離子轟擊產生粒子

首先把焦點放在所釋出的二次電子上，因爲電子帶負電荷，這些電子也將在電場的加速下往正極板的方向前進，但是因爲左右兩個電極板間的距離遠大於電子的平均自由徑，因此這些經電場的加速而獲得極高能量的二次電子在往正極板前進的途中將與腔體中的其他氣態粒子，尤其是不帶電的氣體分子和原子團，產生多次的撞擊，於是產生源源不絕的帶電粒子以維持電漿內的氣體濃度。

對於製備奈米材料而言主要是針對由離子高速撞擊所噴濺出的表面原子進行探討。原子的大小只有數 Å，進行反應時可以藉由反應條件的控制在基材上長出厚度在奈米尺寸的薄膜，稱爲非均相成核(Heterogeneous nucleation)；或是在沒有基材的條件下讓電漿中的原子濃度處在超飽和的狀態，如此一來，氣體分子會因爲在氣相中的碰撞機率增加而相互結合形成奈米微粒，此現象稱爲均相成核(Homogeneous nucleation)。

自 1988 年起美國環保署(U.S. EPA)即開始從事以非熱電漿(Non-Thermal Plasmas，NTPs)方式去除氣態毒性物質及揮發性物質的研究，其主要的目的是欲發展建立一套低成本和低操作費用，並可於常壓下進行之先進空氣污染控制技術。近來，利用氣體游離(電漿)的原理以氣態氧化法去除氣態污染物已陸續研究發展中；如電子束法(Electron Beam)、電暈放電法(Corona Discharge)、微波法(Microwave)、高週波電漿(Radio Frequency，RF)、介電質放電法(Dielectric Barrier Discharge，DBD)等，皆已被證實具有一定的處理效果。

電漿系統中在兩電極間施加一足夠的高電壓，產生一高電場，使存在於反應器空間之帶電粒子加速並獲得動能。由於電子質量極低，速度因此遠大於電場中其他粒子。在此速度差的情況下，粒子間很容易發生非彈性碰撞，並產生高活性的自由基，促使相關化學反應進行。由於電漿反應原理不同於傳統化學，它有幾項異於傳統的特點：

1. 傳統化學中，有些反應雖於熱力學上可行，但常因所需的反應活化能太大，致使反應速率太慢或根本難以發生。當利用電漿程序進行吾人所需的反應時，電子可與氣體分子碰撞而產生高反應性活性物種，隨後經由一般化學路徑進行反應，讓原本熱力學上不易進行的反應發生。

2.　傳統化學於高溫反應時，由於並非常溫常壓下進行，因經常必須外加大量熱能以控制反應條件，消耗能量隨之增高。而當藉由施加高電壓方式，在常溫常壓狀態發生電漿反應時，氣流在溫度上將不會大量提昇，這意味電漿程序即使讓電子溫度升高，浪費於熱傳上的耗能相當有限，操作性明顯較傳統化學處理方式改善許多。

3.　與其他耗能的生產加工方法比較，電漿技術能提供更便宜及更有效的加工製造；除此之外，它還能完成其他方法不能完成的任務，譬如，可在不產生大量廢料的情況下達到相同的加工目的，同時亦能在產生極少污染和有毒廢物的情況下實現相同加工目的。

一、非熱電漿生成原理

　　系統中電子因高電場而加速，電子的動能隨之增加，此一具有高動能之電子稱為「高能電子(energetic electron)」。高能電子在移動過程中與氣體分子發生碰撞，同時發生能量轉移，其中碰撞方式分為彈性碰撞(elastic collision)和非彈性碰撞(inelastic collision)兩種。當高能電子與氣體分子彈性碰撞時，能量轉移量與質量成反比：

$$\frac{E_{molecule}}{E_e} \cong 4\frac{m_e}{m_{molecule}} \cong \frac{2.17\times10^{-3}}{M_w} \dots\dots (4\text{-}2)$$

　　假設 E_e=5 eV，則氧氣(M_w = 32)接受到的能量小於 0.0004 eV，就算是最小的氫分子(M_w = 2)也只能接受 0.005 eV 的能量。由此得知，進行彈性碰撞時電子僅能轉移非常少的能量給氣體分子，此能量太低以致於無法將任何氣體分子游離或解離。若電子與氣體分子行非彈性碰撞，則電子的動能幾乎百分之百轉移成氣體分子的內能，此能量若足夠，便可將氣體分子激發(excitation)、解離(dissociation)、或游離(ionization)成為介穩態分子(metastable)、自由基(radical)、或離子(ion)等具高活性的粒子，而這種電子、自由基、離子、激發態分子及氣體分子同時存在的狀態就稱為電漿狀態，又被稱為固、液、氣三態外具較高能量的第四態。

　　電漿中的粒子以帶電性區分可歸納為三類：
(1)　帶正電的離子(positive ion)。
(2)　帶負電的電子(electron)及陰電性離子(negative ion)。
(3)　中性的原子(atom)、自由基(radical)及介穩態粒子(metastable particle)。

　　若於兩電極間施加一高電壓，此電位差將在兩電極間產生一電場，存在此空間內的帶電粒子受電場影響立刻被加速，並在加速過程中獲得能量(動能)，至於中性粒子則不受電場的影響。就質量大小而言，電子是所有帶電粒子中最小的($mH/me = 1840$)，由於質量小的關係，其受電場加速的反應也較其他帶電粒子快很多，所以電漿中電子的平均速度遠大於其他帶電粒子。在這樣有速度差的情況下，粒子間很容易發生非彈性碰撞，藉由碰撞的高能量轉移可加速系統中原本不易發生的化學反應。

二、非熱電漿種類

當系統壓力小或供給電場足夠大時，電子和部份離子之動能高於分子隨機運動(random motion)的動能時，我們稱之為非平衡電漿(nonequilibrium plasmas)。換句話說，若系統壓力太高使得帶電粒子於碰撞前無法移動較長的距離而增加動能，或若供給電場太低時，使得帶電粒子的動能與中性分子的動能相當，即系統能量成均勻分配，此種系統我們稱之為平衡電漿(equilibrium plasmas)。平衡電漿大多指高溫電漿系統，在高溫下粒子間的碰撞次數多，使得粒子間的能量分布均等，因此平衡電漿又稱為熱電漿(hot plasmas；thermal plasmas)；相反地，非平衡電漿則被稱為冷電漿或低溫電漿(cold plasmas；nonthermal plasmas，NTPs)。在熱電漿系統中，由於系統能量非常大，反應區內的物質幾乎完全離子化，氣體溫度相當高，達到與電子的溫度一樣高，可達一萬度以上。低溫電漿系統的能量較低，僅有少量的氣體被游離(<1%)，因此氣體溫度不至於有太大的變化，一般而言，電漿反應區內的氣體溫度應與氣體進流前的溫度相近，約為電子溫度的十分之一至百分之一，熱電漿與低溫電漿兩者的比較如表 4-8 所示[40]。

表 4-8　典型熱電漿與低溫電漿之基本特性[40]

	熱　電　漿	低　溫　電　漿
定義	完全離子化之氣體	部分離子化之氣體
離子化程度	100%	$10^{-4} \sim 10^{-1}$ %
系統壓力	> 1atm	$10^{-6} \sim 10^{-2}$ torr
電漿溫度(Tg)	> 10,000 K	～300 K (室溫)
電子溫度(Te)	Te = Tg	Te/Tg = 10～100
氣體狀態	熱平衡狀態	非熱平衡狀態

(*：目前低溫電漿在 1 大氣壓下亦能進行。)

熱電漿由於其超高溫的特性，在工業上被廣泛用於金屬材料的加工、熔接、及鋼鐵與礦石的冶煉等方面；近年來，已有利用熱電漿技術處理有害事業廢棄物(hazardous waste)，如電漿火炬(plasma torch)及電漿玻璃法(plasmas vitrification)等。

低溫電漿的應用主要有六項：

1. **薄膜生成(thin film technology)：**

　　與傳統用以生產薄膜的化學蒸鍍製程(chemical vapor deposition，CVD)比較，電漿輔助薄膜生成法可以操作在較低的工作溫度下，同時也提高了薄膜之品質。

2. **照明顯示用途：**

　　常見的日光燈、霓紅燈、以及目前最尖端的超薄型電漿電視都是利用輝光放電(glow discharge)技術之原理所製造出來的。

3. **電漿蝕刻技術(plasma etching)：**

　　主要應用在積體電路板(IC)、精密的印刷電路板之製造。

4. **表面改質(surface modification)：**

　　亦稱為離子佈植(Ion implantation)。利用電漿將選定之離子植入(doping)材質表面，以改善材質表面或改變材質特性，如 nitriding(植入 N 原子)、carbonizing(植入 C 原子)、及 carbonitriding(同時植入 C 與 N 原子)等。

5. **特殊氣體的生成：**

　　例如以介電質放電技術生成臭氧，以輝光放電技術合成特殊化學品等。

6. **環境保護：**

　　例如以靜電集塵器(electrostatic precipitator，ESP)或電子束/電暈放電技術(electron beam/corona discharge)控制粒狀污染物

以下是目前最常使用的電漿技術：

1. **輝光放電(Glow Discharge)：**

　　輝光放電屬於低壓放電(low pressure discharge)，操作壓力一般都低於 10 mbar，其構造是在一管內置入兩平行的電極板，利用電子將中性原子和分子激發，當粒子由激態(excited state)降回至基態(ground state)時會以光的形式釋出能量。每種氣體皆有其典型的輝光(如表 4-9 所示[40])，此即為螢光燈管的放電，因此實驗時若發現電漿顏色有誤，通常代表氣體純度有問題，一般乃漏氣所造成。輝光放電已為實驗室研究電漿化學的一重要工具，但因其低壓的限制，導致低質量流的結果，而無法廣泛應用於工業製程中；目前之應用多侷限於照明工業，如廣告使用的氖燈管和螢光燈管等。

表 4-9　輝光放電時各區之輝光顏色[40]

Gas	Cathode Layer	Negative Glow	Positive Column
He	Red	Pink	Red-pink
Ne	Yellow	Orange	Red-brown
Ar	Pink	Dark-blue	Dark-red
Kr	–	Green	Blue-purple
Xe	–	Orange-green	White-green
H2	Red-brown	Thin-blue	Pink
N2	Pink	Blue	Red-yellow
O2	Red	Yellow-white	Red-yellow
Air	Pink	blue	Red-yellow

2.　**電暈放電(Corona Discharge)：**

　　相對於輝光放電只能在低壓力情況操作的限制，電暈放電可在一大氣壓下操作，然而欲提高操作壓力相對地必須增加電場大小，一般在高壓力和高電場的操作條件下，放電將變得較不穩定，亦可能發生局部的電弧(arc)。為了降低放電不穩定的現象，一些反應器乃改以非對稱(asymmetric)的電極組合來穩定放電，如圖 4-39 所示。

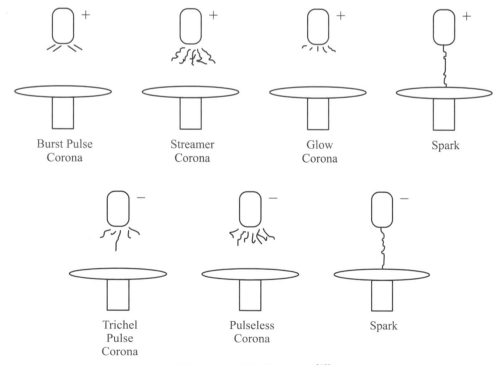

圖 4-39　電暈放電情形[40]

電暈放電反應器的設計主要依電源供給形式而有所不同，如直流電電暈放電(DC corona)、與正、負脈衝式(pulsed corona)等。電暈放電的缺點在於電子僅在電極附近的小範圍才有足夠的能量，離電極較遠處的電子所獲能量甚小，故自由基或許多活性物種只能在電極附近產生，易浪費許多能量在無效率的離子飄移及分子內振動，致使單位體積能量效率降低。此外，電暈放電法的空間放電能量不均勻，處理效率易受電極幾何形狀的影響。

3. **高週波電漿**(Radio Frequency Plasma，RF Plasma)：

高週波電漿的應用一般在低壓狀態，如半導體業的蝕刻(etching)及薄膜(thin film)的生成等，在大氣壓下應用者較少見。RF 的操作頻率一般維持在 2～60MHz，由於此區帶的頻率與無線電波接近，因此英文名字稱為 radio frequency discharge，為了必免干擾到無線電波的傳遞，通常操作在固定頻率 13.56MHz。RF 的主要優點是：放電區之內無電極(所以又稱為 electrodeless discharge)，因此沒有電極腐蝕或污染的問題，電極的材質也不會干擾電漿狀態。由於電場的波長強度大於容器的大小，RF 可產生均勻的電漿(homogenous plasma)。為典型 RF 的構造圖，其中圖 4-40a 是以電容耦合方式(capacitive coupling)生成電漿，一般應用於低壓條件下；圖 4-40b 以誘導耦合方式(inductive coupling)產生電漿，此型 RF 的電極較特殊，其電極是以纏繞方式形成，因此可以在較高壓力下操作。

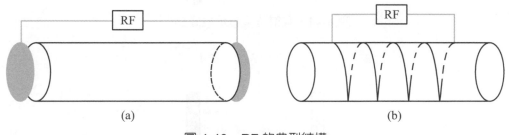

(a)　　　　　　　　　　　　　　(b)

圖 4-40　RF 的典型結構

▶ 4-14　濺射法製備奈米材料(Sputtering)

此法普遍用於半導體製程化合物薄膜的形成。其原理為陽極 Ar 氣中輝光放電(註)所產生的離子衝擊陰極靶材表面時，使靶材原子飛出，在真空中氣相成核成長為奈米級顆粒，進而在基材上沉積為奈米薄膜的方法。此方法蒸發靶材原子的過程，不像氣相沉積法需將靶材加熱並熔解。另外，目前也採用電弧或電漿的方式衝擊濺鍍靶材使其表面熔化而原子濺鍍出來以生成奈米粒子。濺射法製造奈米粒子的有下列優點：

(1) 不需熔融用坩堝，可避免污染。

(2) 濺鍍靶材可為各種材料。

(3) 可形成奈米薄膜。

(4) 能通入反應性氣體，形成化合物奈米材料。

(5) 能同時使用多種靶材材料而生成奈米複合材料。

(6) 高熔點靶材也可以形成奈米粒子。

(7) 蒸發靶材無位置限制。

(8) 可增大蒸發表面積。

圖 4-41 為濺鍍法之示意圖[35]：

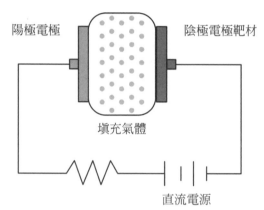

圖 4-41　濺射法裝置示意簡圖[35]

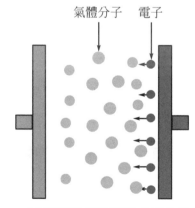

圖 4-42　高壓電子撞擊氣體分子的示意圖[35]

註　輝光現象：指電子放電的過程在電子加速到足夠速度撞擊氣體分子後，使氣體分子成激發態進而放出光芒，此稱為輝光現象，另外，在陰極附近由於電子動能已超出氣體激發態許多，因而也會形成許多的陽極離子電漿[34]。

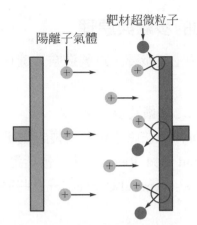

圖 4-43 被電子撞擊形成的陽離子受陰極加速撞擊產生靶材超微粒子[35]

▶ 4-15 噴霧法

噴霧法應用在工業上已有約 40 年之久，應用範圍包括咖啡粉、奶粉、藥劑、陶瓷粉末和清潔劑的製造。此法是一低成本、步驟簡單的製程，可製得均勻的圓形且粒徑分佈範圍窄的粉體；同時也可被應用在大範圍物質表面的均勻噴霧。

噴霧熱解法製備奈米粒子的主要過程有：溶液配製、噴霧、反應、收集等四個基本步驟。

一般來說，噴霧熱解法可分為四類：噴霧乾燥、噴霧裂解、噴霧燃燒和噴霧水解。

噴霧乾燥是將製成的溶液或微乳液，靠噴嘴噴成霧狀物來進行微粒化的一種方法。並將液滴進行乾燥後隨即捕集，收集後直接或經過熱處理後，就可得到各種化合物的奈米粒子。

噴霧裂解(spray pyrolysis)和噴霧乾燥製造原理相似，而噴霧裂解適用於製備金屬氧化物、非氧化物以及複合粒子。此法事先將含有金屬鹽的水溶液霧化後，產生微小液滴，然後在高溫下以氧氣還原之；藉由過至前驅物型態、溶液性質和其他程序參數，可以得到中空、多孔性的固體或纖維粒子。

噴霧燃燒是將金屬鹽溶液用氧氣霧化後，在高溫下燃燒分解而製得相應的奈米粒子。

噴霧水解法是利用醇鹽，製成相應的氣溶膠，再讓這些氣溶膠與水蒸氣反應進行水解，從而製成單分散性的粒子，最後將這些粒子再焙燒，即可得相應的奈米粒子。

一、奈米粉體製造方面的步驟與原理

在粉末製造方面包括三個主要步驟，以製造奈米碳化鎢/鈷(WC/Co)粉為例。包括下列步驟：

(1) 鎢及鈷鹽類水化合物之準備及混合。

(2) 用噴霧乾燥(Spray Drying)法將水化合物製成化學成分均勻的先驅物粉粒。

(3) 用流體床反應器(Fluid Bed Reactor)進行包括還原及碳化(Carbonization)反應的熱化學轉換(Thermo-chemical Conversion)，將先驅物粉粒製成所要的奈米碳化鎢/鈷粉。

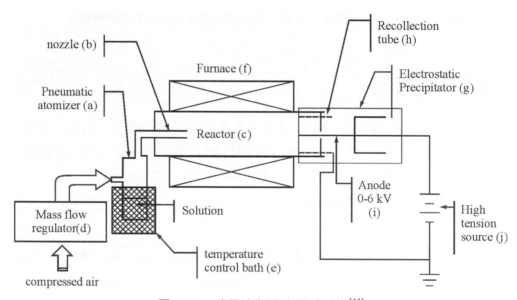

圖 4-44　噴霧法製奈米粉體設備[41]

整體而言，以噴霧法製備陶瓷粉末所使用的設備如圖 4-44 所示[41]：壓縮空氣(b)打入裝有溫控的液態的起始液中(e)，如此霧化的液滴將形成於(a)中，接連而上氣液體帶動液滴由噴嘴(b)噴出，而以非常均勻的液滴進入反應器(c)中，在合適的溫控下，鹽類前驅物將進行熱轉換形成所需的固體化合物。且被氣流帶至未加熱區冷卻收集管(h)。

此外，粉體尺寸的主要控制因素有二：

(1) 液滴的形成。

(2) 液固相轉換。

因此鹽類前驅物的裂解溫度、起始液的濃度、霧化的條件、溶劑的物理性蒸發、溶質的化學性反應均是製程重要的考慮點。

二、應用在薄膜或成型製造方面的步驟、原理與特色[42,43,44]

　　噴霧成型製程屬於一快速凝固之製程，是製造先進的材料及金屬複合材料或大範圍表面塗裝的一種先進的製程方法，如圖 4-45 之示意圖[44]。

　　金屬粉末製造上，熔融的金屬液被霧化成細小的顆粒狀，然後這些顆粒再被引至一基板上而連續地噴霧成形一整塊的沈積體，如圖 4-46 所示[43]。

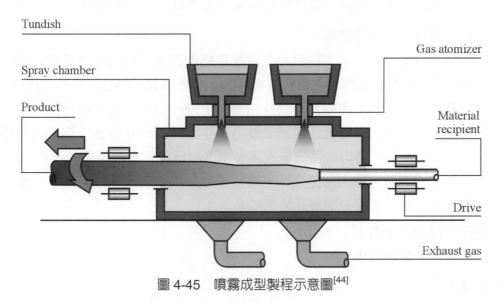

圖 4-45　噴霧成型製程示意圖[44]

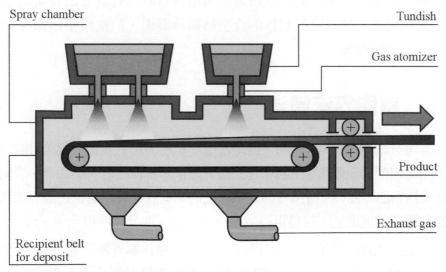

圖 4-46　噴霧成型製程[43]

　　在此製程中，若金屬顆粒在到達基板前已完全凝固，這就和粉末冶金製程相似。若金屬顆粒在碰擊到基板時仍然保持完全的液態，這就和鑄造製程相類似。而在噴霧成型製程，製程參數被嚴密的控制而使得金屬顆粒在碰擊到基板時是處於半固體、半液體狀態(semi-solid/semi-liquid state)。凝固機構是被控制地使在不斷建立的沈積體上永遠保持著一層半固態/半液態的薄層。這就使得此一特殊的製程擁有粉末冶金及鑄造這二種製程的優點，也使噴霧成型材料具有優良之性質及下面的優點：

1. **極微細結構塊材或厚膜塗層：**

　　因極高之凝固速率，可使材料之微結構極微細化，且形成之晶粒為細小之等軸晶粒，具有極微細及均勻之材料結構且細小等軸晶粒的特色。其形成機構有二：

(1) 無數細密分佈的半固態液滴到沈積體表面時，原先在液滴中已凝固的晶粒便懸浮在半固態，半液態沈積體表面薄層中，一部份晶粒會因為平衡而熔化，極大部份的晶粒會均勻地分佈在薄層中而繼續成長，最後形成等軸晶。

(2) 金屬液滴高速衝擊沈積體表面，將半固態層中的樹枝狀晶打斷、游離。游離的枝蔓形成新晶粒，繼續長成等軸晶。

2. **化學元素極均勻分布：**

　　沒有元素偏析現象。

3. **高密度：**

　　比粉末燒結後的密度高。以粉末法製造材料時，孔洞無法在燒結過程中完全去除，故密度低。噴霧成型製程的成型機構為凝固，故沈積體組織在形態上較近似凝固組織，密度較大。

▶ 4-16　超臨界流體法

　　物質通常可分成固、液、氣三相，但是當溫度和壓力超過其臨界溫度和臨界壓力時，就會進入所謂的超臨界流體狀態。在未達到臨界點前，常存在著明顯的氣、液兩相之間的界面，但是未達到臨界點時，這個界面是不存在的。有些物質在達到超臨界流體相時，顏色也會從無色變成其他顏色，若是再經減壓或是降溫，則又會恢復至氣、液兩相[45]。

　　被稱為「超」臨界流體雖然只是溫度及壓力超過其臨界點所產生的物質，但是它的確具有一些特性。超臨界流體之性質如表 4-10 及 4-11 所示[47]，一般而言，超臨界流體的物理性質是介於氣、液相之間。例如，黏度接近於氣體，密度接近於液體，因密度高，可輸送較氣體更多的超臨界流體，因黏度低，輸送時所需的功率則較液體為低。

此外，擴散係數高於液體 10 到 100 倍左右，亦即質量傳遞阻力遠較液體為小，因此在質量傳遞較液體為快。此外，超臨界流體有如氣體般幾乎無表面張力，因此很容易滲入到多孔性組織中。除物理性質外，在化學性質上亦與氣、液態有所不同。例如，二氧化碳在氣體狀態下不具萃取能力，但是當其進入超臨界狀態後，二氧化碳變成親有機性，因而具有溶解有機物的能力，此溶解能力會隨溫度及壓力而有所不同[46]。

表 4-10　超臨界流體與氣體及液體之性質比較[47]

動　相	密度(g/ml)	黏度(m^2/s)	擴散係數(cm^2/s)
氣體	$0.6\sim2.0\times10^{-3}$	$0.5\sim3.5\times10^{-4}$	$0.01\sim1.0$
超臨界流體	$0.2\sim0.9$	$2.0\sim9.9\times10^{-4}$	$0.5\sim3.3\times10^{-4}$
液體	$0.8\sim1.0$	$0.3\sim2.4\times10^{-2}$	$0.5\sim2.0\times10^{-5}$

表 4-11　常用之超臨界流體[47]

超臨界流體	臨界溫度 T_c (℃)	臨界壓力 P_c (atm)	臨界密度 p_c (g/ml)
CO_2	31.1	72.8	0.468
N_2O	36.4	72.5	0.452
CF_3l	28.8	38.7	0.580
CHF_2l_2	96.0	49.1	0.524
CF_2l_2	111.7	39.4	0.557
n-Butane	152.0	37.5	0.228
n-Pentane	196.6	41.7	0.554

　　水相的金屬前驅鹽溶液以及有機相的還原劑在常溫常壓下會產生分層現象，無法產生反應生成奈米金屬微粒，但是在超臨界流體狀態下水相與有機相的差異將不復存在，而金屬離子與還原劑也會在此特殊狀態下克服活化能障礙生成奈米微粒，無須額外加入 NaOH 等鹼性物質催化反應。當反應環境降回常溫常壓後，會回復成兩相溶液，此時可輕易用萃取方式將產物分離出來。根據文獻所記載，控制系統的溫度及壓力可以調整金屬粒子的粒徑，但要注意有機相是否會產生分解的情形。

　　利用超臨界或次臨界流體可製備微米(10^{-6} 米)及奈米(10^{-9} 米)粒子，所採取的操作方式則視溶解度而有所不同。若是超臨界流體可以溶解的溶質，則可利用噴嘴使之瞬間減壓而獲得極大的過飽和度，而生成固體溶質。通常藉由噴嘴尺寸及其前後的溫度和壓力的設計，可在 10^{-8} 至 10^{-5} 秒間即產生大於 10^5 的過飽和度，因而可獲得極微小且分布均勻的顆粒，亦可獲得如圓球或纖維狀的不同的晶形。

快速噴灑方法較傳統機械研磨及溶液結晶有利，因為

1. 不會有高熱產生，適用於熱敏感性的物質；所用的流體在常壓下為氣體，故不會有溶劑殘留的問題。

2. 由於製程中產生極高的過飽和度，故可控制粒徑及其分布。

3. 在藥物釋放控制中常須均勻分布的微米圓球體，如 1.0 微米的聚乳酸，已經證實用快速噴灑法可以達到此目的。

　　十多年前，有人觀察到將壓縮的流體溶於有機溶劑中，會造成溶劑的膨脹。例如，將 55 大氣壓的二氧化碳在攝氏 25℃時溶於甲苯中，會造成甲苯體積膨脹至原來的 3.5 倍。在此情形下，原溶於甲苯中的有機固體與甲苯間的親和力即會下降而沈積出來，稱為壓縮流體反溶劑沈積法。用此法亦可獲得次微米及微米的球形晶體。以製作數位影音光碟片的高分子環烯共聚物為例，在攝氏 25℃及 63 大氣壓下，藉由二氧化碳作為反溶劑，此共聚物可自甲苯溶液中以 0.1～0.8 微米的圓形球體沈積出來[47]。

　　由於超臨界二氧化碳並不會溶解無機物及金屬，是否可利用超臨界流體獲得奈米無機物或金屬呢？答案是可以的。以製造奈米金屬為例，常採用的方法是微乳液或逆微胞法，由於二氧化碳在超臨界狀態下具親有機性，以其替代有機溶劑，藉由還原反應，奈米金屬可在有限大小的微胞中形成，進而製得奈米金屬。以銀為例，可藉由硝酸銀水溶液在超臨界二氧化碳流體中形成微乳液，再經還原反應而製得 5～15 奈米的銀顆粒[47]。

一、超臨界流體在醫藥方面的應用[48]

　　製備具有所需物化性質的奈米級顆粒以達成藥物輸遞的目標一直是製藥工業投注大幅心力的研究工作。然而溶劑揮發、原位聚合等製備微米、次微米及奈米級顆粒的傳統方法通常需要使用到有毒的有機溶劑以及介面活性劑，因此研究者便必須研發出更為環保的包覆方法以製備裝載有藥物的奈米級顆粒。除此之外，溶劑中的雜質如果殘留於裝載有藥物的奈米級顆粒中，則不但可能使藥品產生毒性，也可能導致聚合物基材中的活性藥物成分降解。

　　由於超臨界流體是環保型溶劑，因此目前變成了製備微米、奈米級顆粒時引人注目的有機溶劑替代物。超臨界流體除了環保之外，也可以讓製備出的顆粒保有高純度以及不致具有殘餘有機溶劑等特色。有關使用超臨界流體製備裝載藥物的微米級顆粒的文獻相當多，但是相對之下有關奈米級顆粒的文獻就較少了。通常製備微米及奈米級顆粒的最常見三種方法分別為：

1. **超臨界溶液急速膨脹法(RESS，rapid expansion of supercritical solution)：**

　　在此方法中係將所要的溶質溶於超臨界流體以形成超臨界溶液，而後再將該溶液經由噴嘴噴出。此時超臨界流體的溶解力會急速下降，因此使得溶質均勻地沈澱出來，而應用此技術可以使沈澱出來的溶質完全不含溶劑。然而此方法最大的問題在於大部分聚合物顯示出對於超臨界流體僅有極低或甚至沒有溶解度，因此而導致此方法有其實際應用的問題。超臨界溶液急速膨脹法在 80 年代末期及 90 年代早期曾廣泛地用於製備由 PLA 等生物可降解聚合物所形成的裝載藥物顆粒，當本法使用低分子量(約 10000)聚合物時，藥物可以確實地均勻分散於聚合物基材中。然而由於高分子量聚合物難以溶解於超臨界流體的這項限制，所以過去從 90 年代中期迄今，僅有極少數文獻論及此方法。

2. **超臨界反溶劑法(SAS，supercritical antisolvent)：**

　　藥物溶質溶於有機溶劑而形成溶液後，接著將超臨界流體加入該溶液中。作為反溶劑的超臨界流體在高壓下會增多，而當它們混入有機相後會導致溶液的溶解力降低，此時藥物溶質即會沈澱出來。當操作系統達到最後的操作壓力時，大部分藥物會沈澱出來，經過濾即可得到奈米藥物。而濾液經過減壓後，有機溶劑可以循環再使用，形成超臨界流體用的氣體也可以循環再使用。

3. **氣體反溶劑法(GAS，gas antisolvent)：**

　　此方法由修改超臨界反溶劑法而成。藥物溶質同樣地先溶於適當的溶劑中，該溶液經由狹小的噴嘴急速注入超臨界流體中。由於超臨界流體與有機溶劑會完全互溶，所以溶液中不溶於超臨界流體的溶質便會沈澱成為極細小的顆粒。目前這項技術已經成功地用於製備微米顆粒及奈米顆粒。

▶ 4-17　超音波還原法

　　超音波還原法的原理與光化學還原法極為類似，其外加於系統的能量並不直接參與化學反應，而是利用極高頻的超音波在溶液中產生高頻率的震動。這種高頻率的震動會在溶液中產生空穴現象(cavitation)而形成無數微小的氣泡，這些極微小的氣泡溫度可高達數千度 K，壓力則有上百大氣壓，當這些小氣泡破裂時，會將周圍的水分子分解為 H・與 OH・自由基。由於氣泡體積極小，故系統溫度大約只有 80～100℃左右。超音波還原一般在惰性氣體中進行，以避免 H・與空氣中的 O_2 作用。部分文獻所載實驗中，在惰性氣體中加入 5%的 H_2，使 OH・與 H_2 反應生成水及 H・・，既能避免 OH・將生成之金屬微粒氧化，也能生成更多的 H・以還原金屬離子[49]。

Caruso 等人[50]則是將含有 SDS(sodium dodecyl sulfate)與不同醇類的 HAuCl₄ 溶液施以 20 kHz 的超音波照射，並改變醇類的濃度以探討生成產物的影響。在不同濃度條件下，產物粒徑介於 9～25nm，主要與兩項變因有關：醇類的濃度與醇類的親水性。隨著溶液中醇類濃度的上升，產物粒徑會漸趨縮小；反之，若醇類的分子量愈大(愈不容易溶於水)，則粒徑會逐漸增加。此實驗同樣置於氬氣中進行，以避免超音波生成的 H・和 OH・與空氣中的氧作用而影響實驗結果。

Dhas 等人[51]將 Copper hydrazine carboxylate(CHC)溶液置於 Ar:H₂ = 95:5 的環境下以超音波對溶液放射。在純氬氣的狀態下，生成的產物經由 XRD 鑑定發現有部分的銅金屬發生進一步的氧化作用，在反應系統中加入少量的 H₂ 可以與超音波生成的 OH・作用生成 H₂O 以及 H・・，進而還原更多的 Cu²⁺。值得注意的是產物呈現多孔狀鬆散構造，並非一般實心顆粒。此一特徵使得本實驗產物在做為觸媒方面的應用頗具潛力。

Mizukoshi 等人[52]利用超音波照射含有 SDS 之 K₂PtCl₄ 溶液，並探討系統中所生成的自由基種類。Mizukoshi 認為實驗中共產生三種不同的自由基，並推斷 H・與・OH 和 SDS 作用生成的自由基是還原 Pt(II)最主要的部分；但在還原金與鈀時，因超音波空穴效應分解 SDS 生成的自由基才是最主要的還原劑。還言之，還原不同金屬離子時會有不同的反應過程。

Koltypin 等人[53]在氬氣中以超音波照射 Ni(OH)₄ 溶液以生成鎳微粒。實驗中分別以水以及癸烷作為溶劑，發現以癸烷作為溶劑時，產量遠高於以水做溶劑的系統。經由簡略的催化實驗，鎳微粒的催化活性不僅遠高於一般鎳粉，甚至可與市面上購得的鈀粉相提並論。但因鎳微粒極易氧化，實驗過程及產物保存皆必須維持在惰性氣體的環境下。

▶ 4-18　雷射剝削法

雷射剝削法原理是利用高能量雷射光束把金屬或非金屬靶材氣化，再將蒸氣冷凝後，於氣相中獲得穩定的原子團簇(cluster)，一般應用於真空中。90 年代初部分研究人員將此方法應用於液相中，利用雷射照射浸泡於液體中的高純度金屬靶材，並成功獲得均勻分散的膠體溶液。利用此方法生成之奈米粒子不會產生凝聚或沈澱的現象，不需額外加入高分子保護劑，在最後分離產物時無須擔心表面上有高分子殘餘而影響物性或化性，可省略清洗步驟為此方法一大優點。雷射剝削法目前一般研究方向為探討不同波長、以及不同浸泡液體對產物粒徑與穩定性的影響[54]。

為了探討雷射剝削法在不同液相環境中生成金奈米粒子的影響[55]，分別以水、乙醇、正己烷以及三氯甲烷作為浸泡靶材的溶液，並用 532 nm 的 Nd：YAG 雷射加以照射，觀察實驗結果發現在水、乙醇以及正己烷中生成的產物非常類似，透過吸收光譜曲線間接推論粒徑約介於 10～30nm 左右；不過在三氯甲烷中生成的產物卻有所不同，無法觀察到任何吸收峰。進一步透過 XPS 圖譜檢測，經計算後發現生成產物極有可能為 $AuCl_3$，此現象是因為高活性的金原子簇與 $CHCl_3$ 作用的結果。由本實驗得知在雷射剝削過程中，金屬奈米粒子可能與特定的溶液發生化學反應，這一不失為生成奈米化合物(如 $AuCl_3$)的途徑之一。

將靶材浸泡於純水中，利用雷射剝削法生成銀微粒，並設定不同雷射波長(1064nm、532nm、355nm)進行實驗，發現雖然銀離子對短波長雷射吸收率遠高於長波長雷射，但是大多數高能量的短波長雷射會被生成的奈米銀微粒吸收，使得生成效率反而更低。然而在不考慮生成效率的前提下，產物粒徑會隨著雷射波長的增加而變大，證明可藉由控制雷射波長來生成不同粒徑產物。

將 CuO 粉末投入異丙醇中，用頻率 10Hz 的 Nd：YAG 雷射加以照射。為了探討不同波長對產物的影響，分別使用 1064nm 與 532nm 作為雷射波長。實際上 CuO 粉末對波長 532nm 雷射的吸收係數(absorption coefficient)約為波長 1064nm 雷射的五倍左右。1064nm 與 532nm 雷射產物平均粒徑分別為 28.9nm 與 24.7nm，且 532nm 雷射生成較多的粒子數，不過穩定性遠低於 1064nm 雷射產物。這或許是因為短波長雷射使生成的銅粒子表面吸收過多能量而處於不穩定的狀態，造成氧化現象的發生。

為了找出靶奈米粒子大小與催化活性的關係[55]，以 532 nm Nd：YAG 雷射照射浸泡於乙酸乙酯中的靶材，並利用介面活性劑 TC_8Abr (tetraoctylammonium bromide)存在與否的差異，生成大小兩種產物。經過實驗發現有 TC_8ABr 保護而生成的小奈米粒子，相對於未受保護的較大奈米粒子具有較高的催化活性。

4-19　輻射化學法[56]

輻射化學是研究電子輻射與物質相互作用時產生的化學效應的科目。電子輻射包括放射性核素衰變放出的 α、β、γ 射線，高能帶電粒子(電子、質子，氘核等)和短波長的電磁輻射。由於裂解碎片和快中子能引起重要的化學反應，它們也可用作電子輻射源。

以輻射化學法形成奈米金屬粒子，我們亦可稱之為雷射消熔法。在傳統氣體團簇研究中，雷射消熔法是一種很容易形成氣體分子團簇的方法，若要形成大量的固態金屬奈米顆粒，只能在氣相中進行。故對金屬奈米顆粒的製備而言，多半是將雷射聚焦射入含有金屬塊材的各種溶液中，利用雷射光之高能量消熔金屬，並藉由溶液所提供之低溫環境及穩定劑(stabilizing reagent)，讓生成的奈米金屬粒子可以均勻的分散在溶液中，避免進一步發生聚集(coalescence)。

另外，對無機鹽水溶液的輻射化學研究主要集中於低濃度(約 10^{-4}M)溶液中用脈衝輻射技術產生的金屬團簇的膠體。H 和 e^-_{aq} 活性粒子具有還原性，e^-_{aq} 的還原電位為 –2.77eV，具有很強的還原能力，加入異丙醇等清除氧化性自由基 OH。水溶液中的 e^-_{aq} 可逐步把溶液中的金屬離子在室溫下還原為金屬原子或低價金屬離子。新生成的金屬原子聚集成核，生長成奈米顆粒，從溶液中沉澱出來。如製備貴金屬 Ag(8nm)，Cu(16nm)，Pb(10nm)，Pt(5nm)，Au(10nm)等及合金 Ag-Cu，AuCu 奈米粉，活潑金屬奈米粉末 Ni(10nm)，Co(22nm)，Cd(20nm)，Sn(25nm)，Pb(45nm)，Bi(10nm)，Sb(8nm) 和 In(12nm)等，還製備出非金屬如 Se、As 和 Te 等奈米粉末。用 γ 射線輻射法製備出 14nm 氧化亞銅粉末，$8nmMnO_2$ 和 $12nmMn_2O_2$，奈米非晶 Cr_2O_3 粉末。

將 γ 射線輻照與 sol-gel 過程相結合可成功製備出奈米 Ag-非晶 SiO_2 及奈米 Ag/TiO_2 材料。

近年來用 γ 射線輻射技術成功地製備一系列金屬硫化物，如 CdS，ZnS 等奈米粉末[57]。

電子輻射作用於物質，導致原子或分子的電離和激發，產生的離子和激發分子在化學上是不穩定的，會迅速轉變為自由基和中性分子並引起複雜的化學變化。已知的輻射化學變化主要有輻射分解、輻射合成、輻射氧化還原、輻射聚合、輻射交聯、輻射接枝、輻射降解以及輻射改性等。輻射化學與光化學有密切的關係，這兩門學科之間存在著許多的共同點，例如兩者有類似的反應機制，輻射化學的許多理論建立在光化學的研究基礎上等。因此從某種意義上講，可以把輻射化學看作是光化學的延伸和分支。輻射化學還原和核化學、熱原子化學及電子、介子化學等緊密關聯。

輻射化學的研究領域可細分為氣體輻射化學、水和水溶液輻射化學、有機物輻射化學、固體輻射化學、劑量學、有機化合物的輻射合成、高分子輻射化學和輻射加工[58]。

這方面的研究[59]，Kondow 做了許多，他們所使用的裝置圖，如圖 4-47，將想要形成金屬粒子的金屬板(純度大於 99.99%)放在盛有 10 毫升界面活性劑(如 sodium dodecyl sulfate，簡稱 SDS)水溶液的玻璃容器之底部，利用 Nd:YAG 雷射(plused laser：plus width 10 ns，repetition rate 10 Hz)所產生波長為 1064nm 或 532nm(藉由 second harmonic 所生)的雷射光，通過一焦距為 250 毫米之透鏡，照射至金屬板上直徑約 1-3mm 範圍小點，其最大功率控制在 90 mJ/pulse 內，使消熔現象發生。

選用的金屬有銀與金。若為銀，則當 532nm 之雷射光束開始照射時，可發現溶液逐漸轉成褐黃色，測量其可見光光譜可發現其於 400nm(屬於銀奈米顆粒之特性吸收峰)

有高的吸收，進一步觀察其 TEM 電子顯微鏡(Transmission Electron Microscopy)之照片，並分析其粒徑大小，可發現約 10nm 之銀奈米粒子的大量形成；若為金，用 1064nm 雷射光束照射後，溶液逐漸轉成酒紅色，其可見光光譜在約 520nm(屬於金奈米顆粒之特性吸收峰)亦有相當高的吸收，其粒徑約為 6.1nm。

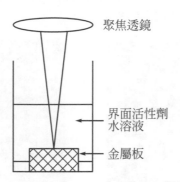

聚焦透鏡

界面活性劑
水溶液

金屬板

圖 4-47　雷射消熔法裝置圖[49]

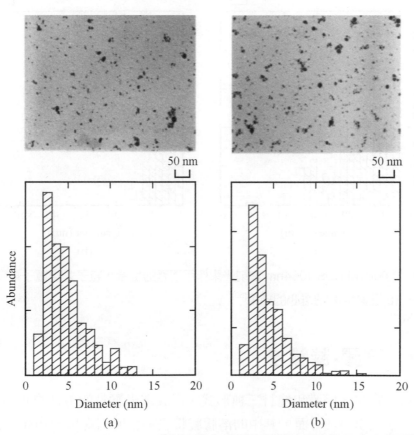

圖 4-48　0.01M SDS 1064nm 雷射光束作用下產生的金奈米粒子大小電子顯微鏡圖，(b)圖為(a)經過離心的結果[60]

　　奈米粒子在一定功率以上方能生成，粒子密度隨雷射功率等比例增加且平均粒徑隨雷射功率增加而增加，隨 SDS 濃度增加而降低，如圖 4-48，圖 4-49 比較，Kondow 研究群推知其可能之形成機構為當雷射消熔發生後，一高密度之金屬原子雲團在受光之金屬板上生成，而後金屬原子間之聚集與 SDS 接上金屬粒子之反應開始競爭，達到平衡即形成一定大小之金屬奈米粒子。

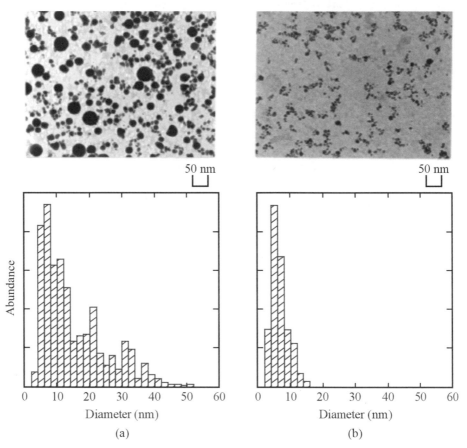

圖 4-49　0.0001M SDS 1064nm 雷射光束作用下產的金奈米粒子大小電子顯微鏡圖，(b)圖為(a)經過離心的結果[60]

▶ 4-20　溶膠-凝膠法

　　奈米材料有顆粒、薄膜和塊材三種形式，形成奈米顆粒的方法有很多，分為物理和化學方法，在化學方法方面，其中的溶膠凝膠法，發展相當早，1950～1970 年代初期，R. Roy 等人發現可利用溶膠凝膠方法將 Al、Si、Ti、Zr 等元素加入陶瓷中，可合成新的陶瓷複合材料，且可達到高層次的化學均勻度，此時的陶瓷工業開始對陶瓷技術加以研究，1970 迄今，由於 B. E. Yoldas 等人發現適當控制溶膠凝膠反應中的酸鹼值，可在室溫下形成一緻密的結構，如此低溫的製程可導入易受加熱分解的材料，拓展了材料的新用途，也可用在有機/無機混成材料中，溶膠凝膠法的技術及應用可以以圖 4-50[125]表示。

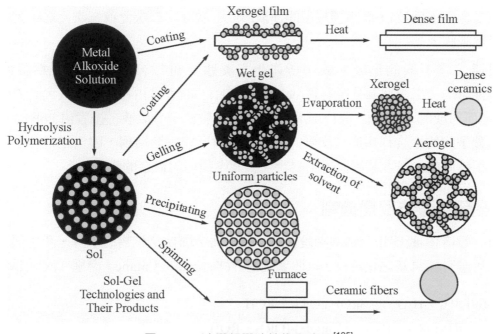

圖 4-50　溶膠凝膠法技術和應用[125]

一、溶膠凝膠定義

　　當固態之膠體粒子(Collodial particles)均勻地分散在溶液中，此膠體大小被視為 10 至 1000 埃(Å)之間，而每個粒子約由 10^3～10^9 個的原子所組成，因為其分散相之顆粒相當的小，故能懸浮於溶液中不致沈降，而顆粒之間交互作用力主要屬短程力(short range force)，如：凡得瓦力和表面電荷等，使其存在布朗運動的作用，且主要受到此影響。

　　溶膠依凝膠主要狀態可分為兩種：

1. **膠體溶膠(Colloidal sols)**：

　　由矽烷氧化物或無機鹽為起始物，經快速水解反應，溶膠中形成粒子密度較大的 Colloidal sols，要靠溶劑揮發後才可消除粒子表面電荷之斥力而形成膠態結構，所以無法在密閉的情況下凝膠。

2. **高分子溶膠(Polymeric sols)：**

由金屬烷氧化物，經水解、聚合等過程，而反應得高分子溶膠，是一種高分子聚合物之均勻分散相溶膠，可視爲一有長鏈的巨型分子的懸浮物，可在密閉的情況下因聚合而凝膠，無須靠溶劑的揮發即可凝膠。

溶膠因爲反應造成濃度的大幅增加(主要導因反應溶液本身的揮發，或固體粒子彼此間的聚合作用所致)，而膠體粒子間逐漸形成一次元、二次元或三次元之巨大網狀結構，即爲凝膠。

根據溶膠不同的形成方式，所產生之凝膠又可以分爲兩種，一爲膠體凝膠(Colloidal gel)，另一爲高分子凝膠(polymeric gel)。前者是由粒子密度較大的 Colloidal sols，進而形成的 Colloidal gel，爲澄清透明的超微粒子分散液。後者由 Polymeric sols 再藉由分子間的聚合作用形成交聯的狀態，進而形成網狀結構，因爲是在分子狀態下反應，相較於前者是在膠體狀態下混合，更能得到均勻混合的物體。

二、溶膠凝膠法反應機制

而一般溶膠-凝膠法分爲兩階段，第一階段爲金屬烷氧化物的水解，產生部分或完全被水解帶有氫氧基之化合物，以四氧烷基矽(Tetraethoxysilane，簡稱 TEOS)爲例[36]：

$$Si(OR)_4 + H_2O \rightarrow Si(OH)(OR)_3 + ROH$$
$$Si(OH)(OR)_3 + H_2O \rightarrow Si(OH)_2(OR)_2 + ROH$$
$$Si(OH)_2(OR)_2 + H_2O \rightarrow Si(OH)_3(OR) + ROH$$
$$Si(OH)_3(OR) + H_2O \rightarrow Si(OH)_4 + ROH$$

一般水解反應表達形式：

$$Si(OR)_4 + x\,H_2O \rightarrow Si(OH)_x(OR)_{4-x} + x\,ROH$$

之後這些氫氧基再與剩餘的 alkoxy 官能基進行聚縮合反應，進而產生三度空間(3-D)的網狀結構：

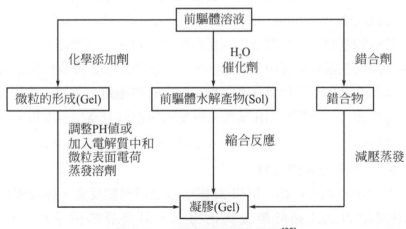

其過程可分成三個階段：

1. 製備一個均勻溶液，即 sol-gel solution，溶液內包括金屬烷氧化物(eg.TEOS)、催化劑、H_2O 及共溶劑。

2. 溶液變成溶膠。

3. 溶膠經膠凝作用形成凝膠，凝膠經乾燥步驟後再熱處理而形成混成複合材料，乾燥的目的是爲了將連接於網絡中之液體移除。

整體而言，溶膠凝膠法生成機制可由圖 4-51 表示[65]：

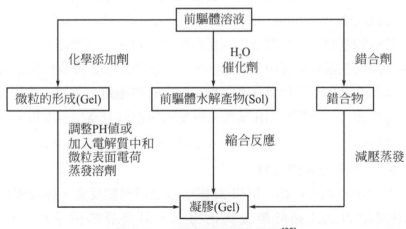

圖 4-51　溶膠-凝膠產生機制[65]

三、溶膠-凝膠法製備混成材料的形式

溶膠法依其製造過程的不同，主要可分爲含浸型混成材料(Impregnated Hybrids)、有機嵌合型混成材料(Entrapped Organics Hybrids)及化學鍵結型有機/無機混成材料(Chemically Bonded Organic-Inorganic Hybrids)等三種形式。目前製造高分子系奈米複

合材料的方法，包括層間插入法(Intercalation)、原位反應(In-situ)法、分子複合材(Molecular Composite)形成法和超微粒子分散法等。

1. **含浸型混成材料：**

　　此類混成物係指將有機物分散到多孔性氧化物膠體中而形成奈米複合材料。氧化物膠體通常為多孔性，依其化性及處理條件，孔徑可達數埃到數千埃，經烘乾與高於 500℃的熱處理後，機械強度可提高做進一步之處理，SiO₂ 膠體是最常見的一種。以層間插入法製造高分子系奈米複合材料即為此類混合物製法的特例之一。層間插入法是將聚合體插層於無機層狀材料之間典型的例子有己內醯胺單體插層於黏土的矽酸鹽層間聚合成 Nylon 6，使矽酸鹽層形成一層層剝離分散的奈米級補強材。

2. **有機嵌合型混成材料：**

　　此類混成物係指將有機物加到溶膠-凝膠溶液中混合均勻，經凝膠化後有機物會陷入多孔性氧化物中。1984 年，Avnir、Levy 和 Reisfeld 首先將有機染料放入 SiO₂ 溶膠-凝膠溶液中攪拌分散，凝膠化後亦可應用於染料雷射。自此，不同形式的有機單體開始分散到基本的 SiO₂ 膠體中，並以原位(in-situ)法聚合成一透明之奈米複合材料。其中，原位法有原位充填料形成法及原位聚合法兩種。含末端基 Si(OEt)₃ 的 polyo-xazolin(POZO)與 Si(OEt)₄ 溶於乙醇中，添加鹽酸後形成透明的膠體，使 POZO 微細分散於矽膠基材。原位聚合法則是將聚合體與另一單體溶於共同溶劑中聚合，或是貴金屬錯合物溶於單體中分散聚合後，加熱使奈米金屬族析出微分散於高分子基材中。但此類型的混成物質在實際應用上仍有些困難。例如，即使加熱到 200℃ 以後，SiO₂ 膠體仍可能帶有 OH 基及未反應的氧烷基且機械強度很弱。不過機械強度方面可藉由將聚合物或膠體溶液插入 SiO₂ 膠體孔隙中加以改善。

3. **化學鍵結型有機/無機混成材料：**

　　此類混成物係指有機物與溶膠-凝膠溶液之預聚物反應，經凝膠化後，使有機物以化學鍵結方式連結於無機氧化物上。最常見的例子為 TEOS 與 poly-dimethylsiloxane(PDMS)反應，依兩者混合比例不同，無論是很堅硬的有機改質矽化物(organically modified silicates)或是橡膠固體都可得到。以此方法所得之多孔性膠體和純氧化物膠體一樣，不能做熱處理，否則膠體亦碎裂。但若混成物之有機基在高溫下可移動，則混成物在烘乾時釋放應力的能力將提高，破裂傾向將減小。之前所提及的分子複合材料形成法和超微粒子直接分散法可分屬此類。分子複合材料形成法是液晶高分子與工程塑膠熔融摻混的高分子合金。超微粒子直接分散法是在液相 Flashing 法製造粒徑 5～10nm TiO_2 及 Fe_2O_3 超微粒子時，於表面被覆單分子層的界面活性劑，與 PP 等高分子在押出機中熔融混煉，避免二次混凝集達到奈米級分散的效果。

四、溶膠凝膠法反應變因及影響[126]

影響溶膠凝膠法的因素有很多，環境的酸鹼度、中心金屬離子種類、聚合物的濃度、聚合物的相對分子量、催化劑種類、水解使用 H_2O 用量、共溶劑種類等。以下以常見變因來做探討：

1. **催化劑：**

矽氧烷的水解和縮合反應在不同環境中，其反應機構會不相同。在酸性條件下(pH<3)，以親電子反應機構為主。水解過程中，水合氫離子(H_3O^+)攻擊四面體的烷氧基，當矽原子與水合氫離子的氧原子發生鍵結，乙醇分子脫除，OH 基迅速替換 OR 基的位置。

而在中性和鹼性條件(pH>5)之下，水解反應則傾向進行親核的反應機構，其中，鹼性溶液中的 OH^- 基會攻擊四配位的矽原子，形成五配位的過渡狀態中間物，之後 OH 基取代 OR 基，使矽原子再度回到較穩定的四配位狀態，最後形成矽醇。

一般來說，溶膠-凝膠法中，水解與縮合反應是同時進行的，但隨著環境的 pH 值不同，其水解與縮合的速率會受到影響而產生差異，即在酸性的條件下，水解速率大於縮合速率，其容易形成高密度、低維數的立體結構；而鹼性條件則是縮合速率大於水解速率，此種條件下，因為縮合速率過快，容易使膠體粒子化，造成粒子成團簇(cluster)而相分離(phase separation)。

2. **中心金屬離子種類的影響：**

溶膠-凝膠法中，中心金屬離子種類不同，其活性也不同。中心金屬的活性與其配位數、電子親和力及不飽和度有關，表 4-12[127]為一些常用的金屬烷氧化物的電負度與配位數。

矽具有較低的電子親和力與零不飽和度，因此矽的烷氧化物具有較低的反應活性，如果中心金屬離子的活性較大時(例如：鈦、鋁...等)，有時候甚至不需要催化劑，只存在少量的水就可直接進行水解反應，因此，依中心金屬離子活性的不同，選擇適當的金屬烷氧化物也是溶膠-凝膠法中重要的步驟。

表 4-12 中心金屬離子的配位數與不飽和度[127]

金屬元素	電負度	配位數(N)	穩定之氧化數(Z)	不飽和度(N-Z)
Si(矽)	1.90	4	4	0
Sn(錫)	1.96	6	4	2
Ti(鈦)	1.54	6	4	2
Zr(鋯)	1.33	7	4	3
Ce(鈰)	1.12	8	4	4
Al(鋁)	1.61	6	3	3

3. **起始物及介質的效應：**

　　兩者對水解產物有很重大影響。在低烷基烷氧化物通常形成較大的高分子，它的凝膠有較高的氧化物組成，而介質(host medium)對水及部分水解物的擴散速率有較高的影響，所以在低級醇中得到的水解物有較高的氧化物含量亦即較大程度的聚合。

4. **水與烷氧化物比例的效應：**

　　$H_2O/Si(OR)_n$ 比例會影響聚合度和有機高分子的含量，也影響到混成複合材料的結構，高含水量凝膠的交連較多，且有較多的烷氧基(-OR)被取代，所以凝膠的強度較好。1985 年 James 等人發表利用 TEOS 在酸性催化下，高水量時聚合鏈(Polymer chains)重排導致小的緻密粒子；反之低水量時由於線性鏈的纏結，減少自由體積(free volume)的分子尺度(molecular scale)在兩鏈之間。1986 年 Yoldas 在研究烷氧矽(siloxane)的反應發現，在高水量的反應條件下，其分子大小有明顯增加，相反的低水量的溶液中則無此現象發生。

5. **濃度的影響：**

　　保持 $H_2O/Si(OR)_n$ 的比例固定，以中性介質改變濃度，在稀濃度時水解反應比縮合反應快，反之高濃度則有利縮合反應，因此聚合度隨濃度的增加而增加。

6. **反應溫度的效應：**

　　在較高溫度能促進反應物的擴散，導致大的高分子形成，因此高分子具有較高的氧化物含量。

五、溶膠凝膠法的優點及應用

　　溶膠-凝膠法是一種在較低的溫度下製作純陶瓷材料的前軀體以及無機玻璃的方法。近年來，利用溶膠-凝膠法將有機高分子嵌入無機材料內，藉以製備有機-無機混成材料的比例日益增加，此項技術的優點為：

1. 大部分的前軀物(Precursors)是液體，容易處理，產物的均勻度良好，有機-無機材料的結合可綜合各材料高性能的特性，更在分子層級上形成互穿式網狀結構，增加材料間的相容性，避免相分離的產生。

2. 所製備的有機-無機混成複合材料多為透明材質，可用作光學用途，此法並可改善單純無機玻璃多孔率的問題。

3. 製備溫度低(可在室溫下進行)。

4. 可使用具高純度的起始物，確保樣品之純度。

5. 可製成任何形狀，如粉末、塊材、薄膜等。

　　溶膠凝膠技術近十年來被認為是最重要的材料製備技術之一，溶膠凝膠技術對新材料之開發具有關鍵性。溶膠凝膠技術目前有兩項待開發的技術，對新材料獲得非常重要，其一為奈米微粒溶膠製備技術，另一為有機無機混成溶膠製備技術。

　　奈米微粒溶膠可依晶態分為非晶態奈米微粒與結晶態奈米微粒。依氧化態分為氧化物奈米微粒、非氧化物奈米微粒及金屬奈米微粒。依結構分為多成分均質結構，多成分非均勻結構。依材料分為單成分奈米微粒，多成分非均質組成，與單成分奈米微粒包覆單成分非均質微粒材料。由於成份組成與結構形態不同，產生的功能亦不同，在應用方面就有很大的發展空間。

　　近年來，溶膠凝膠法之大量研究發展，主要是高科技的應用。例如各種光電性質之陶瓷鍍膜；尤其是以溶膠製作鐵電性或磁性鍍膜，已接近商業化程度。下一代之記憶體材料可能即是以溶膠凝膠法製作的。溶膠凝膠技術另一個重要的發展方向是與有機高分子混成，形成有機、無機混成材料。有機、無機之混合使用，在工業界中一向都在應用，所有大量使用之高分子產品，或多或少都添加了無機物；但是經由無機溶膠凝膠之引入，有機、無機之混合程度可以由原先大約微米級降到次微米甚至分子級。除了人工合成之高分子樹脂外，蛋白質、細胞等，也可以將其想像成為具化學或光學性質之較大有機分子，將此類分子封注於凝膠之孔隙中，又可形成有特殊功能之材質：例如封駐酵素後，可作醫學偵測膜、食品化學之觸媒應用。

六、溶膠凝膠法相關研究

近年來，清華大學化工系馬振基實驗室從事溶膠凝膠法製作有機/無機奈米複合材料已有相當成果。

1. 2000 年馬振基、林佳民等人[128]以溶膠-凝膠法製作酚醛樹脂/二氧化矽有機-無機混成材料應用在纖維強化的複合材料上，其抗折模數由 37,000MPa 提升至 47,000MPa。

2. 2001 年馬振基、吳岱霖等人[130]，成功利用溶膠-凝膠法製備出 Novolac type Phenolic Resin/SiO$_2$ 有機/無機奈米防火複合材料，其 SEM 圖中可以看出奈米及 SiO$_2$ 的分佈 (圖 4-52)。

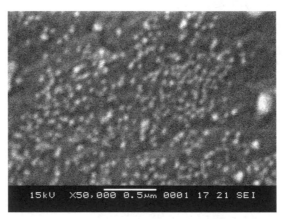

圖 4-52　奈米混成複合材料之斷面 SEM 圖[130]

3. 2002 年馬振基、江金龍等人[131]，利用溶膠-凝膠法製備新型的環氧樹脂與磷系奈米防火複合材料，其 L. O. I.最低耗氧指數由純的環氧樹脂 24 提升至 32，達到難燃等級。

4. 2003 年江金龍、馬振基等人[132]，利用溶膠-凝膠法製備新型含磷之聚倍半矽氧烷奈米複合防火材料，其裂解活化能從 171kJ/mol 提升至 309kJ/mol，而其中 SiO$_{1.5}$ 聚集的顆粒大小皆小於 100nm，達到奈米等級。

5. 2003 年，戴炘、馬振基等人[126]，利用溶膠凝膠法以 GPTS、IPTS 和 TEOS 改質 PDMS 以增韌酚醛樹脂，研究其增韌性質和難燃性質，其中以 GPTS 改質過後的混成材料性質最好。

▶ 4-21　奈米金屬與合金

一、奈米微粒/材料之製備

　　奈米顆粒金屬在科學及技術上有重要的影響，它在許多領域裡都有很受重視的應用價值。在化學，許多重要的催化劑是金屬，如將它分散至奈米級的顆粒可以大幅地改進它的催化效率。舉例來說，大塊金是一個惰性金屬，難以參與化學反應，但若爲分散成粒徑範圍在 2nm 的金顆粒，則它在低溫對一氧化碳的氧化就有非常好的催化能力。另外，奈米級的金屬都有獨特而強烈的吸光度，它是來自電漿共振模式(surface plasmon resonance)，此吸光特性強烈受到表面吸附分子影響，故可作爲感測器。在單電子元件，金屬導線是一個極待發展的課題。而在磁性金屬(如：鐵、鈷或鎳)，若製成奈米顆粒則可研究其量子化特性。超導金屬如鋁、鉛在奈米尺寸下，其超導性也大大地不同。

1. **金屬氣相合成法**(Metal Vapor Synthesis)：

　　此方法主要爲利用氣態金屬原子本身容易形成聚集，藉由其他氣體之導引，將其導入低溫之環境，使其成核長晶並控制其大小在奈米尺度內(見圖 4-53)[61]。

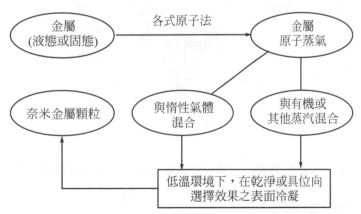

圖 4-53　金屬氣相合成法過程示意圖[61]

　　時至今日，由於原子光譜學之研究已然成熟，對金屬原子化之方法尤爲多樣化，並能精確控制其金屬蒸氣生成速度及載流氣體流速，是以原子化儀器如：火焰原子化器(flame atomizer)、電熱原子化器(electrothermal atomizer)或輝光放電原子化器 (glow discharge atomizer) 氬氣濺射 (argon sputtering)、場發射 (filed emission)、電子束或雷射消熔(laser ablation)。以上所述皆可直接用為此方法之原子化源，除此之外，氬氣濺射(Argon sputtering)、場發射(field emission)、電子束法或雷射消熔(laser ablation)亦可當作原子化金屬固體之媒介。圖 4-54[55]為一 1990 年代初期發展之真空冷凝法儀器裝置概圖。

其中可藉由控制惰性氣體的壓力、溫度及蒸發物質的溫度來控制奈米顆粒粒徑大小，不過由於此方法不利於大量製備，又費時間，因為需將真空腔抽到一定之真空度以上方可進行，在實際應用上受到較多限制。

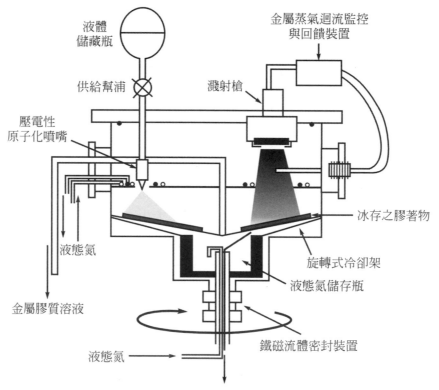

圖 4-54　製備金屬顆粒之濺射源金屬蒸氣/液化氣體反應器之概圖[55]

2. **氣液固生長法**(VLS)：

延伸上述之方法，若將氣體沈積於一略溶之液滴(奈米大小)，則發展出 VLS 法。使氣態金屬在沈積時具有特定之位向，進而控制粒子之大小或形態，通常可長出一維棒狀之奈米金屬。

在許多應用中，我們所希望的奈米顆粒形狀是一維的長線。我們如何能達到這目的呢？這是最近幾年重要的研究課題。在台灣，現在也有很積極的研究工作在發展，主要有師大化學系的陳家俊教授所領導的研究群[29]。在此我們只先介紹蒸汽液體生長法(Vapor Liquid Solid Growth)，它是利用一種催化劑的奈米顆粒而引發反應物吸附，溶解，過飽和而長成一維奈米線。如圖 4-55 所示[62]，在足夠高的溫度下，催化的奈米顆粒為液態，當氣體於催化劑上分解而生成某金屬，而該金屬溶於催化劑，達到過飽和析出而成金屬奈米線。如圖所示，該線的尺寸取決於催化粒子的大小。一個例子是利用 Fe-Si 共存相行為而達成奈米矽導線的合成。最近陳家俊及其同事選擇棒狀之 GaN，並研究它的光譜行為。

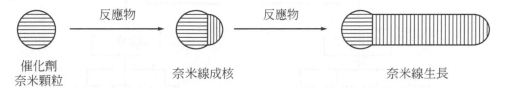

圖 4-55　利用催化性奈米顆粒成長一維奈米導線之概圖。反應分子吸附於奈米催化粒子上，持續於催化劑與奈米導線介面上生成，長成奈米線[62]

在 VLS 裡，催化的奈米粒子是液體(高溫下)，但是催化劑也可以是固體的奈米顆粒，它同樣也可以控制奈米線的成長。最近史丹福大學的戴教授(Dai，H.)發展出一個可以控制直徑的方法合成單層碳奈米管。如圖 4-56 所示[63]，他們利用一種可加鐵的去鐵蛋白質(Apoferritin)去形成含鐵內核，其尺寸是可以控制的。經氧化後得到 1-5nm(可選擇控制的)的 Fe_2O_3 顆粒，然後以甲烷為碳源於 900 °C環境下，在奈米大小的 Fe_2O_3 表面分解，所形成的碳原子遂沿 Fe_2O_3 顆粒表面生長，成為單層碳奈米管。他們發現所選擇的 Fe_2O_3 顆粒尺寸可決定所生成碳奈米管的直徑大小。

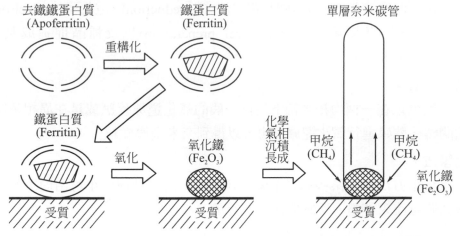

圖 4-56　利用氧化鐵奈米顆粒催化，成長單層碳奈米管之流程[63]

3. **化學還原法(chemical reduction method)：**

    將各種具有保護基或不具有保護基的溶液中之各種氧化態的金屬離子，藉由還原劑或電化學系統，在自由空間(free space)或侷限空間(confined space)中還原成零價金屬原子。

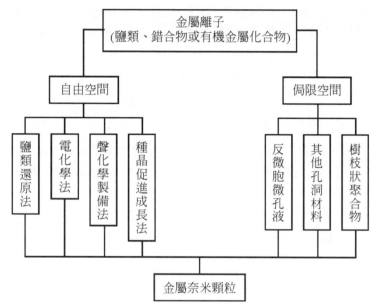

圖 4-57　化學還原法之分類概圖[61]

4. **自由空間的化學還原法：**

    所謂自由空間的化學還原法即在一溶液系統中，進行化學反應者，而不被限制在任何一個空間當中。包含鹽類還原法(salt reduction)、電化學法(electrochemical method)、聲化學製備法(sonochemical preparation)以及種晶促進成長法(seed-mediated growth)。

5. **鹽類還原法：**

    反應可以在一個均相系統下進行一般的氧化還原反應或是在異相系統下，配合相間轉移觸媒進行氧化還原反應，以得到奈米金屬顆粒。

6. **電化學法：**

    電化學方法產生某些過渡金屬奈米顆粒，而其粒徑大小可由簡單的藉由控制電解裝置電流來調整。反應機構如下所示：

Anode：Met $_{buk}$ $\rightarrow$ Met $^{n+}$ + n e$^-$

Cathode：Met $^{n+}$ + ne$^-$ + stabilizer $\rightarrow$ Met $_{coll}$/stabilizer

Sum：Met $_{bulk}$ + stabilizer $\rightarrow$ Met$_{coll}$/stabilizer [17]

其中金屬在陽極被氧化後，形成金屬離子遷移到陰極，生成零氧化態金屬，表面包覆著四級銨鹽穩定劑。

7. **聲化學製備法：**

藉由超音波來促進還原。將反應瓶置於超音波震盪器(ultrasonic oven)中，利用超音波震盪所產生之還原性自由基還原金屬離子。此方法目前主要被應用在鈀與金奈米顆粒製備上。

8. **種晶促進成長法：**

利用事先製備好的小粒徑(小於 10nm)金屬奈米顆粒作為種晶，使還原反應後之金屬利用該晶種加以成長。如果種晶與欲形成之奈米金屬顆粒為同金屬，則稱為勻相(homogeneous)種晶促進成長法；若不同金屬稱為異相(heterogeneous)種晶促進成長法。

9. **侷限空間中的化學反應法：**

顧名思義，乃是將還原反應限制在特殊的環境中，例如限制在反微胞(reverse micell)、微乳液(microemulsion or miniemulsion)或 dendrimer 中，將這些特殊物質存充當為奈米反應器(nanoreactor)。

10. **反微胞(微乳液)：**

反微胞為在非極性溶劑中，界面活性劑呈現疏水基向外，親水基向內的三維類球型結構。利用反微胞系統的特性形成一定大小的反微胞，使還原反應在其中進行，以得到利用控奈米顆粒。

11. **Dendrimer：**

將還原反應限制在 dendrimer 之中，也就是以 dendrimer 為整個系統的反應器。由此方法生成金屬奈米顆粒的好處有

(1) 高一致性尺寸奈米顆粒複製品可以被製備。

(2) 奈米顆粒被保護在 dendrimer 中，因此不會進一步的聚集。

(3) dendrimer 分支可被利用為控制小分子進出此反應器選擇之閘門。

(4) dendrimer 末端可經由修飾改變其溶解度，或接上其他高分子及表面。

12. **惰性氣體蒸發原位加壓法：**

　　惰性氣體蒸發原位加壓法屬於一步法，即製粉和成形是一步完成，其步驟包含：

(1) 製備奈米顆粒。

(2) 顆粒收集。

(3) 壓製成塊體。

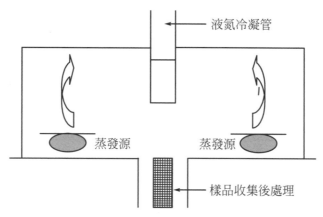

圖 4-58　惰性氣體蒸發原位加壓裝置示意圖[65]

二、奈米微粒/材料製備技術之物理方法

　　一般而言固相奈米微粒金屬製備是以一種機械方式製備，可分為物理粉碎、機械合金法。物理粉碎法包括：超音波粉碎、火花法、爆裂法等，但常用的方法則為機械合金法(Mechanical alloying)。此法主要係將原料粉體和磨球一起放入攪拌桶內，利用高能量球磨機械力的方式，將較粗大的粉體施以塑性變形，經由不斷地焊合、破裂、再焊合等過程(冷銲→粉碎→冷銲的反覆進行)而達到合金化的目的且漸擊碎成細粉而將粉體微細化。只要球磨的時間夠長，包括純金屬、合金、介金屬、甚至原本不互溶的合金等，皆能以此方式獲得奈米晶粒大小的微細粉體。此法也可利用粉體攪拌粉碎的方式，將粉體導入一高速氣流，利用氣流對粉體加強壓縮力及摩擦力，或加入表面活性物質(如：三乙醇胺)等助磨劑，以抑制球磨時產生的聚合反應，達到粒子微細化的目的。可說是一種固態之粉體製程。製程中之環境、球對粉體重量比、時間、研磨轉速等均會影響所合成粉體之性質。此外，由於製程中磨球/罐間之劇烈撞擊，使得原料有被污染之缺點。

　　高能球磨製備奈米晶需要控制以下幾個參數和條件，即正確選用硬球的材質(不鏽鋼球、瑪瑙球、硬質合金球等)控制球磨溫度和時間，原料一般選用微米級的粉體或小尺寸條帶碎片。球磨過程中顆粒尺寸、成分和結構變化通過不同時間球磨的粉體的 X 光繞射，電鏡觀察等方法進行監視。

　　利用高能球磨法製備奈米結構材料，已經可製備出幾種奈米晶材料如奈米純金屬，互不相溶體系的固溶體，奈米金屬間化合物及奈米金屬-陶瓷粉複合材料等，以下則分別說明：

1. 奈米晶純金屬製備：

　　高能球磨過程中純金屬奈米晶的形成是純機械驅動下的結構演變，實驗結果發現高能球磨可以容易使具有 BCC 結構(如 Cr、No、W、Fe 等)和 HCP 結構(如 Zr、Hf、Ru)的金屬形成奈米結構，而對於具有 FCC 結構的金屬(如 Cu)則不易形成奈米晶，球磨後所得到的奈米晶粒晶小、晶界能高、純金屬粉末在球磨程中，晶粒的細化是由於粉末的反覆變形，局域應變的增加引起了缺陷密度的增加，當局域切變帶缺陷密度達到某臨界值時，粗晶內部破碎，這個過程不斷的重複，在粗晶中形成了奈米或粗晶破碎形成單個的奈米粒子，其中大部份是前者狀態存在[57]。

2. 互不相溶體系的固溶體：

　　用機械合金方法可將相圖上幾乎不互溶的這幾種元素製成固溶體，這是用常規熔煉方法根本無法實現的。機械合金化方法製程方法以成功的製備多種奈米固溶體，如 Fe-Cu 合金粉是將粒徑小於或等於 100μ m 的 Fe Cu 粉體放入球磨機中，在氬氣保護下，球與粉重量比為 4：1，在 8 小時或更長時間的球磨，晶粒度減小製 10 幾 nm 如圖 4-59 所示，二元體系 Ag-Cu，在室溫下幾乎不互溶，但將 Ag、Cu 混合粉經 2.5 小時的高能球磨，開始出現具有 BCC 結構的固溶體，球磨 400 小時後，固溶體的晶粒渡減少到 10nm，對於 Al-Fe、Cu-Ta、Cu-W 等用高能球磨也能獲得具有奈米結構的次穩相粉末，Cu-W 體系幾乎在整個成分範圍內都能得到平均粒徑為 20nm 的固溶體，Cu-Ta 體系球磨 30hr 形成粉徑為 20nm 左右的固溶體[57]。

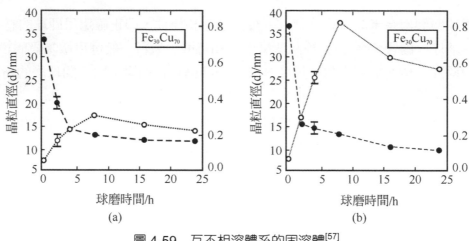

圖 4-59　互不相溶體系的固溶體[57]

3. **奈米金屬間化合物：**

　　金屬間化合物是一類用途廣泛的合金材料，奈米金屬間化合物，特別是一些高熔點的金屬間化合物在製備上比較困難，Fe-B、Ti-Si、Ti-B、Ti-Al(-B)、Ni-Si、V-C、W-C、Pd-Si、Ni-Mo、Nb-Al、Ni-Zr 多個合金系中製備出不同的奈米金屬間化合物。在一些合金系中或一些成分範圍內，奈米金屬間化合物往往作為球磨過程的中間相出現，如在球磨 Nb-25%Al 時發現，球磨初期，首先形成 35nm 左右的 Nb_3Al 和少量的 Nb_2Al，球磨 2.5 小時後，奈米金屬間化合物 Nb_3Al 和 Nb_2Al 迅速轉變成具有奈米結構(10nm)BCC 固溶體[57]。

4. **奈米金屬-陶瓷粉複合材料：**

　　高能球磨法也是製備奈米複合材料的有效方法，也可把金屬與陶瓷粉複合在一起，獲得具有特殊性質的新型複合材料，如日本國防學院最近幾十奈米的 Y_2YO_3 粉體複合到 Co-Ni-Zr 合金的矯頑力提高兩個數量級[57]。

4-22 富勒烯(C_{60})、碳奈米管(CNT)與石墨烯(Graphene)

4-22-1 富勒烯(C_{60})

一、Fullerene(富勒烯)發展歷史與命名

1965 年日本豐橋技術科學大學（Toyohashi University of Technology）科學家大澤映二(Ōsawa Eiji)在與兒子踢足球時想到，也許會有一種分子由 sp^2 雜化的碳原子組成，比如將幾個烷烯拼起來的共軛球狀結構，實現三維芳香性。

大澤映二(Ōsawa Eiji)雖然在 1970 年就預言了 C_{60} 分子的存在，但遺憾的是，由於語言問題，他的兩篇用日文發表的文章並沒有引起人們的普遍重視，大澤映二也在 1971 年發表《芳香性》一書，其中描述了 C_{60} 分子的設想。而大澤本人也沒有繼續對這種分子的研究，因而使得 C_{60} 的發現已經是 15 年以後的事了。

1985 年英國化學家 Harold Kroto 和美國萊斯大學（Rice University）的科學家 James R. Heath、Sean O'Brie 和 Robert Curl 等人在氦氣流中以雷射汽化蒸發石墨實驗中首次製得由 60 個碳組成的碳原子簇結構分子 C_{60}。富勒烯的主要發現者們受建築學家 Richard Buckminster Fuller 設計的加拿大蒙特婁世界博覽會球形圓頂薄殼建築的啓發，認爲 C_{60} 可能具有類似球體的結構，因此將其命名爲巴克明斯特·富勒烯（buckminster fullerene），簡稱富勒烯（fullerene）。1996 年 Kroto, Curl, and Smalley 等三人因富勒烯的發現獲諾貝爾獎。

2007 年科學家們預測了一種的新的硼巴克球，它用硼取代了碳形成巴克球，B80 的結構是每個原子都形成五或六個鍵，它比 C_{60} 穩定。另外幾種常見的富勒烯是 C_{70}，72、76、84 甚至 100 個碳組成的巴克球也是很容易得到的。

富勒烯由於很像足球的球型也叫做足球烯，或音譯爲巴基球，中國大陸通譯爲富勒烯，臺灣稱之爲球碳，香港譯爲布克碳；偶爾也稱其爲芙等；管狀的叫做奈米碳管或巴基管，富勒烯的中文寫法有三種，以 C_{60} 爲例，第一種是標準的寫法，即[60]富勒烯，對應英文的[60]fullerene；第二種爲碳 60，其 60 也不用下標，這是中文專用的寫法；第三種爲 C_{60} 與英文一致。

二、Fullerene(富勒烯)的製備與純化

大量低成本地製備高純度的富勒烯是富勒烯研究的基礎，自從克羅托(Kronto)等人發現 C_{60} 以來，人們發展了許多種富勒烯的製備方法。目前較為成熟的富勒烯的製備方法主要有電弧法、熱蒸發法、燃燒法和化學氣相沉積法等。

1. **電弧法：**

    一般將電弧室抽成高真空，然後通入惰性氣體如氦氣。電弧室中安置有製備富勒烯的陰極和陽極，電極陰極材料通常為光譜級石墨棒，陽極材料一般為石墨棒，通常在陽極電極中添加銀、鎳、銅或碳化鎢等作為催化劑。當兩根高純石墨電極靠近進行電弧放電時，炭棒氣化形成電漿體，在惰性氣氛下小碳分子經多次碰撞、合併、閉合而形成穩定的 C_{60} 及高炭富勒烯分子，它們存在於大量顆粒狀菸灰中，沉積在反應器內壁上，收集菸灰提取。電弧法非常耗電、成本高，是實驗室中製備空心富勒烯和金屬富勒烯常用的方法。

2. **熱蒸發法：**

    1992 年 Peter 和 Jansen 等利用高頻電爐在 2700℃，150K Pa He 氣氛中於一個氮化硼支架上直接加熱石墨樣品，得到產率為 8%～12%的煙灰。這是一種直接加熱石墨的方式，它與太陽能加熱石墨法的共同點是：石墨尺寸比原先 Kratschmer ～Huffman 法允許大得多。但是兩者的輻射能量利用率和產率都不能與石墨電弧放電法競爭。

3. **燃燒法：**

    苯、甲苯在氧氣作用下不完全燃燒的碳黑中有 C_{60} 和 C_{70}，通過調整壓強、氣體比例等可以控制 C_{60} 與 C_{70} 的比例，這是工業中生產富勒烯的主要方法。

4. **化學氣相沉積法：**

    化學氣相沉積（Chemical Vapor Deposition，簡稱 CVD）是一種用來產生純度高、效能好的固態材料的化學技術。半導體產業使用此技術來成長薄膜。典型的 CVD 製程是將晶圓（基底）暴露在一種或多種不同的前趨物下，在基底表面發生化學反應或/及化學分解來產生欲沉積的薄膜。反應過程中通常也會伴隨地產生不同的副產品，但大多會隨著氣流被帶走，而不會留在反應腔（Reaction chamber）中。

　　Fullerene(富勒烯)的純化是一個獲得無雜質富勒烯化合物的過程。製造富勒烯的粗產品，通常是以 C_{60} 為主，C_{70} 為輔的混合物，還有一些同系物。決定富勒烯的價格和其實際應用的關鍵就是富勒烯的純化。

　　實驗室常用的 Fullerene(富勒烯)提純步驟是：從富含 C_{60} 和 C_{70} 的混合物中先用甲苯索氏提取，然後以紙漏斗過濾。

　　蒸發溶劑後，剩下的部分（溶於甲苯的物質）用甲苯再溶解，再用氧化鋁和活性碳混合的管柱層析，第一個流出組分是紫色的 C_{60} 溶液，第二個是紅褐色的 C_{70}，此時粗分得到的 C_{60} 或 C_{70} 純度不高，還需要用高效液相色譜儀(HPLC)來精分。

　　永田(Nagata)發明了一項公斤級 Fullerene(富勒烯)的純化技術。該方法通過添加二氮雜二環到 C_{60}、C_{70} 等同系物的 1、2、3-三甲基苯溶液中。DBU 只會和 C_{70} 以及更高級的同系物反應，並通過過濾分離反應產物，而富勒烯 C_{60} 與 DBU 不反應，因此最後得到 C_{60} 的純淨物；其他的胺化合物，如 DABCO，不具備這種選擇性。

　　C_{60} 可以與環糊精以 1:2 的比例形成配合物，而 C_{70} 則不行，一種分離富勒烯的方法就是基於這個原理，通過 S-S 架橋固定環糊精到金顆粒膠體，這種水溶性的金/環糊精的複合物[Au/CD]很穩定，與不水溶的菸灰在水中回流幾天可以選擇性地提取 C_{60}，而 C_{70} 組分可以通過簡單的過濾得到。將 C_{60} 從[Au/CD]複合物中分離是通過向環糊精水溶液加入對環糊精內腔具有高親和力的金剛烷醇使得 C_{60} 與[Au/CD]複合物分離而實現 C_{60} 的提純，分離後通過向[Au/CD/ADA]的複合物中添加乙醇，再蒸餾，實現試劑的循環利用。50 毫克[Au/CD]可以提取 5 毫克富勒烯 C_{60}。後兩種方法都只停留在實驗室階段，並不實用。

三、Fullerene(富勒烯)的性質

1. Fullerene(富勒烯)的物理特性

A. Fullerene(富勒烯)的溶解度

　　　　1992 年 Sivaraman 等首次於 303 K 下研究了 C_{60} 在不同有機溶劑中的溶解性，發現在芳香溶劑中的溶解度明顯優於脂肪族，之後 Ruoff 等在室溫下研究 C_{60} 在 47 種有機溶劑中的溶解度後又發現 C_{60} 不溶于強極性溶劑。

　　　　由於 C_{60} 分子有高度的對稱性，是非極性分子，根據相似相溶的原理，芳香溶劑的溶解性大一些，但溶解速度並不快。Xu Zhu-de 等發現 C_{60} 在環己烷中，溶解度隨溫度的升高而增大，在己烷、甲苯、二甲苯中隨溫度升高而降低。這說明可能還有其他重要的相互作用。

富勒烯在大部分溶劑中溶解度差，通常用芳香性溶劑，如甲苯、氯苯，或非芳香性溶劑二硫化碳溶解。純富勒烯的溶液通常是紫色，濃度高則是紫紅色，C_{70} 的溶液比 C_{60} 的稍微紅一些，因爲其他在 500nm 處有吸收；其他的富勒烯，如 C_{70}、C_{80} 等則有不同的紫色。富勒烯是迄今發現的唯一在室溫下溶於常規溶劑的碳的同素異性體。

有些富勒烯是不可溶的，因爲他們的基態與激發態的帶寬很窄，如 C_{28}，C_{36} 和 C_{50}。C_{72} 也是幾乎不溶的，這是因爲金屬元素與富勒烯的相互作用。早期的科學家對於沒有發現 C_{72} 很是疑惑，但是卻有 C_{72} 的內嵌富勒烯。窄帶寬的富勒烯活性很高，經常與其他富勒烯結合。化學修飾後的富勒烯衍生物的溶解性增強很多，如 PC61BM 室溫下在氯苯中的溶解度是 50mg/mL。C_{60} 和 C_{70} 在一些溶劑的溶解度列於左表，這裡的溶解度通常是飽和濃度的估算值。

B. Fullerene(富勒烯)的光學性質

1991 年，Arbogast 等首次嘗試了在室溫除氧的己烷和苯中的 C_{60} 螢光測量。之後 Kim 等在室溫除氧的甲苯中觀測到了 C_{60} 的螢光。1993 年，Catalan 等在室溫下的環己烷中測定 C_{60} 的吸收光譜和螢光時發現 O_2 的存在不影響對 C_{60} 的螢光測定。

Song Jie 等測得甲苯中 C_{60} 的螢光壽命。Ruoff 等發現的最大吸收波長取決於溶劑。1996 年 Sun Ya Ping 等對 10 種不同有機溶劑中的 C_{60} 吸收光譜和螢光特性進行研究，發現 C_{60} 在含有不同甲基取代基的苯系溶劑中的吸光行爲隨甲基取代基數目的增加會發生明顯的變化。其中在第一吸收帶和第二吸收帶之間的吸收波長(390 nm～460 nm)隨甲基取代基數目的增加而消失，完全不同於其他非苯系溶劑，而 C_{60} 在這些溶劑中的螢光特性完全相同。

C. Fullerene(富勒烯)的磁性

C_{60} 本身的對稱性決定了 C_{60} 自身有非線性光學性質。作爲一種新的化合物，研究其電、磁、光等的應用是非常重要的，實際上 C_{60} 就是因爲摻雜鹼金屬在一定條件下具有超導電性，其電荷轉移複合物有鐵磁性而引起人們極大興趣和關注。

C_{60} 的磁學研究實際上從其超導性開始的。單一的 C_{60} 有關的磁性材料的研究主要是 Wudl 1991 年報導的 C_{60} 與 TDAE 形成的電荷轉移複合物 C_{60}(TDAE)0.6，是不含金屬的軟鐵磁性材料，居裡溫度爲 16.1K。中國科學院化學研究所用 C_{60} 的溴化物與四硫富勒烯組成的電荷轉移複合物

$C_{60}TTFxBry(x=1,2; y=2,4,6)$ 及 C_{60} 與一系列四烷基取代的四氮富勒烯化合物形成的電荷轉移複合物均表現了較高的鐵磁轉變溫度，達到了國際水準。

　　C_{60} 家族分子是三維 π 電子離域的化合物，有良好的非線性光學效應。北京大學測定了 C_{60}、C_{70} 的非線性光學係數，並利用飛秒技術研究了 C_{60} 的柯爾磁光，證實了 C_{60} 的非線性效應起源於 C_{60} 的 π 電子，並研究了 C_{60} 電荷轉移複合物的非線性性質。在研究 C_{60} 甲苯溶液的光限制效應時，他們首先發現了反飽和吸收過程的飽和現象，並提出了理論解釋。中科院化學研究所在對 C_{60} 進行化學修飾後進行 PVK 摻雜，發現了一全新的光導體體系，此體系暗導小，放電迅速，且完全具有重要的潛在應用價值。另外，他們還發現了一類新的光限幅材料，此材料在線性透過率高達 80% 的條件下，其限幅幅值為 300 mJ/cm^2，具有潛在實用價值。

D. Fullerene(富勒烯)的安全性及毒性

　　摩薩(Moussa)等人做了在生物體腹腔內注射大劑量 C_{60} 後的毒理研究後發現，沒有明顯證據發現白鼠在注射 5000mg/kg(體重)的 C_{60} 劑量後有中毒現象。摩利(Mori)等人也沒有發現給齧齒動物口服 C_{60} 和 C_{70} 混合物 2000mg/kg 的劑量後有中毒、遺傳毒性或誘變性現象，其他學者的研究同樣證明 C_{60} 和 C_{70} 是無毒的，而伽比(Gharbi)等人發現注射 C_{60} 懸浮液不會導致對齧齒類動物的急性或亞急生毒性，相反一定劑量的 C_{60} 會保護他們的肝免受自由基傷害。2012 年的最新研究顯示，口服富勒烯能將小鼠的壽命延長一倍而沒有任何副作用。摩薩(Moussa)教授研究 C_{60} 的性質長達 18 年，著有《持續餵服小鼠 C_{60} 使其壽命延長一文，2012 年 10 月他在一次視頻採訪中宣稱，純 C_{60} 沒有毒性。

　　科拉森加（Kolosnjaj）於 2007 年寫了篇複雜且詳盡的關於富勒烯的毒性的綜述，回顧了上世紀 90 年代早期至今的所有富勒烯的毒性研究的工作，認為自富勒烯發現以來都沒有明顯的證據顯示 C_{60} 是有毒性的，而波蘭(Poland)等人將碳奈米管注射到小鼠的腹腔中發現了石棉狀的病灶。值得注意的是這項研究不是吸入性研究；雖然在這之前有對奈米管的吸入性研究的毒理實驗，因此，憑此項研究還不能確認碳奈米管有類似石棉的毒理特性。薩耶等人發現小鼠吸入 $C_{60}(OH)24$ 或奈米 C_{60} 並沒有毒副作用，而同樣情況下將石英顆粒注入小鼠則引起強烈的發炎症。

四、結論與展望

1. 合成富勒烯 C_{60} 及其衍生物三維立體結構，製備其不同晶態形貌的奈米材料。雖然研究者已經用了眾多的方法製備出了尺寸、結構和形貌不相同的 C_{60} 奈米材料，但尋求製備條件簡單、實驗操作容易、大小尺寸可控、對環境無污染的製備方法，實現對 C_{60} 奈米材料的尺寸和晶態形貌控制仍然是研究者者關注的課題和挑戰。

2. 系統地研究富勒烯 C_{60} 奈米材料的晶態形貌和性能的關係，探究其本質規律。在富勒烯 C_{60} 奈米材料的形貌、尺寸、結構的控制和形成機理以及生長動力學等方面還需進一步深入的研究。研究者近幾年研究發現，C_{60} 奈米材料性能不但與其大小尺寸有關，還與其晶態形貌和結構有關，因此探索和建立富勒烯 C_{60} 奈米材料的理論體系是今後努力的方向。

3. 深入研究富勒烯 C_{60} 奈米材料在光電轉換性能、有機太陽能電池、催化和生物醫學等方面的應用，以期獲得性能優異的 C_{60} 奈米新材料，這還需研究者進一步深入探索和發現。隨著研究的不斷深入，相信不久的將來富勒烯 C_{60} 奈米材料的應用更為廣闊。

4-22-2　碳奈米管(CNT)

一、碳奈米管簡介與發展歷史

　　早在 1940 年代時，科學家便發現碳氫化合物氣體或一氧化碳在電氣爐中可發現碳細絲。這些細絲的直徑約數奈米，長度可達數微米，為管狀結構；而在先前研究 CVD 成長鑽石薄膜時，也有類似管狀結構的碳被發現。當時一般相信，管狀結構的產生是由金屬微粒所催化。

　　在西元 1980 年之後，學者用質譜議分析碳蒸氣時，發現了質量為碳原子偶數倍的碳簇(Carbon Clusters)，但其結構仍不清楚。1985 年，英國人 Kroto 藉由圓頂建築物的概念，成功地解釋 C-60 組成的結構。C-60 是以 60 個碳原子所組成如足球般的碳分子球，為一完美的 20 面體(圖 4-60a)[66]。

　　碳奈米管的發現，則是個意外的副產物。1991 年時，日本電氣公司(NEC)之電子顯微鏡專家 S. Iijima 利用碳電弧放電法(Carbon arc discharge)合成 C-60 分子時，偶然在碳電弧放電陰極處發現針狀物，經高解析度穿透式電子顯微鏡(HRTEM)分析其結構，發現這些針狀物是碳原子所構成的中空管狀體，其形態分為單層壁(Single-wall)及多層壁(Multi-wall)的碳管，多層壁的碳管是由 2 至數十層同心軸石墨層所構成的，其管壁的石墨層間距為 0.34nm，而每層石墨管壁的結構都與一般片狀石墨的結構一樣。不論是單層壁或多層壁碳奈米管，其管的前後末端都是半圓形的碳結構，如果將碳奈米管的前後末端封閉，這半圓形的碳結構可視爲半個的 C-60 結構(圖 4-60b)[66]，因此碳奈米管的前後端性質基本上與 C-60 類似。

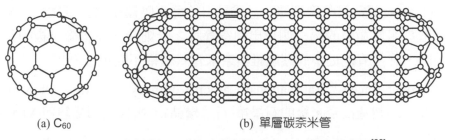

(a) C_{60}　　　　　　　　　　(b) 單層碳奈米管

圖 4-60　富勒烯(C_{60})與碳奈米管(CNT)之構造示意圖[66]

碳簇的化學性質相似。這些碳管的直徑約爲數奈米至數十奈米，長度可達數個微米(micrometer，mm)。此一新的碳結構被稱作碳奈米管(Carbon nanotubes)，一般簡寫爲 CNTs，單層壁碳奈米管(Single-wall carbon nanotubes)的簡寫爲 SWNTs，多層壁碳奈米管(Multi-wall carbon nanotubes)則簡寫爲 MWNTs。

碳奈米管被發現後，經物理學家使用理論計算後發現，碳奈米管的性質因管徑不同，可由導體變爲半導體，另外其理論的楊氏係數(Young's Modulus)也高達 1.3TPa。這些奇特的物理特性被預測出來後，引起學術界及高科技產業的高度重視，紛紛投入碳奈米管的製程及應用的研究。

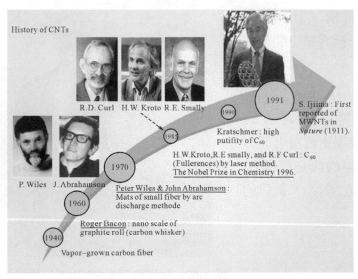

圖 4-61　碳奈米管的歷史發展。[67]-[74]

　　碳奈米管的歷史發展如圖 4-61 所示。在 1940 年代，即有報導指出含碳氫化合物氣體或一氧化碳的電氣爐中可發現碳細絲[1-3]，這些細絲的直徑約數 nm 而長度則達數 μm，有管狀的結構，將這些由氣相得到的細絲歸類為氣相成長的碳纖維(Vapor-grown carbon fibers)，一般認為這些碳細絲的形成是由於反應腔體壁之金屬微粒為觸媒並使之催化，且擴散於金屬微粒的另一側析出中空管狀之碳細絲。在次微米級的氣相成長碳纖維發展同時，許多直徑更小的碳纖維與奈米管狀結構不斷地被發現。

　　1960 年 Roger Bacon [70](at National Carbon Company in Parma, Ohio, then part of Union Carbide Co.)製造出奈米級的石墨捲(石墨鬚晶)，並且以顯微鏡與 XRD 確認了它的直徑與結構。

　　1970 年代末期 Peter Wiles 和 John Abrahamson (at University of Canterbury in Christchurch, New Zealand)他們利用石墨電極的電弧放電法進行碳纖維的研究[71]，並且發現在其中的一個電極沉積了 "微小纖維氈"(Mats of small fiber)並在 1979 年，以電子繞射量測證明了這些 "纖維" 為碳元素所構成，並且其結構與石墨類似。它們描述這種管狀物就好像是由數層結晶狀的中空碳管 "套在一起"[71]。

　　1985 年 H.W. Kroto 與 R.E. Smalley 於氦氣中以雷射照射石墨的實驗時經由質譜儀分析碳團簇質量，進而發現了由六十個碳分子所組成的團簇結構，此即 C_{60} (Fullerenes)，是一種零維空間形式的碳結構[72]。

　　1990 年由 Kratschmer 等人首先成功合成固態且高純度之 C_{60}[73]。而 C_{60} 的發現更直接引起日本電氣公司(NEC)的飯島澄男(S. Ijiima)先生(圖 4-62)對奈米碳管的研究[74]。

圖 4-62　發現碳奈米管(CNT)之飯島澄男教授(右)與馬振基教授(左)合影(彩色圖 P.0-4)

圖 4-63　石墨鬚晶[74]

　　奈米碳管在被發現以前，許多科學家利用直流弧光放電法於氬氣氛下所製得的石墨鬚晶歸類為奈米碳管，其形狀為卷軸狀的，如圖 4-63 所示，其特性與理想的石墨晶體相當，由結構分析發現其由一個或數個同心卷軸狀的管狀物所構成，且石墨晶體之 C 軸垂直於同心軸，在機械性質上，其抗拉強度為 20 GPa，而楊氏係數為 1 TPa。

　　1991 年 S. Iijima(at NEC in Tsukuba, Japan)以 TEM 觀察其同事利用弧光放電法合成 C_{60} 分子時，偶然於陰極端發現針狀物是由 2～50 層的石墨網狀結構以同心軸捲曲成中空管狀結構，其直徑約數 nm 至數十 nm，而長度可數達數 μm，如圖 4-64 所示[74]，管壁結構可分為單層(Single-walled)及多層(Multi-walled)兩種，層間的距離與石墨結構中碳原子層間距相近，此嶄新的碳結構稱為奈米碳管(Carbon nanotubes, CNTs)，是一維空間形式的碳結構[74]。

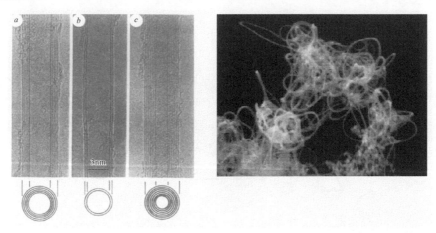

圖 4-64　S. Iijima 利用弧光放電法合成的奈米碳管[74]

所觀察到之奈米碳管層與層間距為 0.34 nm 與石墨相同(石墨：0.335 nm；碳管：0.34 nm)，最小的最內層半徑僅 0.22 nm，可能由 30 個六碳環所組成，而碳環相鄰的彎曲角約 6°遠小於 C_{60} 分子的 42°，為碳之四種同素異形體結構[75]，如圖 4-65 所示。

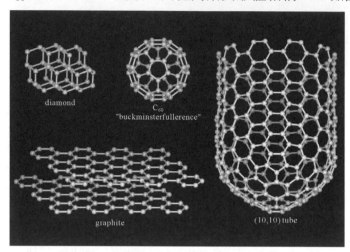

圖 4-65　碳的四種同素異形體結構[75]

二、碳奈米管的結構與獨特性質

由於單層碳奈米管可看成由石墨二維平面捲曲而成，其結構可由捲曲重疊時的六角環(hexagon ring)的向量(m，n)來表示(圖 4-66)[76]。若 $m=n$ 時，碳管結構為扶椅狀(armchair)，$n=0$ 時結構為鋸齒狀(zigzag)(圖 4-67)[76]；其餘則屬於不對稱型的螺旋狀(chiral)。至於多層碳奈米管，隨成長條件的不同，則會有標準管型、螺旋型、Y 型…等不同的型態出現。

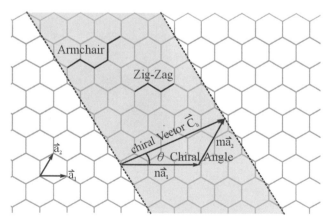

圖 4-66　以二維石墨平面上的向量來表示圖示。為扶椅狀(Armchair)碳奈米管的結構[76]

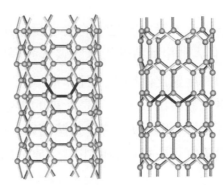

圖 4-67　單層碳奈米管的結構(armchair)，為鋸齒狀(zigzag)[76]

　　在機械性質方面，經由理論計算和許多實驗証實，碳奈米管在機械性質方面有很好的強度，以同尺寸的不銹鋼比較，碳奈米管的強度是不銹鋼的 100 倍(表 4-13)[76]，重量較輕而且具有很好的彈性，即使彎曲 90°以上也不會折斷(圖 4-64)。所以，一般預期碳奈米管將是非常好的強化材料，可用來補強複合材料(Composite Materials)的強度。

　　碳奈米管的管徑大約 1～100nm 之間，長度從 0.1 到數百 mm 不等。由於碳奈米管不一定是只有一層未飽和石墨層，隨著不同直徑及螺旋性(Chirality)的不同，可改變不同的導電性或半導體性質。

表 4-13　碳奈米管與其他材料之機械性質比較表(單位：GPa)[76]

	單層奈米碳微管	多層奈米碳微管	鑽　石	傳統碳纖	鋼	Expoxy resin	木　頭
楊氏係數	1054	1200	910–1250	350	208	3.5	16
拉伸強度	150	150	-----	2.5	0.4	0.05	0.08

(a) TEM 圖形

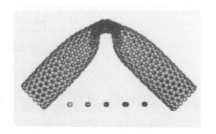

(b) 電腦模擬圖形

圖 4-68　碳奈米管彎曲的情形[76]

　　電學性質方面，在單層碳奈米管中，電子的輸送行為類似於量子線，電子可以在不連續的能階上傳遞，因此有人利用此特性以單層碳管發展出一種很小的電晶體結構。

　　此外，因為碳奈米管的長度遠比直徑大，且非常筆直，假如應用尖端放電原理，在很小的偏電壓，即可將電子發射出去，這就是所謂的場發射。所以碳奈米管可作為一非常理想的超微小場發射器，可用來取代傳統式體積龐大的陰極射線管(圖 4-68)[76]，而實驗上也已証實碳奈米管確實可在很低的偏電壓下放射出電子束，唯大量生產上目前仍是一個問題。

　　儲氫能力則是碳奈米管另一項極具發展潛力的特性。尋找能儲存大量氫氣的系統一直是航空太空及汽車工業長久以來一直在努力的目標，因為以氫氣及氧氣為動力來源的燃料電池(Fuel Cell)最不會造成環境污染，其反應所產生的產物－水，甚至還可用來提供太空人日常生活之用。理想的氫氣儲存裝置應具有重量輕、密度高、成本低、使用簡便、安全與可重複性高等特點，而目前常見的技術(如液態氫、壓縮氫、氫化金屬、活性碳…)都各有其缺點。其中以碳材來儲存氫氣為比較可行的方法。

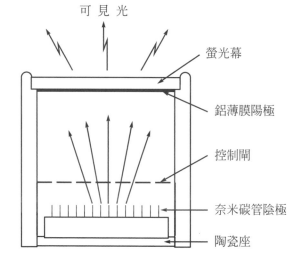

圖 4-69　碳奈米管場發射顯示器構造簡圖[66]

　　目前在科學期刊上已有多篇論文報導單層碳奈米管在室溫下可吸附約 40wt%的氫氣；有學者認為也許是碳奈米管的特殊結構，使得氣體可以藉由近似於液體的方式儲存於碳管中，就像低表面張力的液體可以存在於大管中。目前已知單層的碳奈米管在某些環境條件下可以有效地儲存氫氣(此點將在後面的檢測方法部分討論)。然而，碳奈米管如何可以吸附如此大量之氫氣，其確切的機制仍然有待研究探討[66]。

三、碳奈米管的製備方法

碳奈米管的製程方式包括電弧放電、雷射蒸發/剝離、化學氣相沉積法、氣相成長、高溫裂解及火焰生成法等。本文主要將針對電弧放電以及觸媒高溫裂解這兩種方法加以介紹。

1. **電弧法：**

此法為最早用來合成碳奈米管的方式。主要原理是在裝置內通入 Ar、He 等惰性氣體，在 10～100Torr 的壓力之下利用強度介於 100～200 安培的強電流分解陽極與陰極的碳材，使其分解重組而形成碳奈米管、碳的奈米粒子以及富勒烯(圖 4-70)[76]。

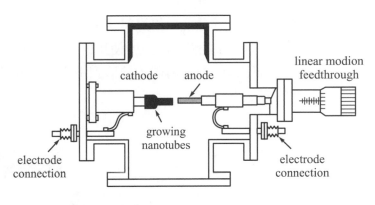

圖 4-70　電弧法生成碳奈米管裝置示意圖[76]

另一種的電弧合成法則是以液態的惰性氣體取代原本的氣體箱，用以調整反應條件[32]，這個方法可以改善原本電弧法製作碳奈米管時所產生不純物質的比例；之後又有許多學者根據上述方法發展出可以連續產生高純度碳奈米管的方法(圖 4-71)[77]。

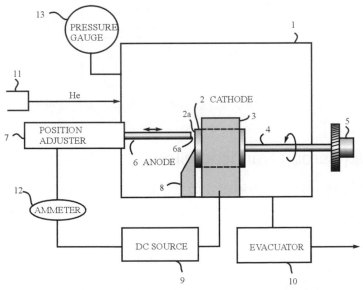

圖 4-71　電弧法連續合成碳奈米管裝置示意圖[77]

2. 觸媒高溫裂解法：

　　此法的發展主要是為了改進電弧法無法有效控制生成碳奈米管形態的缺點。觸媒高溫裂解法最早是在 1994 年被提出，之後發展的改良方法係利用蒸鍍方式將鐵粒子分散在多孔基材，再通入乙烯以 CVD 方式將其碳化[77]，此方法可以成長出自我排列(self-oriented)的整齊碳管，並且可在同一基板上重複再製。

　　此外澳洲研究機構 CSIRO 發展出能使碳奈米管成長於各種不同基材上的方法[68]。主要方式是使二價鐵與碳、氮、氫所形成之化合物於攝氏 800 至 1000 度在 Ar 或氫氣中裂解。此法所使用的基材並不限定要是多孔性材料，而且還可以藉由接觸印刷的方式將碳管轉移到不容易生成碳奈米管的基材上，因此可說是相當好的方法(圖 4-72)[77]。

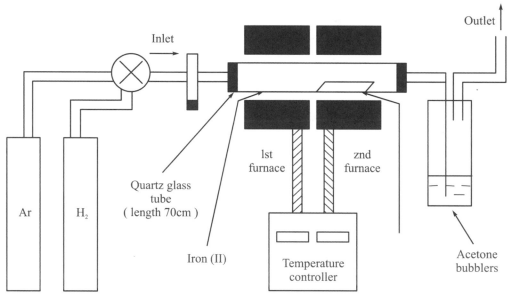

圖 4-72　CSIRO 所發展之碳奈米管整齊排列生長裝置簡圖[77]

四、碳奈米球(Carbon Nanocapsule)

　　中空碳奈米球是由多層石墨層以球中球的結構所組成的多面體碳簇(因此也常被稱為奈米多面體；Nanopolyhedra)，中心具有奈米範圍的中空孔洞。其粒徑與多層碳奈米管直徑相當，約 1～100nm。中空碳奈米球的製備是以電弧法，由兩支石墨棒在直流電場及惰性氣體下，火花放電而生成，中空碳奈米球具有獨特的結構與光、電性質，其重要性必不亞於碳六十與碳奈米管，未來可能有機會成為尖端產業的重要材料。

　　由結構來看，中空碳奈米球的多層石墨結構與多層碳奈米管相同，只是徑長常比遠小於碳奈米管，因此可將中空碳奈米球視為只具有碳奈米管兩端部分的結構。碳奈米管的半導體性質易被其廣大的中央管身石墨部分的性質所掩蓋，而碳奈米球因為其轉折處較多，反而比碳奈米管容易利用化學方法改質。

　　中空碳奈米球可以藉奈米分散技巧，或化學修飾的方法分散於溶劑中，使其應用性大幅提高，在中空碳奈米球表面製造不同的官能基，可使中空碳奈米球易溶解(或分散)於溶劑中，易於利用，並增加親和力；也可以進一步與高分子基材交聯反應。

4-22-3　石墨烯(Graphene)

一、石墨烯之歷史與發展

　　早在 1947 年 P. Wallace 就已開始利用能帶理論(band theory)研究單層石墨的電子結構，試圖解釋石墨結構上石墨的二維平面導電性高於其石墨層間縱向傳導兩個數量級的原因[79]。1956 年 J. W. McClure 推導出相似的函數方程式[80]。1984 年 G. W. Semenoff 則指出石墨烯的二維晶體結構可計算出狄拉克方程式，且在狄拉克點上石墨烯中的電子之質量為零[81]。到 1984 年為止，在石墨烯上的研究都仍僅限於理論計算，雖然在 1898 年 L. Staudenmaier[82] 及 1958 年 W.S. Hummers[83]製備出氧化石墨，但當時仍不清楚如何將其還原成石墨烯的方法與製程。而在文獻上出現石墨烯(Graphene) 此名詞，是到 1987 年 S. Mouras 利用氟化金屬 MFx (M = 鉬，鎢，錸，鈮，鉭，鈦，鈮，碘)，插層於石墨層間，並形成石墨層

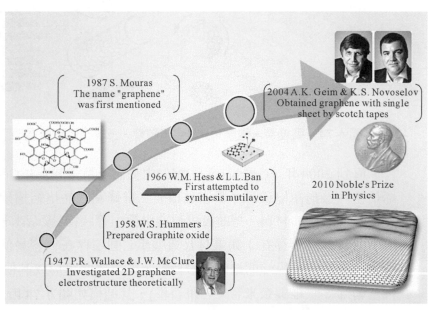

圖 4-73　石墨烯的發展歷史圖[79]-[84]。

間化合物(Graphite intercalation compound)，因推測有單層石墨結構形成的可能，因此石墨烯(Graphene)才正式在文獻中被提出[84]。

研究如何取得石墨烯的方法，在 1999 年美國人 R. Rouff 曾利用蝕刻方法，在高定向性石墨(highly oriented pyrolytic graphite，HOPG)上製作微型的島狀結構，嘗試將此島狀結構在 Si(001)矽基板上摩擦，可以得到片狀的 HOPG 的材料，但卻未進行更進一步的材料分析與探討[85]。2005 年 P. Kim 利用相似的方法，在原子力顯微鏡(atomic force microscope)的探針懸臂(cantilever)上製作出島型結構的 HOPG，並以接觸模式(contact mode)方式在座有突起結構矽基板上摩擦，可取得石墨薄片，並研究石墨薄片的厚度與電阻的關係，發現厚度越小導電性越接近金屬材料，越厚的石墨薄片其電阻值爲溫度的函數[86]。

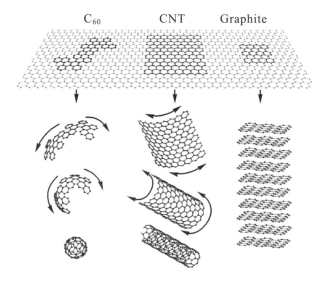

圖 4-74　零維奈米碳球、一維奈米碳管、三維石墨皆可透過二維的石墨烯加以製造[94]

直到 2004 年，Graphene(石墨烯)由曼徹斯特大學A.K.Geim 領導研究組發現，石墨烯是由六邊形單層碳原子緊密堆積成二維蜂窩狀晶格結構碳質新材料，是目前已知世界上強度最高的材料，捲曲後可製造出微小管狀物-碳奈米管。完美的石墨烯是二維結構，只有六圓環存在；如果有五圓環和七圓環存在，容易使石墨烯形成翹曲或折疊的形狀，而構成石墨烯的缺陷影響特性，經由捲曲可形成其他維度之碳材(其可捲曲爲零維富勒烯、一維碳奈米管、三維石墨)，其結構如圖 4-74 所示[94]。

圖 4-75　國立清華大學馬振基教授(左)和發現石墨烯之諾貝爾得主之一 A.K.Geim 教授(右)

圖 4-76　國立清華大學馬振基教授(左)和發現石墨烯之諾貝爾得主之一 K.S.Novoselov 教授(右)

單層石墨烯厚度約 0.34 nm，石墨烯的平面上有許多未定域電子，因此導電度相當高，且石墨烯為 sp^2 二維結構，結構非常穩定，碳-碳鍵長僅為 1.42 埃。石墨烯中，各個碳原子之間的連接非常柔韌，當施加外部機械力時，碳平面就彎曲變形，從而使碳原子不必重新排列來適應外力，可保持了結構穩定性。這種穩定的晶格結構也使碳原子具有優秀的導熱性。另外，石墨烯中的電子在軌道中移動時，不會因晶格缺陷或引入外來原子而發生散射。由於原子間作用力十分強，在常溫下，即使周圍碳原子發生擠撞，皆有量子霍爾效應(Quantum Hall effect) ，受到的干擾度相當小，其導電性質為類金屬或半導體性。

由於單層石墨烯是二維材料，因此每一個原子都暴露表面；因此具有極高之理論表面積(2630 m^2/g) [79-80]，石墨烯具有優異的電學、熱學和力學性能，除了應用在高性能電子器件、複合材料、場發射材料、氣體感測器及能量存儲等領域，單層石墨烯還可以用來開發奈米尺寸的儀器和設備；當單層石墨烯捲曲後，則形成類似碳奈米管。由於其獨特的二維結構和優異的結構特性，奈米石墨烯片(graphene patelets)蘊含了豐富而新奇的物理現象，為量子電動力學現象的研究提供了理想的平臺，具有重要的理論研究價值。因此，奈米石墨烯片迅速成為材料科學和凝態材料物理領域近年來的研究重點[95]。

而多層奈米奈米石墨烯片是由數個單層奈米石墨烯片所堆積起來，其厚度從 0.34 奈米至 100 奈米，直徑則是從 0.5 至 20 毫米，而直徑及厚度比可高達 10,000 倍。每層奈米石墨烯片平面皆是由二維的六元環所構成的，這些碳原子是藉強共價鍵所鍵結而形成的平面。而軸向的石墨烯平面上的碳則是形成較弱的凡德瓦爾力，因此在軸向其電導性、熱導性、機械強度皆較徑向來的差。graphene 電性質與碳奈米管相似而拉伸強度則較碳奈米管稍微弱些。由於其片狀的結構可提供較碳管大之表面積來達到更大量更佳的化學改質效果，進而在高分子中可有較佳的分散效果、且可形成較大量之官能基或化學接枝供奈米粒子成核，使奈米粒子在其上分布的更為均勻。石墨烯由於其優良的電性質、熱性質及機械性質，其能成為熱固性樹脂、熱塑性材料及彈性體等基材的補強材料。再者石墨片由於具備獨特的物理性質，被認為在未來能取代電子元件中的矽。例如它能用來製作超快電晶體，因電子能以極快的速度在其中運動。單層石墨片亦具有透光性，相較於主流透明導電材料氧化銦錫，石墨片有低價且可彎曲的優勢，可應用於顯示器、觸控式螢幕及太陽電池上。石墨片電極的高表面積特性也有助於增進電容元件的電荷密度，低質量的優點更適合用來製作可攜式裝置。

石墨烯的價格與其厚度及數量息息相關，較厚的石墨烯相對價格也較便宜；若大量購買平均厚度 30 奈米的石墨片，則每公斤僅需要 50 元美金即可，相較於多壁碳奈米管每公斤 100～200 元美金而言便宜，其與碳奈米管性質比較如表 4-14 所示[82-83]。

表 4-14　碳奈米管與奈米石墨烯性質比較表[82-83]

性質	單壁碳奈米管	石墨烯
比重 (g/cm^3)	1.2-1.4	～2.0
楊氏模數 (T Pa)	1.0～1.7(軸向)	～1(平面)
抗張強度 (G Pa)	50-500	～100-400
線性電阻抗 $(\mu\Omega\ cm)$	5-50	50
熱傳導係數 $(Wm^{-1}K^{-1})$	2,900	5,300(平面)；6-30(c 軸方向)
磁感受性 (emu/g)	22×10^6 (放射向) 0.5×10^6(軸向)	22×10^6(垂直平面) 0.5×10^6(平行平面)
熱膨脹係數 (K^{-1})	-1×10^{-6}	-1×10^{-6}(平面) 29×10^{-6}(c 軸方向)
熱穩定性 (℃)	＞700℃(空氣)	450-650℃(空氣)
比表面積 (m^2/g)	100-200 (最高至 1,300)	100-1000(最高＞2,600)
價格/磅 ($)	～500	～10

二、奈米石墨烯之製備方法 Preparation of Graphene-based materials

目前有數種製備奈米石墨烯片的方法：如輕微摩擦法或撕膠帶法、機械剝削法、化學分散法、化學剝離法、氧化奈米石墨烯片化學還原法。

(一)膠帶撕下法[98]

膠帶撕下法即利用膠帶自石墨上黏剝下奈米石墨烯片，利用多次撕黏的方式將石墨烯逐漸脫層而使之更薄層數更少，最後產生單層之 graphene，哥倫比亞大學的 C. Lee 等學者及利用此法製備石墨烯並對其進行一系列機械性質研究。

(二)機械脫層法[79]

機械剝離法是最早成功製造出石墨烯的方法，英國曼徹斯特大學 A. K. Geim 教授研究團隊所使採用的即是此方法，如圖 4-77 所示[146]，利用膠帶將石墨經過反覆撕黏的方式使石墨脫層而使其更薄，層數更少，最後可得單層之 graphene，並驗證了二維晶體的獨立存在。他們先利用氧等離子束在 1mm 厚的高定向熱解石墨表面刻蝕出 20 微米見方及深 5 微米的凹槽，再將其用光刻膠壓在 SiO$_2$/Si 基板上，然後用透明膠帶反復撕揭，剝離出多餘的石墨片。隨後將粘有剩餘微片的 SiO$_2$/Si 襯底浸入丙酮溶液中，以超聲波震盪去除樣品表面殘餘的膠和大多數較厚的片層。所得到的石墨烯片厚度小於 10nm 片層，主要是依靠凡得瓦爾力(Van der Waals force)吸附在矽片上。最後再通過光學顯微鏡和原子力顯微鏡挑選出單層石墨烯薄片。利用該方法可以獲得高品質的石墨烯，其室溫載子遷移率高達～10,000 s- cm^2/V，而電子電洞密度高達 10^{13} cm^{-2}，此法可製備出具高品質之 graphene nanosheets，並將其應用於場效電晶體。但其缺點是所獲得石墨烯尺寸太小，僅幾十或者幾百微米。且制備過程不易控制，產率低，不適合大規模的生產和應用。

機械脫層法為利用奈米級探針(mechanical exfoliation，repeated peeling)破壞石墨單層間之凡德瓦力，直接將單層石墨片由石墨表層刮下之製備法。2004 年 K. S. Novoselov 等人即利用此法製備出單層 graphene 或數層堆疊 nano graphite sheet，其室溫載子遷移率高達～10,000 s- cm^2/V，而電子電洞密度高達 10^{13} cm^{-2}，此法可製備出具高品質之 graphene sheet，並將其應用於場效電晶體。

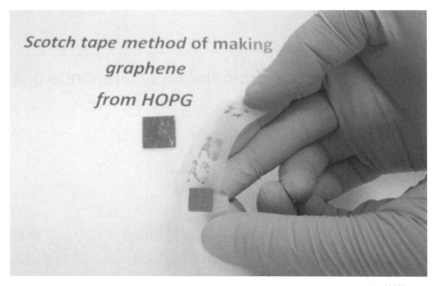

圖 4-77　利用機械剝離法剝離熱解石墨而製備出單層石墨烯[146]

(三)磊晶成長法[79]

Van Bommel 在 1975 年發現當利用碳化矽作爲基板，在 ultra-high vacuum (UHV)之條件下加熱至 1100 度的高溫時，碳化矽表面會由 SiC 重組形成一層單晶薄層之 graphite 呈載於碳化矽表面，其爲數層 graphene 堆疊而成的 graphene sheet，此即爲磊晶成長法[99]。

在 2007 年，Walt A. de Heer 等人即利用此法製備 graphene sheet 之奈米線路，其主要製備方式如圖 4-78 所示[99]。

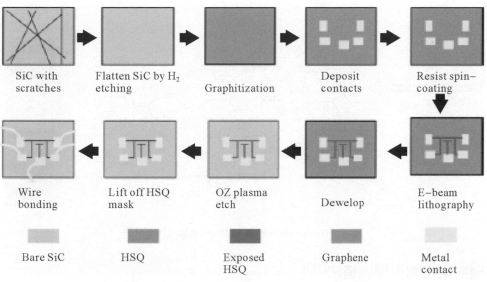

圖 4-78　Patterning epitaxial graphene [99]

主要流程如下所述利用磊晶法形成一層薄層 graphene sheet 再將金屬沉積於表面形成電極塗佈 HSQ 樹脂光阻劑於表面利用 E-beam 硬化光阻劑於表面設計電路除去未硬化光阻膜利用 O_2 plasma 除去未包覆光阻膜之 graphene sheet 層移除硬化後的 HSQ 阻劑連接導線於電極形成通路利用此法可設計不同樣式之 graphene sheet 奈米線路，將可應用於電晶體、積體電路板等現代科技產品之中[99]。

(四)化學分散法[100]

係史丹佛大學的 X. Li 等[100]學者發明的新方法，是利用脫層-再插層-膨脹 (exfoliation-reintercalation-expansion)的技術在有機溶劑中製造石墨烯。如圖 4-79，先將石墨在 1000 °C 下剝離，然後以硫酸使其再插層，接著利用 Thiobarbituric Acid (TBA)來擴展石墨層的層間距離，再將產物置於二甲基甲醯胺(N，N-Dimethyl formamide，DMF)中，加入介面活化劑 phospholipid-PEG，以超音波加以裂解，最後再經離心程序，便可製造出幾乎單層的石墨片懸浮液，此方法生產幾乎 90 % 的單層奈米石墨烯片，並且容易規模生產。

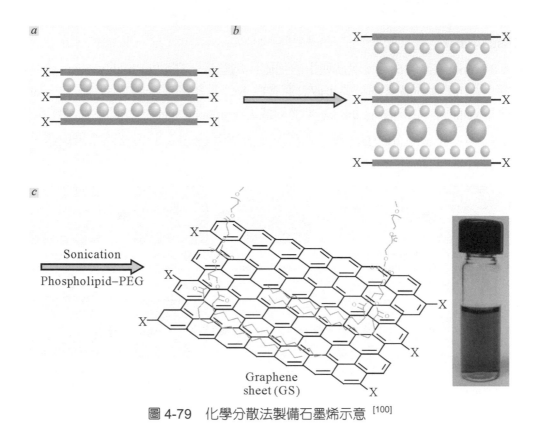

圖 4-79　化學分散法製備石墨烯示意 [100]

(五)碳氫前驅物化學沉積法[101]

　　2009 年 Lewis Gomez De Arco 等人[101]利用化學沉積法(CVD)以高濃度的甲烷氣體為主要反應物，在 4-in diameter 的晶圓上，鍍上鎳片上製作單層或多層石墨烯，如圖 4-80 所示。

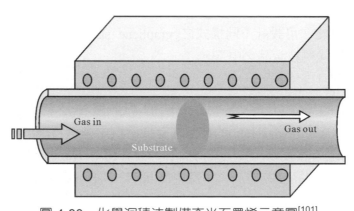

圖 4-80　化學沉積法製備奈米石墨烯示意圖[101]

(六)氧化奈米石墨烯片(graphene oxide)-熱還原法[102]

　　K. S. Novoselov 等學者[79]先將石墨塊材經過氧化處理後，使得其邊緣(edge)或是基面(basal plane)帶有氧或是氫氧的官能基形成氧化奈米石墨烯片(Graphene oxide，GO)，分散在溶劑中，之後再破壞層與層之間的作用力，得到單層奈米石墨烯片。而氧化石墨烯其結構和奈米石墨烯結構類似，同樣都是準二維的平面結構，如圖 4-81 所示[102]，並且具有極豐富的表面化學性質及優異的水溶性，這樣的製備方式具有成本低，比起其他置備方式更具有可大量生產之優點，中間產物氧化石墨烯更為其獨特性質亦被應用在高分子複合材料、燃料電池觸媒等領域．

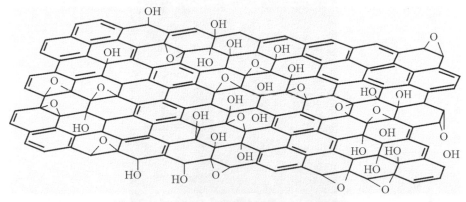

圖 4-81　氧化奈米石墨烯片示意圖[102]

圖 4-82　氧化石墨烯示意圖[103]

　　2008 年 Héctor A. Becerril 等學者[105]，將石墨經強酸處理後形成氧化石墨，使得石墨烯平面上形成接枝含氧的官能基，瞬間受熱超過 600℃後產生劇烈膨脹，因為加熱氧化石墨時，官能基氧化產生二氧化碳氣體，在石墨層間產生膨脹的壓力超過石墨層間的凡得瓦力作用力時，可以強行剝離石墨晶體的層狀結構，而整體體積大幅膨脹，如圖 4-82，高溫還原的方式可以有效移除表面官能基並且具有較高的結晶程度，在導電特性上來得比化學還原的方式佳。

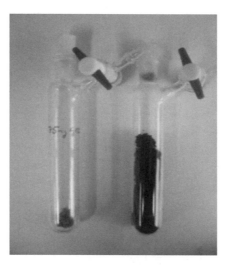

圖 4-83　GO before (left) and after (right) flash heating at 600 ℃[106]

(七)氧化奈米石墨烯片(graphene oxide)-化學還原法[105]

　　由於氧化石墨烯的石墨結構相當低，需要利用強還原劑反應如聯氨(hydrazine)、硼氫化鈉(sodium borohydride)、對苯二酚(hydroquinone) 及具有強還原作用的鹼性化學物(alkaline)，將氧化奈米石墨烯片上含氧官能基進行還原成石墨烯，來修復其石墨結構，如圖 4-84[105]與圖 4-85[107]所示為利用不同化學還原劑所進行時的還原反應機制。

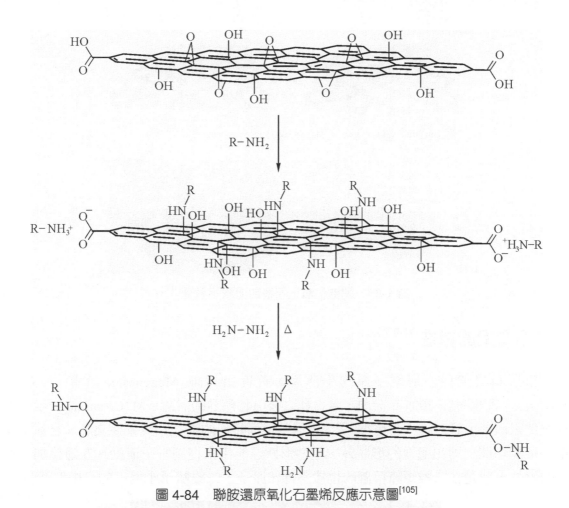

圖 4-84　聯胺還原氧化石墨烯反應示意圖[105]

　　而化學還原法雖然受限於化學還原劑本身還原能力，還原程度較低，但配合適當還原劑可以對特定溶劑具有較佳之分散性質，也具有可較大量生產及低成本之優勢[91-93]。

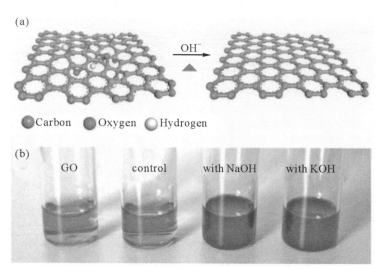

圖 4-85 鹼催化氧化石墨烯還原示意圖[106]

三、石墨烯的特性[94-96]

　　單層石墨烯為一層原子厚的小薄片，首度由英國 Manchester 大學的 K. S. Novoselov 等學者在 2005 年分離，且自此之後引起熱烈的討論。M. Crommie 表示石墨烯雖然跟碳奈米管一樣大有可為[110]，不過其平面幾何的潛在功能甚至更多。它除了像紙一樣能切開、剪出適合的形狀外，這些形狀還能用來控制電子流動、在邊緣加上獨特的磁性，或是在二維矩陣精確的位置上摻雜原子。二維賦予了驚人的自由度[108]。

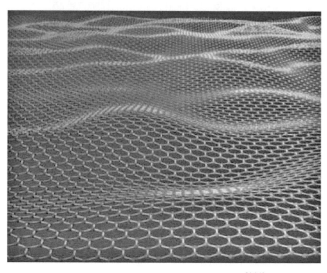

圖 4-86 STM 下的石墨片結構[111]

(一)石墨烯之電性質

　　奈米石墨烯薄膜(graphene film)是由曼徹斯特大學的 Andre Geim 等人[79-80]及其在琴諾格洛夫加(Chernogolovka)微電子科技研究所製備，由於能用來製造電晶體，因此可能成為繼矽之後另一可應用在半導體元件上的材料。
Geim 等人採用機械剝削的方式，從較厚的石墨結晶上削下一層二維碳薄膜，然後綜合光學、電子束及原子力顯微術，分離出最薄的石墨膜。如此可得到長達數十微米、厚僅數奈米的超薄薄膜。研究人員接著利用傳統微影及蝕刻技術，將薄膜製成場效電晶體，其中的電子在室溫下呈現彈道傳輸(ballistic transportation)的特性，亦即電子可以由源極傳遞至汲極而不受到散射。

　　彈道式電晶體由於速度極快，可說是電子工程界追求的理想材料。雖然該小組並未說明此電晶體有多快，但已證實其彈道傳輸的特性；根據 Geim 的說法，電子在石墨烯中彈道傳輸的距離達次微米，已足以製作彈道式電晶體。Geim 並表示其靈感來自最近奈米碳管元件上的突破，因為碳管的結構就是捲曲的石墨烯。該小組目前正在開發其他可能的應用，其中包括超靈敏氣體偵測器，為了更進一步了解這種新材料，美國能源部 Lawrence Berkeley 國家實驗室之 M. Crommie 等學者完成了配備「閘極」(gate electrode)電極之石墨烯(graphene，石墨片)的首次掃描穿隧能譜(STM)[109]。

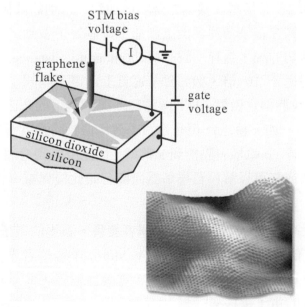

圖 4-87　Under the STM tip a flake of graphene 50 microns (millionths of a meter) long rests on a substrate of silicon with　a thin layer of silicon dioxide insulation [110]

　　STM 的使用端是尖端，一根細微的金屬絲十分靠近一個導電表面 (即石墨烯)。在尖端與樣本間所施加的電壓導致電子在之間穿隧(tunnel)而產生「穿隧電流」。在電壓固定下，這種穿隧電流依尖端和表面的位置而有所不同，所以透過尖端掃描薄片，可測繪出表面的型態圖。並將 STM 這種顯微技術與光譜學(spectroscopy)結合，可使研究者建構成一幅電子態的空間性分佈影像[108]。M. Crommie 等學者使用片狀剝離的(exfoliated)石墨烯，透過機械性方式自一大塊碳劈開單層原子所製成的個別石墨烯。該學者將電極附加在石墨烯與由矽導電層所構成的基質，而兩者之間則由一層絕緣的二氧化矽所分離。這種實驗設置因而能獨特地包含兩種截然不同的電壓差(voltage differences)：STM 尖端與表面之間的偏壓(bias voltage)，以及石墨烯與其下基質之間的閘極電壓(gate voltage)。進而控制閘極電壓來變更石墨烯中電荷載體的密度，故能觀察石墨烯在不同能量下的局域狀態密度，且觀察到電子的移動行為[108]。

　　在石墨烯中的碳原子被安排在六角形的角上，在每個原子的四個電子中有三個涉及與其鄰居構成的分子鍵；這些是在材料平面上的 σ 軌域(sigma orbitals)。剩餘的電子在 π 軌域(pi orbitals)延伸出石墨烯的平面上、下。π 軌域的混成(hybridization)則延展穿過石墨烯，而自由電子則如同高速的「相對的準粒子(relativistic quasiparticles，所謂的迪拉克費米子 (Dirac Fermions)，其舉止猶如它們沒有質量)」般自由的移動[108]。另外研究小組發現，當尖端與石墨薄片樣本的偏壓增加到一特別的閾值-63 millivolts (mv)，接著每個穿隧電子能夠在石墨薄片表面上創造出一個聲子振動，那讓電子能夠更容易進入石墨薄片，更確切的說，這種「聲子援助(phonon-assistance，"聲援")」導致電子穿隧傳導性增加超過了 10 倍，猶如聲子實質上為電子開闢了一條新渠道讓電子流過。Crommie 說，"我們稱它做聲子閘門。這種新渠道其下的起因來自於碳的 σ 軌域，那通常不會引導電子(一如 π 軌域)，但是當石墨薄片振動時那就會帶動電子移動。"當一個聲子被創造出來時，σ 軌域有點擦到 π 軌域，且作用如潤滑油，幫助穿隧電子插入石墨薄膜中，此現象或許可以解釋石墨烯為何擁有如此優異電導性以及彈道傳輸特性[110]。

　　英國曼徹斯特大學的 S. V. Morozov 等學者發現，石墨的電子遷移率約為 200,000 cm^2/Vs，是矽的 100 倍及砷化鎵的 20 倍。S. V. Morozov 等學者表示這項結果違反過去的對材料上的認知，因為通常材料做得越薄，電導性越差，而只有單原子厚度的石墨烯卻有目前已知最高的電子遷移率[112]。

(二)石墨烯之機械性質[98]

哥倫比亞大學的 C. Lee 等學者[98]先測量奈米石墨烯片的本質強度(intrinsic strength)，亦即要使完全無缺陷的材料中的原子分離，必需施加在橫切面上的最小應力。基本上，所有的材料都具有缺陷，如微小的裂縫或刮痕，這些是材料中較脆弱的地方。而一般材料所能承受的應力主要取決於其所含的缺陷大小及數量。

研究人員先利用膠帶自石墨上剝下奈米石墨烯片，利用多次撕黏的方式將石墨烯逐漸脫層而使之更薄層數更少，最後產生單層之 graphene 接著將石墨片置於矽晶圓上的一系列小洞中，洞寬 1.0 或 1.5 μm。每個洞上的石墨薄膜就像一張小鼓面，其「鼓膜」只有一個原子厚。接著研究人員使用 AFM 探針顯微鏡來對單層 graphene 進行奈米級尺寸機械強度的測試，利用具有半徑約 20 nm 的鑽石針尖的原子力顯微鏡(atomic force microscope)施壓，使石墨片表面凹陷，然後根據石墨薄膜的位移量計算出其楊氏模數、彈性性質，或藉由導致薄膜破裂的應力大小計算出石墨片的本質斷裂強度[98]。

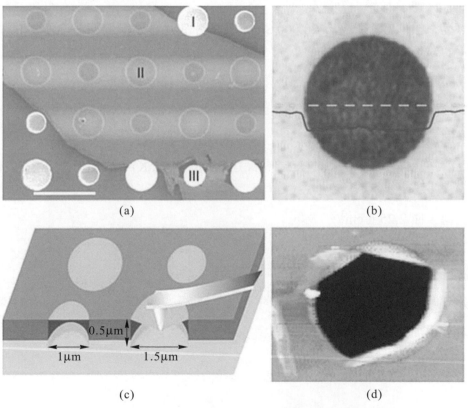

圖 4-88　AFM 探針量測 graphene 薄膜機械性質圖示[98]

C. Lee 表示[98]，奈米石墨烯片的強度遠高於其他物質，關鍵在於其共價碳鍵結以及樣品結構不含缺陷。一般物質由於尺寸的關係，都會有缺陷存在，而奈米石墨烯片由於僅考慮極小的範圍內，起產生缺陷的機率極小甚至達零缺陷。根據這項實驗結果，奈米石墨烯片的本質強度可當作物質本質強度的上限，這項結果也可用來驗證預測物質在高張力下的彈力性質的理論或電腦模型是否正確。C. Lee 亦指出，如果保鮮膜有奈米石墨烯片的強度，則需要施加 20,000 Newtons(相當一輛車的重量)的力才能以鉛筆戳破它。該團隊目前正進行更多的實驗，以研究各別石墨片的摩擦性質以及石墨片和基板之間的凡得瓦力(Van der Waals force)。

GNS 具有優異的電學、熱學和力學性能，被期許能夠應用在高性能電子元件、複合材料、場發射材料、氣體感測器及能量存儲等領域。2014 年，關於石墨烯的研究與發表超過 60000 篇研究論文和近 14000 項專利，如圖 4-86 所示，近幾年的石墨烯的應用領域示意圖[143]，佐證了 GNS 在各應用領域上具有相當高的潛力。

多層石墨烯具有以下數種特性[83-98]：

1. 電傳導率相似於銅高達～20,000 S/cm 但材料密度僅為銅的四分之一，也就是具有較輕的質量。

2. 楊氏模數高達 1TPa(1,000 GPa)，而拉伸強度是 100～400 GPa。

3. 本質強度為 130 GPa 強度，為鋼之五倍。

4. 比表面積高達 2.675 m^2/g。

5. 到目前為止擁有最高熱導性之碳材高達 5,300 W/(mK)，五倍於銅，密度卻為銅的四分之一。

6. 密度低，僅 2.25 g/cm^3。

7. 高抗氣體滲透性。

8. 可進行表面改質。

9. 可分散於多種高分子及常見溶劑。

10. 可大量添加至奈米複合材料中。

▶ 4-23　奈米陶瓷

　　奈米粉體最特殊的性質是它的表面積與體積比(surface area vs. volume)相當高，對於一個只有 5nm 的顆粒，有 50%的原子是在表面上，因此表面物化反應及表面能量變的非常重要。奈米顆粒可以是結晶態，或是非晶態，形狀可以是等軸粒狀、多層片狀型態，或是纖維狀。

　　早在 1960 年時，就有科學家使用化學反應的方法合成陶瓷奈米懸浮液、超微碳粉，應用在石油化學分餾、化學催化等領域。曾被使用的合成方法包括氣相化學反應的化學氣體沈積法(CVD)、氣相凝集法、電漿(plasma)、電子束或雷射氣相沈積，或是噴霧熱分解法(thermal spray technique)：液相反應的溶膠凝膠(sol-gel)法，或反應沈積法較少，只有固相沈積法。合成的奈米材料主要是陶瓷氧化物，其形式多爲超微粒或超薄薄膜。

　　陶瓷材料包括氧化鋁(Al_2O_3)、氧化鋯(ZrO_2)、碳化矽(SiC)、氮化矽(Si_3N_4)等，具有硬度高、耐磨性好、化學性質穩定及密度小等優異性能，而被人們所注意，並在各個工業領域中逐漸被採用，其中碳化矽和氮化矽等陶瓷是高科技陶瓷中綜合性能優秀的代表，和最具有工業應用前景的材料，但目前仍有許多困難需克服，才能將陶瓷材料廣泛發展與應用。

　　爲了改善其韌性，人們普遍採用了顆粒、鬚晶、ZrO_2 的相變化進行增韌強化，對 Si_3N_4 或 SiC，近期又發展了原位控制組織結構型態的自增韌技術。顆粒增韌，具有技術簡單的優點，但取得的增韌效果較小，晶鬚增韌，由於晶鬚在晶體中難以分散均勻，技術性不好，往往達不到預期的效果，且晶鬚的毒性、價格高昂，也是一個不利的因素。ZrO_2 相變增韌可以取得較好的效果，但在高溫工作條件下不能達到增韌的目的。自增韌技術具有技術性好、效果明顯的優點，但對增強的效果有待提高。

　　在奈米陶瓷中，具有良好高溫力學性能的陶瓷材料，一直是該領域研究的重點。在這方面十分重要的陶瓷材料有氮化矽、碳化矽等。SiC、Si_3N_4 有可能在 1400℃以上到 1650℃的高溫結構使用的候選材料,但由於燒結(sinter)助劑(Flux)的添加形成的晶界相在高溫下的軟化，引起高溫強度的下降，限制了使用溫度的提高。但爲了進一步提高各類熱機效率，人們設計的使用溫度要盡量提高，以期將來能應用在航空科技領域中。

一、奈米陶瓷製備技術

　　奈米微粒子獨特的形態與性質，引起人們開發新材料用途的興趣，因此進而發展出各式奈米材料的製造方法。目前奈米微粒子的製法必須先認清目的，設法改良技術得到可以接近目的之奈米材料製法與其應用法。奈米微粒的各種製造技術，大致可分為機械粉碎法、液相法、氣相法、溶膠凝膠法、氣膠噴霧熱分解等方法。美國猶他大學開發合成奈米粒子的新方法，其原理是採用分子分解法，首先將開始化合物中的不要物質滲出，微細的奈米級粉末當做殘留物留下來做為開始物。據稱此法的好處很多如：

(1) 可生產均質粉末。

(2) 以分子、原子級做均一混合。

(3) 微細尺寸粉末。

(4) 極少非奈米粒子。

(5) 容易量產。

(6) 價格合理。

　　奈米微粒子製法要求的條件有表面清淨，可控制粒徑、粒度，容易捕集，安定而保存性良好，生產性高，氣相法具備多項重要條件。最近常用氣體蒸發法生成奈米微粒子，理由是乾淨，粒徑一致、粒度分佈狹窄，容易控制粒徑。研究用或欲探索用途時，需要特性一定的奈米微粒子，很適用氣體蒸發法，可作出金屬、合金、陶瓷、複合物、有機化合物的奈米微粒子。

二、奈米陶瓷粉體的穩定化

　　由於大部分合成的陶瓷粉體為氧化物，所以氧化物粉體在大氣中相當穩定。如果是碳化物、硼化物，在氧化環境中，多少會形成一層氧化膜，保護粉體的表面，使得氧化的速度變慢。但多數的粉體，例如金屬粉體，會因氧化的緣故，在室溫下自燃起來，這種粉體很難離開反應器，或是只能留在惰性氣體的環境中。

　　大部分的奈米陶瓷粉體具有氧化物表面，而且多是非結晶型(amorphous)，近幾年合成的粉體漸漸能做出奈米晶體(nanocrystal)。奈米陶瓷粉體的另一個特性是比表面積(specific area)非常高，所以表面的反應速度明顯的高出一般微米粉體許多倍。表面吸附的反應超快，所以化學催化的效果特別明顯，但也會因此吸附雜質而形成表面鈍化。另一方面，對於氣相分壓的影響也非常明顯。奈米陶瓷粒子容易形成很快的氣相傳送

(vapor transport)，造成奈米陶瓷粒子以溶析(ripening)方式成長。以銅粉燒結爲例，在室溫鈍性氣體下，奈米銅粉粒子就可以燒結。奈米粒子不穩定，反應性高在另一方面就有好處，一個粒子是氧化鋁粉的燒結，高純度微米氧化鋁粉需要 1500℃燒結一段時間，才能得到緻密化的胚體，可是將粉體的粒徑減少到 10～50nm，燒結的溫度就可以低到 870℃。過去許多實驗已經證明奈米粉體可以增加緻密化速率，但都會同時加速晶粒的成長，最後雖然達到相當高的密度，但晶粒粒徑已經長到微米尺寸，除非在燒結時使用高壓，才能保持奈米粒徑。

三、奈米陶瓷粉體的聚結

顆粒間有多種表面作用力(surface interaction forces)，但大多數的例子只要考慮其中兩個主要作用力：一是靜電斥力，另一是凡得瓦力，如果吸引力大於斥力，就會發生顆粒凝聚現象，懸浮液系統是不穩定的，過去許多研究中發現在懸浮液中添加一些物質可以改變這種現象，例如：分散劑、鹽類等等，對奈米顆粒間之作用力有相當程度的影響。顆粒間除了凡得瓦吸引力之外，還需考慮其他作用力因子，例如，液體分子的動態結構、電解質濃度的影響，電荷型態等，這些都會影響奈米陶瓷微粒的穩定度，值得我們更深入去探討。

🔘 4-24　奈米有機黏土複合材料

一、黏土的結構

黏土之種類繁多，但是可以歸納爲天然的及合成的兩大類。合成黏土一般帶有陰離子，在黏土的層間帶有正電荷。天然黏土的層間帶負電，因此帶有陽離子以平衡電荷[133]。所有天然黏土礦物結構均由四面體和八面體以不同的堆疊方式所構成，因四面體與八面體堆疊的次序與數量不同，而可以用四面體與八面體的比值將黏土分爲 1：1，2：2，2：1 三種。

最常用在高分子/黏土奈米複合材料的黏土爲 2：1 系列的黏土[134]，其單位晶格的結構如圖 4-89 所示[134]：在兩層四面體結構的 SiO_2 中間，包夾著一層八面體結構的 $Al(OH)_3$ 或是 $Mg(OH)_2$，形成了 2：1 結構。黏土的層間距(interlayer spacing)大約在 1nm 左右，而其橫向的尺寸大約在 30nm 至數個μm 之間。在層與層之間的空間稱之爲長廊(Gallery)。在此系列中最常被使用作高分子/黏土複合材料中的補強材的種類如表 4-15[134]所示。

表 4-15　2：1 多矽酸鹽層之化學式[134]

2:1 Phyllosilicate	General formula
Montmorillonite	$M_x(Al_{4-x}Mg_x)Si_8O_{20}(OH)_4$
Saponite	$M_xMg_6(Si_{8-x}Al_x)Si_8O_{20}(OH)_4$
Hectorite	$M_x(Mg_{6-x}Li_x)Si_8O_{20}(OH)_4$

M = monovalent cation　；x=degree of isomorphous substitution
(between 0.2and 1.3)

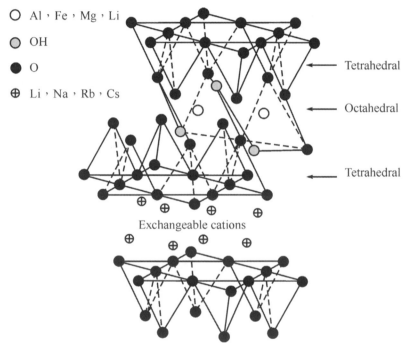

圖 4-89　2：1 多矽酸鹽層之結構[134]

　　蒙脫土是屬於 2：1 類黏土礦物結構，黏土主要是由數個主要顆粒所聚集而成的，其大小約為 0.1～10μm[135]。而主要顆粒又是由數個單位晶體所組合成的，主要顆粒的高度為 80～100Å，單位晶體厚度為 9.6～10Å。在單位層間可能存在著數層的水分。可以預期的是，當水分一旦進入此矽酸鹽層之片狀結構時，由於片狀結構之靜電斥力的作用，使得黏土的層間距離增加，此即蒙脫土遇水膨潤之原因。若溶液中含有陽離子則陽離子會中和部份片狀結構之負電性，使片狀結構間距離縮短，因此蒙脫土的膨潤性質在高離子強度溶液環境中會受到限制。

　　黏土內的親水性矽酸鹽層和大部分疏水性的高分子材料兩者間的相容性不高，因此要將這兩種材料相混在一起，就必須對黏土做改質。在黏土的層間常會存在 Na⁺、K⁺等陽離子以平衡其矽酸鹽層的陰電性。我們可以利用離子交換的方式對黏土進行改質，將 Na⁺、K⁺等離子用有機陽離子(如 alkylammonium cation)以離子交換反應的方式置換出來，使得黏土的層間距離增大。有機陽離子降低了矽酸鹽層的表面能量而且可以增加黏土與高分子的相容性，如果能夠依高分子上的官能基而改變有機離子上方的官能基，更可增強黏土與高分子之間的作用力。

二、高分子/黏土奈米複合材料的分類

　　高分子/黏土複合材料可以分成下列三種：

1. **傳統型高分子複合材料(conventional composite)：**

　　在傳統高分子複合材料之中，黏土的層狀結構仍然存在。黏土顆粒僅是以填充劑(filler)的型式存在材料之中，因此對於高分子性質的提升效果有限。

2. **插入型奈米複合材料(intercalated nanocomposite)：**

　　在插入型複合材料之中，黏土的層狀結構被撐開，層間距增大，但是仍然維持其重覆的層狀結構。因爲層間距離增大，因此單獨的高分子鏈進入到黏土的層間，此時會形成強的無機鍵結，其黏土所發揮的效果比傳統高分子複材高。

3. **脫層型奈米複合材料(delaminated or exfoliated nanocomposite)：**

　　黏土的層狀結構完全被打開分

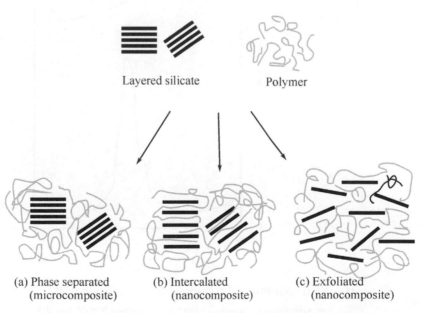

圖 4-90　傳統複合材料與奈米複合材料分散比較示意圖[134]

散在高分子基材中，不再維持其層狀結構，此時材料的整體性質如機械性質、熱性質等能獲得最大的提升。

三、高分子/黏土奈米複合材料的鑑定

有兩種方式可以用來觀察黏土在高分子基材內的分散情形[134]，第一種是 X-ray Diffraction(XRD)，第二種則為穿透式電子顯微鏡(Transmission Electron Microscope，TEM)。當黏土的層與層間仍然維持其有秩序的結構時，就可以用 XRD 來判定其層間距。而計算的公式可以利用 Bragg's relation：

$$\lambda = 2d\sin\theta \quad\text{.. (4-4)}$$

其中

λ：所使用的 X-ray 的波長

d：產生的繞射晶格間的距離(即是黏土的層間距)

θ：繞射角

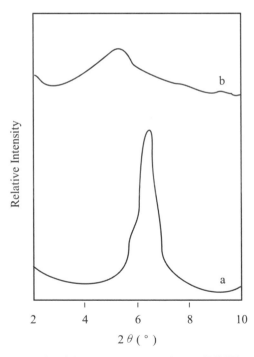

圖 4-91　XRD patterns of：(a)octyl-montmorillonite(MMT)；(b)polybenzoxazine-ctyl-montmorillonite (MMT)(5%) after 230℃ for 2 h. [136]

當高分子進入到黏土層間而將黏土撐開時，在 XRD 的圖譜上的峰會出現位移，我們便可以利用上式來測得其層間距的變化。

當黏土的層間距過大(>80nm)或是沒有維持有秩序的堆疊時(脫層型奈米複材)，在 XRD 的圖譜上不會出現特徵峰，所以我們並沒有辦法利用 XRD 來判定黏土的層間距。這時要利用穿透式電子顯微鏡(TEM)來觀察其型態，圖 4-92[137]即是插入型及脫層型的奈米複材的 TEM 照片。

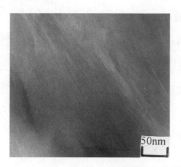

(a) 插層型奈米黏土　(b) 脫層型奈米黏土

圖 4-92　穿透式電子顯微鏡相片[137]

四、高分子/黏土奈米複合材料的製備方式

高分子/黏土奈米複合材料的製備方式主要可分為下列幾種：

1. **層間插入(Intercalation)：**
   (1) 溶液法(polymer intercalation in solution)[138]：將改質後的有機黏土，使其分散在溶劑中，再使單體或高分子夾入形成奈米複合材料。
   (2) 原位聚合法(in-situ polymerization)：將單體與改質過的黏土相混合，並使單體在黏土的層間發生聚合反應而使黏土在高分子中形成奈米級的分散。

2. **熔融插入法(Melt intercalation)：**
   將改質或未改質的黏土及熱塑性高分子樹脂混合，利用機械的力量(如押出機的剪切力)使黏土層分散。另一方式是將高分子與黏土的混合物直接加熱到高分子的熔點或是玻璃轉化溫度以上進行靜態回火(static annealing)，使高分子自行以滲透的方式進入到黏土的層間，以加大其層間距。

五、高分子/黏土奈米複合材料的性質

無機材料的補強效果決定於分散程度。一般機械式的分散只能將無機物分散到微

米級左右。如何有效的將無機物均勻分散到高分子材料中是複合材料相當重要的課題之一。因此若要達成奈米級的分散，則必針對無機物的特性，採用其它更有效的分散方法。

利用黏土來改良高分子樹脂，其最終的性質主要決定於黏土在高分子基材中的分散程度，其次則是顆粒的形狀。天然黏土是自然界相當充足的礦物且價廉的材料，其主要為矽酸鹽層所組合而成的層狀結構，擁有良好的物理性質、機械強度和化學阻抗性(chemical resistance)。要將黏土以奈米的層級均勻的分散在高分子材料中，我們必須要用化學的方法讓黏土的層間距離撐開甚至到達脫層的程度，以達到補強的效果。可是無機黏土的是屬於親水性的表面，而要將其和疏水性的有機分子(或高分子)均勻的相容在一起，就必利用適當的膨潤劑將黏土的表面改質成疏水性的表面。使黏土和高分子的相容性增加。

一般而言，高分子/黏土奈米複合材料主要具有下列優點：

(1) 極優良的機械性質、熱性質。
(2) 黏土的添加量少，不會造成翹曲、浮纖等狀況。
(3) 低線性膨脹係數，尺寸安定性良好。
(4) 層狀結構造成奈米複合材料之吸水率低。
(5) 優良的水氣與氣體阻隔特性。
(6) 降低有機反應溫度。
(7) 黏土粒徑小，屬於層狀結構，具有離子鍵及高 Aspect ratio。

當黏土顆粒愈分散時，其界面接觸愈多而使得其補強效果較高，再者由於黏土層狀矽酸結構很薄(約 1nm)，所以限制了高分子的運動性。當高分子夾入於矽酸鹽層中時，黏土限制阻礙了分子的移動(translational)和轉動(rotational)運動，且結晶高分子熔融(melting)所需要的運動空間超過矽酸鹽層(silicate lattice)中 nano-sized gaps 可利用的空間，因此高分子夾入矽酸鹽(intercalation of polymer in silicates)會增加其熱穩定性和氧化穩定性。

六、高分子/黏土奈米複合材料的發展現況

在科學引用文獻索引(Science Citation Index，SCI)內利用 nanocomposite*、(nano* and polymer*)、(nano* and poly*)等關鍵字查詢，可以得到國內外在奈米複合材料方面的發展趨勢。圖 4-93 顯示，在 1990-2002 年之間，國內外奈米級的研究有急速成長的情形，表 4-16 可看出，奈米複合材料的論文篇數由 1990 年的 10 篇到 2002 年 1224 篇

增加了 124 倍，由此可見得奈米高分子材料為當今高分子料學研究的重點之一。

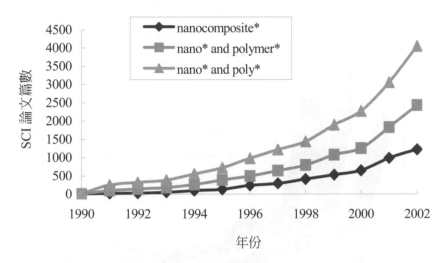

圖 4-93 1990～2002 年來奈米複材相關文獻發表情形

表 4-16 1990～2002 年奈米複材相關文獻發表篇數

	nanocomposite*	nano* and polymer*	nano* and poly*
1990	10	6	21
1991	19	98	252
1992	32	141	326
1993	53	183	391
1994	99	268	557
1995	135	389	723
1996	240	500	986
1997	295	647	1220
1998	412	799	1446
1999	530	1079	1897
2000	652	1257	2271
2001	993	1830	3058
2002	1224	2429	4052

　　若對無機材質爲分散介質的奈米高分子材料作專利搜尋，所得到的專利管理圖如
4-94 所示。

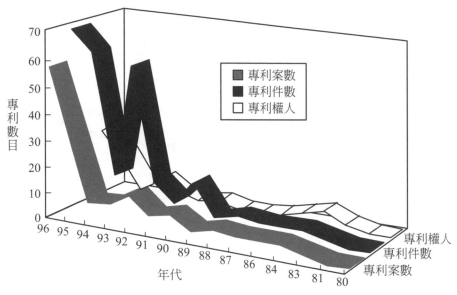

圖 4-94　奈米高分子材料專利管理圖

　　在 1990 年以前，主要專利獲得的公司爲日本豐田中央研究所，而所開發的奈米高
分子系統爲奈米聚醯胺類樹脂/黏土複合材料，並於 1990 年由宇部興業公司正式商業化
量產。1993 年則有美國 Allied-Signal 公司、日本三菱化學公司、住友化學、Toray 等公
司相繼投入此一領域的開發，1996 年日本 Unitika 公司亦商業化量產奈米聚醯胺類樹脂
/氟化雲母複合材料。

　　由奈米高分子材料之相關專利技術表(表 4-17)可看出，奈米聚醯胺樹脂/黏土的專
利佔了大半部分，其中又以聚合製程及加工摻配專利最多。主要發展公司爲：宇部/豐
田、Unitika、Allied-Signal 等公司。

表 4-17　與奈米高分子相關之專利技術表

	射出及掺配	薄膜押出	纖維押出	聚合製程	掺混製程	掺混/聚合混合製程	總計
聚醯胺	21	11	11	19	1	2	65
聚酯		1	3	4	2		10
熱塑性	1	7		5	20	1	34
熱固性		5	2			6	6
添加劑用				14			7
觸媒用							14
天然黏土					9		9
人工層材					5		5
總　　計	22	24	16	42	37	9	150

參考文獻

1. 奈米化裝置概要說明，S.G. Engineering Co.，Ltd.

2. Faraday，M. *Philos. Trans. R. Soc. London* 1857，*147*，145-181.

3. Nalwa，H. S.，*Handbook of Nanostructured materials and Nanotechnology*；vol.1，chap.1.，Academic press，2000.

4. 張志焜、崔作林，奈米技術與奈米材料，北京國防工業出版社(2000)。

5. D.Zeng and M.J. Hampden-Smith，*Chem. Mater.* 5，681(1993).

6. (a)A. Corrias，G. Ennas，G. Licheri，G. Marongin，and G. Paschina，*Chem. Mater.* 2,363(1990). (b)H.C. Brown and C.A. Brown，*J. Am. Chem. Soc.* 84，1492 (1962).

7. H. Bönnemann，W. Brijoux，and T. Joussen，DE OS 3934351，Studiengesellschaft Kohle mbH，1991.

8. H. Bönnemann，W. Brijoux，and T. Joussen，*Angew. Chem. Int. Ed. Engl.* 29，273(1990).

9. (a) F.Fievet，J.P.Lagier，and M. Figlarz，*MRS Bull.*14，29(1989). (b) M. Figlarz，F.Fievet，and J.P.Lagier，Eur. Patent，0113281；U.S. Patent，4,539,041.

10. (a) F.Fievet，F.Fievet-Vincent，J.P.Lagier，B. Dumont，and M. Figlarz，J. Mater. Chem.3，627 (1993). (b) F.Fievet，J.P.Lagier，B. Blin，B. Beaudoin，and M. Figlarz，Solid State Ionics 32/33. 198 (1989).

11. (a) K.L. Tsai and J.L. Dyc，*J. Am. Chem. Soc.* 113，1650(1991). (b) K.L. Tsai and J.L. Dye，*Chem. Mater.* 5，540 (1993).

12. (a) J.L. Dye，M.T. Lok，F.J. Tehan，R. B. Coolen，N. Papadakis，J.M. Ceraso，and M.G. DeBacker，*Ber. Bunsen-Ges. Phys. Chem.* 75，3092 (1971). (b) J.L. Dye，M.G. DeBacker，and V.A. Nicely，*J. Am. Chem. Soc.* 92，5226(1970).

13. (a) M.J. Tracy and J.R. Groza，*Nanostruct. Mater.* 1，369(1992). (b) K. Higashi，T. Mukai，S. Tanimura，A. Inoue，K. Masumoto，K. Ohtera，and J. Nagahora，*Nanostruct. Mater.* 26，191 (1992).

14. G. M. Chow，T. Ambrose，J. Xiao，F. Kaatz，and A. Ervin，*Nanostruct. Mater.* 2，131(1993).

15. G. M. Chow，L. K.Kurihara，K. M. Kemner，P.E. Schoen，W.T.Elam，A.Ervin，S. Keller，Y.D. Zhang，J. Budnick，and T. Ambrose，*J. Mater. Rev.* 10，1546 (1995).

16. Schmid，G. Cluster and Colloids；VCH，Weinheim，1994.

17. Hidefumi Hirai[*]，Noboru Yakura，Yoko Seta，Shinya Hodoshima *Reactive & Functional Polymers* 37 (1998) 121-131.

18. Chanel Yee[†,§]，Michael Scotti[†,§]，Abraham Ulman[*,†,§]，Henry White[‡,§]，Miriam Rafailovich[‡,§]，and Jonathan Sokolov[‡,§] *Langmuir* 1999，15，4314-4316.

19. Kunio Esumi[*]，Azusa Kameo，Akihiro Suzuki，Kanjiro Torigoe *Colloids and Surfaces A*：*Physicochem. Eng. Aspects* 189 (2001) 155–161.

20. Shaowei Chen[*] and Jennifer M. Sommers *J. Phys. Chem. B* 2001，105，8816-8820.

21. IEK 黃文魁博士研討會資料(91 年 8 月 16 日)。

22. 微波電漿化學氣相沈積法成長奈米級類鑽膜尖狀結構/胡瑞凱/黃振昌/國立清華大學材料科學工程研究所/碩士論文。

23. http://www.chemnet.com.tw/magazine/200209/index5.htm.

24. 鄭世裕，無機奈米材料產業應用，工業材料雜誌，190 期 10 月號。

25. G. Skandan，Synthesis of Oxide Nanoparticle in Lowpressure flame.

26. A. Singhal，Minizing Aggregation Effects in Flame Synthesized Nanoparticles.

27. Surface and Coatings Technology 94-95(1997) 13-20；「Silica thin films applied to Ni-20Cr alloy via combustion chemical vapor deposition」.

28. Thin Solid Films 357(1999) 132-136；「Deposition of zinc oxide thin films by combustion CVD」.

29. 黃國政，清華大學碩士論文，2001。

30. 任鏇諭，清華大學碩士論文 1999。

31. 黃啓祥、林文豪，水熱法合成低溫燒結錳鋅鐵氧磁體粉末，化工技術(民 90.09)，pp 142-149。

32. R.A. Laudise and J.W.Nielsen，"Hydrothermal Crystal Growth"，Solid State Phys.，12(1961) 149.

33. 史宗淮，"水熱合成鋇鐵氧磁粉之研究"，國立清華大學博士論文。

34. Esparza P，H. E. et al. *Mat. Sci. Eng.* A **2003**，*343*，82-88.

35. 日本化學會，"超微粒子-科學應用"，化學總説，No. 48，23，198。

36. http://www.rocoes.com.tw/index.html.

37. Nobuyuki Iwata*，Keigo Mukaimoto，Hiroyuki Imai，Hiroshi Yamamoto，Surface coatings and technology，169-170，2003，646-649.

38. Norikazu Nishiyama*，Shunsuke Tanaka，Yasuyuki Egashira，Yoshiaki Oku，and Korekazu Ueyama，Chem. Mater. 2003，15，1006-1011.

39. http://www.degussa-health-nutrition.com/skw_texturant/html/e/products/emuls.htm.

40. 電漿的世界/新世紀編輯小組主編/曾煥華譯。

41. Reddy，K. T.；Shanthini，G. M.；Johnston，D.；Miles，R. W. *Thin Solid Films* 2003，*427*，397-400.

42. Bagde，G. D.；Strtale，S. D.；Lokhande，C. D. *Mat. Chem. Phys.* 2003，*80*，714-718.

43. http://tmag.org.tw/mgt09a.pdf.

44. http://www.sinica.edu.tw/～caser/intro.htm.

45. 《科學發展》2002 年 11 月，359 期，12～17 頁。

46. 超臨界流體技術與應用發展趨勢 2002，12 曾繁銘、陳政群、金順志著。

47. http://www.niea.gov.tw/analysis/publish/month/21/5-1.htm.

48. 化工資訊 2001.10 奈米技術與高科技纖維專題(中)《奈米級顆粒》在藥物輸遞的應用，工研院化學工業研究所纖維技術組，李昂著。

49. Suslick K. S.，Fang M.，and Hyeon T.，J. Am. Chem. Soc. 118，11960(1996).

50. RA Caruso，M. Ashokkumar and F. Grieser，"Sonochemical Formation of Gold Sols"，Langmuir，18，7831-7836，2002.

51. N. Arul Dhas and A. Gedanken*，J. Mater. Chem.，1998，8(2)，445-450.

52. Yoshiteru Mizukoshi*，Ryuichiro Oshima，Yasuaki Maeda，andYoshio Nagata，Langmuir 1999，15，2733-2737.

53. Yu. Koltypin et al.，Journal of Nan-Crystalline Solids 201 (1996)，159-162.

54. 利用雷射剝除技巧及發射光譜學研究稀土元素氧化反應=Studies of rare earth oxidation reactions by laser ablation techniques and emission spectroscopy eng 民 91 黃滋滄撰。

55. 利用雷射削磨方法生成銀毫微米粒子之研究=Studies of silver nanoparticles by laser ablation method eng 民 87 簡建興撰。

56. 輻射化學入門，中國科學技術大學，1993，張曼維編著。

57. 奈米材料和奈米結構，科學出版社，2001，張立德、牟季美著。

58. 中國科學院奈米科技網：http://www.casnano.net.cn/gb/index_gb.html.

59. Mafuné，F.；Kohno，J.-Y.；Takeda，Y.；Kondow，T.；Sawabe，H. Structure and Stability of Silver Nanoparticles in Aqueous Solution Produced by Laser Ablation. *J. Phys. Chem. B* 2000，104，8333-8337.

60. J. Phys. Chem. B 2001，105，5114-5120.

61. 物理雙月刊(二十三卷六期)2001 年 12 月。

62. 張志、崔作林著，奈米技術與奈米材料，2000 年 10 月第 1 版，國防工業出版。

63. Wendy U. Huynh，Janke J. Dittmer，A. Paul Alivisatos*，Science，Vol. 295，pp 2425.

64. William E. Vargas*，Gunnar A. Niklasson，Solar Energy Materials & Solar Cells 69 (2001) 147-163.

65. "奈米複合材料"，徐國財，張立德，化學工業出版社(2001)。

66. http://www.ee.ndhu.edu.tw/test/publications/publications3/publications3.htm.

67. Iley R. and Riley H. L., *J. Am. Chem. Soc.*, 1362 (1948)

68. Davis W. R., Slawson R. J., and Rigby G.R., *Nature,* 171 (1953).

69. Hofer L. J. E., Sterling E., and MacCarthey J. T., Structure of carbon deposited from marbon monoxide on iron, cobalt and nickel., *J. Phys. Chem.*, 59, 1153 (1955)

70. http://portal.acs.org/portal/acs/corg/content?_nfpb=true&_pageLabel=
    PP_ARTICLEMAIN&node_id=928&content_id=CTP_004458&use_sec=true&sec_url
    _var=region1&__uuid=3683b2af-6ec4-4117-8ed5-e236a41b41bf

71. Wiles, P.G. (1979) The production of acetylene by a carbon arc. PhD thesis, University
    of Canterbury, Christchurch, NZ.

72. Lange H., Huczko A., Byszewski P., Mizera E., and Shinohara H., Influence of boron
    on carbon arc plasma and formation of fullerenes and nanotubes, *Chem Phys Lett.*,
    289(1-2), 174-180 (1998).

73. Kratschmer W., Lamb L. D., Fostiropouls K., and Huffman R. D., Solid C60:a new
    form of carbon, *Nature*, 347(6291), 354-357 (1990)

74. Iijima S., Helical microtubules of graphitic carbon, *Nature,* 354(6348), 56-58 (1991).

75. Lau K. T. and Hui D., The revolutionary creation of new advanced materials-carbon
    nanotube composites, *Composite: Part B*, 33(4), 263-277 (2002).

76. E. Thostenson，Z. Ren，T.W.Chou，Composites Science and Technology 61 (2001)
    1899-1912.

77. 黃建良，新世代的材料─碳奈米管，觸媒與製程，vol. 7 No.3，1999。

78. www.natc.co.jp/bunseki/tem-fe-tem.html.

79. Wallace，P.R.，The Band Theory of Graphite. Physical Review，1947. 71(9): p.
    622-634.

80. McClure，J.W.，Diamagnetism of Graphite. Physical Review，1956. 104(3): p. 666-671.

81. Semenoff，G.W.，Condensed-Matter Simulation of a Three-Dimensional Anomaly.
    Physical Review Letters，1984. 53(26): p. 2449-2452.

82. Staudenmaier，L.，Verfahren zur Darstellung der Graphitsäure. Berichte der deutschen
    chemischen Gesellschaft，1898. 31(2): p. 1481-1487.

83. Hummers，W.S. and R.E. Offeman，Preparation of Graphitic Oxide. Journal of the
    American Chemical Society，1958. 80(6): p. 1339-1339.

84. Mouras，S.，Hamm，et al.，Synthesis of first stage graphite intercalation compounds
    with fluorides. Revue de Chimie Minerale，1987. 24(5).

85. Lu，X.，M. Yu，H. Huang，et al.，Tailoring graphite with the goal of achieving single
    sheets. Nanotechnology，1999. 10: p. 269.

86. Zhang，Y.，J.P. Small，W.V. Pontius，et al.，Fabrication and electric-field-dependent transport measurements of mesoscopic graphite devices. Applied Physics Letters，2005. 86(7): p. 073104-073104-3.

87. Geim，A.K. and K.S. Novoselov，The rise of graphene. Nature Materials，2007. 6(3): p. 183-191.

88. http://nobelprize.org/nobel_prizes/physics/laureates/2010/.

89. Zhamu，A.，NGPs -- an emerging class of nanomaterials. Reinforced Plastics，2008. 52(10): p. 30-31.

90. 羅吉宗，奈米科技導論. 2003: 全華科技圖書股份有限公司.

91. Yao，N. and V. Lordi，Young's modulus of single-walled carbon nanotubes. Journal of Applied Physics，1998. 84(4): p. 1939-1943.

92. Treacy，M.M.J.，T.W. Ebbesen，and J.M. Gibson，Exceptionally high Young's modulus observed for individual carbon nanotubes. Nature，1996. 381(6584): p. 678-680.

93. A.K. Geim et al.，Electric Field Effect in Atomically Thin Carbon Films. Science，2004. 306(5696): p. 666-669.

94. A.K. Geim et al.，The rise of graphene. Nat Mater，2007. 6(3): p. 183-191.

95. 林瑋寧，國立清華大學化學工程系碩士論文，碳奈米管/奈米石墨烯片/環氧樹脂複合材料之製備及其性質之研究，馬振基教授指導，2009

96. A. Zhamu，NGPs -- an emerging class of nanomaterials. Reinforced Plastics，2008. 52(10): p. 30-31.

97. Angstron Introduces Low Cost Graphene Platelets. Angstron Materials，Nano werk，2008

98. C. Lee et al.，Measurement of the Elastic Properties and Intrinsic Strength of Monolayer Graphene. Science，2008. 321: p. 38.

99. W.A de Heer et al.，Epitaxial graphene. Solid State Communications，2007. 143(1-2): p. 92-100.

100. Li，X. et al.，Highly conducting graphene sheets and Langmuir-Blodgett films. Nat Nano，2008. 3(9): p. 538-542.

101. L.Z. Gomez et al.，Synthesis，Synthesis，Transfer，and Devices of Single- and Few-Layer Graphene by Chemical Vapor Deposition. IEEE Trans. Nanotechnol.，2008. 8: p. 135-138.

102. D.R. Dreyer et al.，The chemistry of graphene oxide，Chem. Soc. Rev.，2010. 39. p 228-240

103. S. Stankovich et al.，Graphene-based composites materials，NATURE. 2006. 442. p 282-286

104. P. Steurer et al.，Functionalized Graphenes and Thermoplastic Nanocomposites Based upon Expanded Graphite Oxide. Macromolecular Rapid Communications，2009. 30(4-5): p. 316-327.

105. H.A. Becerril et al.，Evaluation of Solution-Processed Reduced Graphene Oxide Films as Transparent Conductors. ACS Nano，2008. 2(3): p. 463-470.

106. Comptom et al.，Electrically Conductive "Alkylated" Graphene Paper via Chemical Reduction of Amine-Functionalized Graphene Oxide Paper. Adv. Mater. 2009. 21. p 1-5

107. F. Xiaobin et al.，Deoxygenation of Exfoliated Graphite Oxide under Alkaline Conditions: A Green Route to Graphene Preparation，Adv. Mater. 2008. 20. p 4490-4493

108. http://only-perception.blogspot.com/2008/07/stm.html.

109. K.S. Novoselov et al.，Two-dimensional gas of massless Dirac fermions in graphene. Nature，2005. 438(7065): p. 197-200.

110. M. Crommie，A Phonon Floodgate in Monolayer Carbon: The first STM spectroscopy of graphene flakes yields new surprises. Lawrence Berkeley National Laboratory，2008.

111. http://www.thp.uni-koeln.de

112. S.V. Morozov et al.，Giant intrinsic carrier mobilities in graphene and its bilayer. Phys Rev Lett，2008. 100(1): p. 016602.

113. Nano Graphene Platelets (NGP) READE
http://www.reade.com/resources/manufacturers-list/5249

114. M.A. Rafice et al.，Enhanced Mechanical Properties of Nanocomposites at Low Graphene Content. ACS Nano，2009. 3(12): p. 3884-3890.

115. H.B. Zhang et al.，Electrically conductive polyethylene terephthalate/graphene nanocomposites prepared by melt compounding. Polymer，2010. 51(5): p. 1191-1196.

116. M.C. Hsiao et al.，Preparation and properties of a graphene reinforced nanocomposite conducting plate. J. Mater. Chem.，2010. 20: p. 8496-8505

117. Y.B. Tang et al.，Incorporation of Graphenes in Nanostructured TiO2 Films via Molecular Grafting for Dye-Sensitized Solar Cell Application，ACS NANO，inpress

118. E. Yoo et al.，Enhanced Electrocatalytic Activity of Pt Subnanoclusters on Graphene Nanosheet Surface. Nano Letters，2009. 9(6): p. 2255-2259.

119. S.Y. Yang et al.，Constructing a hierarchical graphene-carbon nanotube architecture for enhancing exposure of graphene and electrochemical activity of Pt nanoclusters. 2010. 12: p. 1206-1209

120. M.D. Stoller et al.，Graphene-Based Ultracapacitors，Nano. Lett. 2008. 8(10): p 3498-3502

121. L.L. Zhang et al.，Graphene-based materials as supercapacitor electrodes，J. Mater. Chem. 2010. 20: p. 5983-5992

122. C. Mattevi et al.，Evolution of Electrical，Chemical，and Structural Properties of Transparent and Conducting Chemically Derived Graphene Thin Films，Adv. Mater. 2009. 19: p. 2577-2583

123. S. Bae et al.，Roll-to-roll production of 30-inch graphene films for transparent electrodes，NAT. MATER. 2010. 5: 575-578

124. L. Zhang et al.，Functional Graphene Oxide as a Nanocarrier for Controlled Loading and Targeted Delivery of Mixed Anticancer Drugs，2010. 6(4): p. 537-544

125. "奈米顆粒及薄膜之溶膠凝膠技術"，蔡金津，化工資訊，16(2001)。

126. "酚醛樹脂/二氧化矽奈米混成防火材料增韌製程及其特性之研究"，戴炘，國立清華大學碩士論文，2003。

127. "奈米材料製備技術"，王世敏，許祖勛，傅晶，化學工業出版社(2001)。

128. "以溶膠-凝膠法製作酚醛樹脂/二氧化矽之有機-無機混成材料以及其在纖維強化複合材料上之製備與應用"，林佳民，國立清華大學博士論文，2000。

129. Chin-Lung Chiang，Chen-Chi M. Ma，Dai-Lin Wu，Hsu-Chiang Kuan，"Preparation，Characterization，and Properties of Novolac-Type Phenolic/SiO2 Hybrid Organic-Inorganic Nanocomposite Materials by Sol-Gel Method"，Journal of Polymer Science：Part A：Polymer Chemistry，v41，p905-913，2003.

130. "以溶膠-凝膠法製備 Novolac type Phenolic/SiO$_2$ 混成有機/無機奈米複合材料及其性質之研究"，吳岱霖，國立清華大學碩士論文，2002。

131. Chin-Lung Chiang，Chen-Chi M. Ma，"Synthesis，Characterization and Thermal Properties of Novel Phenolic Resin/Silica Hybrid Ceramer"，Journal of Polymer Degradation and Stability (reviesd)，2003.

132. Chin-Lung Chiang，Chen-Chi M. Ma，"Thermal-Oxidative Degradation of Novel Epoxy Containing Silicon and Phosphorous Nanocomposites"，European Polymer Journal，39/4，pp825-830，2003.

133. A. Moet Akelah，"Synthesis of Organophilic Polymer-clay nanocomposites"，*J. App.Polym. Sci：Applied Polymer Symposium*，55，153-172，1994.

134. M. Alexandre，P. Dubois，"Polymer-layered silicate nanocomposites：preparation，properties and uses of a new class of materials"，*Materials Science and Engineering*，28，1-63，2000.

135. 廖建勳、林麗桂、邱文孝，"奈米尼龍 6/粘土複合材料結構與熱分析"，高分子研討會論文集，355-358，1997。

136. B. W.，L. Dai A. W. H. Mau，"Organic-inorganic hybrid light-emmitting composites：poly(p-Phenylene vinylene) intercalated clay nanoparticles"，*J. Materials Science Letters*，18，1539-1541，1999.

137. N. Hasegawa，M. Kawasumi，M. Kato，A. Usuki，A. Okada，"Preparation and Mechanical Properties of Polypropylene-Clay Hybrids Using a Maleic Anhydride-Modified Polypropylene Oligomer"，*J. App. Poly. Sci*，67，87-92，1998.

138. A. Usuki，Y. Kojima，M. Kawasumi，A. Okada. Y. Fukushima，T. Kuracshi，O. Kamigaito，"Synthesis of Nylon6-clay Hybrid"，*J. Mat. Res.*，5，1179-，1993.

139. Y. Kojima，A. Usuki，M. Kawasumi，A. Okada，T. Kurauchi，O. Kamigaito，"One-Pot Synthesis of Nylon6-Clay Hybrid."，*J. of Poly. Sci Part A*，31，1755-1758，1993.

140. L. Liu，Z. Qi，X. Zhu，"Studies on Nylon6/Clay Nanocomposites by Melt-Intercalation Process"，*J. of App. Poly. Sci*，71，1133-1138，1999.

141. 廖建勛，"奈米材料的發展動態"，化工資訊，20，1998.2。

142. Singh, V., D. Joung, L. Zhai, S. Das, S.I. Khondaker, and S. Seal, Graphene based materials: Past, present and future. Progress in Materials Science, 2011. 56(8): p. 1178-1271

143. Andrea C. Ferrari, Francesco Bonaccorso, Vladimir Fal'ko, Konstantin S. Novoselov, Stephan Roche, Peter Bøggild, Stefano Borini, Frank H. L. Koppens, Vincenzo Palermo, Nicola Pugno, José A. Garrido, Roman Sordan, Alberto Bianco, Laura Ballerini, Maurizio Prato, Elefterios Lidorikis, Jani Kivioja, Claudio Marinelli, Tapani Ryhänen, Alberto Morpurgo, Jonathan N. Coleman, Valeria Nicolosi, Luigi Colombo, Albert Fert, Mar Garcia-Hernandez, Adrian Bachtold, Grégory F. Schneider, Francisco Guinea, Cees Dekker, Matteo Barbone, Zhipei Sun, Costas Galiotis, Alexander N. Grigorenko, Gerasimos Konstantatos, Andras Kis, Mikhail Katsnelson, Lieven Vandersypen, Annick Loiseau, Vittorio Morandi, Daniel Neumaier, Emanuele Treossi, Vittorio Pellegrini, Marco Polini, Alessandro Tredicucci, Gareth M. Williams, Byung Hee Hong, Jong-Hyun Ahn, Jong Min Kim, Herbert Zirath, Bart J. van Wees, Herre van der Zant, Luigi Occhipinti, Andrea Di Matteo, Ian A. Kinloch, Thomas Seyller, Etienne Quesnel, Xinliang Feng, Ken Teo, Nalin Rupesinghe, Pertti Hakonen, Simon R. T. Neil, Quentin Tannock, Tomas Löfwander and Jari Kinaret, Science and technology roadmap for graphene, related two-dimensional crystals, and hybrid systems, Nanoscale, 2015, 7 (11) 21: p. 4587-5062.

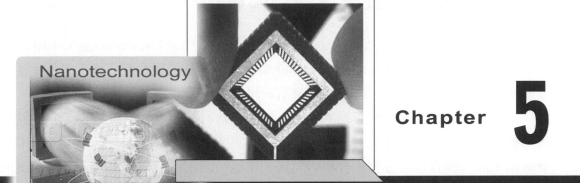

Nanotechnology

Chapter **5**

奈米材料之加工與應用

▶ 5-1　奈米材料在半導體技術應用

　　自從 Iijima 於 1991 以弧放電法(arc discharge)發現碳奈米管(carbon nanotube)後，因碳奈米管具有高長徑比(aspect ratio)、尖端曲率半徑小、高機械強度、高化學穩定性等特性而成為良好的場發射子，引起科學家將利用其製作真空電子元件的研究興趣。在新世代高頻寬頻與光電產業應用的半導體技術中，新材料技術的掌控成為未來致勝的關鍵，特別是在晶片技術邁向 20 奈米以下尺度的趨勢下，包括晶片連接、載板製作、訊號傳輸、晶片整合都必須有新材料的配搭，才能出現創新突破新型技術。新發展的碳奈米管材料奈米技術正是滿足這些未來技術的基石。

一、碳奈米管取代現有的半導體技術

　　藉由外加電場的方法，UCLA 的物理學家可以讓碳奈米管(carbon nanotube)[1]形成網格狀結構(grids)。他們發現這種結構可以用來製造微型電路，未來極有潛力可以取代現有的半導體技術。此網狀結構乃是由數個奈米(nanometer)寬，數千奈米長的碳奈米管群所組成的(如圖 5-1 所示)。依據其中原子排列的情形，碳奈米管可被視為半導體或者充作傳遞電流的線路。James Heath 及其同事皆認為若使兩條電線以垂直的方式相交即可形成半導體，接合點則可視為用於檢波整流的裝置，理論上每一裝置的開(on)或關(off)，皆不會對其他裝置造成影響。這一論點使得碳奈米管網狀結構於每一接合點上能夠儲存 1 位元，以形成電腦記憶體點燃了一線希望。如此以碳奈米管製成的電腦隨機存取記憶體(RAM)將會比目前的 Pentium 晶片容量密度(storage density)將近 100,000 倍左右。過去典型碳奈米管網狀結構形成是將交錯相接的碳奈米管，以精密細微的技術排列，或是以類似蝕刻方式製成。然而，Heath 此一研究小組卻有另一套方法。他們將碳奈米管分散於某一有機溶劑中，每一僅分子大小的碳奈米管彼此與周遭的碳奈米管黏接，逐漸形成鏈狀結構。此鏈狀物約 6～20 奈米厚，20,000 奈米長，具有電性。藉由施加電場於矽晶片(silicon wafer)上，即可將這些碳奈米管沉澱至晶片表面，沉澱的方向性與電場平行。其次藉由施加與先前碳奈米管沉積方向相互垂直的電場，即可沉澱另一族群碳奈米管以形成網狀結構，結構中鏈與鏈之間的距離因電荷的排斥性大致相等，研究人員目前正試圖控制此排斥力以調節網狀結構的間距。

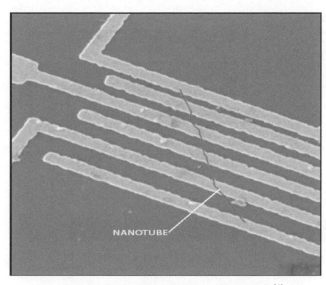

圖 5-1　利用碳管作為半導體線路間電子導通通道[1] (另有彩頁)

二、奈米加工在半導體技術應用

　　奈米加工在原子級操控製程技術扮演非常重要的角色。目前半導體線路所使用的光阻黃光蝕刻技術已無法滿足未來奈米線寬製程需求。為執行更精密之奈米加工技術，利用半導體基板上自然形成之氧化膜取代光阻，在其上直接描畫出圖案之方法已被提出。實際上，以電子束照射時，雖然上述功能無法充分發揮，但元件構造上有不需要使用光阻者，在蝕刻終了後，可在元件上直接進行必要材料薄膜之再成長，此為開啟有效製作元件之可能方法。近年來隨著半導體元件之高功能化，使得奈米領域內微細加工之技術開發顯得更為重要。其中最重要的是將微細圖案畫至半導體之微影技術。先前主要的光微影技術是將稱為光阻的感光材料塗佈在半導體基板上，其上配置具有光可透過之微細圖案光罩，利用與照相相同之曝光原理將光罩之圖案轉寫到下面之光阻劑上。但這種圖案轉寫法，因其微細化之極限與被曝光時所用之光波長、光罩圖案製作精確度、及光阻的解析度等限制，而被認為要用於奈米領域做超微細加工是很難的。而該問題的解決方法之一是不要光罩，亦即不需要曝光之光源，而直接在半導體上描畫之無光罩微影技術。無光罩微影技術係在被塗佈光阻膜之半導體基板表面以聚焦為數 10nm 之電子束或離子束掃描，並直接描畫與線束大小有依存性之具線寬圖案。在越微細之加工以侵入範圍小之離子束為較佳，但隨著侵入會造成基板損傷，因此可避免產生侵入之電子束是使用的主流。圖案被描畫之後，再以別種製程技術將其蝕刻或薄膜成長。

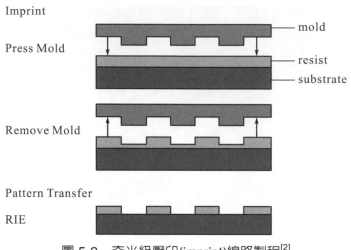

圖 5-2　奈米級壓印(imprint)線路製程[2]

半導體電子元件不斷地追求微小化，依 Moore's law 預估原子尺度精準電腦應於 2010 至 2015 年推出，NASA Ames 實驗室[3]為配合此一發展要求已進行下述相關之研究：

1. **SPM 碳奈米管探頭：**

　　目前碳奈米管直徑自 0.7mm 到數奈米，當然最小管徑應為單一分子。Ames 實驗室與 Stanford 大學戴教授合作研究已成功地將碳奈米管組裝為 SPM 探頭並具操控單一分子達次埃米精準能力。此研究不單只是使探頭達原子精準尺度，並且碳奈米管尚具功能性而容許在不同基材上以機械方式操控許多分子系統達次埃米精準度，用此法蝕刻之圖樣線寬要比目前光蝕刻技術細 100 倍，為了使此技術應用於電子元件達量產目的，已研製出數千個碳奈米管探頭矩陣，可同時在矽晶圓表面不同位置進行蝕刻，這些技術有助於開發革命性電腦元件。

2. **數據貯存於分子帶(Molecular tape)：**

　　數據已可貯存於長鏈分子(例如 DNA)並藉 SPM 碳奈米管探頭來辨識不同 DNA 基本對(base pairs)而讀取數據，並且是以非破壞性方式讀取數據，假若 base pairs 不易直接辨認亦可藉與酵素(enzymes)結合來增加易辨性，例如以 DNA(cytosine-5) methyltransferases 酵素與 DNA base pairs 在指定位置成共價鍵結合，有酵素結合位置可代表 logic 1 而無酵素位置則為 0，便達可貯存數據之目標。

3. **數據貯存於鑽石表面：**

　　藉在(111)鑽石表面上研製出氟與氫原子特定分佈圖樣便可用來貯存數據，此技術可用來貯存書寫一次數據其理論密度高達 10^{15}bytes/cm^2 遠遠高於目前市場上銷售可書寫一次數據之 DVD 碟片其最高密度僅為 $10^8 bytes/cm^2$ 其書寫數據原理是鑽石表面分子當與 H 原子及 F 原子結合時，由於兩者結合能有顯著差異，其結合力差異可藉 SPM 探頭來加以辦識。當然最理想探頭應為 pyridine(C_5H_5N)，依量子力學計算 pyridine 與 C_{60} 結合其在能檢識 H 及 F 原子方向非常安定，而 C_{60} 又能與 SPM 碳奈米管探頭結合，便可用此系統來讀取鑽石記錄之數據。

4. **碳奈米管電子組件(Components)：**

　　碳奈米管是由石墨片捲合而成，不同捲合方式可得不同之螺旋纏繞，單管壁碳奈米管因螺旋纏繞之不同而具金屬或半導體性質。可藉連接各個具不同電性之碳奈米管而製作出電子元件，此元件應比目前電腦晶片細微度要小 100 倍。

5. **Helical logic：**

　　Helical logic 為電腦技術一新理想構思，藉使用元件其位置是否存有個別電子(或電洞)作為判斷密碼為 I_S 及 O_S 而開發下世代電腦技術。當電子元件是處於受轉動電場影響情況下，電子受限制僅能沿螺旋路徑移動形成 helical loop，理論上因每一 loop 僅保留一獨立電荷，而容許貯存高密度資訊。

▶ 5-2　奈米材料技術在場發射顯示器應用

　　據 2002 年 1 月的 nanotechnology 報導[4]：科學家們已經發展出一種新的微型場發射元件製造技術。這種微型場發射元件以碳奈米管作為場發射子，具有相當低的驅動電壓，可作為場發射顯示器的元件。

一、場發射顯示器發光原理

　　碳奈米管場發射顯示技術與傳統陰極射線管的電視螢幕都是在真空狀態中，利用一根紅、藍、綠三色電子槍，將電子束打在螢光幕上，以激發螢光產生發光效應。不過隨著傳統電視的尺寸越來越大時，為了要讓電子束能夠放射到螢光幕的每個角落，電子槍與螢光幕距離就越拉越遠，整個映射管的重量也達到極限。FED 器件的柵電壓是 50 伏，分隔柵極和陰極的介質厚度是 1 奈米，陰極和陽極的距離是 200 奈米。其優點是：寬視角，垂直和水平方向大於 160 度；低功率耗損，屬於激發發光器件，不需要背光；超輕超薄，工作溫度範圍寬等。與 LCD 相比，FED 的亮度和對比度更高。對於 LCD 而言，只要一個薄膜電晶體失效，就會造成該處的一個圖元永久性的亮或暗。

而 FED 因為每個圖元包含幾千個發射體，即使它們中的 20%失效，也不會遭受亮度的損失。此外，FED 顯示與 CRT 類似，不需要任何輔助光源，通過柵極電壓的控制，就可以有效地調節圖像的灰度等級，而通過增加場發射體密度和提高掃描頻率的方法，就可以獲得 CRT 那樣的高解析度。

雖然場發射顯示器技術(Field Emission Display；FED)和傳統陰極射線管很像，但是特別的是，前者利用無數個微形電子槍取代陰極射線管的一根電子槍來發射電子，如此發射端可以和螢光幕離得很近，使整個顯示器的厚度可以小於 1 公分。而電子槍的素材方面，則以單層碳奈米管(SWCNT)最為適宜[5]。

在實際 FED 器件中，每一個圖元包含幾千個奈米尖電子發射體(奈米尖由半徑小於 1 奈米的鉬或矽材料製成)，並獲得有效的電子發射。此外，用平面類鑽石碳膜代替奈米尖，也適合作電子發射。

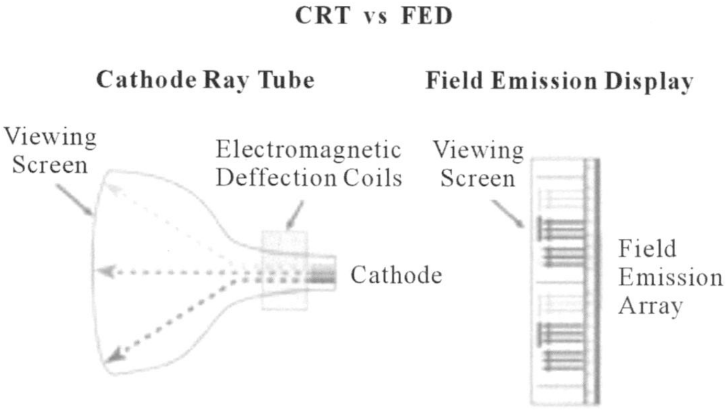

CRT vs FED

圖 5-3　CRT 與 FED 之比較[297]

1992 年韓國三星已經做出 42 吋的原型面板，追根究柢是在 CNT 的可行性被驗證後，國際間也試圖以大尺寸的 CNT FED 來表現 CNT 材質的可行性，以提高國際間的認同。而台灣在 CNT-FED 研發上亦頗有斬獲，目前國立清華大學及工研院 CNT-FED 的開發已經展握多項技術，包括：碳奈米管材料的配置與陰極與陽極板的製程、封裝、網印等，已經能產出技術完全自主的 CNT-FED。

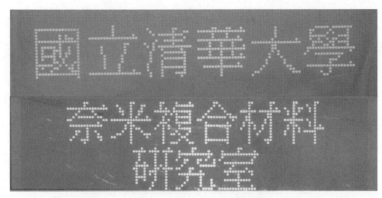

圖 5-4　國立清華大學開發之碳奈米管場發射顯示器[6] (另有彩頁)

5-3　奈米材料在硬碟之研究發展

　　AFM 是由賓尼發明，並與蘇黎士實驗室的蓋博(Christoph Gerber)及美國史丹佛大學的魁特(Calvin F. Quate)共同開發而成，是應用最廣的局部探針技術。和 STM 一樣，AFM 採用的是顯微鏡學上截然不同的新方法，而非以透鏡引導光束或靠電子散射等方式來放大物體。一台 AFM 會緩慢地將一支微小的懸臂拖曳或輕敲過物體表面，繫在懸臂末端的是一根銳利的探針，針尖寬度逐漸縮小至 20 奈米以下，亦即僅含幾百個原子。當懸臂的探針直接接觸或非常接近地通過物體表面的凹凸時，電腦可以將懸臂偏折的程度轉換成影像，在最佳情況下，可以解析出所通過的每一個原子。在製作個別矽原子的首批影像時，探針撞到矽表面，會留下小小的凹痕。這個結果清楚顯示了以 STM 或 AFM 做為原子級資料儲存裝置的可能性：製造一個凹陷代表 1，沒凹陷的地方則是 0。然而困難處也很明顯，那就是探針必須機械地順著介質的輪廓移動，因此它的掃描速度將遠遠落後高速旋轉的硬碟，或是奈秒之間即可開關的電晶體[7,8]。

　　位於美國加州聖荷西的 IBM 阿馬丹研究中心[9]，有一組由魯格(Dan Rugar)領軍的研究群，曾經試過將雷射脈衝打到探針上將它加熱，塑膠因而變軟，使探針能在其上戳出凹陷。這個小組當時能夠製造出類似唱片的光碟，資料儲存密度甚至比現今的數位影音光碟(DVD)還要高。他們也做了大量的磨損測試，結果顯示大有可為。今日的數位儲存元件已迫近物理上的極限，容量無法再增加。「奈米硬碟」是一種由奈米級零件構成的微機械元件，卻有能力在現行科技技窮之處大展身手。(如圖 5-5，有 1024 根懸臂，現已可達 4096 根懸臂)

圖 5-5　有 1024 根懸臂的微機械元件[9]

　　如果維持預期的進度，大約在 2005 年之前，就能為數位相機或 MP3 播放機買到郵票大小的記憶卡；它能儲存的影音資料可不只一般快閃記憶卡所能容納的數十 MB(百萬位元組)，而是好幾 GB(十億位元組)，足夠容納整張音樂光碟或是幾部短片，還能將卡上的資料清除或是複寫。它的速度很快，而且一般電力即可。你可以稱它為「奈米硬碟」(nanodrive)，在 IBM，這個計畫叫做「千足計畫」(Millipede，見圖 5-6，最新的千足原型機)。或許奈米硬碟初期的應用還算有趣，但稱不上驚天動地，畢竟有數 GB 容量的快閃記憶卡早已上市。「千足」吸引人之處，在於它儲存數位資料的方法，與磁性硬碟、光碟及以電晶體為主的記憶晶片完全不同。這些成熟的科技在數十年間歷經了驚人的進步，然而目前已即將進入尾聲，物理上的極限已隱約出現在前方。

圖 5-6　最新的千足原型機[9] (另有彩頁)

▶ 5-4　奈米材料在電子通訊應用

　　近年來奈米科技被視為二十一世紀最重要的技術之一，主要的原因是由於奈米材料與所製作出的元件，可以展現以往物理所預期但在製作上無法達成的特性。世界各國之政府皆相繼大量投入研究經費，長期發展各項相關材料與技術。在電子通訊領域中，奈米科技更廣泛的被應用於現有設備的改善以及創新。

圖 5-7　直徑為 300nm 的聚苯乙烯小圓球所建構的光子晶片[10]

一、單電子電晶體

　　單電子電晶體有極高的電荷感應靈敏度，在適當的閘極偏壓下，當單電子電晶體是在超導態時，我們可觀察到簡併態造成的能隙分裂，所以這時的隔離導體就如一個氦原子，原子內二個電子的自旋有對稱及反對稱排列而形成類似的能隙。單電子電晶體與傳統電晶體不同的地方，為單電子電晶體是可控制一個個電子的運動，而傳統電晶體是控制電流的運動。但單電子電晶體僅能於低溫下發揮功能，若能於室溫下工作，將達到最大應用價值。

　　若單電子電晶體能在室溫下工作，為了使其量子效應不受室溫熱脹冷縮之影響，其中央島之結構大小需在 10nm 以下。因此奈米技術中的 e-beam photolithography 技術便成為製作單電子電晶體的基本工具。

二、奈米微晶光電通訊

　　科學家首度透過硫化鉛(PbS)奈米微晶觀察到可調式電致發光(electroluminescence)效應。藉由改變奈米微晶的直徑大小，使其發出波長在 1000 至 1600 奈米之間的光，由於範圍涵蓋了 1300 及 1550 奈米兩個重要的通訊波長，因此該晶體可望應用在光調節器、波導及光學晶片上。

以往能在通訊波長發光的奈米微晶必須在 600 至 800°C 的眞空下製造，目前發展出一種能在大氣中及低於 150°C 下進行的方法。不過，該方法得到的奈米微晶表面並不穩定，研究人員因此在晶粒表面先鍍上油酸鹽配位體(oleate ligands)，才將它們浸入半導體高分子基質中，最後得到的是薄薄一層具有光致電性質的混合高分子層。測量結果顯示，其光致電訊號在電壓爲 3 伏附近會急遽增大，所對應的內部量子效率可達1.2%。這項研究成果可能有助於將許多光纖元件於單一晶片上的整合。

三、量子點之製作於通訊的應用

嵌在鉛-硫奈米微晶(lead-sulphide nanocrystals)內的聚合物半導體可發出波長與商用通訊系統相容的紅外光，因此如果用來做爲積體光子晶片(integrated photonic chips)的光源，可以節省成本達幾個數量級之多。

採用簡單的薄膜技術，製作出的聚合物/奈米微晶複合物能以類似發光二極體的方式發光，成本卻遠低於昂貴的傳統半導體製程。相較於砷化鎵之類的傳統半導體發光元件，奈米微晶量子點除了體積更小，它與聚合物的製造都可以在常壓及較低的溫度下進行，不像傳統半導體製程需使用高溫爐及眞空腔，因此可以簡化製造步驟並大幅降低成本。

研究人員測量量子點元件的結果得到一條類似發光二極體的非對稱、超線性的電流-電壓特性曲線，其內在效率爲 1.2%。透過第三階的非線性光學回應(third-order optical nonlinear response)，量子點的發光強度可達砷化鎵元件的 30 倍。在矽上沉積製作光子晶體(photonic crystals)的方法，以便用來製造完全的積體光路(integrated photonic circuit)。

雖然二維之光子晶體已被大量地研究，但若要用於製作光通訊的被動元件，仍須克服幾個問題。首先，由於二維光子晶體的光侷限能力有限，光喪失的問題仍然嚴重。此問題也許應以三維光子晶體方可解決，但目前三維光子晶體的製程仍然十分繁複。因此，爲將光子晶體實際應用於光通訊上，須解決二維光子晶體光喪失的問題；或解決三維光子晶體製程困難的問題。另外，目前光子晶體之研究仍然以被動元件爲主，如：波長分工器等。其他光通訊常用之可調式的被動元件，如：調制器、可變式衰減器、或切換器等元件，仍然有待世界的研究團隊努力開發。

由於傳統光纖的光場尺寸爲 6～8 微米，而光子晶體中運行於晶格缺陷之光場約爲數百奈米，在光纖與光子晶體間的界面，低的光耦合率是目前所面臨到的困難，此方面將會有很大的研究空間。另外，除了光子能隙的研究，近年來聲學能隙(Sonic Band Gaps)的研究也漸漸興盛，相信此研究也將如同光子晶體的研究一般蓬勃發展。

▷ 5-5　奈米材料在光電應用

　　奈米量子光學是在奈米級的光學程序，在奈米尺寸下，所呈現出來的性質，也就是光子-物質交互作用主要是以量子力學的形式進行，其奈米光子技術的發展由圖 5-8 所示[1]，光輻射的奈米侷限是藉由控制光輻射的傳導性質與物質的交互作用，以應用於近場光學顯微鏡及光子晶體的區域化；物質的奈米侷限是藉由奈米尺寸的微粒、分散相、複合材料等控制；奈米光程序則是光物理與光化學程序的空間侷限，應用在光電產業、奈米感測器和奈米光記憶體等。接下來將針對幾種特殊的應用來介紹。

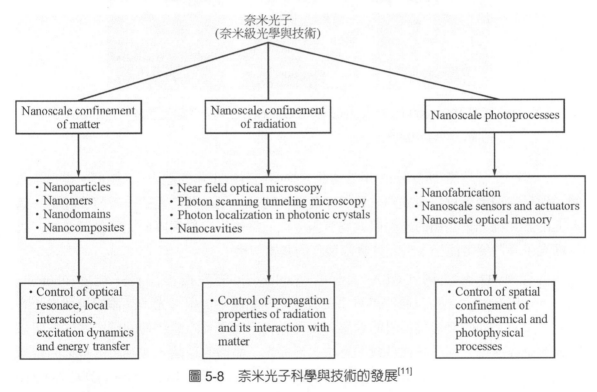

圖 5-8　奈米光子科學與技術的發展[11]

一、光子晶體

　　光子晶體(photonic crystals)是由不同介電常數的材料週期性排列所成的結構，自然界有光子晶體的例子，如蛋白石和蝴蝶翅膀等。電子顯微鏡揭示它們由一些週期性微結構組成，由於在不同的方向不同頻率的光被散射和透射不一樣，呈現出美麗的色彩，其結構影響光波於晶體中的傳導，即在晶體結構中存在一能帶間隙可排除特定頻率的光子通過，因此光子晶體又稱為光能隙晶體(photonic bandgap crystals，PBG)，光子晶體可用來侷限、控制、調節三次元空間的光子運動，其製作方式可分為 top down 和 bottom-up 兩種，前者為將直徑約 220nm 的 PS 球粒膠體懸浮液，以氮氣加壓注入精光微影蝕刻的通道中，持續以超音波震盪，使球粒膠體在物理侷限條件下達到熱力學平衡最小直的規則排列；後者是利用光微影蝕刻方式在晶圓上切削蝕刻出三維光子晶體結構。圖 5-9 為中央大學對於光子晶體的研究成果 SEM 圖。

圖 5-9　直徑 100-1000nm Polystyrene，SiO_2，TiO_2 三維光子晶體合成，及其 replica 結構之燒結技術[12]

　　一維的光子晶體(即多層膜)用於傳統光學中已有數十年的歷史。二維與三維光子晶體，便是從奈米製程技術成熟之後，才逐漸伴隨著光子晶體的理論一起發展起來。基本上由於二維光子晶體的光侷限效應有限，光能量便不容易侷限於光子晶體當中。故三維光子晶體便可能是未來元件實際製作的基本架構。

　　自從 1987 年美國 UCLA 大學的 Yablonovitch 教授提出光子能隙 (Photonic bandgaps)[13]的概念，並以微波證實電磁波在光子晶體中，根據光子晶體的排列方法的不同，會有不同的穿透與反射的效應。全世界有關光電及固態物理的研究團隊，便以驚人的研發速度，利用各式各樣的方法，建立光子晶體的理論，並應用近年來的奈米技術，將光子晶體的實驗可用的電磁波波長，從微波(波長為數公分)減小到紅外光(波長為數微米)及可見光(波長為數百奈米)，使得其應用的層面更為廣泛與實際。也因為其操作波長是在於可見光與紅外光的範圍，而習慣上我們常將可見光與紅外光電磁波以光子的方式描述，故此操作波長的物理現象稱為光子晶體。全世界從 1987 年起所發表有關光子晶體的研究論文數，以指數的方式大量成長。

　　研究人員測量量子點元件的結果得到一條類似發光二極體的非對稱、超線性的電流-電壓特性曲線，其內在效率為 1.2%。與他們合作的化學系 Gregory Scholes 的研究小組所做的模擬顯示，透過第三階的非線性光學回應(third-order optical nonlinear response)，量子點的發光強度可達砷化鎵元件的 30 倍。Sargent 等人同時研究在矽上沉積製作光子晶體(photonic crystals)的方法，以便用來製造完全的積體光路(integrated photonic circuit)。

　　韓國科學家在有機發光二極體(OLED)的基板上蝕刻出柱狀陣列：二維光子晶體結構，可在大視角(viewing angle)下將其萃取率(extraction efficiency)提高 50%之多，且由於離理論預測的 80%還有一段距離，意味著可能還有進步的空間[15]。

　　由 OLED 的活性區發射出來的光子會分別與三種模態耦合：約有 20%直接透射入空氣中，另外 30%在元件內產生全反射，剩下的 50%則對應到高折射率的導引模(high-index guided mode)。韓國高等科技研究所(Korea's Advanced Institute of Science and Technology)及三星(Samsung)公司的 Yong-Jae Lee 等人專注於提升高折射率導引模的光子萃取率，對於影像品質要求較高的展示器方面應用，如何更有效地由靠近活性區的高折射率層萃取光子是十分重要的。

　　為了達到目的，韓國的研究人員在 OLED 的玻璃基板上沉積了一層 200 nm 厚的二氧化矽，然後以全像微影術(holographic lithography)及反應性離子蝕刻(reactive ion etching)製造出由直徑 200 nm 的圓柱構成的正方晶格陣列，晶格常數為 600 nm。陣列上方覆蓋了 800 nm 厚的 SiN_x、電極以及發出光子的活性層。如此製成的 OLED 在視角為 90° ± 40° 時，萃取率較傳統的 OLED 提高了 50%。

　　光子晶體對某些波長的光源會有反射的現象，但是當晶體內有晶格缺陷時，這些照射在缺陷上，原本應該被反射的光，便會沿著晶格缺陷向晶體內部傳導。傳統的光學將此一現象稱之為「波導」。以傳統積體光學所製作之波導，其彎曲的角度通常不會大於 1°，如此在波導中運行的光才不致離開波導，使光子能量侷限於波導之中。然而，光子晶體中缺陷所產生的波導，其彎曲的角度甚至可達 120°以上，也不致使光有太大的喪失。其製作出的元件尺寸(數十到數千微米)，又遠小於傳統積體光學元件的大小(數公分)，有許多應用上的研究皆朝向波導，即光通訊的應用上發展。因此，光子晶體可被視為下一代光通訊被動元件的基本技術。

二、奈米光波導材料

　　由於光通訊技術朝低價、大量、體積小及高通道數為發展趨勢，因此，平面光波導材料(Planar Light wave guide Circuit，PLC)為技術發展重點之一，PLC 已開發一段時間，又以無機材開發時間較早，其優點為安定性高，但對於一些性質如折射率等調控上較不易，反觀塑膠材料具有易加工及可調控之光電特性，使高分子平面光波導材料備受重視，近年來，奈米材料開啓了材料研究的新方向，使得越來越多人研究開發平面光波導用高分子有機/無機混成奈米材料。

有機無機材料在奈米尺度下均勻混成時，所製得的材料可兼具兩者優點，高分子奈米混成平面光波導材料的設計主要在降低分子結構中 OH 或 CH 官能基所造成之光損耗，在 CH 方面，可藉由導入氟原子取代 CH 上的氫原子來克服振動所造成的光損耗，但成膜的附著性降低可能造成層與層界面的不相容，而使光損耗增加，而 OH 方面，通常來自於水分子，因此降低材料的吸濕性可減低材料在光通訊波長範圍的透光率。

除此之外，折射率方面的研究也是光波導材料研究的性質，經由組成上有機無機的成分比例和有機分子結構上的調整，像是苯環結構，可以調整光學薄膜的折射率。

而奈米混成材料的感光性，可導入 C=C 雙鍵來調整，加入適當的起始劑，經曝光可交聯成爲高分子有機無機混成材料。

整體來說，平面光波導開發過程中，光學設計、材料合成和製程三方面環環相扣，而奈米科技也在其中扮演重要的技術。

三、奈米光儲存材料之製作與應用

資料儲存的能力取決於其儲存密度的大小，以目前光記錄而言可提供之儲存密度約爲 $1Mbit/mm^2$ $(=1bit/\mu m^2)$。當要進一步提高其密度就會受到光波繞射的限制，必須將波長降低，但此短波長的光源並不易獲得。然而利用前述之衰減波將可使用一般常用的光源而將資料讀寫的解析度由微米進入到奈米的境界，突破光波繞射的限制，大量增加光儲存密度。欲達到高密度之光學讀取必須滿足二個要件：(1)一個遠小於波長的點光源(此點光源大小相當程度反映其解析的能力)；(2)此點光源必須與儲存材料保持在遠小於波長的範圍(約爲數 nm)。因此如何製造比波長小之點光源和保持光源與樣品約數 nm 之距離應爲以衰減波進行光學讀取的重點。

目前工研院技術在建立奈米 Terabyte 儲存技術，突破現有 DVD (4.7GB)與 HD-DVD (20-25GB)之技術使得容量可達到 100 GB～1000 GB。其主要概念採用近場光學理論加上微小口徑(50nm)產生可寫光點(<100nm)，使其記錄容量達到 1 Terabyte。此外，以開發新型奈米探針場發射電子束寫入技術而達到目標，爲了達到奈米級記錄技術，必須同時進行奈米級之光寫磁讀，超解析結構(Super-RENS，super resolution optical near field structure)等光碟技術開發，微小範圍之伺服控制技術及微弱訊號之偵測，尤其奈米級之刻版技術使得碟片之製程得以實現，此刻版技術將針對光學式刻版，SPM 刻版及 e-beam 刻版做開發，如圖 5-10。

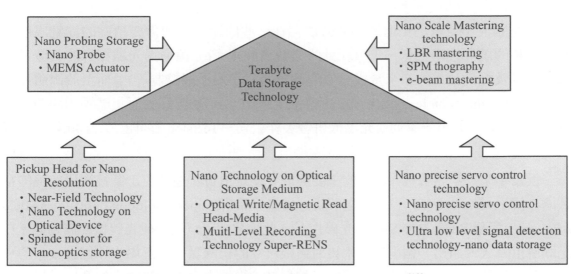

圖 5-10　工研院對於光儲存材料的技術結構[16]

　　目前記錄媒體主要有四種技術相互競爭，依照不同的記錄方式分類，為磁記錄、光記錄、磁光記錄及半導體記錄媒體，而國際間的主要市場仍以磁記錄與光記錄為主。國際上近年來將先進的奈米技術應用在記錄工業，使得資訊儲存的技術與密度都快速提昇，而其中所應用的原理與技術都與目前市場產品不同。尤其是光儲存中的近場光碟片與磁儲存中的反鐵磁耦合片這兩項記錄技術都是國際大廠近期將量產的產品，而國內若是無法有效的開發其中的關鍵技術，則必然將於數年後會被迫退出紀錄媒體的國際市場。1992 年美國貝爾實驗室的 Eric Betzig 首次在磁光式鉑鈷多層膜上，以近場光學的方式來進行近場光學的記錄實驗，顯示出約是 45Gbits/inch^2 的超高記錄密度之後[10]，近場光學記錄技術的實用化及商業化便一直是許多人追求與努力的目標。

　　目前一般的光學記錄方式，是將光源經由透鏡聚焦後照射於記錄層上來進行光學讀或寫的作用，算是一種遠場光學的儲存技術，而其可識出之記錄點的大小會受到繞射極限的限制。因此若要有效地縮小紀錄點大小以提升密度，必須使用短波長的光源，使用高折射係數的介質，或是提升透鏡的 NA 值，但不論如何，遠場的光學記錄方式仍會受到繞射極限的限制。近場光學是在遠小於使用的工作波長的距離內來作測量或記錄，因為光的波動性質還未呈現出來，故近場光學記錄是不受繞射極限限制的一種新的光學記錄方法。在過去的幾年間，一般的近場記錄方法是將光源通入一光纖，其另一段是經過溶拉或化學腐蝕成針後，再將表面鍍上一層金屬膜，使其尖端形成一奈米量級孔穴的光纖探針，在將光纖探針尖端以特殊的回饋控制方法，維持在於記錄層表面上約數個奈米的近場距離，作近場光學的寫入或讀出。理論上探針孔穴越小，所得到的光點大小就越小，但是此種方法存在一些問題，包括需要精確的探針高度控制、資料的讀寫速率很低、光纖探針的信號衰減極大(光源通過光纖探針的衰減量級約為，以及探針前端的奈米量級孔穴的品質和良率的不好控制等)；而至於固體浸式鏡頭(Solid immersion lens，SIL)的近控制(約 50-100nm)及紀錄表面上磨潤的問題十分難以克服，著名的第一家近場光碟機研發製作公司－Terrstor 公司已於 2000 年 4 月時結束營運。

近幾年來一項非常引人注目的主要發展，便是由日本通產省工業技術研究院的富永淳二博士，於 1998 年所發表的超解析近場光學結構(Super-resolution optical near-field structure，簡稱 Super-RENS)近場光碟片[17]。此種技術可以用一般光碟機的讀寫頭，在記錄層上寫入或讀出一個小於光學繞射極限尺寸的紀錄點，是近場光學儲存技術的一大突破，這個方法即是將先前所述的光纖探針、尖端之奈米量級大小的孔穴、以及尖端和樣品間的數個米的高度控制機制，全部由一層奈米量級的非線性光學薄膜及一層超薄介質層所取代，此非線性光學薄膜，可使聚焦點的大小在通過此特殊薄膜後，記錄點的尺寸有效地便小至繞射極限以下，並在近場的距離內作用於記錄層上，來進行近場光學記錄。此種新方法可以比傳統方法更方便有效地應用於實際的近場光學紀錄技術上，且只需使用目前光碟書寫頭即可。

目前台大光儲存團隊使用現今紅光雷射讀寫技術，在光碟片中多增加兩片奈米級的薄膜，可將記錄點縮小至 100 奈米左右，遠小於目前 DVD 上的 400 奈米與 CD 上的 900 奈米。估計同樣面積的近場光碟片(100GB)應該相當於 21 片 DVD 或 150 片 CD-R，這種奈米技術應用主要係縮短感測距離至小於光的波長，不受光波動影響，而無繞射極限；近場光碟片容量約 100GB 也比 Sony、Phillips、ST 共同開發的藍光 DVD 的容量 27GB 還大。

四、量子點雷射及偵測器

光電半導體材料自量子井、量子線發展後，近年來已朝向量子點發展。量子點為一奈米晶體(Nanocrystals)，直徑僅在數個～數十奈米，由於晶粒體積甚小，故量子點內具有三維的能量屏障(Energy barrier)，因此電子與電洞將會被侷限在此一微小晶粒內，其結合(Recombination)機率變大，發光效率變高。假如此載子可包括電子及電洞的話，該結構即適合製作成二極體雷射。因為電子及電洞相遇結合，可以放射出兩者能階差的光出來。由於它們在空間位置是重疊的，即會增大其結合的機率。基於這一簡單概念，電子電洞對在量子點中結合的機會，就會比在量子井中大。因為量子點是三度空間的侷限，而且量子井僅是一度空間侷限而已。在現今的奈米光電領域中，量子點雷射即成為一研究主流。

　　另外，在介觀尺度的量子點，電子能態密度不同於一般塊材，其能態密度介於原子與塊材之間，具有類似原子的能階，在實驗上已經可觀察到類似原子能階的分離的光譜，因此量子點的光、電、磁性質不同於一般我們所熟知的巨觀性質。更令人振奮的是，量子點的能態密度隨著其尺寸大小而變，也就是說光、電、磁性質可以單純的由尺寸變化來改變。例如，對半導體量子點而言，尺寸變小後，能帶邊緣的能態密度變小，產生分裂，故其能隙(Energy Gap)將會變大，發光波長變短，換句話說，只要能控制尺寸，即能控制發光波長。上述之量子點特性，即一般常聽到的量子點侷限效應(QCE，Quantum Confinement Effect)或量子點尺寸效應(QSE，Quantum Size Effect)。適當地控制分子束磊晶系統的長晶方式，是可以在晶片表面成長出量子點結構。圖 5-11 為利用 Si/Ge 分子束磊晶系統將 Ge 量子點長在 Si 晶片基板上。晶片上高度的變化是用原子力顯微鏡掃描出來的；其中較亮的地區是表示高度較高的地方。沿著白色箭號高度的變化情形是顯示在底下的高度相對距離的變化情形。由圖中可以看出，量子點的高度約在 20～30nm(奈米)左右，而量子點的大小約在 250 nm～300 nm 左右。此種奈米結構的製作方法其均勻性並非很好，但是長晶的過程卻是相當容易。

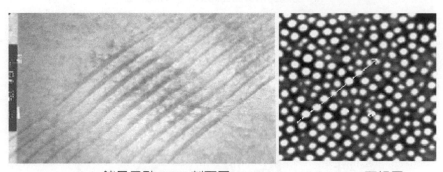

(a) 鍺量子點 TEM 剖面圖　　　　　　(b) AFM 正視圖

圖 5-11　SiGe 量子點光電元件[18] (另有彩頁)

　　類似於超晶格結構，量子點亦可應用於偵測紅外線。半導體的導電粒子有電子及電洞兩者，其中電子是出現於導電帶；而電洞是出現在價電帶，顧名思義，電洞其實是原子間鍵結處因電子跳出所形成的洞。它是帶正電的，而且可以沿著鍵結各處移動。電子與電洞可互相結合而使鍵結恢復正常保持中性。利用電洞在價電帶躍遷導電也可形成紅外線偵測器。更進一步，利用電子與電洞兩者之間的作用，也可形成偵測波長更短能量更高的光偵測器。

五、一維奈米結構－超晶格偵測器

利用分子束磊晶系統所成長出來的超晶格，由於它兩個迷你能帶的能階差是在紅外線的範圍內，故可利用來製作紅外線偵測器[17]。圖 5-12(a)為超晶格偵測器的基本結構設計圖。圖中的左邊是長晶方向的底層；右邊則為長晶方向的頂層。在一漸增寬能障的左右兩邊各有一超晶格結構。其中左邊的底部超晶格結構的能階差較小，是用於偵測 7μm～12μm 長波長的光，而右邊的頂部超晶格結構的能階差較大，是用於偵測 5.5μm～8.5μm 短波長的光。在整個結構的最左及最右，各有一底部及頂部接點區。

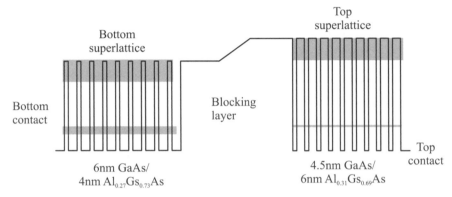

(a) 為超晶格偵測器的基本結構設計圖

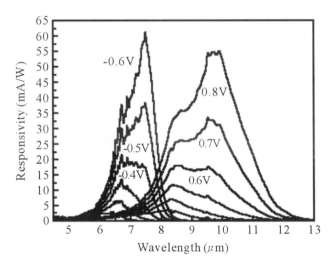

(b) 為偵測器對不同波長之紅外線，在不同偏壓下的響應度實驗結果

圖 5-12 [19]

當外加偏壓跨在兩接點區時，以頂部接點區在正端，而底部接點區為負端，電位能是底部超晶格的光電子並無法通過寬能障，而且可由頂部接點區的電子來接續，因

此形成內部電流回路而無法形成光電流。換言之，正偏壓使得底部超晶格有作用而頂部者無。反之，負偏壓即會使得頂部超晶格有作用而底部者無。是故電壓的極性可用於交換超晶格的作用。

圖 5-12(b)為顯示此偵測器對不同波長之紅外線，在不同偏壓下的響應度實驗結果。其中，在零偏壓及-1.0 伏特之下的光電流響應峰值各出現在 6.4μm 及 7.5μm 之短波長；而且在電壓值逐漸變大的過程中，後者的響應值比前者增強的速度快許多，以致在-1.0 伏特時，後者具主導性，而為前者的兩倍。在正偏壓時的情形相類似，在 0 及 1.0 伏特之下的光電流響應峰值各出現在 8.3μm 及 10μm 之波長；而且在電壓之值逐漸變大的過程中，後者的響應值比前者增強的速率快許多，以致在 1.0 伏特，後者具主導性，而為前者的兩倍。

從上面實驗結果不難看出該偵測器不但可用施加電壓的正負性來選擇工作的超晶格及波段的範圍，而且電壓值的大小也可以用來調整響應度在該波段內的主要的偵測峰的位置及大小。尤其是該偵測器 7.5μm 及 10μm 的光電流響應較大，在絕對值 1.0 伏特時各為 160mA/W 及 120mA/W，量值在同一個數量級之內，而且正負偏壓間響應的重疊銜接，設計得極為恰當。同時頻譜應不隨偵測器溫度的飄移而改變，這些優點使得此偵測器優於其他如以量子井結構所製作的多彩紅外線偵測[13]。

六、垂直共振腔表面型雷射（Vertical Cavity Surface Emitting Laser）

VCSEL 的全名為垂直共振腔表面射型雷射(Vertical Cavity Surface Emitting Laser)，顧名思義其雷射光是由晶粒表面發射出來，與傳統邊射型雷射的差別，在於共振腔與磊晶層的相對位置不同。傳統邊射型雷射的共振腔與磊晶層平行，反射面係利用晶體自然斷裂面形成，雷射光由側面發出。VCSEL 共振腔與磊晶層垂直，反射面係由磊晶層組成，雷射光由表面發出。可見光的波長約在數百奈米，先前所介紹的 MBE 及 CVD 技術可成長奈米級的薄膜，因此可應用該技術來發展相關的雷射二極體。圖 5-13 所示是所謂的垂直共振腔表面型雷射的結構示意圖[20]。其中中央圓形的活性層(Active Layer)是奈米結構的所在，它可以是量子點、量子井或超晶格結構；主要是電子和電洞結合放光的地方。在工作層的上下方各有一組 DBR(Distributed Bragg Reflector - 布拉格反射鏡)結構，它們的功用就如同上下兩方各放一面反射鏡(Reflector)而且是上下方彼此相對，使工作層放出的光在兩面鏡間上下反射以造成共振，且使大部份的光集中於活性層，即如圖中右邊波浪形縱向光強度(Longitudinal Mode Field)所代表的意思。由於光是上下反射共振，所以叫作垂直共振腔。至於 DBR 是如何製作的？其實它就如同眼鏡片上的鍍膜，每層膜厚度約與光波長相當(數百奈米)，只要薄膜厚度及薄膜數搭配得當，就可使該波長的光幾乎 99%通過或反射。眼鏡是前者，而 DBR 是後者。

　　VCSEL 的雷射光是由晶粒表面垂直發射出來，此與傳統邊射型雷射不同之處，是在於邊射型雷射之雷射光是由側邊發光，而 VCSEL 的光束係從磊晶的正面發射。相較於傳統邊射型雷射，VCSEL 具有以下的優點：

(1)　低發散之圓形雷射光束，易與光纖耦合。

(2)　具有快速調變功能，利於高速光纖網路傳輸。

(3)　元件製程技術適於大量生產。

(4)　磊晶片在未切割及封裝前即可進行晶粒特性檢測，成本較低。

(5)　可做成 1D(一維)或 2D(二維)雷射陣列，利於串接或並列式光纖傳輸。

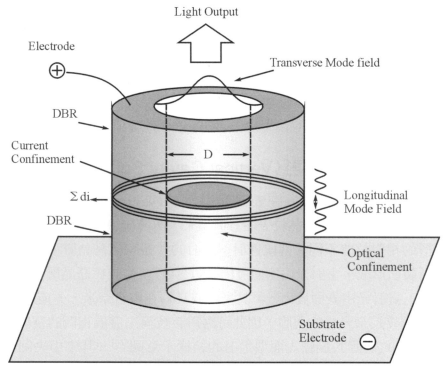

圖 5-13　垂直共振腔表面型雷射的結構示意圖[21]

　　雷射的製作原理其實很簡單，就是要使產生光的地方，與光共振強度最大的地方重疊，因為光強度越大，越會幫助光的產生，因此，在設計上，電子電洞對的結合地點，必須位於共振光強度最大的地方；又由於電子與電洞的結合須有電子及電洞到達補充，所以即會造成電流的流動。換言之，限制電流的流路(Current Confinement)，就是為了達成上述的目的。由於光共振強度最大的地方，對電子與電洞的結合而產生光的幫助最大；反過來說，光產生的越多，對光共振強度的助益也越多。如此的「正向回饋」(Positive Feedback)所導致的結果，將使在工作層的光強度變得非常大。在光輸出方面，由於 DBR 尚有幾乎 1%的比例讓光通過；又由於光共振強度非常大，所以從表面輸出的光強度，其實也是相當可觀。雷射光的優點除了強度大以外，是單波長的光，是同調性的光，均可擴大其應用的範圍。對表面型雷射而言，其又有益於發展成雷射陣列，而形成大面積的雷射光源。

在光纖通訊方面，由於光在橫向面強度(Transverse Mode Field)的分佈，與光在光纖中傳播遠近程度有相當大的關聯。圖 5-13[21]所顯示的輸出光模式，是光纖通訊最為期待的光分佈。因此，表面型雷射也就成為光纖通訊的光源候選者。只要製作成本能夠下降得夠低，其佔有市場的比例就會快速上揚。

VCSEL 在製程與技術的不斷創新之下，未來發展重點應在於高速(>1Gbps)、中距離(500m 以上)的光纖通訊市場，目前 VCSEL 已有 850nm 及 980nm 的產品，未來將朝 1310nm 及 1550nm 長波長及 680nm 應用於塑膠光纖產品發展，此外 VCSEL 元件已使用在 1.25G、2.5G、10Gbps 的光纖通訊傳輸上。整體而言 VCSEL 除比 LED 價格便宜外，更有相當於傳統雷射二極體的高速性能，且在可大量生產及成本優勢下，未來 VCSEL 將極具發展潛力，但由於投入 VCSEL 的技術門檻不低，目前市場多由國外業者所掌控，國內廠商仍須努力。

七、奈米材料在高速透明電晶體

電晶體是許多電器材料中不可或缺的零件，在許多高科技產業中佔有相當的地位，最近日本科學家最近以單晶薄膜氧化物半導體(single-crystal thin-film oxide semiconductor)製造出一種新型的透明高速電晶體，它比現有的透明電晶體要快十倍以上，這項成果使下一世代的光電設備如 "看穿" 式(see-through)顯示器與投影機得以邁出重要的一步。半導體氧化物在顯示器面板(display panel)與太陽電池(solar cell)等應用中，通常作為被動的保護層(passive coating)；雖然它們大部份是透明的，但由於不導電，因此無法作為主動元件的材料。如果能製造出導電的透明半導體氧化物，不但能用來製做透明電路(invisible circuits)，還可能激發出一系列全新的光電應用。

理論上，場效電晶體(field-effect transistor，FET)應該要具備高電子遷移率 (mobility)，但以氧化鋅等透明氧化物半導體製成的電晶體電子遷移率在室溫下卻只有 1～3 cm²/volt·sec。最近在川崎的日本科學技術振興事業及東京理工學院的 Hideo Hosono

等人所製作的透明電晶體，由於是以單晶薄膜製造，較不受晶格缺陷(defects)的影響，因此電子遷移率可高達 80 cm²/volt·sec。目前這種透明電晶體還太貴而無法實際生產，但此研究成果證明具有非常大電子遷移率的透明電晶體元件的確可被製造出來[22]。

八、奈米材料在光通訊砷化鎵應用

　　科學家利用在砷化鎵(GaAs)上長出可以發出紅外光的發光二極體(LED)；由於其發光波長與目前長距離光通訊網路相容，可望使光纖通訊變得更容易、更便宜、更快速。目前城市至城市或是國家與國家間的光通訊，一般是以 1.5 微米的紅外光脈衝做為光源，這是因為玻璃光纖的傳輸效率在此波段較高。而砷化鎵 LED 的正常發光頻率是 0.85 微米，通常只適用於短距離通訊上。為此，耶魯大學的 Janet Pan 等人[23]採用特殊的技巧來成長砷化鎵薄膜，薄膜上面會分佈一些缺陷，稱為砷對位缺陷(arsenic antisite defects)，在每一個這種缺陷的位置上，砷原子會佔據原本應該是鎵原子所在的位置，這使得砷化鎵可以發出較長波長的光。一般半導體元件發光的機制是靠在物質內的電子損失能量，此能量會被轉化為光子。而在砷對位缺陷的電子損失能量較少，因此可以發出波長較長的光。此外，這種 LED 還有發光切換速率高達每秒 10^{12} 次的優點，因此可用在高速光通訊上。不過這種 LED 原型尚還無法發出很亮的光，研究人員正在設法改善其電能轉換為光能的效率。到目前為止，工程師雖然已經可以利用磷化銦(InP)做出光纖通訊所需的光源，但是要整合到矽晶片上卻有困難，製作成本也會跟著提高。而砷化鎵光源已經應用在不同領域的資訊處理上，例如目前的 CD 播放機大多使用砷化鎵雷射。但是同樣地，要在矽晶片長出品質良好的砷化鎵薄膜卻不容易，因此 LED 通常是直接做在砷化鎵晶片上[24]。

5-6　高分子奈米複合材料之應用

一、簡介

　　奈米複合材料(Nanocomposites)為分散相粒徑介於 1nm～100nm 之複合材料，充份發揮分子層級之結構特性，如粒徑小、高長徑比(aspect ratio)、層狀補強結構、離子鍵結等性質。少量添加(0.5～5%)奈米級無機層材，即可提升高分子材料各類性質如高強度、高剛性、高耐熱性、低吸水率、低透氣率、透明度維持、可多次回收使用。不僅符合市場對產品趨於輕、薄、短、小的需求外；更因應環保意識的提昇，使材料可多次回收使用，而不失其機械強度等特性。

1987 年日本豐田中央研究所首次公開奈米 Nylon6/黏土複合材料,由於只需添加低於 5%的黏土,在機械性質、熱變形溫度各方面大幅提昇。

許多研究的方向,係用天然粘土礦物—蒙脫土作爲分散相,利用插層聚合複合、共混插層複合等方法成功製作了一系列高性能聚合物奈米塑料。開發出了聚胺醯(PA6.PA66)、聚酯(PET 和 PBT)和超高分子量聚乙烯(UHMWPE)的聚合物奈米複合材料。並成功地量產。

蒙脫土(MMT)是一種有機層狀矽酸鹽礦物,其基本結構單元爲天然的奈米矽酸鹽片層,每一層由兩個矽氧四面體中含一個鋁氧八面體構成,層厚約 1nm,長寬約 100nm,片層上的剩餘負電荷由位於層間的 Na^+、Ca^{+2} 和 Mg^{+2} 等陽離子平衡,因此容易與烷基胺鹽或其它有機陽離子進行離子交換反應生成有機化蒙脫土。有機土能進一步與單體或聚合物進行熔融反應,並被剝離爲奈米尺度的片層,均勻分散到聚合物基體中,因而形成聚合物奈米塑料。該類插層複合是基於在傳統塑膠工業基礎上的技術革新,不需要新的設備投資,工程簡單,操作方便,對環境友善,特別這合乎聚合物改質,容易實現工業化生產。該單位還可以根據客戶的要求提供多種規格的奈米黏土和設計製造奈米塑膠生產線。

1. **優異的物性、力學性能:**

    (1) 高強度和耐熱性:插層複合技術能夠實現有機物與無機物在奈米尺度上的複合,所得的奈米塑膠可將無機物的剛性、尺寸穩定性和熱穩定性與聚合物的韌性、可加工性及介電性完美地結合起來。含有少量(10wt.%以下,通常 5wt.%左右)粘土的奈米塑膠與一般玻纖(30wt.%)強化複合材料的剛性、強度、耐熱性相當,因而奈米塑膠重量輕,具有高比強度、比模數而又不失其抗衝擊強度,能夠有效地降低製品的重量。同時,由於奈米粒子尺寸小於可見光波長,奈米塑膠具有高的透光澤和優異的透明度。

    (2) 高阻氣性及自熄性:由於高分子基材與蒙脫土片層的良好的結合和矽酸鹽奈米片層的平面取向作用,奈米塑膠製品表現出良好的尺寸穩定性和很好的氣體(包括水蒸氣)阻隔性。如尼龍 6 奈米複合材料(含粘土 2wt.%)氧氣透過率與純的尼龍 6 相對降低了一半。此外,有些聚合物/粘土奈米複合材料還具有阻燃性及自熄性能。

    (3) 優異的加工性:奈米塑膠之熔融強度高,結晶速率快,熔融粘度低,因此在射出、押出與吹袋等、加工性能優良。尤其是押出級,射出級奈米超高分子量聚乙烯,解決了超高分子量聚乙烯加工的難題。

2. **奈米材料的用途：**

　　含有少量粘土的奈米材料與一般微觀複合材料相比表現出優異的綜合性能，因此它們比一般傳統填充性複合材料要輕。良好的性能組合、簡易的加工製程和低成本使得奈米材料可應用在各種高性能管材、汽車及機械零組件、電子和電氣氣零配件等領域中有廣泛的應用。同時，具有優異氣體阻隔性能的奈米複合材料在食品工業特別是啤酒罐、肉湯袋和奶酪類製品的包裝上均有潛在用途。

表 5-1　奈米超高分子量聚乙烯材料(UHMWPE)的特性

質輕	耐衝擊性高	優異的耐低溫性能
耐磨性好	抗腐蝕性好	耐老化性、耐候性好
不結垢	自潤滑性好	吸水率低
可銲接	性能/價格比高	噪音低

　　超高分子量聚乙烯係指平均分子量在 150 萬以上的高密度聚乙烯，它具有極高的耐磨損性，極高的抗衝擊性，極低的摩擦係數，優良的自潤滑性和良好的耐化學腐蝕性，是一種卓越的工程塑膠。但由於其黏度極高，成形加工困難而限制了其應用，中國科學院化學所研製成功的奈米超高分子量聚乙烯解決了加工的難題，將超高材料與均一分散的層狀矽酸鹽充分混合，利用層狀矽酸鹽片層間摩擦係數小，減少分子鏈的糾纏，以致有良好的自潤滑作用，大幅改善了材料的流動性，該材料可直接射出成形製品，並可採用普通雙螺桿押出機即可連續生產管材和型材，速度快，耗能低，效率高，並且便於安裝和連接。

(1) 奈米超高分子量聚乙烯(UHMWPE)射出成形製品：過去由於純超高分子量聚乙烯的熔融流動指數幾乎為零，臨界剪切速率低，所以其欲用在射出成型製品是極為困難的。經奈米蒙脫土改質後，可使其流動性大幅改善，並且其製品能夠保持純超高分子量聚乙烯的原有特性，能直接射出成形製品。中國大陸多家業者使用該公司生產的奈米超高分子量聚乙烯塑膠粒，已成功射出成形油管護套、傳動齒輪等多種製品，目前使用奈米超高分子量聚乙烯直接射出成形塑膠製品已成為其重要應用和開發方向。

(2) 奈米超高分子量聚乙烯板材：利用 UHMWPE 本身的優異性能可應用於裝卸煤、水泥、石灰、礦粉，鹽等物料的料斗、料倉、滑槽之型材及板材。由於它具有優良的自潤滑性，不黏性，可使上述物料在工作中不發生黏附現象，安裝便利，成本低，放倉快，不堵倉，能有效利用料倉容積，提高料儲量。

在寒冷潮濕的環境中，物料不會凍結在材料上，可減少清倉時的工作時間。

(3) 奈米超高分子量聚乙烯：押出管材和塊型材，UHMWPE 管材可用於各種腐蝕性，高黏附性，高磨損性的液體、固體或固液相混合物的輸送，如工作液體輸送管、河湖疏浚排泥管、糧食輸送、粉煤灰、礦砂、水煤漿等輸送管，是理想的回水管道，井下充填管和礦漿輸送管。

表 5-2　UHMWPE 之特性

項目 Unit	單位 Unit	型　　號	
		A	B
分子量	10^4	250	250
密度	g/cm^3	0.94	0.94
熔融指數(190℃，5kg)	g/10min	0.25	0.2
拉伸模數	Gpa	0.7	0.7
拉伸屈服強度	Mpa	26	32
斷裂延伸率	%	300	300
Izod 缺口衝擊強度(23℃)	KJ/m^2	不斷	不斷
脆化溫度	℃	-80	-80
熱變形溫度(0.45Mpa)	℃	85	85
砂漿法磨耗率(400 轉/分，8h)	%	0.18	0.18
產品工作壽命	年	50	50
加工性		佳	佳

(4) 尼龍 6 塑膠：普通尼龍 6 具有良好的物理、機械性能，如拉伸強度高，耐磨性優異，抗衝擊性高，韌性好，耐化學藥品和耐油性佳，是五大工程塑膠中應用最廣的一種。但是，普通尼龍 6 的吸水率高，在較強外力和加熱條件下，其剛性和耐熱性不佳，製品的穩定性和電氣性能較差，在許多領域的應用受到限制。

(5) 奈米尼龍 6 塑膠(Nano-Polyamide 6 Plastics)：中國科學院應用天然界存量豐產的蒙脫土層狀矽酸鹽做為無機分散相，發明了一步法製備奈米尼龍 6 塑膠，現已獲得中國國家發明專利。該複合材料與純尼龍 6 相比具有高強度、高模數、高耐熱性，低吸溼度、高尺寸安定性、氣體阻隔性能好。性能全面超過普通的尼龍 6，並且具有比重低、耐磨耗佳、在相同無機物含量條件下綜合性能明顯優於前者等優點，同時，該奈米複合材料還可進一步用玻纖增強或普通礦物增強，其性能更加優越。

奈米尼龍 6 塑膠系採用奈米蒙脫土進行改質、大幅的提高了尼龍材料的力學性能及耐熱性能等，拓展了此類材料的應用範圍。奈米尼龍塑膠可廣泛利用於汽車零組件、石油化工、鐵路器材和物料輸送等領域。

奈米尼龍 6 塑膠具有優異的性能/價格比，其應用領域非常廣泛，可用於製造汽車零組件(尤其發動機內需耐熱性要求之零件)、辦公用品(OA)、電子、電器零組件及日常用品等。此外還可用於製造管道等押出製品，奈米尼龍 6 塑膠是工程塑膠產業的理想材料、該產品的開發為塑膠工業注入全新的概念。

(6) 強化型奈米尼龍 6 塑膠複合材料(Reinforced Nano-Polyamide 6 Plastics)：在奈米尼龍 6 塑膠的基礎上，對其進行改質，進一步提高尼龍 6 材料的力學性能、耐熱性能等其他性能，獲得性能極其優異的工程塑膠。強化型奈米尼龍 6 塑膠可廣泛應用於汽車、電子、電器等領域。

應用範圍：

① 可用於柴油、乳化機傳動齒輪、機車傳動齒輪等。

② 鐵路器材：鐵路用鋼軌絕緣件等。

③ 油田用過濾器。

④ 射出成型齒輪及各種工業用零組件。

表 5-3　一般普通奈米尼龍 6 部分性能測試數據(牌號 A)

項　　　　目	單　　位	牌號(A)
拉伸屈服強度	Mpa	78.5
彎曲模數	Gpa	2.2
筒支梁缺口衝擊強度	KJ/m^2	8.5
熱變形溫度(1、82Mpa)	℃	110
製品收縮率	%	1.3

表 5-4　補強型奈米尼龍 6 部分性能測試數據(牌號 B)

項　　　　目	單　　位	牌號(B)
拉伸屈服強度	Mpa	146
彎曲模數	Gpa	6.8
筒支梁缺口衝擊強度	KJ/m^2	11.0
熱變形溫度(1、82Mpa)	℃	194
製品收縮率	%	0.4

表 5-5　超韌奈米尼龍 6 部分性能測試數據(牌號 C)

項　　目	單　位	牌號(C)
拉伸屈服強度	Mpa	51.7
彎曲模數	Gpa	1.7
筒支梁缺口衝擊強度	KJ/m^2	28.0
熱變形溫度(1、82Mpa)	℃	70
製品收縮率	%	2.1

二、奈米尼龍混成複合材料

國立清華大學化工系馬振基教授研究室於五年前即開始有關奈米複合材料之研究，特別針對奈米黏土，改質一般已補強之熱塑性複合材料，最近之一篇論文係發表在 Journal of Material Letters (Vol. 49，pp. 327～333，2001)。

其研究所使用之材料為蒙脫土、玻璃纖維及碳纖維和尼龍 6 基材，加工設備係使用雙螺桿押出機(20rpm)料筒溫度 190－210－230－220℃，射出成型溫度為 230℃，射壓為 13.5MPa。

圖 5-14 為各種機械性質之結果；圖 5-19 為 HDT 之測試結果；表 5-6 為各種性質之數據。

由各種結果顯示添加黏土對各項性質均有明顯改善，特別添加少量之黏土(3%以內)可比添加 10%或 0% GF 或 CF 性質，若加纖維再補以少量之粘土可達相乘的效果，不但可提昇各項性質，並可減少浮纖等表面不良之問題，對強化熱塑性複材未來之發展將有極大助益。

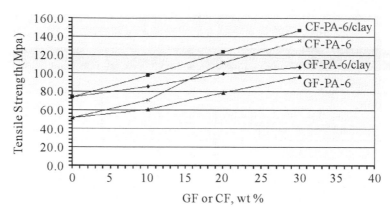

圖 5-14　玻纖與碳纖強化尼龍 6 複合材料及添加有機黏土之奈米複合材料的抗拉強度之比較圖

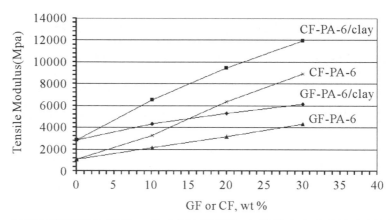

圖 5-15　玻纖與碳纖強化尼龍 6 複合材料及添加有機黏土之奈米複合材料的抗拉模數之比較圖

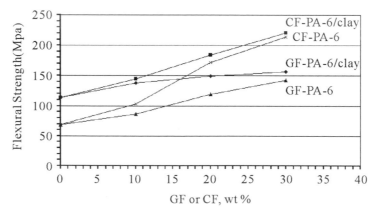

圖 5-16　玻纖與碳纖強化尼龍 6 複合材料及添加有機黏土之奈米複合材料的抗折強度之比較圖

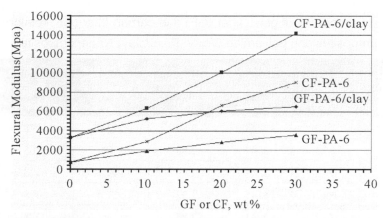

圖 5-17　玻纖與碳纖強化尼龍 6 複合材料及添加有機黏土之奈米複合材料的抗折模數之比較圖

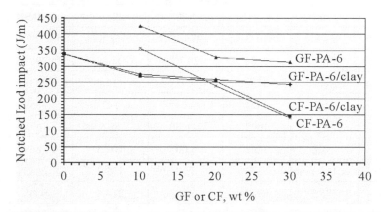

圖 5-18　玻纖與碳纖強化尼龍 6 複合材料及添加有機黏土之奈米複合材料的艾式缺口衝擊強度之比較圖

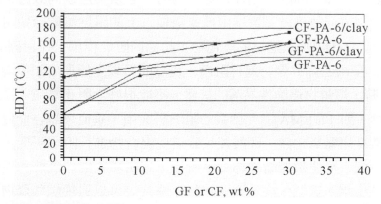

圖 5-19　玻纖與碳纖強化尼龍 6 複合材料及添加有機黏土之奈米複合材料的熱變形溫度之比較圖

表 5-6　Mechanical properties of glass fiber (GF) and carbon fiber (CF) reinforced polyamide-6 (PA-6) Composites and polyamide-6/clay (PA-6/clay) Nanocomposites

	Tensile properties			Flexural properties		Notched Izod
	Strength (Mpa)	Modulus (Mpa)	Elongation (%)	Strength (Mpa)	Modulus (Mpa)	impact (J/m)
Neat PA-6/clay	73.7	2843	3.85	113.8	3278	338.1
10% GF-PA-6/clay	85.3	4347	2.98	137.7	5265	275.7
20% GF-PA-6/clay	99.2	5282	2.49	149.7	6025	258.2
30% GF-PA-6/clay	106.7	6145	2.37	157.4	6498	243.7
Neat PA-6/clay	73.7	2843	3.85	113.8	3278	338.1
10% CF-PA-6/clay	97.4	6507	2.19	145	6340	268.9
20% CF-PA-6/clay	123.3	9433	2.07	184	10082	253.5
30% CF-PA-6/clay	146.7	11946	1.90	221.3	14159	145.1
Neat PA-6	51.8	1073	276.30	68.5	769	–
10% GF-PA-6	60.7	2164	20.30	86.3	1927	425.2
20% GF-PA-6	78.9	3158	7.93	119.6	2830	328.3
30% GF-PA-6	96.2	4321	5.63	143	3589	313.7
Neat PA-6	51.8	1073	276.30	68.5	769	–
10% CF-PA-6	70.9	3261	5.00	103.3	2869	355.7
20% CF-PA-6	111.3	6379	3.37	172.3	6643	238.4
30% CF-PA-6	135.5	8942	2.78	214.4	9048	139.34

1. 摻混二氧化矽製備奈米級防火材料：

　　防火如果只靠一種阻燃劑往往是不夠的，必須透過協同效應來達到良好的阻燃效果，所謂協同效應就是選用兩種或兩種以上的阻燃劑配合使用。例如，在氫氧化鋁(簡稱 ATH)中加入適量的硼化物會起協同阻燃作用。採用硼酸鋅與 ATH 阻燃劑對乙烯-醋酸乙烯共聚物進行阻燃，在 500℃以上能形成類似陶瓷的殘渣，而使用 ATH 時，燃燒物為脆性易落的灰燼，不能很好地阻止燃燒。採用 60%的氫氧化鎂阻燃劑，對 PE/EMA 二元體系的阻燃研究中，垂直燃燒性能優良，但斷裂伸長率低。當採用氫氧化鎂、硼酸鋅和矽氧烷混合物進行阻燃研究，在垂直燃燒性能不變的情況下可使數據斷裂伸長率增加，說明填充的矽氧烷和硼酸鋅具有協同作用。氫氧化鋁、氫氧化鎂、硼酸鋅和紅磷共混可以對烯烴共聚物進行阻燃，其氧指數可達到 32。將 ATH 與氫氧化鎂配合使用，同樣可起協同作用。氫氧化鎂分解吸收的熱量比氫氧化鋁高，且分解溫度也較高，可達 340℃。氫氧化鎂有促進聚合物表面成炭的作用，兩者結合使用會使阻燃效果更好。採用氫氧化鋁和氫氧化鎂共混物阻燃 PE，可使氧指數達到 30，斷裂伸長率達到 425%。若以氫氧化鎂、氫氧化鋁及紅磷配合使用，則協同阻燃劑可改善材料的阻燃性能及力學性能。

　　超微細二氧化矽粉末，具有粒徑小、比表面積大、化學純度高、分散性能好等，以其優越的穩定性、補強性、增稠性和觸變性而在橡膠、塗料、醫藥、造紙等諸多工業領域得到應用並為其相關工業領域的發展提供了新材料基礎和技術保證，並有「工業味精」、「材料科學的原點」之稱。自問世以來，已成為當今世界材料科學中最能適應時代要求和發展最快的品種之一。發達國家已經把高功能、高附加價值的精細無機材料作為下世紀新材料的重點加以發展。目前大陸生產氧化矽微粉，仍採用氣相法生產路線，所有的原料以 $SiCl_4$，$Si(CH_3)_n$ 為主，因來源缺乏，價格昂貴，回收率低，使得其產品的生產成本較高，而普通沉澱法雖採用廉價原料，但也只能生產顆粒較大的微粉，其產品粒徑在 30-45 微米之間，達不到奈米粉末的級別，難以滿足市場的需要。進口日本的奈米級氧化矽微粉售價達 10-20 萬元/噸。透過分析研究，發展一種新的製備方式——化學直接合成法。在此方法中，採用的為改良沉澱法，即在沉澱過程中，透過分散劑控制粒子生長的方法控制關鍵的反應階段及操作參數來生產氧化矽微粉。

下表為目前欲達到之技術指標：

表 5-7　目前工業界欲達到之技術指標

指標名稱	SiO_2	熱重損失	堆積密度	水分	平均粒徑
指　標	99%	30%	$0.20cm^3/g$	0.5%	20nm

　　目前添加在基材中之二氧化矽有添加型及與基材分子間有作用力存在兩種，添加型與氫氧化鋁與氫氧化鎂原理相同；而利用化學鍵結、氫鍵作用力或 IPN 互穿式網狀結構形成之防火複合材料，其機械性質會比添加型來得好。而且當添加粒子之粒徑越小，其對於機械性質的修補越明顯，另一方面並可降低 SiO_2 摻混量，以降低成本；若以固定量的 SiO_2 添加於基材中，粒徑較小者會有較好的防火性能。

2. **摻混黏土(Clay)製備奈米級防火材料：**

　　工研院化工所建立適宜 ABS/黏土複合材料用之疏水性黏土處理技術。進行奈米 ABS/Clay Nanocomposites 聚合分散技術：無機層狀黏土(蒙脫土類)經改質處理後，經苯乙烯/丙烯單體聚合，形成黏土插層或脫層化分散的奈米 AS/黏土聚合物，再與橡膠摻混配料，可獲得奈米分散的 ABS/黏土複合材料。奈米分散的 ABS 複合材料對防火性有明顯改善，結果顯示黏土含量增加，燃燒速率降低，藉由均勻奈米分散的無機層狀黏土燃燒時易形成碳化層阻絕燃燒，明顯降低燃燒速率且具有自熄性；另外奈米複材可大幅降低防火難燃劑的添加量，結果顯示奈米複材的防火難燃劑可減少約 1/3 的添加量；因此使防火材料之物性、FR 添加量及成本間的取捨較易獲得平衡。

3. 新型防火材料(POSS)：

POSS 的全名為 Polyhedral Oligomeric Silsesquioxanes，其組成亦為矽氧的鍵結，但與二氧化矽不同之處在於二氧化矽構成的網狀結構，其矽原子平均鍵結二個氧原子；但 POSS 結構中的矽，則平均只有 1.5 個氧原子與其鍵結，此原因在於二氧化矽合成過程中，其最常使用的四乙基矽氧烷 TEOS(Tetraethoxysilane)或是四甲基矽氧烷 TMOS(Tetramethoxysilane)，矽上具有四個鍵結，而 POSS 的前趨體結構如圖 5-20 所示，其在矽上已有一無法取代之官能基，此官能基可以為氫原子、甲基、苯環或是鹵素原子。而當形成 POSS 時，只有三個鍵結可進行反應，因此形成 Si-O-Si 鍵結時(如圖 5-21)，平均一個矽原子只能分配到 1.5 個氧原子$(RSiO_{1.5})_n$。正因此特殊的立體結構，造成 POSS 成為新一代的防火材料。

利用 POSS 改質之環氧樹脂改質氨基有機矽氧烷，此材料在高溫的裂解行為，比傳統脂肪氨系硬化之環氧樹脂硬化物(熱分解溫度為 300℃)，具有更高的熱分解溫度，其耐熱度可達到 350℃。

加入 POSS 的基材，不僅可減少火焰的燃燒速率，還可以減少熱的傳遞，且 POSS 的材質可比一般添加 silica 的材質輕 10%，黏度下降則可達到 24%，除了增強基材的機械性質外(compression strength 增加 30%)，亦可增加材料加工時的流動性。

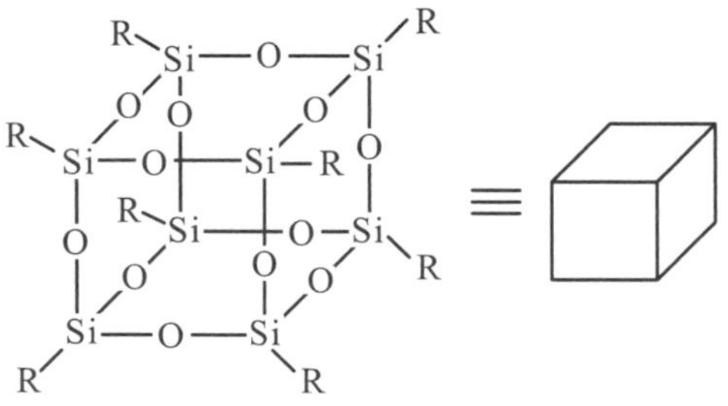

圖 5-20　Silsesquioxane structures (R=H，CH_3，phenyl，halogen，etc)

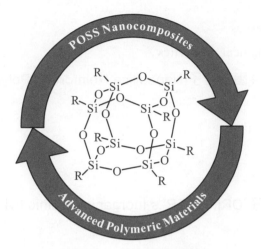

圖 5-21 POSS 結構圖

三、其他各種奈米複合材料之特性及應用

1. 光學用奈米單體(Bulk Nanomers for optical application)：

應用範圍：

Focusing and collimating optical components(e.g. aspherical elements and spherical cylindrical lenses) Transparent，Scratch resistant components。

2. 奈米二氧化矽強化環氧樹脂(Nanosilica Reinforced Epoxy Resin)：

應用範圍：

(1) Solvent free coating。

(2) Fiber-reinforced materials，composites and laminates。

(3) Electrical and electronic applications，e.g. casting，moulding，encapsulation。

3. 奈米二氧化矽強化壓克力樹脂(Nanosilica Reinforced Acrylate)：

應用範圍：

(1) Radiation curing coating，overprint varnishes and inks。

(2) Reactive adhesives。

(3) Furniture and parquet coatings。

(4) Clear anti-scratch coats for plastics。

4. 熱塑性奈米複合材料(Thermoplastic nanocomposites)：

應用範圍：

(1) UV/IR-protection of polymer-matrices (PP、PE、ABS、Nylon、PET)。

(2)　Antistatic properties。

(3)　Enhanced mechanical properties。

5.　**奈米二氧化矽強化聚酯高分子(Nanosilica Reinforced Polyester)：**

　　應用範圍：

(1)　Coil and can coatings。

(2)　Adhesives。

(3)　Clear top coats。

6.　**有機無機混成高分子(ORMOCER®s Inorganic-organic hybride Polymers)：**

　　應用範圍：

(1)　Dental restoration。

(2)　Medical equipment。

(3)　Electronics。

(4)　Optics/ophthalmology。

(5)　Gas separation/ultrafiltration。

(6)　catalyst。

7.　**功能化之金屬氧化微細顆粒(Functionalized Metal Oxide Particles)：**

　　($MxOy$，M：Si、Ti、Zr...)

　　應用範圍：

(1)　Medicine。

(2)　Dental field。

(3)　Catalysis。

(4)　Chromatography。

(5)　Optics。

(6)　Electronics。

8.　**當做補強用奈米微粒應用於反應性樹脂：**

　　應用範圍：

To transfer colloidal silica particles from water into various monomers，prepolymers，and polymers。

表 5-8　美國 Nanocor 公司發展的奈米高分子材料及應用

Nylon 6 Films and Bottles	PET Multilayer Film and Bottles
· Oxygen and CO_2 barrier · Water vapor barrier · UV transmission · Thermal stability · Stiffness · Down-gauging · Clarity · Anti-tack	· Oxygen and CO_2 barrier
	Polyolefin Films and Bottles
	· Oxygen and CO_2 barrier · Thermal stability · Stiffness · Down-gauging
Nylon 6 Injection Mold	**Polyolefin Injection Mold**
· Thermal stability · Shrinkage/warpage reduction · Stiffness · Solvent/chemical resistance · Fuel barrier · Flame resistance · Weight reduction · Fiberglass reduction · Thin-Walling · Sink reduction · Anti-bloom	· Thermal stability · Shrinkage/warpage reduction · Stiffness · Solvent/chemical resistance · Flame resistance · Weight reduction · Fiberglass reduction · Thin-Walling · Anti-bloom
EVA	**TPE**
· Stiffness · Oxygen barrier · Thermal stability · Flame resistance · Solvent/chemical resistance · Anti-bloom	· Oxygen and CO_2 barrier · Water vapor barrier · Stiffness · Flame resistance · Anti-bloom
Epoxy	**UPE**
· Higher Tg · Stiffness · Solvent/chemical resistance · Flame resistance · Rheology control · Scratch and mar · Anti-bloom	· Higher Tg · Stiffness · Solvent/chemical resistance · Flame resistance · Sag control · Scratch and mar

圖 5-22　奈米複合材料(另有彩頁)

▶ 5-7　奈米磁性材料

　　磁性奈米材料可以說是在這個領域中，最早被研究的，主要是因為磁性材料，已廣泛應用在生活中的一些元件裡。例如：磁帶上的磁粉，而磁性奈米材料，至今在台灣，學術研究方向仍較偏重於磁性物理理論的探討，而較缺乏實際應用上的考量。另一方面，在材料及機械學術領域上的研究，卻是較偏重於塊狀磁性物質應用上的探討，並沒有針對磁性奈米材料有較多的投入。反觀，擁有化學合成技術的化學家，因為本身的領域及所受訓練的限制，一般大多缺乏磁性材料基礎理論上的知識，所以甚少投入磁性材料的研究。未來如能夠促使一些化學家，利用其現具有的合成設備，投入磁性奈米材料的合成，與理論及實驗物理學家相結合，共同去探討一些磁性物質在奈米大小時的特性，這樣才能產生創新的研究成果。另一方面，合成化學家亦必須與機械或材料學家合作，一起共同開發磁性奈米材料的應用。

一、奈米磁性液體

　　1963 年美國國家航空暨太空總署(NASA)的 Papell 首先採用油酸[25]為介面活性劑，將它包覆在超細的 Fe_3O_4 微顆粒上(直徑約為 10nm)而且高度分散在煤油(基液)中，而形成一種穩定的膠體體系。在磁場作用下，磁性 Fe_3O_4 顆粒帶動被界面活性劑所包裹著的液體一起移動，因此似乎整個液體具有磁性，而命名為磁性液體(ferrofluid， magnetic fluid，magnetic liquid 等)。60 年代美國首先應用於航空工業，後來逐漸轉為民用，現已成為很龐大的產業，在美國、日本、德國等發達國家都有磁性液體公司，全球每年要生產磁性液體器件數百萬噸。

1. **磁性液體的組成：**

　　製備磁性液體的必要條件是強磁性顆粒的尺寸必須夠小，以致在基液中呈現混亂的布朗運動，這種熱運動足以抵消重力的沉降作用以及削弱粒子間電、磁的相互凝聚作用，在重力和電、磁場的作用下能穩定存在，不產生沉澱和凝聚。磁性液體是由強磁性微粒、基液以及表面活性劑三部分組成。為了得到穩定的磁性液體，強磁性微粒必須足夠小，像是鐵氧磁體類型的顆粒直徑為 10nm，金屬顆粒則通常大於 6nm，製備奈米微粒的方法很多，可採用化學共沉澱技術製備直徑 10 奈米左右、分佈均勻的 Fe_3O_4 微粒。化學共沉澱技術具有操作簡便、成本低，對設備要求不高等優點，在這樣小的尺寸下，強磁性顆粒已經喪失了大塊材料的鐵磁性能，而沒有呈現磁滯現象的超順磁狀態，其磁化曲線是可逆的。為了防止顆粒聚集成團，產生沉積，每個磁性顆粒的表面必須化學吸附一層長鏈的高分子(也就是表面活性劑)，而此高分子的鏈要足夠長，才能讓顆粒接近時排斥力大於吸引力。此外，高分子長鏈的一端與磁性顆粒產生化學吸附，另一端應與液體親和，均勻的分散其中。由於分散液不同，可生成不同特性、不同應用領域的磁性液體，選擇合適的表面活性劑是製備磁性液體的關鍵。

2. **磁性液體的特性：**

　　由於磁性液體同時具有磁性和流動性，因此具有許多獨特的磁學、流體力學、光學和聲學特性。磁性液體表現為超順磁性，矯頑力為零，沒有剩磁；在外磁場下，磁性液體被磁化，滿足修正的伯努利方程式，與常規伯努利方程式相比，添加了一項磁性能，使磁性液體具有其他流體所沒有的、與磁性相關聯的新性質：例如磁性液體的表觀密度隨外磁場強度的增加而增大；當光通過稀釋的磁性液體時，會產生光的雙折射效應與雙向色性現象。當磁性液體被磁化時，使相對於磁場方向具有光的各向異性，偏振光的電向量平行於外磁場方向比垂直於外磁場方向吸收更多，具有更高的折射率；超聲波在磁性液體中傳播時，其速度及衰減與外磁場有關，呈各向異性；磁性液體在交變場中具有磁導率頻散、磁粘滯性等現象。這些有別於一般液體的特徵，為一些新穎的磁性器件的發展奠定了基礎。

3. **磁性液體的應用：**

    磁性液體的特殊性質開拓了許多新的應用領域，一些過去難以解決的工程技術問題，由於磁性液體的出現而迎刃而解。下面簡單地介紹幾種磁性液體應用在：

(1) 旋轉軸動態密封：磁性液體旋轉軸動態密封技術是磁性液體較成熟也是最重要的應用之一，現已廣泛應用於 X-射線轉靶衍射儀、單晶爐、大功率雷射器、電腦等精密儀器的轉軸密封。其結構原理見圖 5-23[26]，磁性液體在非均勻磁場中將聚集於磁場梯度最大處，因此利用外磁場可將磁性液體約束在密封部位形成磁性液體 "O" 型環，具有無洩漏、無磨損、自潤滑、壽命長等特點。

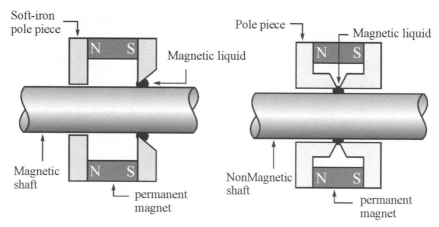

圖 5-23　磁性液體密封原理[26]

磁性液體密封技術目前重要用於眞空、灰塵、氣體的動態密封，封水等液體由於難度較大，實際應用的不多。若能在封水、封油等方面取得突破，其應用領域將極爲廣闊，必將產生巨大的經濟效益和社會效益。研究單位認爲可從以下方面來著手：改進密封件結構，改善磁路設計，研製新型奈米磁性液體。

(2) 增進揚聲器功率：將磁性液體注入揚聲器的音圈氣隙對音圈的運動起一定的阻尼作用，並能使音圈自動定位，同時音圈所產生的熱量可以通過磁性液體耗散，因此加入磁性液體可以提高揚聲器的承受功率，在同樣結構條件下可使輸入功率提高 2 倍，同時改善頻率回應，提高保眞度。奈米磁性液體用於金屬膜揚聲器性能更佳。目前國內許多廠家生產磁性液體揚聲器，生產線和磁性液體均從國外進口。若能將磁性液體國產化，必將帶來非常可觀的收益。

(3) 阻尼器件：利用奈米磁性液體作爲旋轉與線性阻尼器，以阻尼不需要的系統振盪模式。與一般阻尼介質相比優點在於可擠佔借助外磁場定位。例如在步進馬達中使用磁性液體阻尼來消除系統的振盪與共振，使馬達精確定位。另外在防振台使用磁性液體阻尼(如圖 5-24 所示)，可消除外界振動噪音的干擾，以確保精密儀器(天平，光學設備等)正常工作。

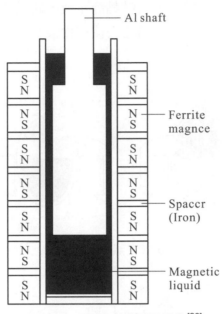

圖 5-24　磁性液體阻尼器件[26]

(4)　選礦分離：利用磁性液體的表觀比重隨外磁場的變化而改變的特點，可用來篩選比重不同的非磁性礦物(如圖 5-25 所示)。比重差別在 10%左右的礦物可用此技術較好地分離，一般採用水基磁性液體，可重複使用。

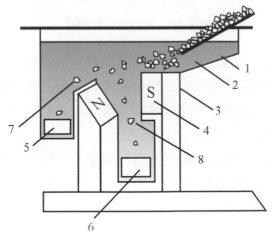

圖 5-25　磁性液體選礦分離示意圖[26]

(5) 開關：圖 5-26 為磁性液體無摩擦開關示意圖。水銀和磁性液體裝在一個不導電的容器中，利用外磁場改變水銀在容器中的位置，來達到接通和斷開電流的目的。圖 5-27 為不需動力的新型磁性液體離心開關示意圖。磁性液體密封在轉軸上的非磁性容器中。當轉軸靜止時，磁性液體位於容器下部，感測器檢測不到它；當軸轉動時，離心力使磁性液體分佈於容器內壁，感測器檢測到磁性液體並引發開關動作。

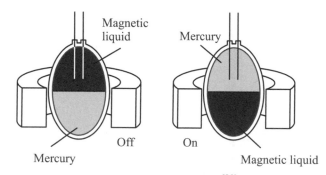

圖 5-26　無摩擦開關[26]

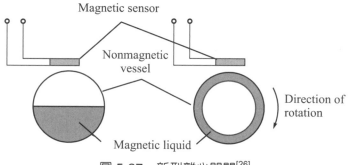

圖 5-27　新型離心開關[26]

(6) 精密研磨和拋光：磁性液體研磨是利用磁性液體的浮力將微米級的磨料懸浮於液體表面，與待拋光的工件緊密接觸。不論工件的表面形狀多麼特殊，均可用此技術精密拋光。另外還可用來研磨高級 Si_3N_4 陶瓷球(圖 5-28)，效率比傳統方法高 40 倍。

(7) 感測器：目前有兩種商用磁性液體感測器：一種是在石油勘探工業中用來測量鑽頭的加速和傾斜(圖 5-29)[27,28]，另一種是在建築工業中用來檢測地下管道的傾斜(圖 5-30)[27,28]。

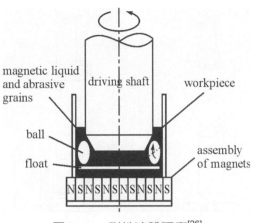

圖 5-28　磁性液體研磨[26]

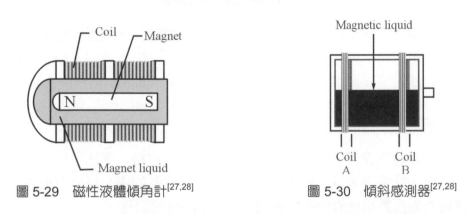

圖 5-29　磁性液體傾角計[27,28]　　　　　圖 5-30　傾斜感測器[27,28]

(8)　新型的潤滑劑：通常潤滑劑易損耗或污染環境，奈米磁性液體中的磁性顆粒尺寸約為 10nm，因此不易損耗，而基液也可使用潤滑油，只要選用合適的磁場就可以將磁性潤滑油約束在所需要的部位。(如圖 5-31 及圖 5-32 所示)。

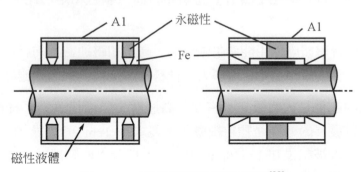

圖 5-31　軸瓦型潤滑結構示意圖[29]

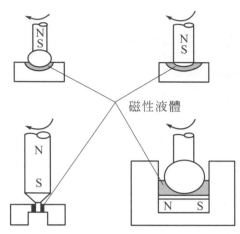

圖 5-32　其他可能的潤滑結構示意圖[29]

(9) 其他應用：除此以外，磁性液體還在許多領域有著廣泛的應用前景。如：磁
性液體印刷、磁性液體薄膜軸承、聲納系統、磁性藥物、細胞磁性分離、磁
性液體人工發熱器、磁性液體渦輪發電、光學開關，磁性液體剎車，等等。

二、奈米磁記錄材料

用作磁記錄的磁性材料。包括磁記錄介質和磁頭材料。廣泛用於錄音、錄影、計
算機資訊記憶、計量等領域。磁記錄是指用磁頭對移動的磁記錄介質加以信號磁場，
沿介質移動的方向將相應的信號以剩磁形式予以記錄的過程。

1.　磁記錄介質：

磁記錄要求記錄介質的信息密度高，記錄或抹去容易，保存性好，再生信號
的信噪比大等。因此，磁記錄介質應矯頑力高、剩磁和矩形比大、磁性層薄。

2.　磁頭材料：

錄音和抹音磁頭應採用能產生強磁場、高飽和磁通密度的材料。放音磁頭應採
用具有再現靈敏度高和起始磁導率大的材料。加工性、耐磨損應好、高頻損耗小。

磁記錄發展的趨勢是大容量、高密度、高速度、低價格，為了提高記錄密度，對
顆粒型磁記錄介質發展的方向是顆粒細微化，要求每 $1cm^2$ 可記錄 1000 條以上訊息，
那麼每一條訊息要求被記錄在 $1\sim10\mu m^2$ 中，至少具有 300 階段分層次的記錄，因此必
須以超微粒做為記錄單元，使記錄密度大大提高。80 年代，高密度磁記錄用磁粉的尺
寸就已邁入奈米等級，如性能優良的 CrO_2 磁粉尺寸約為 200nm×35nm，鐵或鐵的合金
磁粉的尺寸約為 20nm，並製成高密度的金屬磁帶。

磁性奈米微粒由於尺寸小，具有單磁區結構，及矯頑力很高的特性，用它製作磁記錄材料可以提高訊雜比，改變圖像質量。做為磁記錄單元的磁性粒子的大小必須滿足以下的要求：

(1)　顆粒的長度應遠小於記錄波長。

(2)　粒子的寬度應該遠小於記錄深度。

(3)　一個單位的記錄體積中，應該可能有更多的磁性粒子。

也就是，作為磁記錄的粒子要求為單磁區針狀微粒，但不得小於變成超順磁性的臨界尺寸(約 10nm)。目前，目前所用磁帶的磁體大小為 $100 \sim 300nm$(長徑)，$10 \sim 20nm$(短徑)的超微粒子。一般使用的磁記錄超微粒為鐵或氧化鐵的針狀粒子，如：針狀 $\gamma\text{-}Fe_2O_3$、CrO_2、Co 包覆的 $\gamma\text{-}Fe_2O_3$、金屬(Fe)及摻有 Co、Ti 的鋇鐵氧體($BaFe_{12}O_{19}$)等針狀磁性粒子。

三、奈米巨磁電阻材料

磁性金屬和合金一般都有磁電阻現象，所謂磁電阻是指在一定磁場下電阻改變的現象，人們把這種現象稱為磁電阻。所謂巨磁阻就是指在一定的磁場下電阻急劇減小，一般減小的幅度比通常磁性金屬與合金材料的磁電阻數值約高 10 餘倍。巨磁電阻效應是近 10 年來發現的新現象。1986 年德國的 Cdnberg 教授[30]首先在 Fe/Cr/Fe 多層膜中觀察到反鐵磁層間耦合。1988 年法國巴黎大學的肯特教授研究組首先在 Fe/Cr 多層膜中發現了巨磁電阻效應，這在國際上引起了很大的反響。20 世紀 90 年代，人們在 Fe/Cu，Fe/Al，Fe/Al，Fe/Au，Co/Cu，Co/Ag 和 Co/Au 等奈米結構的多層膜中觀察到了顯著的巨磁阻效應，由於巨磁阻多層膜在高密度讀出磁頭、磁記憶元件上有廣泛的應用前景，美國、日本和西歐都對發展巨磁電阻材料及其在高技術上的應用投入很大的力量。1992 年美國率先報導了 Co-Ag，Co-Cu 顆粒膜中存在巨磁電阻效應，這種顆粒膜是採用雙靶共濺射的方法在 Ag 或 Cu 非磁薄膜基體上鑲嵌奈米級的鐵磁 Co 顆粒。這種人工複合體系具有各向同性的特點。顆粒膜中的巨磁電阻效應目前以 Co-Ag 體系為最高，在液氮溫度可達 55%，室溫可達 20%，而目前實用的磁性合金僅為 2%～3%，但顆粒膜的飽和磁場較高，降低顆粒膜磁電阻飽和磁場是顆粒膜研究的主要目標。顆粒膜製備工藝比較簡單，成本比較低，一旦在降低飽和磁場上有所突破將存在著很大的潛力。最近，在 FeNiAg 顆粒膜中發現最小的磁電阻飽和磁場約為 32KA/m，這個指標已和具有實用化的多層膜比較接近，從而為顆粒膜在低磁場中應用展現了一線曙光。

在巨磁電阻效應被發現後的第六年，1994 年，IBM 公司研製成巨磁電阻效應的讀出磁頭，將磁片記錄密度一下子提高了 17 倍，達 5Gbit/in^2，最近報導為 11Gbit/in^2，從而在與光碟競爭中磁片重新處於領先地位。由於巨磁電阻效應大，易使器件小型化，廉價化，除讀出磁頭外同樣可應用於測量位移，角度等感測器中，可廣泛地應用於數位控制機床，汽車測速，非接觸開關，旋轉編碼器中，與光電等感測器相比，它具有功耗小，可靠性高，體積小，能工作於惡劣的工作條件等優點。利用巨磁電阻效應在不同的磁化狀態具有不同電阻值的特點，可以製成隨機記憶體(MRAM)，其優點是在無電源的情況下可繼續保留資訊。1995 年報導自旋閥型 MRAM 記憶單位的開關速度為亞納秒級，256Mbit 的 MRAM 晶片亦已設計成功，成為可與半導體隨機記憶體(DRAM，SEUM)相競爭的新型內記憶體，此外，利用自旋極化效應的自旋電晶體設想亦被提出來了[31]。

巨磁電阻效應在高技術領域應用的另一個重要方面是微弱磁場探測器。隨著奈米電子學的快速發展，電子元件的微型化和高度集成化，要求測量系統也要微型化。21世紀超導量子相干器件(SQUIDS)和超微霍耳探測器和超微磁場探測器將成為奈米電子學中主要角色。其中以巨磁電阻效應為基礎，設計超微磁場感測器要求能探測 10^{-2}T 至 10^{-6}T 的磁通密度。如此低的磁通密度在過去是沒有辦法測量的，特別是在超微系統測量如此弱的磁通密度時十分困難的，奈米結構的巨磁電阻器件經過定標可能完成上述目標。瑞士蘇黎士高工在實驗室研製成功了奈米尺寸的巨磁電阻絲，他們在具有奈米孔洞的聚碳酸脂的襯底上通過交替蒸發 Cu 和 Co 並用電子束進行轟擊，在同心聚碳酸脂多層薄膜孔洞中由 Cu、Co 交替填充形成幾微米長的奈米絲，其巨磁電阻值達到15%，這樣的巨磁電阻陣列體系飽和磁場很低，可以用來探測 10^{-11}T 的磁通密度。由上述可見，巨磁阻較有廣闊的應用前景[32,33,34]。

四、奈米微晶軟磁材料

非晶材料通常採用熔融快淬的工程，Fe-Bi-B 是一類重要的非晶態軟磁材料，如果直接將非晶材料在晶化溫度進行退火，所獲得的晶粒分佈往往是非均勻的，為了獲得均勻的奈米微晶材料，人們在 Fe-Si-B 合金中再添加 Nb，Cu 元素，Cu，Nb 均不回溶於 FeSi 合金，添加 Cu 有利於生成鐵微品的成核中心，而 Nb 有利於細化晶粒。1988年牌號為 Finement 的著名奈米微晶軟磁材料問世了，其組成為 Fe$_{73.5}$Cu$_1$Nb$_3$Si$_{13.5}$B$_9$，它的磁導率高達 10^5，飽和磁感應強度為 1.30T，其性能優於鐵氧體與非磁性材料，作為工作頻率為 30KHz 的 2KW 開關電源變壓器，重量僅為 300g，體積僅為鐵氧體的 1/5，效率高達 96%。繼 Fe-Si-B 奈米微晶軟磁材料後，20 世紀 90 年代 Fe-M-B，Fe-M-C，Fe-M-N，Fe-M-O 等系列奈米微晶軟磁材料如雨後春筍破土而出，其中 M 爲 Zr，Hf，Nb，Ta，V 等元素，例如組成爲 $Fe_{85.6}Nb_{3.3}Zr_{3.3}B_{6.8}Cu_{13}$ 的奈米坡莫材料，奈米微晶軟磁材料目前沿著高頻、多功能方向發展，其應用領域將遍及軟磁材料應用的各方面，如功率變壓器、脈衝變壓器、高頻高壓器、可飽和電抗器、互感器、磁遮罩、磁頭、磁開關、感測器等，它將成爲鐵氧體的有力競爭者。新近發現的奈米微晶軟磁材料在高頻場中具有巨磁阻抗效應，又爲它作爲磁敏感元件的應用增添了多彩的一筆[35(a)]。

　　隨著半導體元件大規模集成化，電子元器件趨於微型化，電子設備趨於小型化，相比之下，磁性元件的小尺寸化相形見絀。近年來，磁性薄膜器件如電感器、高密度讀出磁頭等有了顯著的進展，1993 年發現的奈米結構 $Fe_{55-58}M_{7-22}O_{12-34}$(其中 M=Hf，Zr，…)，具有優異的頻率特性，Fe-M-O 軟磁薄膜是由小於 10nm 的磁性微晶嵌於非晶態 Fe-M-O 的膜中形成的奈米複合薄膜，它具有較高的電阻率 p>4mW.m，相對低的矯頑力，$H_c \leq 400A/m$，較高的飽和磁化強度，$I_s > 0.9T$，從而使得在高頻段亦具有高磁導率與品質因數，此外抗腐蝕性強，其綜合性能遠高於以往的磁性薄膜材料。這類薄膜可望應用於高頻微型開關電源，高密度數位記錄磁頭以及雜訊濾波器等[35(b)]。

　　巨磁阻抗效應這種現象在軟磁衍料很容易出現，例如鈷基非品、鐵基奈米微晶以及 NiFe 合金均觀察到強的巨磁阻抗效應磁場較低，工作溫度爲室溫以上，這對巨磁阻抗材料的應用十分有利，加上鐵基奈米品成本低，因而利用奈米材料巨磁阻抗效應製成的磁感測器已在實驗室問世。例如，用鐵基奈米晶巨磁阻抗材料研製的磁敏開關具有靈敏度高，體積小，回應快等優點，可廣泛用於自動控制、速度和位置測定、防盜報警系統和汽車導航、點火裝置等。

五、奈米微晶稀土永磁材料

　　由於稀土永磁材料的問世，使永磁材料的性能突飛猛進。稀土永磁材料已經歷了 $SmCo_5$，Sm_2CO_{17} 以及 $Nb_2Fe_{14}B_3$ 個發展階段；目前燒結 $Nd_2Fe_{14}B$ 稀土永磁的磁能積已高達 $432kJ/m^3$(54MGOe)，接近理論值 $512Kj/m^3$(64MGOe)，並已進入規模生產，此外作爲黏結永磁體原材料的快淬 NbFeB 磁粉，晶粒尺寸約爲 20～50nm 爲典型的奈米微晶稀土永磁材料，美國 GM 公司快淬 NbFeB 磁粉的年產量已達 4500t/a(噸/年)。

　　目前，NbFeB 產值年增長率約爲 18～20%，已占永磁材料產值的 40%，但 NbFeB 永磁體的主要缺點是居裏溫度偏低，Tc=593K，最高工作溫度約爲 450K，此外化學穩定性較差，易被腐蝕和氧化，價格也比鐵氧體高。目前研究方向是探索新型的稀土永磁材料，如 $ThMn_{12}$ 型化合物，$Sm_2Fe_{17}Nx$，$Sm_2Fe_{17}C$ 化合物等。另一方面是研製奈米複合稀土永磁材料，通常軟磁材料的飽和磁化強度高於永磁材料，而永磁材料的磁晶各向異性又遠高於軟磁材料，如將軟磁相與永磁相在奈米尺度範圍內進行複合，就有可能獲得兼備高飽和磁化強度、高矯頑力二者優點的新型永磁材料。微磁學理論表明，稀土永磁相的晶粒尺寸只有低於 20nm 時，通過交換耦合才有可能增大剩磁值。

六、奈米磁致冷工具

磁致冷發展的趨勢是由低溫向高溫發展，20 世紀 30 年代利用順磁鹽作為磁致冷工具，採用絕熱去磁方式成功地獲得 MK 量級的低溫，20 世紀 80 年代採用 $Gd_3Ga_5O_{12}$ (GGG)型的順磁性石榴石化合物成功地應用於 1.5～15K 的磁致冷，20 世紀 90 年代用磁性 Fe 離子取代部分非磁性 Gd 離子，由於 Fe 離子與 Cd 離子間存在超交換作用，使局域磁矩有序化，構成磁性的奈米團簇，當溫度大於 15K 時其磁梢變高於 GGG，從而成為 15～30K 溫區最佳的磁致冷工具。

1976 年布朗首先採用金屬 Gd 為磁致冷工具，在 7T 磁場下實現了室溫磁致冷的試驗，由於採用超導磁場，無法進行商品化。20 世紀 80 年代以來人們對磁致冷工具開展了廣泛的研究工作，但磁熵變均低於 Gd。1996 年在 RmnO3 鈣鈦礦化合物中獲得磁精變大於 Gd 的突破，1997 年報導 $Gd_5(Si_2Ge_2)$化合物的磁熵變可高於金屬 Gd-倍，高溫磁致冷正一步步走向實用化。據報導 1997 年美國已研製成以 Gd 為磁致冷工具的磁致冷機。如將磁致冷工具奈米化，可能用來展寬致冷的溫區。

七、奈米吸波隱形材料

"隱形"這個名詞，顧名思義就是隱蔽的意思。"聊齋"故事中就有"隱身術"的提法，它是指把人體偽裝起來，讓別人看不見。近年來，隨著科學技術的發展，各種探測手段越來越先進。例如，用雷達發射電磁波可以探測飛機；利用紅外探測器也可以發現放射紅外線的物體。當前，世界各國為了適應現代化戰爭的需要，提高在軍事對抗中的實力，也將隱形技術作為一個重要研究對象，其中隱形材料在隱形技術中佔有重要的地位。1991 年波斯灣戰爭中，美國第一天出動的戰鬥機就躲過了伊拉克嚴密的雷達監視網，迅速到達首都巴格達上空，直接摧毀了電報大樓和其他軍事目標，在歷時 42 天的戰鬥中，執行任務的飛機達 1270 架次，使伊軍 95%的重要軍事目標被毀，而美國戰鬥機卻無一架受損。這場高技術的戰爭一度使世界震驚。為什麼伊拉克的雷達防禦系統對美國戰鬥機束手無策？一個重要的原因就是美國戰鬥機 F117A 型機身表面包覆了紅外與微波隱形材料，它具有優異的寬頻帶微波吸收能力，可以逃避雷達的監視。而伊拉克的軍事目標和坦克等武器沒有防禦紅外線探測的隱形材料，很容易被美國戰鬥機上靈敏紅外線探測器所發現，通過先進的鐳射制導武器很準確地擊中目標。

美國 F117A 型飛機蒙皮上的隱形材料就含有多種超微粒子，它們對不同波段的電磁波有強烈的吸收能力。為什麼超微粒子，特別是奈米粒子對紅外和電磁波有隱形作用呢？主要原因有兩點：一方面由於奈米微粒尺寸遠小於紅外及雷達波波長，因此奈米微粒材料對這種波的透過率比常規材料要強得多，這就大大減少波的反射率，使得紅外探測器和雷達接收到的反射信號變得很微弱，從而達到隱形的作用；另一方面，奈米微粒材料的比表面積比常規粗粉大 3～4 個數量級，對紅外光和電磁波的吸收率也比常規材料大得多，這就使得紅外探測器及雷達得到的反射信號強度大大降低，因此很難發現被探測目標，起到了隱形作用。

目前，隱形材料雖在很多方面都有廣闊的應用前景，但當前真正發揮作用的隱形材料大多使用在航空航太與軍事有密切關係的部件上。對於航太的材料有一個要求是重量輕，在這方面奈米材料是有優勢的，特別是由輕元素組成的奈米材料在航空隱形材料方面應用十分廣泛。有幾種奈米微粒很可能在隱形材料上發揮作用，例如奈米氧化鋁、氧化鐵、氧化矽和氧化鈦的複合粉體與高分子纖維結合對中紅外波段有很強的吸收性能，這種複合體對這個波段的紅外探測器有很好的遮罩作用。奈米磁性材料，特別是類似鐵氧體的奈米磁性材料放入塗料中，既有優良的吸波特性，又有良好的吸收和耗散紅外線的性能，加上比重輕，在隱形方面的應用上有明顯的優越性。另外，這種材料還可以與駕駛艙內信號控制裝置相配合，通過開關發出干擾，改變雷達波的反射信號，使波形畸變，或者使波形變化不定，能有效地干擾、迷惑雷達操縱員，達到隱形目的。奈米級的硼化物、碳化物，包括奈米纖維及碳奈米管在隱形材料方面的應用也將大有作為。

▷ 5-8　奈米科技在機械上的應用

一、奈米鑷子

利用奈米的技術，把一些處理東西的元件做的更小，以便進行更精密的工程，在日本大阪大學更可利用此奈米尺度鑷子夾住只有 5 奈米大的物質，甚至還可以處理細胞內的染色體(見圖 5-33)[36]。

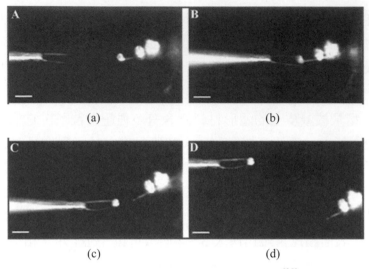

圖 5-33 利用奈米鑷子工作的情形[36]

二、奈米彈簧

奈米彈簧具有與微機械彈簧或巨觀尺寸彈簧相同的特性。研究人員目前正致力於發掘更多奈米彈簧的物理特性，並提昇生長過程的控制，以製造含有奈米彈簧的元件如奈米開關、奈米偵檢器、奈米大小的磁場產生器與偵測器等。

1. 美國西北大學(Northwestern University)和日本大阪府立大學(Osaka Prefecture University)的科學家最近完成了碳奈米線圈(carbon nanocoil)之力學性質測試。該線圈只有幾微米長，行為類似彈簧。西北大學的 Rod Ruoff 指出，以往從未有人透過直接負重拉伸試驗來研究奈米線圈的力學性質，這一點對微彈簧未來的可能應用卻相當重要[37]。

研究人員先以觸媒化學氣相沉積法(catalytic chemical vapour deposition)製備奈米線圈，然後利用一根包覆了黏性碳帶(adhesive carbon tape)的金屬線來接觸並移動線圈。接著他們將奈米線圈兩端分別附著到掃描式電子顯微鏡(SEM)空腔內的奈米操縱臂上，操縱臂是由一軟一硬兩根原子力顯微鏡懸臂(atomic-force microscopic cantilevers)所構成。這個步驟並不容易，因為線圈在被拉離碳帶的過程中，經常會發生彈脫遺失的情形。

為了量測奈米線圈的力學性質，科學家透過外加電壓於一個多層壓電材料所作成的板手(piezoelectric multilayer bender)施力於線圈上，並測量軟懸臂的變形量來計算施力，再由掃描式電顯微鏡的影像來決定奈米線圈的拉伸量。他們曾將奈米線圈拉伸至 33%的最大拉伸量，移除外力後，線圈仍可以恢復原來長度而不會永久形變。更進一步的研究顯示這些線圈是由外徑約為 125 奈米的中空線所構成。大體而言，每個線圈含有至少一條以上的中空線並且具有雙螺旋結構。線圈內約 80%的碳原子是以 sp^2 鍵結，呈非晶系結構(amorphous)。

Ruoff 指出，這類線圈可充當奈微機電系統中的微彈簧，或做為彈性體複合材料(elastomer composite)如橡膠的填充材料以增加其剛性。目前該研究小組除了繼續研究碳奈米線圈外，也計畫研究由其他材料製成的奈米線圈以及其他奈米結構。此外，他們也計畫推廣上述研究方法至其他的設備如穿透式電子顯微鏡(TEM)上，以獲得更高的解析度。

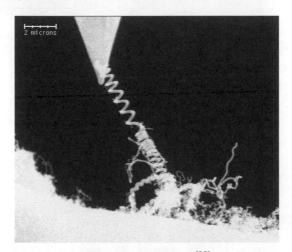

圖 5-34　奈米彈簧[38]

2. 美國華盛頓州立大學與西北太平洋國家實驗室的研究人員最近不約而同發現製造螺旋形二氧化矽奈米彈簧(helical silica nanosprings)的新方法，這種奈米彈簧將可應用於複合材料、奈米機械及奈米電磁元件中。

研究人員用來製造奈米彈簧的裝置是雙流管高溫爐(dual flow-tube furnace)。他們將矽晶圓基板置於雙流管的內管，並將鐵及矽/二氧化矽粉末置於外管中，在攝氏1160 度高溫及添加了甲烷(methane)的環境下約兩小時，即可合成奈米彈簧。目前還不清楚甲烷在製程中所扮演的角色，但它在奈米彈簧的合成中是不可或缺的。以這種方式製造出的非晶相(amorphous)螺旋形奈米彈簧的長度可達 8 微米，直徑約為 80～140 奈米，它的樣子看起來像捲曲的電話線，兩端連接著伸直的非晶結構二氧化矽奈米線(nanowires)，而構成奈米彈簧的二氧化矽從截面來看是長方形而非圓柱形[39,40]。

研究人員同時使用多種方法來測試此彈簧的特性，他們將穿透式電子顯微鏡(TEM)之電子束聚焦於奈米彈簧長軸方向上的各點，以測試彈簧受到局部加熱後的延展性與遠離受熱區的收縮性，也使用原子力顯微鏡(AFM)探針對奈米彈簧施力，使奈米彈簧彎曲和稍微延伸。這些實驗測試的結果證明奈米彈簧具有與微機械彈簧或巨觀尺寸彈簧相同的特性。研究人員目前正致力於發掘更多奈米彈簧的物理特性，並提昇生長過程的控制，以製造含有奈米彈簧的元件如奈米開關、奈米偵檢器、奈米大小的磁場產生器與偵測器等[39,40]。

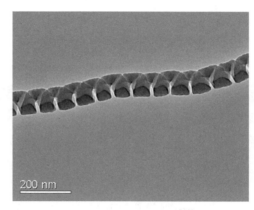

圖 5-35　奈米彈簧[40]

三、高靈敏度氣體偵測器

美國史丹福大學的研究人員最近開發出一種以單壁式碳奈米管(single-walled carbon nanotube)做成的高靈敏度氣體偵測器陣列。這種偵測器是先在鉬(Molybdenum)電極陣列上欲成長碳奈米管的區域塗上觸媒(catalyst)，接著再以化學氣相沈積製程於塗佈觸媒的部份成長碳奈米管，最後再根據所要偵測的氣體種類，在碳奈米管表面鍍上一層高分子聚合物，以增加偵測器的靈敏度。目前這種新型的電子偵測器已可偵測出濃度低於一百億分之一以下的有毒氣體，以往這麼低的濃度只能靠光譜法測量。研究人員相信它將可做成電子鼻，用來偵測各種氣體分子。

四、分子齒輪[41]

分子齒輪的運作，利用光照或加電壓可將電子注入分子齒輪中，這時金屬離子周圍的嘛啉分子就像齒輪一樣轉起來，分子齒輪可以靠著增或減電子使其加快或減緩旋轉，注入的電子越多則其轉速越快，其轉速可達每秒鐘數十轉。雖然可以自由控制轉速的分子齒輪為高功能分子機器的實現開闢了成功之路，但由於目前分子齒輪尚處於單獨旋轉的階段，若要達到實用化則必須將多組齒輪組合起來而成為一個力量的傳動系統。

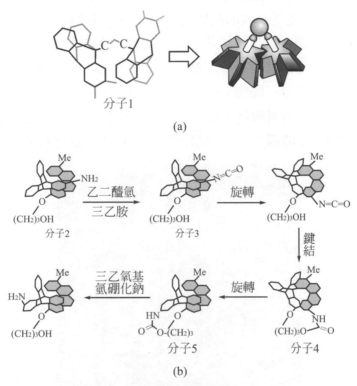

分子1

(a)

分子2　　　乙二醯氫
　　　　　　三乙胺

分子3　　　旋轉

鍵結

分子4

分子5　　　旋轉

三乙氧基
氫硼化鈉

H₂N

(b)

圖 5-36　分子齒輪運作示意圖[41]

1. **分子 1 相當於右方之雙齒輪機器：**

　　　分子 1 包含了兩個三蝶烯基的環狀系統，中間以亞甲基連接，而兩邊三蝶烯基環狀系統的芳香環就如同齒輪般的相互安插。當其中一邊的環狀系統沿著與亞甲基相連的單鍵旋轉時，另一邊的環狀系統由於空間立體阻礙效應，不得不往相反方向轉動。

2. **化學能驅動分子 2 進行單一方向轉動之過程：**

　　　分子 2 由於空間立體阻礙，其環狀系統並不會旋轉。但在加入乙二醯氫和三乙胺後，轉變成為分子 3 的形式，此時分子中的羥基和異氰酸酯基會自動進行形成胺甲酸乙酯(分子 4)的反應。反應完成後由於分子內的張力過大，必須藉由環狀系統順時針方向旋轉 120 度來釋放此張力，形成分子 5，最後還可用三乙氧基氫硼化鈉將胺甲酸乙酯鍵切斷，使整個系統能再次的循環。

五、單分子開關[42]

　　單分子開關消耗的能量遠小於現今的固態電子元件，一群瑞士及法國的科學家最近更製造出有史以來最省能量的單分子開關(single-molecule switch)：只需要 47×10^{-21} 焦耳或 0.3eV，是目前高速電腦內的晶體的萬分之一。由 Meyer，Joachim 等人所製造的分子開關主要是一個帶有四條腿狀苯基(phenyl)的吡咯紫質(porphyrin)分子，研究人員以原子力顯鏡的探針轉動其中一條苯基，使其在兩種穩態間變換。當苯基垂直中央的分子面時，該開關是處於「關閉」，而當苯基平行分子面時，開關便「開啟」，而所消耗的能量要比為最先進的場效電晶體小了 4 個數量級，可能已經接近熱力學的極限。研究人員表示，這種分子開關未來可望用來製造低耗能的儲存及邏輯元件。

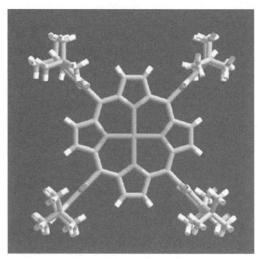

圖 5-37　分子開關[42] (另有彩頁)

▶ 5-9　奈米精密陶瓷之應用

一、超大陶瓷電容應用

　　德國的科學家根據一項已知的量子效應，製造了一個能自發放大訊號的 Y 型奈米電子線路。電晶體之所以能放大訊號，是因為閘極微小的電壓變化能導致輸出電壓的巨大變動，而閘極的效率部份取決於其電容。隨著電晶體的尺寸日益縮小，閘極電容也根著變小，因而逐漸失去放大訊號的能力。奈米電子元件要克服這點，有賴新的閘極機制。稍早的研究顯示，當 Y 型電閘的尺寸與電子波長相當時，Y 型電閘將具有「量子電容」(quantum capacitance)，因此相當小的閘極電壓就可能獲得增益。Wurzburg 大學研究人員在砷化鎵層刻了 50 奈米深的 Y 型溝槽進行實驗，結果得到的增益值接近 30，超過古典物理的預測，為奈米級電晶體提供了一種新的機制[43]。

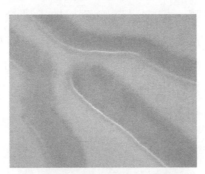

圖 5-38　Y 型奈米電子線路[43] (另有彩頁)

　　美國國家標準與技術研究所(NIST)及惠普(HP)實驗室分別開發出一種測量分子電子裝置(molecular electronic devices)行為的技術，並同時以此方法來檢查單層分子 (molecular-monolayer-based)裝置的電子性質，獲得的結果幾乎相同。研究人員在一系列垂直交叉的鋁線之間夾入了單層的二十烷酸(eicosanoic acid)分子，製造出一個測試結構。結果產生的氧化鋁(AlO_x)穿隧接合(tunnel-junction-based)裝置顯現出了磁滯切換 (hysteretic switching)的特性。研究人員相信這是分子和電線電極之間相互作用的結果，他們並以不含二十烷酸分子層的結構以進行測試，以確認上述結果確實是單分子層的存在所致，而該裝置的電流電壓曲線和兩相行為(two-state behaviour)分別由兩個實驗室重覆測得，足以證明結果的真實性。

　　分子電子學為一快速發展及充滿挑戰的領域，而這項研究首次驗證了單分子層裝置的性能。除了電流電壓(IV)外，NIST 的研究人員也對電容電壓(capacitance-voltage，CV)曲線進行測量，而測得的電容循環也顯示出兩相行為。NIST 的 Curt Richte 認為這種可重複的分子電子裝置測量法能促進該新興領域商品化，同時有助於瞭解分子中如何運輸電荷的基本原理。這項研究成果已經在稍早舉行的 2003 年美國政府微型電路應用和重要技術會議(GOMACTECH)中發表。

二、奈米陶瓷系複合材料

1. 美國杜邦(DuPont)公司最近發展出一種可壓印式(printable)聚苯胺/單壁式碳奈米管 (polyaniline/single-wall carbon nanotube)複合材料，這種複合材料具有適當的導電率與壓印密度，因此可用來作為為電泳顯示器(electrophoretic display)(如電子書、

電子看板等)面板的電極層的導電材料。它的製造方式是先將二壬基萘磺酸
(dinonylnaphthalene sulphonic acid)摻雜在導電的聚苯胺(polyaniline)中，形成混合
物，再將單壁式碳奈米管均勻加入混合物中。研究人員發現，摻雜二壬基萘磺酸
的聚苯胺雖然不是良導體，但它已可顯像，加入碳奈米管則有助於進一步提高材
料的導電度。杜邦的研究人員目前已能壓印出寬 500 微米、間隔 7 微米的帶狀結
構，將可作為有機場效電晶體的源極與汲極。除了顯示器的應用外，如果能再提
高壓印密度，此種材料也能應用於射頻識別電子晶片(Radio frequency
identification，RFID)中，作為電子標籤[44]。

圖 5-39　　可壓印式聚苯胺/單壁式碳奈米管複合材料[44]

2. 美國科學家發展出一種製造小型強力永久磁鐵的新技術。這類由所謂的「交換耦
合奈米複合材料」(exchange-coupled nanocomposites)構成的磁鐵擁有兩種磁相，因
此磁性比只有單相的傳統磁鐵還強。IBM JT Watson 研究中心、路易斯安納科技大
學及喬治亞理工學院的科學家共同研發出一種新奇的奈米微粒自組成方法，以鉑
化鐵(FePt)及氧化鐵(Fe_3O_4)微粒做為基本「磚塊」，自組形成的「交換彈性磁鐵」
(exchange-spring magnets)具有兩個磁相，一為矯頑磁性(coercivity)高的硬磁相，一
為矯頑磁性較低的軟磁相，兩相透過交換耦合產生作用。經由調整「磚塊」的大
小及成份，所得到最佳化的能量積(energy product)高達 20.1 百萬高斯·厄斯特，
比傳統的永久磁鐵還要高出 50%。這項成果可望應用在磁性記錄儲存裝置等與永
久磁鐵有關的先進技術上。

3. 根據美國股票分析師 BRG Townsend 及 Packaging Strategies 的最新報告,在未來五年內,將有五百萬磅的奈米複合材料投入硬式及軟式包裝的行列。該報告並預測在 2006 年啤酒包裝將會使用多達 3 百萬磅的奈米複合材料,佔用量的第一位;佔第二位的是肉類及碳酸飲料的包裝。到 2011 年,包裝上使用的奈米複合材料將多達一億磅[45]。

4. 具有逆向選擇性(reverse-selective)的薄膜傾向於讓較大而非較小的分子通過,其相關應用包括在天然氣的淨化過程中,用來去除部份無用的碳氫化合物。美澳間的一個合作計劃採用奈米微粒來改善一種聚合物薄膜的逆向選擇分子輸送性質。科學家在最近一期的 Science 雜誌中報告了這種可滲透性超高(ultrapermeable)的奈米複合材料。

5. 除了透鏡及反射鏡外,能將光線聚焦的工具又多了一種超材料(metamaterial)。法國馬塞 Fresnel Institute 的研究人員採用簡單的銅-泡棉複合材料,製成折射率非常小的超材料系統,能將發散的電磁波聚集在一狹窄的錐形內。他們首先在銅片上鑽出呈週期排列、5 毫米寬的方孔,接著將數個這種銅片嵌入泡棉中,再將微波發射管楔入兩層銅片中,結果在系統外測得的微波發射頻譜侷限在角度僅 10 度寬的錐形內。這種系統具有體積小、質量輕並且能與電子零件銜接的特性,除了可用來製作太空通訊的天線外,還可望應用在光纖通訊及紅外雷射領域中[46]。

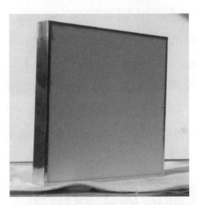

圖 5-40　銅-泡棉複合材料[46]

三、高介電之奈米級陶瓷材料應用

1. 隨著高介電係數鐵電(ferroelectric)薄膜的發展,高達 160 億位元的記憶晶片可能很快就能實現,然而先決條件是薄膜只能有幾個奈米厚。為了研究介電材料的厚度限制,美國科學家利用電腦模擬超薄鐵電電容的行為。目前電腦中的資料多是以電荷形式儲存在幾百萬個極小電容組成的動態隨機存取記憶體(DRAM)內，每個電容代表一位元。傳統 DRAM 的電容是由兩塊平行導電板中間夾著一層氧化矽或是氧化矽/氮化矽薄膜所構成。這種以矽爲介電材料的電容雖然可靠耐用，但由於需要較大面積才能得到每位元約 25×10^{-15} 法拉第的電容，矽晶片上的位元密度因而受限。改進方法之一是增加介電層的介電係數及減少其厚度。介電係數在 300 到 1500 之間的鐵電材料顯然是一種好選擇，又因其具有雙穩態的切換行爲，也可以當作非揮發性記憶體(又稱鐵電隨機存取記憶體，FERAM)。然而，要超越目前已高達四十億位元的 DRAM，鐵電層必須薄至約 4 奈米，在這個厚度下薄膜是否仍維持鐵電行爲，仍有待商榷。

爲瞭解薄膜厚度對鐵電行爲的影響，美國科學家進行了薄膜鐵電電容的電腦模擬，結果發現若厚度小於約 2.4 奈米的臨界值，當電容發生短路時，鐵電薄膜會失去鐵電行爲。雖然清除短路並加上一偏壓能恢復其鐵電行爲，但通常需要 0.1 秒的時間，對實際應用來說太久了。甚至當厚度大於臨界值時，模擬下的元件仍會喪失大量的鐵電性。

2. 電子與電洞在鍺(germanium)半導體中的遷移率(mobility)要比在矽半導體中大許多，因此若採用鍺來製做半導體元件，將能有效提昇元件的操作速度，然而卻由於二氧化鍺(germanium oxide)的性質不穩定，鍺始終與金屬氧化物半導體(MOS)元件無緣。最近美國加州聖荷西市的 Silicon Genesis 公司開發出可供高速晶片使用的絕緣層上覆鍺(germanium-on-insulator，GeOI)晶圓，可望改變這個現況。該公司使用電漿活化鍵結(plasma-activated bonding)與控制斷裂(controlled cleave)技術，在二氧化矽晶圓上覆蓋一層薄薄的鍺。絕緣層上覆鍺晶圓結合鍺的優點與二氧化矽的穩定性，同時符合現在的主流製程，並結合下一世代的高介電係數介電質沉積技術，將可以提供晶片製造商製造高速晶片的新選擇[47]。

▶ 5-10 奈米光觸媒的加工與應用

在奈米科技和環保兩大熱門的領域中，光觸媒(Photocatalysis)是跨越這兩領域中的佼佼者。光觸媒是屬於奈米半導體粒子，常見的半導體光觸媒材料有 TiO_2、ZnO、SnO_2、CdS⋯等。其中二氧化鈦(Titanium Dioxide，TiO_2，銳鈦礦型)因氧化能力強、化學性安定又無毒，自 1972 年發現至今，已用於奈米光觸媒家電、口罩等民生用品，故爲應用最廣的光觸媒。

利用奈米技術製備出奈米光觸媒將可更有效地在足夠的光照條件下分解碳氫鍵有毒氣體污染物並將其轉化為二氧化碳和水。奈米光觸媒階段研究開發之主要領域有：防黴抗菌、自我清潔、淨化水及空氣、鏡面防霧、防污等領域等。圖 5-41 為光觸媒最具代表性的功能[48]。

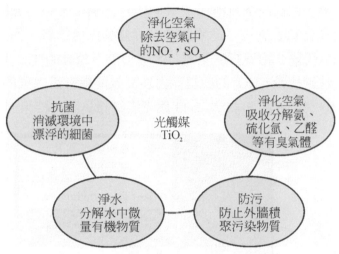

圖 5-41　光觸媒的五大環境淨化機能[48]

下述光觸媒之主要功能：

1. 殺菌、抗菌：

以 TiO_2 產生強效氧化作用(氫氧自由基)會直接穿透細菌之細胞膜，使細胞質流失，進而將細胞核氧化而有效的消滅大腸桿菌、綠膿桿菌、黴菌、化膿菌、白癬菌及空氣中過敏原…等，並可抑制病毒活性，達到 99.99%抑菌、殺菌效果(如表 5-9 所示)。並可分解空氣中過敏原、減少過敏性疾病及氣喘，亦可分解黴菌。改善香港腳情形，甚至痊癒，且不傷害皮膚。

表 5-9　光觸媒的殺菌率測試結果[49]

試驗菌名	被塗物材料	試驗開始時	3 小時後	滅菌率
大腸菌	壁　紙	$3.5×10^5$ 個	<10 個	99.9%以上
	地　毯	$3.5×10^5$ 個	<10 個	99.9%以上
	無塗裝比較材	$3.5×10^5$ 個	$2.0×10^7$ 個	－
黃色葡萄球菌	壁　紙	$1.9×10^5$ 個	<10 個	99.9%以上
	地　毯	$1.9×10^5$ 個	<10 個	99.9%以上
	無塗裝比較材	$1.9×10^5$ 個	$9.0×10^4$ 個	－

2.　除臭：

　　目前實驗研究資料所提出之臭氣有氨氣(NH_3)、乙醛、一氧化碳、苯乙烯、丙烯、乙烯等石化產品臭味，甲硫醇、硫化氫等。TiO_2 光觸媒所產生的氫氧自由基會先行破壞有機氣體分子的能量，使有機氣體成為單一的氣體分子，加快有機物質、氣體的分解，故提高空氣清淨效率。TiO_2 光觸媒之強力分解力，比用於水處理之氯氣、過氧化氫、臭氧等還要強幾乎可分解任何物質、而且極為安全。TiO_2 脫臭能力根據歐美國家權威實驗室測試，每一平方公分的 TiO_2 與每一平方公分的高效能纖維活性碳比較，TiO_2 的脫臭能力為高效能纖維活性碳的 150 倍，相當 500 個活性碳冰箱除臭劑。圖 5-42 及 5-43 為光觸媒除臭測試結果。

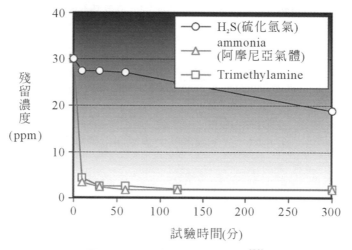

圖 5-42　有害氣體分解試驗[50]

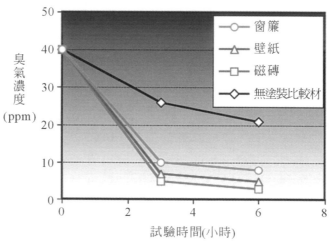

圖 5-43　除臭性能試驗[50] (另有彩頁)

3. **環境污染物：**

　　從研究中發現光催化程序能有效處理液相污染物中氯苯有機物、氯酚化合物、氰化物、金屬離子、四氯化碳、二氯乙烷以及醇類等污染物質。在氣相污染方面光催化程序能有效處理如氧化氮(NO_X)、醛(aldehyde)、H_2S、$(CH_3)_2S_2$ 以及三氯乙烯等污染物質。實例：日本某高速公路路面舖設 TiO_2，有效將入口氮氧化物(NO_X)濃度降低 70～80%。

4. **防污：**

　　TiO_2 塗佈即對被塗物(如建築物外牆、玻璃等)形成有一層保護層，可以利用奈米光觸媒所產生氫氧自由離子基與水作用產生自淨效果，以有效去除有機污染物或一般髒污，常保被塗物的潔淨。

5. **親水性、親油性：**

　　利用表面吸附之 H_2O 產生的 HO^- 和 H^+，可破壞分散水滴之形成，使表面不結水滴、不結霧或和親油端反應造成親油性。

6. **太陽電池：**

　　利用增感色素(Ru 錯合物)，提高光電轉換效率可達 15%。

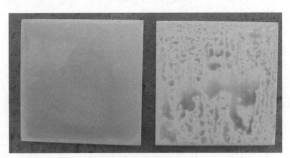

圖 5-44　超親水性測試結果[51] (另有彩頁)

以下簡述奈米光觸媒應用製品之介紹：

1. **空氣清淨裝置：**

　　在空氣濾淨方面，因二氧化鈦光觸媒有很強之氧化力可以分解很多物質如：NO_X、H_2S、CH_3SH、$(CH_3)_2S_2$ 等物質降低空氣中惡臭。其原理是利用光觸媒濾網吸附有機氣體以及細菌，再利用紫外光燈源引發光催化反應，達到對空氣脫臭以及殺菌的作用(產品如圖 5-45 所示)[52,53]。

　　國內家電業者已有不少廠商推出光觸媒應用商品，包括：聲寶、大同、台灣日光燈、鑫永銓、安康生化科技等，主要是取光觸媒除臭、殺菌、抑菌之效果應用於空氣清淨機或空調產品。有關目前國內家電廠商應用奈米材料於家電產品之詳細情形，請參考表 5-10。

圖 5-45　空氣淨化裝置系列產品[52,53] (另有彩頁)

表 5-10　國內家電業應用奈米材料於家電產品一覽表[54]

家電廠商	產　品	說　明
東元電機	電冰箱	將能釋放遠紅外線的奈米顆粒混入纖維中，製成微凍室及蔬果室的襯墊，藉遠紅外線分解水分子，強化表面張力，幫助食物保持鮮度。
台灣日光燈	螢光燈管健康扇	與中科院技術合作開發光觸媒清淨燈管，利用波長 365nm 之紫外光照射於表面鍍有 TiO$_2$ Anatases 奈米微粒溶膠之玻璃套管上，搭配涼風扇快速帶動空氣循環對流之原理，產生直接且迅速除臭、殺菌、抑菌之效果。
聲寶	殺菌光空調機	將自國外進口 TiO$_2$ coating 於濾網上組裝而成的光觸媒模組裝設於冷氣機上，以達抑菌、脫臭效果。
大同	光觸媒箱型扇	邀請中山科學研究院協助開發完成的產品，當空氣進入光觸媒電扇及經奈米微粒溶膠的玻璃套管時，達到除臭、抑菌、殺菌功能。
鑫永銓	空氣清淨機	原為新永全工業，2002 年 12 月 13 日更名為鑫永銓股份有限公司，其健康事業部運用奈米科技的光觸媒，研發保鮮、殺菌、除臭、保色等相關產品。
安康生化科技	空氣清淨機	應用光觸媒達到除臭、抑菌、殺菌功能。

2.　**建築材料：**

　　建材上的應用包括有：建築物的外牆、磁磚、地磚及衛浴設備等。光觸媒添加於衛浴設備時可具防污、抗菌的效果，亦具有抗菌及防滑之功效；其他的應用，還包括隧道中之空氣清淨及防污、醫院手術室中殺菌地磚等。光觸媒磁磚具有殺菌以及抑制細菌生長的功用。因此光觸媒磁磚可用於手術室降低手術室中浮游細菌、用於浴室中，以減少衛浴設備所產生不快氣味，或是用於廚房用以分解油污，達到減少清潔用品之使用量。圖 5-46 及 5-47 為光觸媒在外牆及醫院的運用情況[55]。

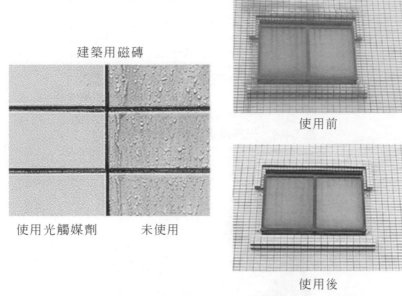

圖 5-46　建築物磁磚運用光觸媒之情況[56] (另有彩頁)

醫院待診室・吸煙室　　　　　醫院診療室

圖 5-47　醫院運用光觸媒之情況[56] (另有彩頁)

3. **玻璃防霧：**

　　玻璃表面之所以會形成霧氣，主要是水分子在玻璃表面形成微小液滴，因此阻礙視線。若在玻璃表面塗佈一層 TiO_2 光觸媒，經照射紫外線後可增加玻璃表面的親水性，使水分子攤平於玻璃表面，因此無霧氣產生。此技術可應用於浴室與眼鏡的鏡面處理，或是使用在汽車擋風玻璃與後視鏡上，且可以長期使用，增加行車安全。圖 5-48 及 5-49 為光觸媒運用在玻璃鏡面之實例介紹[57,58]。

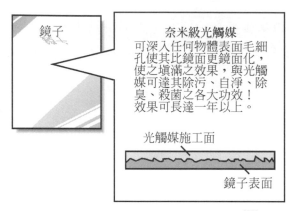

圖 5-48　光觸媒塗佈於玻璃之功能[57]

圖 5-49　使用光觸媒於浴室鏡面之情況[58] (另有彩頁)

4. **污水處理：**

　　水中的污染物包含有機污染物，重金屬離子，細菌病毒等，光催化程序所產生的氫氧自由基，可以殺死細菌、病毒，破壞有機物，也可以藉由二氧化鈦表面的氧化還原反應，而將水中的重金屬離子還原而沈澱下來，因此將水中的污染物去除，並且有資源回收功能，若為貴重金屬則更具經濟價值。二氧化鈦光觸媒技術未來之發展傳統的二氧化鈦必須吸收波長短於 400nm 之紫外光，因此，在應用上遭受極大的限制，未來發展必須開發新的材料讓二氧化鈦能利用可見光，同時又可以發揮原有的清淨能力，日本即有一研究群利用電漿前處理的方法，成功地將二氧化鈦可吸收利用的波長從紫外光照範圍降至可見光，因此增加了二氧化鈦光觸技術之應用性。

5. **抗癌醫療：**

　　利用二氧化鈦具有抗菌之效用，用於殺死或抑制癌症細胞目前也在進行研究。研究顯示將癌症細胞注入老鼠皮膚下形成腫瘤，在腫瘤直徑 0.5cm 左右時，注射含有二氧化鈦微粒的溶液，2～3 天後割開皮膚露出腫瘤，照光 1 小時。經過治療期間腫瘤成長速度明顯減緩，顯示二氧化鈦有抑制腫瘤成長之效果。

　　未來研究方向是將內視鏡改造，能夠將光源載至身體任何一個部位，達到任何身體上腫瘤均可以二氧化鈦光觸媒來抑制腫瘤成長，更進一步殺死腫瘤細胞以達到治癒癌症目的[59]。

6. **抗菌紡織品：**

　　防護性紡織品主要素材為不織布產業，以提供口罩與防護衣等產品。不織布除提供製造醫療、防護性紡織品之用，也使用在農業、交通、地工等其他產業用紡織品以及傢飾用紡織品上，成為高科技紡織品的發展素材，應用性相當廣泛。由於不織布產品用途仍不斷的研發與創新，是相當具發展潛力的新興產業，預估未來仍有大幅成長的機會。其製品如圖 5-50 及 5-51[60,61]。

圖 5-50　光觸媒應用於紡織品上之產品[60,61] (另有彩頁)

自潔領帶　　　　　　　　　抗菌護墊　　　　　　　　　抗菌砧板

圖 5-51　光觸媒應用於民生用品之產品

7. **漂浮式球狀淨水裝置：**

　　傳統的水處理方式是將粉狀觸媒加入水中成懸浮狀，再經過攪拌後處理，但粉狀觸媒的分離回收相當麻煩。日本產業技術總和工業研究所(AIST)成功開發多孔性玻璃球，內部含有光觸媒二氧化鈦。該玻璃球置於水中並經過 UV 或陽光照射後，可分解水中所含的污染物。其優點是可以處理大量的水，維修及生產成本皆非常經濟。根據 AIST 發表的資料，在含有 2.4ppm 氨的水中經 2 天處理後，氨的含量降至 10ppb 以下。

8. **二氧化鈦牙齒漂白劑：**

　　三菱瓦斯公學公司從 AIST 獲得專利授權，擬開發一種以光觸媒二氧化鈦為主原料並含有 3.5wt.%過氧化氫的牙齒漂白劑。該劑的過氧化氫含量與其他既有產品比較甚低，因此安全性及實用性頗高，並證實有超強的漂白效果，同時不會傷害牙齒的琺瑯質或引起過敏症狀。該公司並同時開發專用的光源設備，預料這套系統導入牙醫診所或美齒中心後，市場接受性相當樂觀。

　　添加在牙齒漂白劑中的二氧化鈦是 AIST 自行開發的產品，適用於 400nm 左右的光源，與一般用於 380nm 以下的光觸媒二氧化鈦略有不同。預計在短期內完成臨床試驗之後，計劃在四日市設 GMP 工廠正式生產，並在獲得日本政府衛生主管官署核准後上市。

9. **可見光適用型光觸媒：**

　　欲大幅擴展光觸媒的應用市場，則必需開發可見光適用型光觸媒。因為太陽光所含 UV 的比率僅有 4～5%，室內光源則更低。日本創投企業 Ecodevice 公司與 AIST 合作，成功開發氧原子缺陷型光觸媒二氧化鈦，該物質在可見光領域 400～530nm 顯示強烈的吸收現象。

10. **光觸媒空氣清淨燈管：**

　　台灣日光燈公司成立奈米科技事業部，並與中山科學院技術合作成功開發光觸媒鍍膜玻纖套管 UV 燈，使用 365nm 及 254nm UV 燈管光源。具有分解空氣中有機物質，及抑制細菌生長的功能。中山科學院所提供的光觸媒，是利用 sol-gel 技術所合成的奈米級二氧化鈦微粒子。

　　光觸媒二氧化鈦應用到隧道或戶外照明器具則更是廠商爭逐的利基產品，日本的東芝 Litech 公司是最積極投入的廠商。該公司將積極開發可見光適用型的新產品，預估這個領域的市場成長最樂觀，成長率在 2 年內可達到 10 倍左右。

11. **人造觀賞植物[62]：**

　　　　日本的 Sony 及東京瓦斯兩家公司分別透過屬下的子公司，已生產銷售具除臭功能的室內人造觀賞植物。外表看起來與實物完全相同，但聚酯類高分子所仿製的葉子部分則塗膜一層光觸媒二氧化鈦，可以分解室內的臭味。

12. **冷藏車用光觸媒脫臭抗菌裝置[62]：**

　　　　最近的生鮮產品通路商使用冷藏車作為運送工具，為了維持產品的新鮮度，除了溫度以外尚需考慮車體內部的臭氣及細菌的滋生。日本五十鈴特裝開發及日本發條兩家公司共同開發這種裝置，由光觸媒濾網、紫外線燈管、風扇所構成，對於魚類所產生的 Trimethylamine 腥臭味特別有消除的功效。這種裝置頗適用於低溫物流專用車輛。

　　　　光觸媒應用產品五花八門，少部分產品已經打開市場大門，仍有許多新產品仍在摸索階段。由於光觸媒應用產品與民生關係非常密切，其安全性是絕對不可忽視的因素。因此，如何訂定產品的規格以及功能評估標準是促進該產業未來發展不可或缺的要件。

⊙▶ 5-11　奈米材料在交通車輛之應用

一、燃料的催化、助燃應用

　　　當材料達到奈米等級，其表面積非常大，表面原子的周圍缺少相鄰的原子出現大量剩餘的懸鍵而具有不飽和的性質，因此有極大活性，因此它具備作有效燃料的特性[63]，具備高活性的奈米金屬如 Al[64~67]，加入在火箭燃料中後可以大幅提高火箭發動機的效率，而奈米級的金屬氧化物如 PbO[68]加入在火箭燃料中可發揮觸媒的效果，增加火箭燃料的效率，提高火箭的飛行速度和飛行距離。

　　　在民用交通工具方面，近幾十年來人們的環保意識抬頭，對由汽車等交通工具所排放的廢氣要求越來越嚴格，而以奈米鉑和鈀等貴金屬負載在無機載體上用於使一氧化碳和一氧化氮反應生成二氧化碳及氮氣的觸媒轉化器已經在很久以前推出了產品[69~71]。而除了鉑以外，很多金屬在催化有害廢氣轉化的功能，例如在塊狀狀態的非常穩定的金在奈米等級下即可催化一氧化碳氧化成無毒的二氧化碳[72]。隨後以奈米級的金負載在無機物上作為觸媒的研究漸漸受到重視[73~79]。而除了金以外，銀和銅等金屬奈米化以後作為一氧化碳轉化觸媒的研究也有文獻發表[80]。

二、燃料電池的工作原理[87]

　　燃料電池的發展使人注意要這種既清潔能量效率又高的裝置用於汽車等交通工具的動力來源[81~83]或飛機的電力系統[84]的可能性。燃料電池的原理是在燃料的氧化反應中離子從陽極經過電解質走到陰極，而電子就經過電路形成迴路[85]，直接把化學能轉化為電能[86]，如圖 5-52[80]。

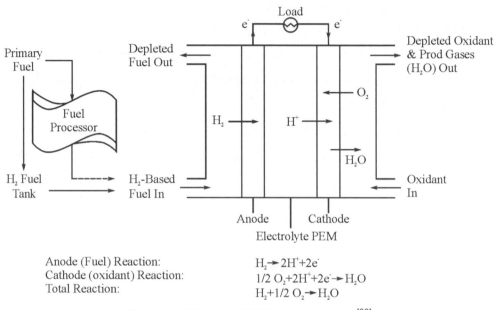

Anode (Fuel) Reaction: $H_2 \rightarrow 2H^+ + 2e^-$
Cathode (oxidant) Reaction: $1/2\ O_2 + 2H^+ + 2e^- \rightarrow H_2O$
Total Reaction: $H_2 + 1/2\ O_2 \rightarrow H_2O$

圖 5-52　質子交換膜燃料電池基本原理[80]

　　燃料電池 1839 年由 Sir William R. Grove 首先製造[88,89]，而應用汽車上的發展就開始於 1999 年 3 月 Daimler Chrysler 公司研究的第一輛使用燃料電池為動力來源可於路上行走的汽車 Necar 4(new electric car)，到 2002 年首架燃料電池汽車的長途行走試驗由 Necar 5 進行，從美國加州的 Sacramento 行駛到華盛頓特區，共行駛了 3000 哩[87,90]。燃料電池的關鍵技術是高效率的觸媒電極，而具有高活性的奈米金屬是各種燃料電池觸媒電極的首選材料。鉑黑(奈米級的鉑)或負載在石墨上的鉑是最常用於燃料電池觸媒電極的材料[91]，而使用鉑系列的觸媒電極所面對的最大問題是一氧化碳的毒化問題，因此有不少針對此問題的研究，其中一種方法是在 Pt 系列的觸媒電極加上可催化一氧化碳反應的釕(Ru)[92]，以增加 Pt 系列的觸媒電極忍受一氧化碳的能力[93,94]。而 Ru 在觸媒電極上催化一氧化碳轉化的反應機構如下[95]：

$$H_2O \xrightarrow{Ru} (OH)_{ads} + H_{ads}$$

$$\begin{array}{ccc} CO_{ads} & (OH)_{ads} & \\ | & | & \\ Pt \longrightarrow Ru & \longrightarrow & CO_2 + Pt \longrightarrow Ru \end{array}$$

除了 Ru 以外，以 Pt 和不同金屬做成的共觸媒也有不少文獻發表，例如 Pt/Mo[96]，Ru/Sn/W[97]，Pt/Ru/WO$_x$[98]等。而上面提到過奈米級的金可以在低溫下催化一氧化碳的氧化，因此利用奈米金或把奈米金固定在無機物表面上作為質子交換膜或直接甲醇燃料電池的觸媒電極的研究也有不少文獻發表[99~101]。

1999 年 3 月 Daimler Chrysler 公司研究的燃料電池車所使用的燃料氫是在液態的狀態下儲蓄，而用這種方法儲蓄除了設備的重量和價格外，安全性也是重要的問題，一台可以上市的汽車總不可以讓顧客感覺到自己坐在一顆炸彈旁邊。針對這方面的研究方向對要是儲氫材料的研發和利用甲醇為燃料的直接甲醇燃料電池。

儲氫材料方面，現有的儲氫材料主要是 LaNi$_5$，FeTi，Mg$_2$Ni 等合金[102]，但這些每單位合金的重量太重，需然儲存氫氣的體積比利用高壓瓶儲存同等單位氫氣的體積小很多，但總重量差不多。這種缺點對於海運而言問題不大，因為海運的船隻本身就很重，而所需要的是船上的空間；但對於陸上的汽車和空中的飛機來說多一克重量就多一份負擔，因此過重的儲氫系統並不能用放汽車和飛機上。而碳奈米管的儲氫能力[103~108]使人們注意到碳奈米管這種特殊型態的碳用於汽車儲氫系統的可能。

除了儲氫技術以外，利用甲醇作為燃料的直接甲醇燃料電池(DMFC)也有不少發展，甲醇的沸點比氫氣高，在室溫中是液體，因此在使用和運輸上免除了高壓鋼瓶或儲氫材料的成本，而減少了高壓鋼瓶或儲氫材料的重量使甲醇燃料電池作為汽車動力來源的可能性大大提高。而直接甲醇燃料電池的核心技術同樣是電極觸媒。使用 Pt，Ru，Ir，Os,，Pd，Rh 和使用碳黑作為載體都有報告[109~111]，同樣地，奈米化的觸媒有比較大比表面積和比較大的活性；而直接甲醇燃料電池另一個問題就是甲醇穿透的問題，在直接甲醇燃料電池中利用奈米活性材料構成奈米電極結構(Nano Electrode Structure)來降低甲醇穿透的機會[112]。

三、引擎用奈米材料

引擎可以說是汽車的心臟，一台汽車的身價基本上都是由引擎的好壞來決定。以奈米材料製成的固體材料具有良好的韌性，因此也具有延展性[113]，而用這些技術所製成的陶瓷可用作為汽車引擎以避免傳統的金屬材料所面對的腐蝕和金屬疲勞的問題。

因為奈米顆粒粒徑小，比表面積大而且有高的擴散速率，用奈米粉體進行燒結會有高的緻密化速度和降低燒結溫度[114]。

由於電動車和燃料電池車的發展使未來的電動汽車引擎取代現在內燃機引擎的機會大大增加，而對於電動引擎，具有高強磁性材料決定了它的性能。稀土永磁材料具有極高的磁積，例如燒結 $Nd_2Fe_{14}B$ 理論值達 $512kJ/m^3$，但燒結稀土永磁材料化學穩定性差，易被腐蝕和氧化，而永磁材料各向異性高但飽和磁化強度比軟磁材料低，因此有人計畫研製奈米複合永磁材料，其中一個研究方向是把軟磁材料和永磁材料在奈米尺度上複合以集合兩者的優點，而理論計算這種方法製造的永磁材料最高磁能積可達 $1MJ/m^3$。[114]對於電動車和燃料電池車而言，強力的磁性材料可以減低引擎的重量而維持強大的馬力，因此在發展燃料電池車或其他電動車的時候，對於電動引擎的發展也是不可以忽視的。

四、奈米材料用於車體和其他零件

塑膠材料具有質輕，價廉和加工容易的優點，因此自發明以來就受到歡迎而用於各種用途，但其耐熱性和機械強度都沒辦法與金屬材料競爭，所以在幾十年前利用塑膠材料作為汽車，飛機和船隻的外殼是不太可能的。而複合材料的發展又增加了以上用途的可能性。將有機/無機物質在奈米尺寸下混合製成的奈米複合材料可克服傳統複合材料巨觀上的相分離問題而表現出來的性質不再是傳統複合材料表現出來的各種混合物的加成性質，而這種材料又被稱為 Ceramer[115]。這種材料具有傳統複合材料無法達到的特殊性質，例如的組成相在 1～100nm 之間，因此可具有透明性，加上其高強的機械性質，它可以取代玻璃用於汽車的擋風玻璃，而對於需要質輕的飛機而言就更需要這種比較輕而強度高的透明材料。

奈米光觸媒材料用於汽車的外殼和玻璃上可使附著在上面的有機物在陽光照射下分解，使汽車不用特別清洗而長期保持乾淨·而另一種自清潔效果是模仿"蓮花效應"[116]，使車子外殼"長"出奈米級的纖毛而達到蓮花那種"出污泥而不染"的效果。

應用在交通工具的奈米技術目前已有不少商品上市了例如日本芋公司量產混有直徑 3nm 金屬粒子的高張力鋼板，可望應用在汽車的懸吊系統上。他們針對汽車、汽車零件廠，推出截面積每 $1mm^2$ 具 80kg 抗拉強度的鋼板，並進行性能評估中。新產品除可應用為懸吊系統之外，亦可望用於其他車體結構[117]。

▶ 5-12　奈米材料在能源之應用

　　奈米材料在能源應用技術之發展主軸為「奈米儲能材料技術」及「奈米節能技術」兩大項。因奈米級儲能材料的高活性、大表面積($200 \sim 2000 m^2/g$)、自我組裝($1 \sim 3nm$ 活性觸媒)、超晶粒特性($10 \sim 30$ nano structure)及特殊光電效應等功能，先進國家皆積極投入能源奈米材料的開發，希望透過奈米材料特性，提供優於目前電池能量數倍之高能量密度儲電系統。

　　在儲能元件領域可開發出的相關產品有待機 50 天微型奈米燃料電池、提供高於目前鋰電池 $2 \sim 3$ 倍之高效能儲電元件及光化學電池，來提升能源的使用效率及減少能源的消耗。而奈米節能技術是因奈米材料具有顆粒尺寸小($5 \sim 20nm$)、比表面積大及光學性質特殊等功能，可大幅度地增加介質間的接觸面積、縮短本身的反應時間及展現較傳統大兩倍以上的熱傳機制。應用在節能領域可開發出全新的應用產品，包括：熱交換系統、節能窗、太陽能電池，使傳統節能技術躍升至更高的層次。

一、奈米儲能材料

　　奈米金屬顆粒表面活性在燃料電池上應用引起各國重視，燃料電池在 70 年代時曾發展過，電池本身的特性是直接將化學能轉為電能，過程減少因機械功所損耗的能量且低汙染，對氫氣燃料電池而言只產生水，然而其燃料儲存及發電量低都是問題，而今日再被提起，奈米科技的發展乃是因素之一，因為透過奈米金屬微粒的高表面積比的特性對於燃料電池中陽極觸媒效能可大幅的提升，燃料的儲存的技術近年也有迅速進展，如碳奈米管應用。

　　奈米級儲能材料主要是以儲氫材料為主，儲氫材料現有的研究方向，主要是在新的合金組成，但是改變微觀結構的研究方向已漸漸形成另外一支是指碳奈米管，本節主要論述金屬儲氫材料。

　　近幾年來，由於奈米材料的特殊物理及化學性質，以奈米材料的特性之一就是表面積比(specific surface area)較高，因為有較多的原子存在於表面，因此奈米材料的活性較大。若是將儲氫材料的結構奈米化，將可以提供氫氣分子有較多的吸附位置，同時氫分子也較容易被解離成氫原子，藉由擴散作用從表面晶界進入到儲氫材料中。

　　一般而言，在常溫下儲氫合金的儲氫壓力小於 10atm，儲氫材料吸氫時必須要散熱，而在放氫時則需要吸熱。而合金吸氫後呈現微粉化的狀態會使其導熱性變差，因此在使用儲氫合金時要設計一套有效的熱交換系統，才能夠發揮其吸放氫的特性。如下式所示：

$$M + \frac{X}{2} H_2 \Leftrightarrow MH_X + 熱$$ .... (5-1)

　　奈米級的鎂儲氫金屬材料，1999 年 N. Cui 等人已有相關研究數據證實[118]，在低溫下的吸氫/釋放氫氣的速率可獲得大幅的提升從圖 5-53[119]可以了解和微米級比較起來，奈米鎂合金不但在較低溫下的吸氫/釋放氫速率大幅提升且儲氫能力可以接近理論值。

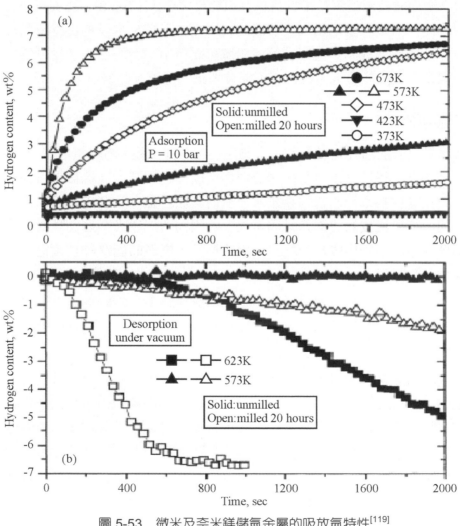

圖 5-53　微米及奈米鎂儲氫金屬的吸放氫特性[119]

　　但雖然鎂合金有比較高的氫吸附率，但是也因為其容易氧化的因素造成使用的次數(cycle)較低，不過奈米化之後的顆粒(研磨過)，可以使得儲氫合金使用週期增加，如圖 5-53[120]為鎂合金電極電容衰退在不同結晶顆粒的的情況下，放電電容值對充放次數的比較，明顯可以看出在 150 次的充放後，奈米顆粒合金所做成電極容量仍然可以維持 96%的初始性能。

　　上述奈米顆粒平均尺寸為 2.2nm，研磨時間為 72 小時，至於未經研磨的顆粒尺寸為 250μm 左右。由於尺寸的改變所以吸附的方式與位置也有些微的不同，如圖 5-54[120]。

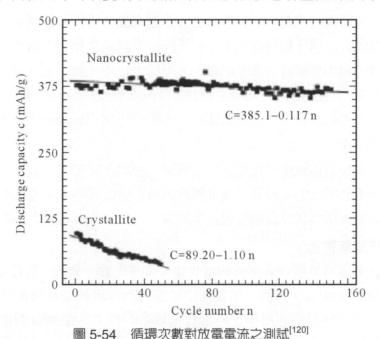

圖 5-54　循環次數對放電電流之測試[120]

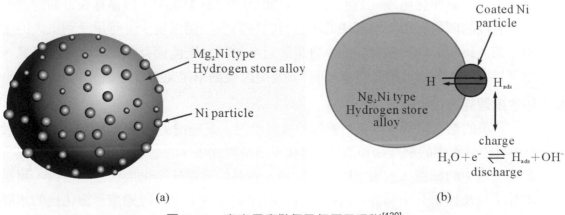

圖 5-55　奈米尺度儲氫及氫原子吸附[120]

　　目前除了利用不同組成的合金作爲儲氫材料外，另外，利用碳奈米管製作儲氫材料也是最近相當熱門的一個課題。

　　在奈米儲能發展方面，高儲能電容也是目前發展相當重視的課題。

二、奈米節能材料

　　目前主要奈米節能材料主要的發展方向如下：

1. **奈米技術參與環境保護**：

　　隨著奈米技術的興起，奈米環保也會迅速來臨，拓展人類利用資源和保護環境的能力，徹底改善環境和從源頭上控制新的污染源產生創造了條件。當物質被"粉碎"到奈米級細小並製成"奈米材料"，不僅光、電、熱、磁性發生變化，而且具有輻射、吸收、催化、吸附等許多新特性，可徹底改變目前的產業結構。不難想像，奈米技術在未來的綠色革命中將大顯身手，給我們環境保護帶來突破性變化。

2. **資源利用持續化**：

　　由於奈米技術導致產品微型化，使所需資源減少，不僅可達到"低消耗、高效益"的可持續發展目的，而且其成本極爲低廉。可以預料，未來那些資源浪費、造價昂貴的龐然大物型機械設備將會逐步被淘汰，以實現資源消耗率的"零增長"。

3. **汽車尾氣排放無害化**：

　　奈米技術還可以製成非常好的催化劑，其催化效率極高。經它催化的石油中，硫的含量小於 0.01%。因而，在燃煤中可加入奈米級輔助燃燒催化劑，以幫助煤充分燃燒，提高能源的利用率，防治有害氣體的產生。奈米級催化劑用於汽車尾氣催化，有極強的氧化還原性能，使汽油燃燒時不再產生一氧化硫和氮氧化物，無需進行尾氣淨化處理。我們知道，氫能是新的清潔能源，但儲存等方面的問題是著氫能的開發利用必須解決的，已有的材料由於儲氫量少，應用受到很大的限制。如能研製成功一種合成的高質量碳奈米材料，則能儲存和凝聚大量的氫氣，並可以做成燃料電池驅動汽車，可有效避免因機動車尾氣排放所造成的大氣污染。

4. **污水處理純淨化**：

　　新型的奈米級淨水劑具有很強的吸附能力，其吸附力是普通淨水劑的 10～20 倍，可將污水中的懸浮物和鐵銹、異味等污染物除去，通過奈米孔徑的過濾裝置，還能把水中的細菌、病毒去除。因細菌、病毒的直徑比奈米大而被過濾掉，可是水分子以及比水分子還要小的礦物質元素卻被保留下來，經過奈米淨化後的水體清澈，沒有異味，成爲高質量的純淨水，完全可以飲用。

5-13　富勒烯(C$_{60}$)，碳奈米管與石墨烯的應用

5-13.1　富勒烯(C$_{60}$)的應用

一、化妝品

C$_{60}$分子為甚麼會被如此重視的原因，第一是因為它的分子很小，是一個很好的自然奈米材料分子。第二是因為 C$_{60}$分子的結構上有很多的雙鍵，如果將雙鍵都打開成為單鍵時，等於可以多出很多的手可以捉住其他分子。第三是因為 C$_{60}$分子具有相當強大的抗氧化自由基能力，對組織細胞來說可以防止自由基的侵害，在生物醫學上有相當的作用存在。

想要使 C$_{60}$富勒烯成為生物醫學適用的材料，第一個必須解決的情況是它在水溶液中的斥水性問題，因為 C$_{60}$富勒烯分子本身是疏水性的成分，因此必須將它做一些改變才能在人體的組織中發揮作用。根據一些研究，想要改變 C$_{60}$這種性質，主要可以藉助三種方式：

第一是利用特殊的結構體將 C$_{60}$包裹起來，做成所謂的包裹微粒。一連串的研究結果發現有一些成分的人工膜結構可以用來包覆 C$_{60}$分子，包括我們常聽到的 lecithin 在內。而 1996 年，Dr. Williams 發現將 C$_{60}$及 C$_{60}$的衍生物利用 liposomes 包裹起來後，這樣的分子可以在氧化還原作用中發揮作用。因此，將 C$_{60}$與脂質性膜做結合，的確可以產生一些良好生物醫學功能，這就是第一種 C$_{60}$的利用方式。

第二種方式是利用一些助溶劑來做成 C$_{60}$的懸浮液，因為這樣的 C$_{60}$懸浮液比較容易進入人體肌膚裡頭。1994 年，Dr. Scrivens 等人在『美國化學學會雜誌』提出利用一些乳化劑、助溶劑等可以製造出 C$_{60}$的懸浮液，但是這方式到目前為止是比較不被使用的方法。

第三種方式是利用一些親水性的分子與 C$_{60}$做結合來增加 C$_{60}$分子的溶解度。到目前為止，這是被研究探討最多的功能性 C$_{60}$製造方式，許多種類的水溶性分子被發現可以跟 C$_{60}$結合形成 C$_{60}$的衍生物。當一個親水性的分子與 C$_{60}$結合後，這樣一個分子複合物的確可以大量溶解在水溶液中，但是在發展成為生物醫學原料上，還存在著許多的問題需要解決。

C₆₀主要功能(圖 5-56)：抗氧化、神經疾病的治療作用、強力的自由基清除作用、抑制黑色素產生。當 C_{60} 分子遇上一個自由基時，它會將這個自由基吸附形成新的分子構造。

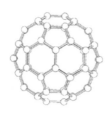

Fullerene [C₆₀] - Dream Ingredient
· Anti-oxidation
· Whitening
· Prevention for cell death
· Anti-aging
· Preventing various skin problems

圖 5-56　C₆₀化妝品主要功能[135]

二、C₆₀ 作為太陽能電池中的電子接收體(electron acceptor)[322]

Hochstrasser 等人發現二烷基苯胺和 C_{60} 混合體系中存在著快速光誘導電荷轉移現象，他們認為是富勒烯吸收光能產生激子，發生了 C_{60} 向苯胺的空穴轉移。

Wang 發現 C_{60} 的加入可以提高聚乙烯咔唑的光電導，他們認為光電導增加的原因是由於給體和受體之間發生了部分電荷轉移(D < 1)形成了電荷轉移複合物。

Heeger 小組在對 MEH-PPV/ C_{60} 複合體系的研究中發現二者在基態沒有相互作用，但是 C_{60} 對 MEH-PPV 的螢光卻有很強的消減作用，並提出體系中存在如圖所示的光誘導電子轉移過程：

藉由此特性，有機半導體在光照下產生電子-電洞對，它在具有不同電子親合勢和電離勢的材料介面上發生分離。在電場作用下電子、電洞分別遷移到不同功函電極上進行收集，產生光電效應。在共軛高分子/C_{60} 的複合體系中，由於共軛高分子和 C_{60} 之間的超快光誘導電子轉移，其速率比激發態的輻射及非輻射躍遷過程快 103 倍，使得電荷分離的效率接近 100%，且電荷分離態比較穩定，壽命較長，這對於減少電子與電洞的複合機率，提高有機太陽能電池的效率具有重要意義。

5-13-2　碳奈米管的應用

碳奈米管(carbon nanotube，CNT)是在 1991 年由日本 NEC 公司 Sumio Iijima，在以穿透式電子顯微鏡觀察碳的團簇(cluster)時意外發現，為石墨平面捲曲而成之管狀材料，有單壁(single-walled)與多壁(multi-walled)兩種結構[121]。碳奈米管的製程方式包括電弧放電、雷射蒸發/剝離、化學氣相沉積法、氣相成長、電解及火焰生成法等。碳奈米管具許多特殊性質，如高張力強度(tensile strength～100Gpa)、優良之熱導性、及室溫超導性，其導電性則隨不同的捲曲方式而變，可為奈米導線或是奈米半導體；碳奈米管也可吸附氫氣[122~127]，惟其機制與吸附效能目前仍無定論。

先前已經提到，碳奈米管所具有獨特性質，如機械特性、吸附性、電性、熱性、場發射性…等[128~135]，使得它的可能應用範圍越來越廣泛。包括半導體方面的應用(如奈米導線、場效電晶體、整流二極體、分子電腦等)、檢測器方面的應用(如高強度、高韌性的碳管探針頭、超微細化學偵測器等)、複合材料方面的應用(如強化複合材料之添加劑)、場發射的應用(顯示器、電子顯微鏡的發射電極等)、能源方面的應用(燃料電池儲氫槽、電化學反應觸媒層結構等)，甚至是最近被提出，用碳奈米管結構所製造的記憶體…等。下述碳奈米管的應用。

一、碳奈米管應用於燃料電池

燃料電池是藉由電池內發生燃料燃燒反應而將化學能轉換為電能的裝置如圖 5-57 所示[135]。燃料電池電力用盡時只要填充電池反應所需的燃料，就能持續產生電力，不須二次電池所需的充放電程序。而且反應的產物為無污染的水與低環境污染性的二氧化碳及熱，所以燃料電池也被稱為"綠色能源"。燃料電池同時也是太空載具的重要電力來源，因為它所產生的水甚至還可以作為飲用水。

電池的負極除作為燃料與電解質的共同介面，並對燃料的氧化反應作催化；而正極則為氧氣與電解質的共同介面，亦對氧的還原作催化。

燃料電池因電解質不同而可分為：磷酸型(PAFC，phosphate fuel cell)、熔融碳酸鹽型(MCFC，melt carbonate fuel cell)與固態氧化物型(SOFC，solid oxide fuel cell)與質子交換膜型(PEMFC，proton exchange membrane fuel cell)…等。

對於以氫氣為反應物之類型的燃料電池而言，很大的一個問題就是如何製造出可以有效而大量儲存氫氣的構造。對於這點，碳奈米管所具有的發展潛力在之前已有談過。雖然經過研究證實，碳奈米管具有大約 50 $kg\text{-}H_2/m^3$ 的儲氫潛力，不過目前可以達到商業化的儲氫量必須達到 62 $kg\text{-}H_2/m^3$，也就是 6.5 wt%的比例，因此如何繼續增加碳奈米管儲氫量以及合適的使用溫度，就成為目前研究發展的最大問題。

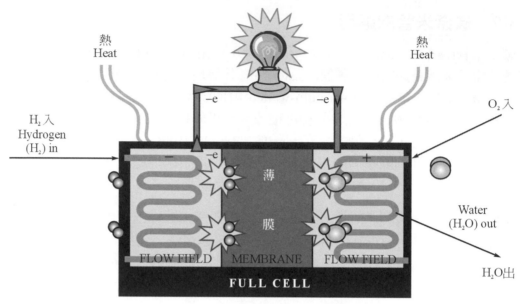

圖 5-57 　燃料電池反應示意圖[136]

　　以甲醇為反應物的質子交換膜燃料電池(如直接甲醇注入式燃料電池，DMFC)，甲醇常會隨著水分子穿越(crossover)質子傳導薄膜造成燃料流失，連帶地使電池性能下降。這點一直是 DMFC 研究發展中難以突破的瓶頸。除了設法發展出減少甲醇穿透的方法(如新式的薄膜設計)之外，或許也可以利用碳奈米管來製作電極，因為碳奈米管具有高比表面積，所製造出來的電極能提高觸媒的利用率，性能可以優於傳統的電極，藉此得以彌補甲醇穿透所造成的性能下降。而且還可以減少白金觸媒的使用量，使材料成本降低。

二、碳奈米管用於場發射元件[137～140]

　　碳奈米管具有高長徑比(aspect ratio)、尖端曲率半徑小、高機械強度、高化學穩定性等特性而成為良好的場發射子，引起科學家將利用其製作真空電子元件的研究興趣。

　　為了製造真正的低電壓三極體形式之場發射微陰極，垂直方向排列之碳奈米管必須與閘電極結構作某種程度的整合性生產。Milne 等科學家發展出以單一光罩與自對準技術製造出場發射微陰極的技術，這項技術並能保證碳奈米管與閘極針孔中心能夠共線。

此微型場發射元件製造過程則為：首先在矽基材、金屬層、二氧化矽、多晶矽等所構成之層狀結構上以微影、光阻及蝕刻等技術做出閘針孔直徑為 2 微米之微穴。接著，於微穴中與表面沈積鎳沈積 TiN 與鎳。其中 TiN 之作用為防止鎳於微型場發射元件成長時所需之高溫下擴散至金屬層，而鎳則為觸媒。然後，洗去表面結構上之光阻，則於微穴內中央觸留有觸媒。最後，利用電漿增強之化學氣相沈積法(plasma-enhanced chemical vapor deposition，PECVD)以及乙炔、氨氣等氣體在攝氏 700 度狀況下，於微穴中央生長碳奈米管，生長範圍之直徑約 1 微米。生長完成後，每一微穴中約有十餘隻碳奈米管，其直徑約 10～50 奈米，長度 0.4 微米。

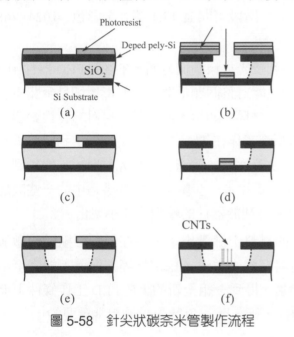

圖 5-58　針尖狀碳奈米管製作流程

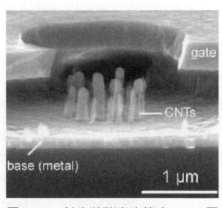

圖 5-59　針尖狀碳奈米管之 SEM 圖

最後量測電性的結果顯示：所製造出之場發射微陰極之啟動電壓 15 伏特、而於 40 伏特電壓作用下所產生之電流密度為每平方公分 0.6 毫安培。

目前日立公司已成功開發可提升碳奈米管電子槍耐熱溫度之技術，並發展出與傳統映射管相同的面板量產方式，生產低耗電的 FED 顯示器。並成功試做出 5 吋 FED，今後 3～4 年內預估可將畫面尺寸一舉推升至 40 吋。目前在碳奈米管 FED 顯示器領域，以日本伊勢電子與韓國三星電子投入較早亦較具技術優勢。

根據日本經濟產業省的統計與預測，2010 年大型顯示器市場規模可望達到 9,000～2 兆 7,000 億日圓，而 FED 則可望與 PDP(電漿平面顯示器)一爭長短，競逐市場主流地位。

　　日本東芝公司表示，將在 2004 年 3 月推出採用場發射顯示技術的新一代壁掛式電視螢幕。螢幕大小約 30 英寸，厚 2 公分，其畫質與傳統陰極射線電視相當。東芝還計劃以低於液晶顯示器的價格銷售先進的場發射平面顯示器。

　　雖然 FED 擁有和 CRT 一樣的圖像質量，但是其價格昂貴，難以大規模生產，尤其是基於奈米尖製造工藝的 FED 更加昂貴，一般家庭消費者很難買得起。近來有消息指稱，英國的 PFE 公司在 FED 工藝上取得了重大突破，未來 3～5 年後將能製造寬 1 米、厚僅 1 公分、價格和 CRT 一樣的 FED 電視機或監視器。在 FED 領域，率先商業化的是美國 PixTech 公司。該公司在 1999 年 11 月 23 日為美國陸軍開發了第一個 12.1 英寸、64 級灰度、800×600 解析度的 FED 產品，下一階段將開發 12.1 英寸全彩色、1024×768 解析度的產品。

　　場發射顯示器的研究和開發可分為器件和螢光材料兩個方面。在整個 FED 器件中，螢光材料所占比重雖然不大，但螢光材料的性能對整個顯示器性能的影響卻是至關重要的。這不僅由於顯示器的圖像最終要通過螢光材料來顯示，而且螢光材料的特性對器件的設計影響很大。目前大部分 FED 工作電壓都工作在 5kV 左右，這是因為到目前為止人們還沒有找到在更低電壓下發光效率和顏色等性能較為滿意的螢光材料。若能找到在更低電壓下具有良好性能的螢光材料，當工作電壓進一步降低，器件製造中的一些問題(如真空支撐體問題等)會更容易解決，並且更有利於器件的輕型化和小型化。

　　經過近十幾年的研究，人們已從現有的材料中篩選出了一些在低壓陰極射線激發下具有較好性能的螢光材料。然而這些材料在發光效率，穩定性等方面還不能完全令人滿意。為了使 FED 技術有新的進步和發展，得到一組全新的，在 FED 工作條件下發光效率高，穩定性好並具有一定導電性的紅，綠，藍三色螢光粉是相當重要的。

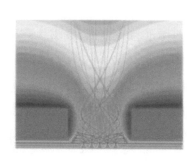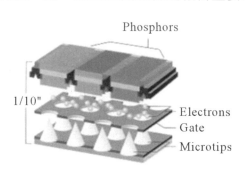

圖 5-60　場發射顯示器發光示意圖(另有彩頁)

三、碳奈米管場射型顯示器

以 CNT 製成的場發射顯示器(field emission display 或簡稱 FED)，其原理與真空管相同，每一個像素(pixel)製成一微型真空管，而電子則由陰極經由碳奈米管射向 50～100 微米大小的螢光帶而造成像素，CNT-FED 的轉變效率比液晶高數倍，並且有很高的切換速率和解析度(因為每一個像素本身即為一微型真空管之故)。由於碳奈米管的結構非常適合於尖端放電，而且針對碳奈米管的半徑加以適當控制，也能改變其導電的特性，因此它就成為取代真空映管中的陰極。目前大型的真空映管是由單一的一個陰極負責放射電子掃描出整個畫面；一項主要缺點是體積過於龐大，這是因為單一的陰極射線掃描，要掃描出一個夠大面積的畫面，相對地就需要足夠大的體積空間讓電子由陰極抵達螢幕上的某一點。

為縮小真空映象管所佔有的體積並利用現有的積體電路技術，將真空映象管製作成微米大小，而且僅負責螢幕上一像素的亮與否，這就成為所謂的場效顯示器。所謂的「場效」就是利用強大的電場將電子由尖端擠出來，然後打在磷光粉上放出相對應的顏色光。在一適當大小的螢光幕上，由數百萬計的微小像素即可形成顯示器。如果將尖端陰極改為奈米管來製作，即是所謂的碳奈米管場效顯示器。

如圖 5-61 所示[141]，陰極(Cathode)是金屬銀，黑色部分即是一根根碳奈米管(CNT)所組成，之所以得用多數的碳管，是因為單一者所射出的電子不夠多。當電子由陰極(CNT)射出，經過閘極繼續前往陽極之前，可猛撞擊磷光粉，將其中軌道的電子激發至高能階；當電子由激發態回到基態時，即可放出相對應的色光。

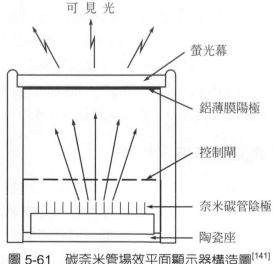

可 見 光

螢光幕

鋁薄膜陽極

控制閘

奈米碳管陰極

陶瓷座

圖 5-61　碳奈米管場效平面顯示器構造圖[141]

　　從圖中可看出，每個碳奈米管僅負責一個像素(pixel)激發；它的大小在微米尺寸。相較之下，在兩塊玻璃基板(glass substrate)之間的距離，也是在微米的尺寸範圍內，因此整個顯示器的厚度可以很薄。最後值得注意的事，電子所經過的空間必須是在真空狀態，這是為避免電子與空氣分子撞擊而損失能量。由於奈米管可以在較低電壓就射出電子，並直接聚焦在一個非常小的光點；許多電子公司如 Samsung 與 Motorola 都已經以奈米管投入新一代平版顯示器之開發，預估近年內高解析的彩色顯示器可以上市。

四、用碳奈米管製成的元件[142,143]

　　不是所有分子計算(molecular computing)都必須倚靠逐步的有機合成研究才可以達到，哈佛大學化學家 C. M. Lieber 和他的研究夥伴，則探求單層碳奈米管如何運用在元件上，如開關(switches)及作為讀寫訊息的線。首先，Lieber 在導電的基材上鍍一層薄的絕緣層，然後將一組平行排列的奈米管放於絕緣層上，且在與奈米管成直角的正上方再置入另一組與底下奈米管沒有接觸約距離 5nm 的平行奈米管，當上下兩個交錯的奈米管沒有接觸時，junction resistance 此時變得非常高，是為「off」狀態。相對的，當上面的奈米管正好接觸到下層的奈米管時，此時 junction resistance 迅速降低，是為「on」。所以若外加脈衝偏壓(voltage pulses)於奈米管交錯的電極上，使奈米管產生靜電排斥或吸引力，這樣我們就可以控制奈米管有無接觸，也就是說可做成一個 on & off 的開關。Lieber 指出，這些交錯排列的管子，不僅僅可用來當作邏輯運算元件，還可能被當成非揮發性隨機存取記憶體(RAM)。他進一步指出，1 平方公分的晶片，可以容納 10～12 奈米管製成的元件，比 Pentium 製成的 1 平方公分晶片所容納的元件(10^7-10^8)高出許多。每一個奈米管所做成的記憶體元件可以儲存一個點(bit)，比起現行動態隨機存取記憶體(DRAM)需要一個電晶體及電容才能存取一個點，或是靜態隨機存取記憶體(SRAM)需 4 到 6 個電晶體存取一個點都好很多。經實驗及計算建議，用奈米管所做的 RAM 其操作開關頻率為 100 GHz 比起現行 Intel 所做成的晶片超過 100 倍。無論是大小、速度或價錢，用奈米管製成的元件，都要比傳統 RAM 所得利益都要高出許多。

五、碳奈米管用於電泳顯示器[144～146]

　　主動式發光元件的發光機制，是使元件中的電子與電洞彼此靠近並結合而放出光子，最近美國 IBM 公司的研究人員以相同原理使單壁式碳奈米管發光。這項工作主要得力於 IBM 研究團隊過去在碳奈米管場效電晶體方面的研究。

為了使碳奈米管發光，IBM 的 Phaedon Avouris 等人將單根碳奈米管做成三極式場效電晶體元件(three-terminal FET devices)。他們先將直徑約為 1.4 奈米的碳管隨機散佈在有 150 奈米厚二氧化矽層的矽基板上，接著在碳管的兩端分別製作與源極(source)和汲極(drain)的肖特基接觸(Schottky contact)；在適當的偏壓下，電子及電洞分別由源極及汲極穿隧通過接觸所形成的肖特基位障(Schottky barriers)，注入(injection)碳管，因此系統中的載子(carriers)並不像矽基電晶體元件是來自於雜質的摻入。當電子與電洞在碳奈米管中移動並結合時，能放出波長大於 0.8 微米的紅外光，其中包含了光纖通訊常使用的 1.5 微米波長。

這種元件的發光波長取決於碳奈米管的能隙(band gap)寬度，而能隙寬度則與碳管的直徑有關。IBM 的研究人員同時發現，改變二氧化矽層的厚度或採用其他材料，能提昇元件整體的效率。這種元件將可用來製造供高速通訊使用的超小型光電元件。

六、碳奈米管在 CFM 上的應用

碳奈米管首度發現於 fullerene 製程的副產物中，是由許多五碳環及六碳環所構成的空心圓柱體，因為碳奈米管特殊的機械、電子、磁性性質，以及它在奈米材料及元件(device)上的貢獻，使得碳奈米管自從被製備出後，緊接著出現一連串相當文獻探討其性質以及應用價值。本主題則是將碳奈米管連接於探針末端，用以分析樣品表面狀態，圖 5-60 是以 SEM 所得到的碳奈米管影像圖，碳奈米管連接於 silicon cantilever 末端。

和傳統碳針較起來，使用碳奈米管具有以下幾項優點：

(1) 傳統碳針的直徑約為 100 微米，而微米碳管則為 10～20nm，故可偵測較深的裂縫，得到較高的解析度。

(2) 因為碳奈米管有高深寬比，所以可以增進側向解析度。

(3) 因為碳奈米管具有彈性及柔軟度，因此雖然細，卻不容易折斷，且不會傷害樣品表面，故非常適合分析有機以及無機樣品表面。

七、碳奈米管的邏輯元件

自從第一個電晶體發明以來 (1946～1947 年間)，人類很快地在固態電子領域找到各種應用。矽晶半導體可真是一個幸運且長壽的發明，在近代社會中，除了電燈、汽車和電話之外，極少發明物對人類產生如此重大且深遠的影響。自從 1940 年末以來，人類開始倚賴電晶體至今，其情況是日益加重且"一日千里"，使用者不會查覺到，但是上端的科學研究人員早就有先見之明，明瞭這種一日千里的需求，當然是對於半導體工業極高的推崇，但是同時也是逼上矽晶半導體科技早日走上絕路的推動力。當今的半導體產業協會(Semiconductor Industrial Association)有一張科技藍圖，其中有一部分，預計在 5～10 年內使用的技術仍為無解，但其中應會有一半以上在時程內可以得到解決，另一部分則以取代方式或根本放棄想法另發展思考方向。

碳奈米管，非但具有半導體特性且比當前的 IC 尺寸小上 10,000 倍，這種訊息對全世界的學術界科技界及工業界造成了一股震撼。矽晶體電子元件，到了二十世紀的末期的發展速度極為驚人，其積體電路的密度，每十二個月即增加一倍左右，以這種驚人的速度，在未來十年、二十年內，矽晶體元件將會到達其物理極限，因此固態物理學者則盡其所能尋找矽晶體的取代物。IBM 最近所發展的奈米碳管是屬碳族，在週期表上與矽(Silicon)和鍺(Germanium)為同一族，而其排列順序依次為碳(C)、矽(Si)、鍺(Ge)、錫(Sn)、鉛(Pb)，而以碳原子居首位。固態物理學系，自從 1980 年代，即對於將碳原子製成半導體元件充滿了興趣，因為碳原子與矽和鍺為同一族元素，化學特性上非常相近，而且在元件發展的最早期的歷史中，第一個電晶體是以鍺材料製成，但由於矽晶體具有多項比鍺晶體優異的特性，電晶體的材料在短短的一、兩年內，立即由鍺轉換成矽，繼而成為往後積體電路的主流。

到了二十一世紀的今天，當矽晶體對於積體電路的應用似乎已被推至極限，與矽鍺居於同一族的碳自然成為各家考慮的焦點。在 IBM 發表 CNT 有半導體的作用之前，CNT 的研究早已在先進國的科學界如火如荼的進行著，其中最廣為人知的是以 CNT 製成的場發射顯示器(field emission display 或簡稱 FED)，其原理與真空管相同，每一個像素(pixel)製成一微型真空管，而電子則由陰極經由碳奈米管射向 50-100 微米大小的螢光帶而造成像素，CNT-FED 的轉變效率比液晶高數倍，並且有很高的切換速率和解析度(因為每一個像素本身即為一微型真空管之故)，然而 CNT 的應用乃不止於此。此次 IBM 所發表的 CNT 電晶體實已作成邏輯電路，實已超越單一電晶體的功能，邏輯元件是構成電腦的基本要素，一旦發展出來，用 CNT 製成電腦即有了一絲希望，雖然該發言人提到技術要發展到可應用程度約需十年左右的時間，目前的矽晶體的積體電路技術，10-15 年將會走到極限，而 CNT 的尺寸為當前矽晶 IC 的萬分之一，一旦研究成功當可以為未來的需求開出一個新紀元。

5-13.3　石墨烯的應用

石墨烯 (graphene)是由曼徹斯特大學的 A. Geim 及 K. S. Novoselov[147-148]利用膠帶撕下法意外發現的，石墨烯是由六邊形單層碳原子緊密堆積成二維蜂窩狀晶格結構碳質新材料，是目前已知世界上強度最高的材料，且經由捲曲可形成其他維度之碳材（其可捲曲爲零維富勒烯、一維碳奈米管、三維石墨）。石墨烯的製程方法包括：膠帶撕下法、機械脫層法、磊晶成長法、化學分散法、碳氫前驅物化學沉積法、氧化石墨烯熱還原法、氧化石墨烯化學還原法等。

　　由於能用來製造電晶體，因此可能成爲繼矽之後另一可應用在半導體元件上的材料。奈米石墨烯具有優異的電學、熱學和力學性能，使其被期許能夠應用在高性能電子器件、複合材料、場發射材料、氣體感測器及能量存儲等領域[147-151,166]。而由近幾年的各國的研究結果，更能夠佐證石墨烯在各應用領域上具有相當高的潛力，以下將敍述石墨烯在各領域下的應用。如圖 5-62 所示[163]。

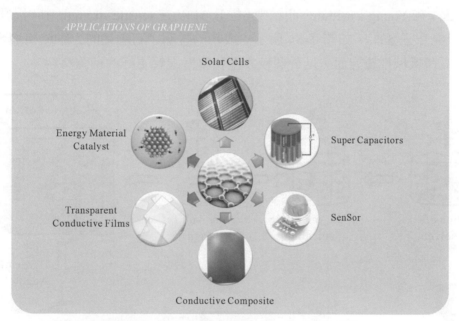

圖 5-62　奈米石墨烯潛在應用性示意圖[163]

(一)高分子複合材料[168-170]

　　複合材料可以分成兩個部份—連續相與分散相，連續相爲基材(Matrix)而分散相爲補強材料。若以建材來比喻，基材可被視爲水泥而補強材料則是鋼筋，當一應力產生時，基材的作用主要在於傳遞應力，而補強材料主要功能是承受應力者。由此可見，複合材料可以彌補單一材料的缺點。與傳統的材料相比，複合材料不僅具優異的力學性能，通常被設計成具有其他更良好的物理性質（如導電、磁、光、阻尼、聲、絕熱、導熱等），這類型的材料稱之爲功能型複合材料。近五十年來，複合材料在交通運輸、航太、建築、醫療用品、通訊產品、體育用品……等已大量地使用。而多層奈米石墨烯片(nanographene platelets)是由數層石墨烯所堆積起來,其厚度從 0.34 奈米至 100 奈米,直徑則是從 0.5 至 20 毫米,而直徑及厚度比可高達 10,000 倍。其片狀的結構可提供較大的表面積可以高分子更緊密的接著,且石墨烯對於複合材料的應力能藉由其特殊的二維結構更有效地傳遞,達到提升複合材料機械強度的目的。

2009 年 Mohammad A. Rafiee 等人[182]將石墨烯加入環氧樹脂中,實驗步驟如圖 5-63,製得複材並測量其機械性質,由於石墨具有二維結構和一維的單壁和多壁碳管不同所以在樹脂更能緊密結合,同時,透過 SEM (圖 5-64)也可以清楚看到石墨烯本身外觀為皺褶樣貌,當其加入到樹脂中時這些皺褶處為主要承受應力的地方,使得當石墨烯、單壁碳管及多壁碳管添加量都在 0.1%下時,以石墨烯為補強材其補強效果最佳的主要原因;在 Young's modulus 測試中,提升 31% 在 tensile strength 中,提升 40% ;toughness 提升了 53%,如圖 5-65 所示,成功的說明了石墨烯的二維結構與高的比表面積,使得在機械性質方面,是一個較多壁和單壁碳管更好的補強材料。

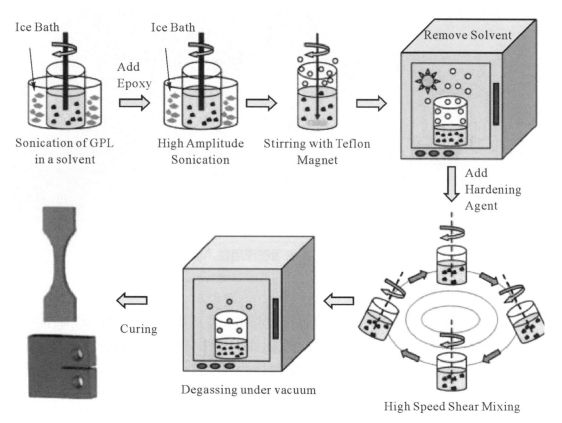

圖 5-63　奈米石墨烯/環氧樹脂複合材料製備示意圖[182]

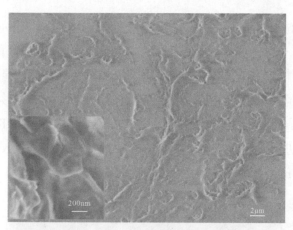

圖 5-64　奈米石墨烯/環氧樹脂複合材料破裂面 SEM 圖(5wt% 奈米石墨烯)[182]

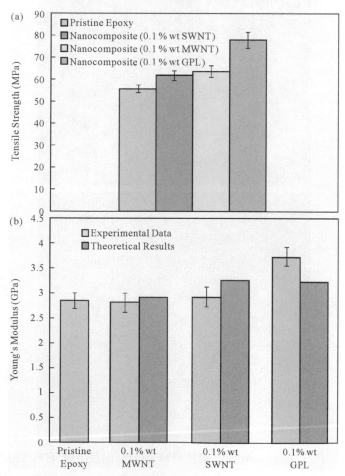

圖 5-65　萬能拉力測試結果: (a) Tensile strength of GS/epoxy composites; (b) Young Modulus of GS/epoxy composites [182]

2010 年 Hao-Bin Zhang 等人[183]藉由熔融法製作 polyethylene terephthalate (PET)/graphene 複材，透過 TEM 分析，圖 5-66(a)發現 graphene 能均勻分散在 PET 中幾乎看不到有聚集的情形，主要是由於石墨烯上經過還原後，碳平面結構仍帶有部分的含氧官能基且石墨烯本身具有皺褶外觀更能和極性樹脂 PET 形成良好的結合力，由圖 5-66(b)可以看到石墨烯在 PET 中相互交錯，顯示石墨烯在 PET 中形成一個 3D 網狀導電通路，能有效增加導電性且達到導電預滲值只需添加 0.47 vol. %；當添加達 3.0% 時導電率可達 2.11 S/m，如圖 5-67 所示。

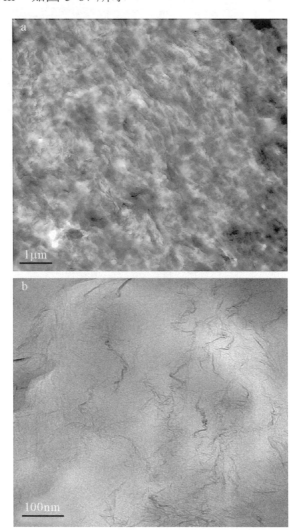

圖 5-66　PET/graphene 奈米複合材料之(a)低倍及(b)高倍率 TEM 圖[183]

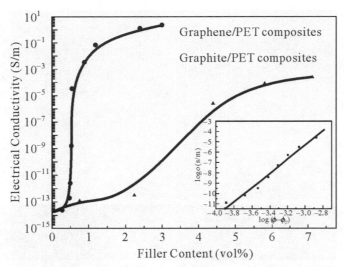

圖 5-67　Graphite/PET 和 grapheme /PET 導電性[183]

　　2010 年馬振基等人[184]利用高溫還原的氧化石墨烯與乙烯脂樹脂製備成奈米石墨烯補強的導電板，熱還原的奈米石墨烯具有相當大的表面積使得在混煉的過程可以均勻分布在樹脂當中，如圖 5-68 所示，其展現出比奈米碳管補強之導電板更優異的機械、導熱和電性質，並且應用在質子交換膜燃料電池中的雙極板材料有不錯的電池表現(圖 5-69)，本研究指出奈米石墨烯確實有相當優異的補強性質，且這樣的複合導電板材料未來是有相當的應用潛力。

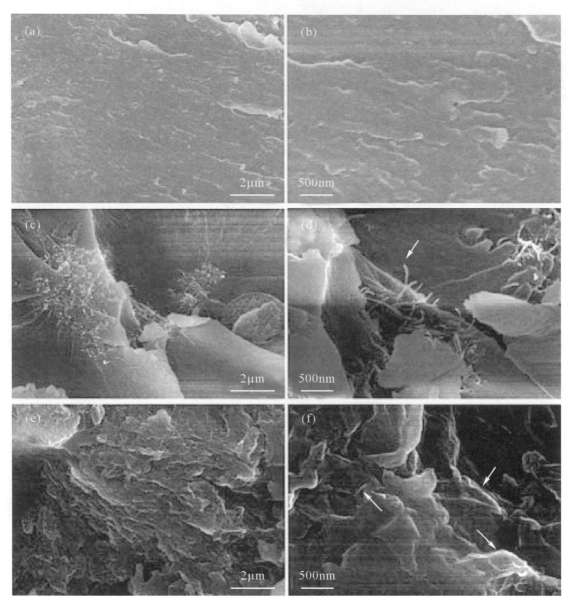

圖 5-68　SEM images of fractured surface of (a), (b) pure vinyl ester and　nanocomposite with (c), (d) 0.2 wt% MWCNT and (e), (f) 0.2 wt% graphene [184]

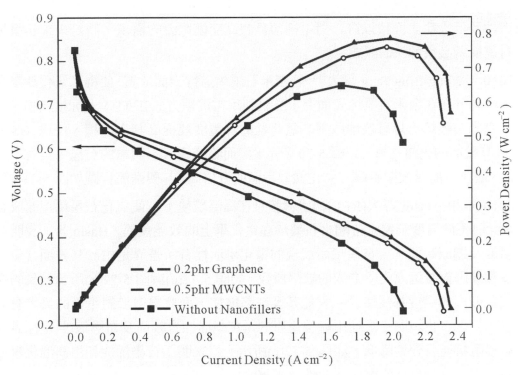

圖 5-69　Performance of single PEMFCs assembled with 0.2 phr graphene, 0.5 phr MWCNT, and without nanofillers composite conducting plates [184]

(二)染料敏化太陽能電池 [185]

　　染料敏化太陽能電池之運作機制的源頭是因染料的光激發使光誘導電子傳遞至二氧化鈦，再到外迴路且染料會呈現氧化態，而氧化態的染料需藉由電解液中的碘離子還原成基態的染料進而產生碘三離子，爾後再進行碘三離子的擴散行為(diffusion)到達對電極觸媒表面並行吸附行為，再進行還原反應形成碘離子，完成一個循環。因此在二氧化鈦工作電極部分如何使得在光誘導電子傳導時有效降低其阻抗降低及挑選適合的介質材料作為架橋(bridge)材料以搭配導電玻璃與二氧化鈦之間的能障(energy barrier)，並且又可在不破壞二氧化鈦工作電極之基本特性的前提之下如何大幅提升二氧化鈦工作電極比表面積來吸附更多染料分子，是目前工作電極欲努力克服的目標。而在對電極部分，以目前來說，碳材料，如：奈米碳管及石墨烯為現今最具潛力取代鉑金屬的碳材料，由過去文獻了解，取代昂貴且稀有的鉑金屬是勢在必行，因此如何找到一個有效且成本低廉的高效能碳材料觸媒是影響染料敏化太陽能電池的量產成本的重要因素。且由於其對電極觸媒之工作原理得知，鉑金屬的高反應活性是對電極產生交換電流(exchange current)的主因，是故如何利用材料設計達到使得碳材料具較高的反應活性及巨大比表面積以符合對電極須具有高交換電流的需求，將是未來石墨烯應用於對電極所必須解決的課題。

2010 年 Yong-Bing Tang 等人[185]將奈米石墨烯進行表面改質，使得二氧化鈦奈米粒子可以均勻分布在奈米石墨烯表面上，並且利用電沉積方式在 ITO 上沉積成膜，其研究指出奈米石墨烯可以有效地改善二氧化鈦的導電度及提高其表面積，使得 GS/TiO$_2$ films 具有較高的光電性質，如圖 5-70 所示，然而隨者導入不同量的石墨烯具有不同的效率值，最佳的能量效率值為二氧化鈦效率值的五倍高，其製備流程圖如圖 5-71 所示。

2010 年 P. Hasin 等人[REF]利用聯胺且在高溫環境下，使氧化石墨烯還原成石墨烯，並探討不同溫度及還原時間之石墨烯在電化學上的效能差異。Hasin 等人說明在不同的溫度及還原時間下，石墨烯所展現的電化學活性有所差異是由於其表面含氧官能基的多寡及因聯胺還原後所造成的缺陷所致，如圖 5-72(a)與圖 5-72(b)所示較長的還原時間或是較高的溫度都能使含氧官能基及缺陷增加，而此舉對於對電極的需求有極大的助益，且作者也說明了當利用聯胺還原其電化學活性會較高及電解液/對電極界面之電荷轉移阻抗能有效地降低，如圖 5-72(c)所示。這說明了石墨烯能利用高溫化學還原的製備方式，達到更佳的電化學活性及光電流。

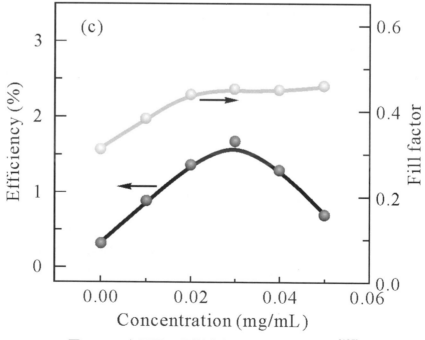

圖 5-70　在不同石墨烯濃度下之能量轉換效率[185]

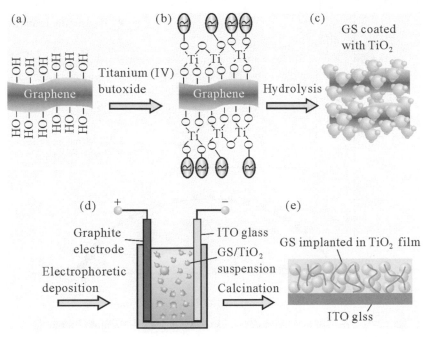

圖 5-71　Schematic flow chart of in situ incorporation of GS in nanostructured TiO₂ films [185]

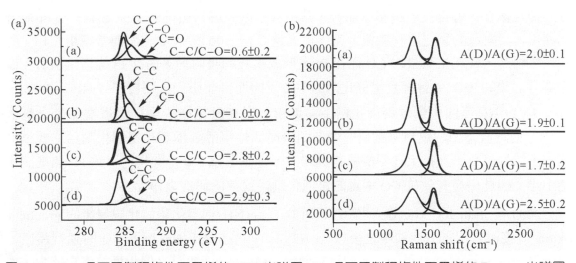

圖 5-72　(a) 各不同製程條件石墨烯的 XPS 光譜圖。(b) 各不同製程條件石墨烯的 Raman 光譜圖。

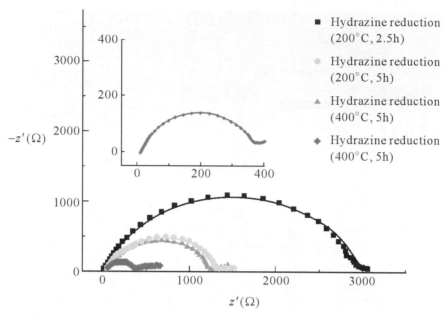

圖 5-72　(c) 各不同製程條件石墨烯電極之電化學阻抗分析圖譜。

(三)燃料電池觸媒[172-173]

　　燃料電池所使用之觸媒材料有鉑、釕、鈀等鉑族與銀、金等貴金屬，皆展現出良好的催化活性、導電性與抗腐蝕能力，其中各種低溫燃料電池的電催化劑，以 Pt 最普遍使用，其對氫的氧化之交換電流密度可高達 0.1～100 mA/cm²。然而當使用烴類、醇類為燃料時，會產生微量的 CO 而在 Pt 上形成很強的吸附鍵，佔據 Pt 的活化中心，僅十萬分之幾的 CO 就會導致電催化劑的中毒，因而目前研究已開發了 Pt-Ru、Pt-Sn、Pt-Mo、Pt-Ni 等催化劑改善催化劑中毒現象，但在氫電極的極化仍需增加幾十毫伏(mV)。而在直接甲醇燃料電池研究中，開發高活性甲醇陽極氧化電催化劑為主要重點之一，並且已有研究指出在甲醇氧化過程中，會產生類 CO 中間物，導致 Pt 類電催化劑中毒，因此研發有效抗 CO 中毒的電催化劑是目前的研究之重點。

　　2009 年 Eun Joo Yoo 等人[186]使用[Pt (NO₂)₂·(NH₃)₂]與化學氧化脫層後的 graphene oxide 直接混合於乙醇溶液中之後以 Ar/H2 (4:1 v/v)在攝氏 400 度下 2 小時進行還原，製備得 pt/graphene nanosheet，並探討其做為 DMFC 陽極觸媒之催化極抗毒化能力，本研究指出 graphene oxide 表面的氧官能基能夠有效分散白金奈米粒子，由圖 5-73 可以看出其極佳之分散性質使得具有微奈米等級之白金粒子存在(<1 nm)。

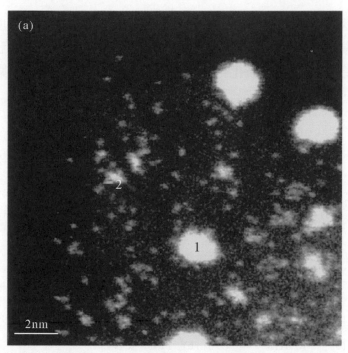

圖 5-73　Pt/graphene nanosheets 的高解析暗場 TEM 圖 [186]

　　使用三種載體白金觸媒至於 CO/N₂ 進行 CO 吸附實驗，利用 CV 測試取得 CO 吸附程度隨時間的變化，θ_{CO} 為 CO 吸附於白金粒子表面之比例，由圖 5-73 可以更清楚的看到，PtRu/commercial carbon black 吸附 CO 之速率最小，PtRu/commercial carbon black 最大，亦證實了抗毒化能力 PtRu/commercial carbon black> Pt/GNS> PtRu/commercial carbon black，總論而言，Pt/GNS 具有較大的活性表面積極較高的抗一氧化碳毒化之能力，更證實奈米石墨烯應用於觸媒單體上有極佳之潛力。

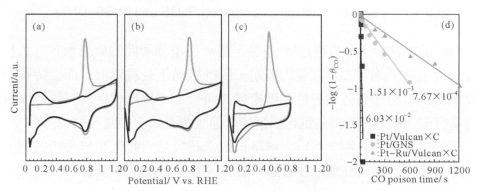

圖 5-74　一氧化碳吸附伏安圖(a) Pt/carbon black, (b) Pt/GNS and (c) PtRu/carbon black at room temperature, and (d) the rate of CO adsorption [186]

　　2010 年馬振基等人[187]結合碳奈米管導與氧化石墨烯兩種不同維度的奈米材料，使碳奈米管組裝至氧化石墨烯中以建構出三維階級的觸媒碳擔體，並且在乙二醇雨水的混合溶液中進行白金前驅物與氧化石墨烯的還原，探討三維階級的觸媒碳擔體對白金觸媒的活性影響，如圖 5-75 所示[187]。

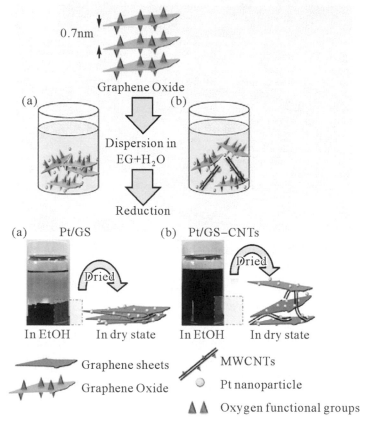

圖 5-75　A schematic model for preparing Pt/GS and Pt/GS–CNTs [187]

　　由 SEM 圖(5-76)可以明顯觀察到組裝至奈米石墨烯層間的碳奈米管可以有效地減少凡德瓦爾力造成奈米石墨烯推疊的問題，使得結構上較為鬆散，而這特殊的三維結構除了能夠使白金粒子有效地分散在碳擔體表面，更可以反應物質有效地擴散到白金觸媒表面進行催化反應，使得其電化學活性表面大幅上升，如圖 5-77 所示[187]，本研究亦指出，這樣一個複合的觀念可以大幅降低奈米石墨烯自我聚集堆疊的問題，使得這樣的結構在未來可以被期許應用在能源、感測器與電子元件等領域。

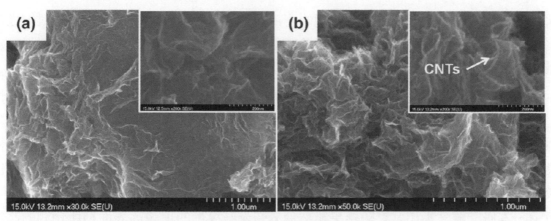

圖 5-76　SEM of Pt/GS and Pt/GS-CNTs[187]

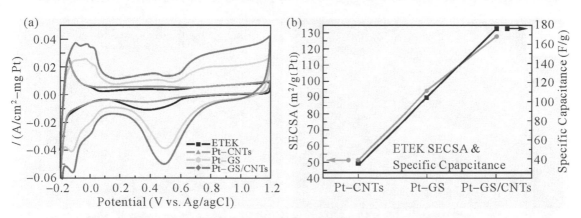

圖 5-77　(a) CV curvesmeasured at 20mV s⁻¹ in 0.5 MH₂SO₄ for commercial Pt/Carbon (ETEK), Pt/CNTs, Pt/GS, and Pt/GS–CNTs. (b) The EASA (left) and $C_{s,DL}$ (right) of all Pt/composites[187]

(四) 超級電容器[188]

　　由於傳統石化能源的枯竭與全球暖化問題日漸嚴重，如何有效的改善電池動力已成為歐美日各國研究之重心，而電化學電容器又稱為超級電容器(supercapacitor)，或是超高電容器(ultracapacitor)是有別於傳統的介電電容器(dielectric capacitor)元件，是以電活性材料或多孔性物質來儲存能量的電容器元件。它不同於傳統意義上的電容器，類似於充電電池，但比傳統的介電電容器具有更高的能量密度(Wh/Kg)，比傳統的充電電池(鎳氫電池和鋰離子電池)以及燃料電池等具有更高的功率密度(W/kg)，並且有很高的循環壽命與穩定性，其比功率可達到千瓦/kg 數量級以上，充放電壽命在萬次以上(使用年限超過 5 年)。因此電化學電容器在移動通訊、資訊技術、電動汽車、航空航太和國防科技等方面具有極其重要和廣闊的應用前景。石墨烯在超級電容電極材料上之電化學研究，由於石墨烯具有極高之理論表面積、高導電性、絕佳熱穩定性、優異的機械性質以及獨特二維奈米結構，被視為下世代的電化學電極材料。

　　由於奈米石墨烯的理論高表面積極優異的導電性值，近年來被視為下世代高活性電極材料，而 2008 年 M.D. Stoller 等人[188]首先利用聯胺還原的氧化石墨烯來做為超級電容器電極材料，如圖 5-78 所示，在此研究中可以看出奈米石墨烯比起碳奈米管而言具有較大的電容值，且其在高掃描速率下能夠維持其電容值的特性更象徵其能夠成為較高功率密度的電容材料，此研究更探討在不同電解質系統下的電容性質，如表 5-11 所示，本研究雖然指出其實驗結果雖然低於奈米石墨烯的理論高表面積所預測的高電容值，但基於奈米石墨烯成本與性質考量，仍然是備受期許的下世代電極材料。

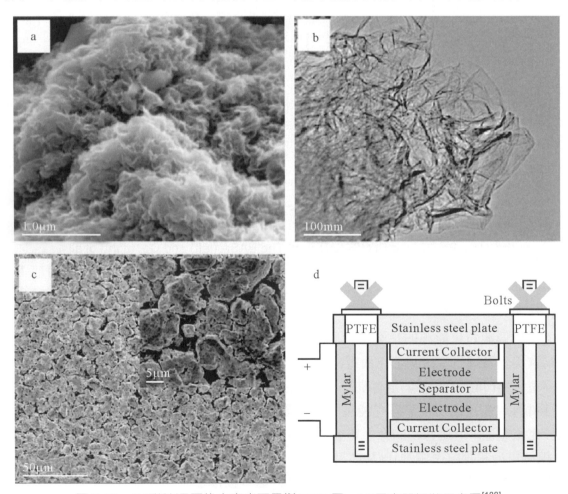

圖 5-78　(b)聯胺還原後之奈米石墨烯 TEM 圖，(d)電容器組裝示意圖[188]

表 5-11　奈米石墨烯電極材料之比電容值表 [188]

electrolyte	galvanostatic discharge(mA)		cyclic voltammogram average(mV/sec)	
	10	20	20	40
KOH	135	128	100	107
TEABF$_4$/PC	94	91	82	80
TEABF$_4$/AN	99	95	99	85

延續者 2008 年的研究之後，2010 年 Li Li Zhang[189]等學者則回顧出近三年奈米石墨烯電極在超級電容器上面的研究，並與傳統的活性碳與奈米碳管來做比較，整理如表 5-12。

表 5-12　不同碳材料作為電容器之性質比較表 [189]

Carbon	Specific Surface area/m^{2}g^{-1}	Density/g cm^{-3}	Elcctrical Conductivity/ S cm^{-1}	Cost	Aqueous electrolyte		Organic electrolyte	
					F g^{-1}	F cm^{-1}	F g^{-1}	F cm^{-1}
Fullerene	1100-1400	1.72	10^{-8}-10^{-14}	Mcdium				
CNTs	120-500	0.6	10^4-10^5	High	50-100	<60	<60	<60
Graphene	2630^{20}	>1	10^6	High	100-205	>100-205	80-110	>80-110
Graphite	10^{20}	2.26^{19}	10^{423}	Low				
ACs	1000-3500	0.4-0.7	0.1-1	Low	<200	<80	<100	<50
Templated porous carbon	500-3000	0.5-1	0.3-10	High	120-350	<200	60-140	<100
Functionalized porous carbon	300-2200	0.5-0.9	>300	Medium	150-360	<180	100-150	<90
Activated carbon fibers	1000-3000	0.5-0.8	5-10	Medium	120-370	<150	80-200	<120
Carbon aerogels	400-1000	0.5-0.7	1-10	Low	100-125	<80	<80	<40

近年來智慧型手機、穿戴式電子裝置和可撓式顯示器等等攜帶式的電子產品漸漸問市，如圖 5-79 所示，更追求輕、薄、可摺疊，因此其中的儲能元件小型化與薄型化必然是未來的趨勢。然而，目前超級電容器以硬式爲主，其中的電極則是使用鋁金屬或發泡鎳等作爲集電板(基材)，並將材料製成漿料塗佈在集電板上，但此種電極比重

大、基材昂貴、不可彎曲又不耐腐蝕的元件，導致傳統的硬式超級電容器已無法滿足未來的發展，因此如何克服上述缺點並製備出可撓式超級電容器是現今發展的一大重點，其中發展可撓式電極材料更是此領域中重要的研究方向之一。

由於石墨烯具有高表面積、高導電度和高機械性質，因此常被作為可撓式電極材料。2011 年 Hui-Ming Cheng 等人開發石墨烯-纖維素紙(graphene-cellulose paper，GCP)的薄膜作為可撓性電極材料，以纖維素濾紙過濾奈米石墨烯片懸浮液後取得，如圖 5-80 所示，此種電極材料具有良好的導電性與可撓性。作者利用兩片 GCP 薄膜和膠態電解質組成對稱型的超級電容器，由圖 5-81(a)得知組裝完成的超級電容器可以任意的彎折而不斷裂，單位面積的電容維持在約 46 mF cm^{-2}的高數值，而藉由三個超級電容器(10 mm × 25 mm)串聯起來，可以 2.5 V 點亮一紅色 LED，如圖 5-81(b)。

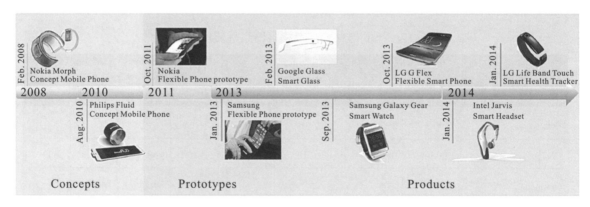

圖 5-79　A timeline for recent innovative flexible electronics concepts, prototypes, and products[323]

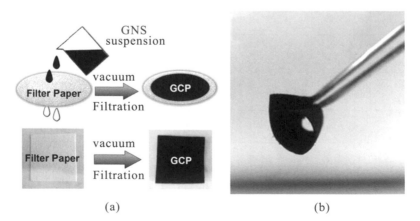

(a)　　　　　　　　　　　　　　(b)

圖 5-80　graphene-cellulose paper (GCP)的製備過程與彎曲測試[77]

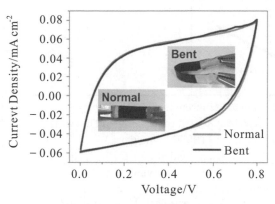
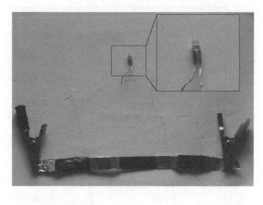

(a) Comparison of CV curves at 2 mV s-1 for
　a flexible laminated Poly-SC
　tested as normal and bent.

(b) Photograph of a red LED lit by an in-series
　Poly-SC with three units.

圖 5-81　(a) Comparison of CV curves at 2 mV s-1 for a flexible laminated Poly-SC　tested as normal and bent. (b) Photograph of a red LED lit by an in-series Poly-SC with three units.[324]

(五)透光導電膜[176-177]

　　隨著時代的進步，各種電子產品不斷推陳出新，因應製程上的需要，許多半導體材料不斷被開發與應用，尤其在光電產業當中，透明導電膜是一項不可或缺的材料，目前仍以觸控面板的市場最大，而其相對導電等級較高，其它材料替代可能性較低，所需規格約爲透光度 85%、表面電阻須小於 1,000$\Omega/^1$。但因 ITO 中的銦在自然界之蘊藏量少、價格昂貴、具毒性且容易和氫電漿(hydrogen plasma)產生還原反應，導致許多研究轉而尋求其取代之材料。且隨著軟性電子之發展，基材須由玻璃改爲軟性高分子(如 PET 等)，氧化物的不可撓性與低溫製程將成爲 ITO 在軟板上發展的瓶頸。

　　從氧化石墨烯製備成奈米石墨烯的方式是目前最常見且普遍之製備方式，由前面製備方式的介紹可以知道此方式伴隨者還原的問題存在，而不同樣的還原方式也直接或間接地影響到應用方面的性質表面，而爲了製備高透光率高導電的薄膜，擁有理論高導電性的奈米石墨烯，也引起各國學者競相研究其潛在應用性，2009 年 B.C. Mattevi 等人[190]研究不同的還原方式來研究奈米石墨烯薄膜的化學及導電性值，如圖 5-82 所示。其結果指出是當的還原方式可以有效修復奈米石墨烯的石墨結構。

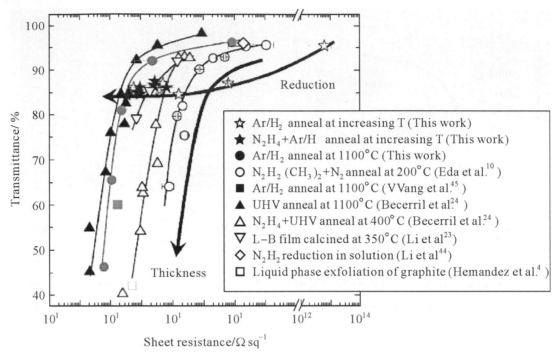

圖 5-82　各種還原方式之穿透度與導電率比較圖[190]

　　2010 年，Sukang Bae 研究團隊[191]與韓國三星公司合作開發出 30 吋的透明導電觸控螢幕(圖 5-83)，利用化學沉積的方式製備出高結晶性的且可控制厚度的奈米石墨烯薄膜，並且利用 Roll-to-Roll 的方式製備出 30 吋的透明導電石墨烯薄膜，如圖 5-84 所示，不僅具有可撓曲性與極佳的透光率～97%，具有相當低的表面電阻～125 歐姆，本研究的結果明顯指出奈米石墨烯在觸控螢幕上的極高效能及絕佳透光性值，更優越於目前 ITO 玻璃。

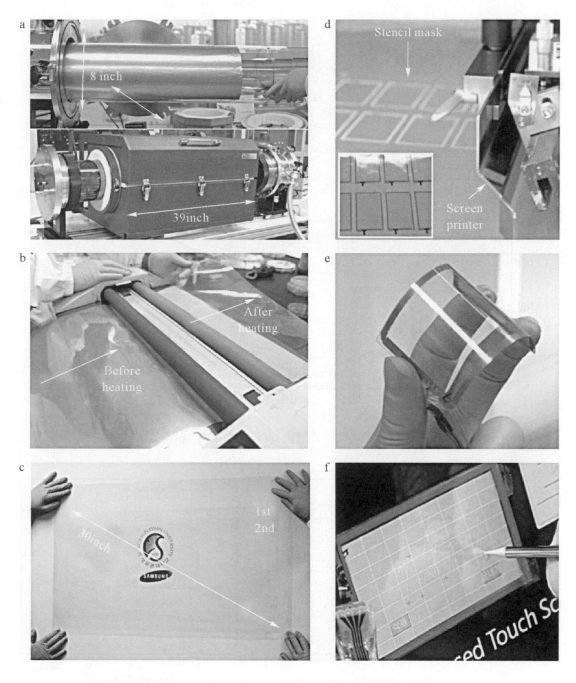

圖 5-83　奈米石墨烯製之觸控螢幕[191]

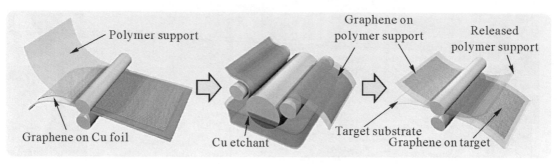

圖 5-84　roll-to-roll 製程示意圖[191]

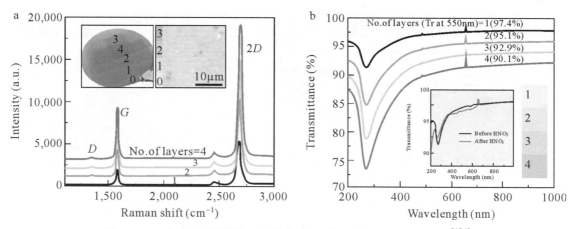

圖 5-85　奈米石墨烯膜不同層數之(a)拉曼光譜; (b)透光率 [191]

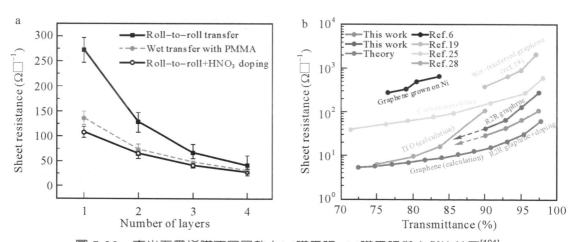

圖 5-86　奈米石墨烯膜不同層數之(a)膜電阻; (b)膜電阻與文獻比較圖[191]

(六)生醫藥物載體[192]

　　石墨烯在 2004 年被 Novoselov, K. S. 等人[69] 發現後一直是材料科學中一顆耀眼的明星，如圖 5-87 所示，從湯森路透(Thomson Reuters) Web of ScienceTM 所有資料庫的調查發現單 2015 年一年間關於石墨烯的研究文獻就超過了二萬八千篇的發表[70]，其中核准了逾五千件的專利[70]，如圖 5-88 所示，而中國是目前擁有最多石墨烯專利的國家[71]，如圖 5-89 所示。石墨烯是目前世界上最薄的材料，厚度約在 0.35nm，是由富勒烯、奈米碳管、石墨的基本組成，例如石墨被視為由多層石墨烯所堆積組成的三維晶體，富勒烯和奈米碳管也被形容為是由石墨烯所捲曲而成的物質[72-74]。由於石墨烯具有單原子層結構，其比表面積很大，非常適合用作藥物載體，而以奈米石墨烯做為藥物載體有以下優點：

(1)　體積小，可以在血液系統中自由流動。

(2)　比表面積超大，水溶性差的藥物在載體中解度相對增強。

(3)　當製備成為緩釋型奈米藥物 (Sustained-release drugs)，可以增加藥物的半衰期。

(4)　能克服藥物被胃酸、腸道消化酶等破壞。

(5)　消除特殊生物屏障對藥限制，如血腦、眼可以穿透屏障部位。

(6)　化學改質潛力佳，可經由處理改變表面特性與官能基有利於提高載藥率及乘載標靶物質，亦可接枝上其他生物相容性高分子以克服石墨烯本身在仿生液中會聚集之問題。

(7)　標靶藥物可針對局部組織或器官投藥，減少之副作用。

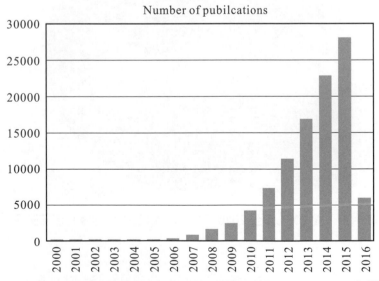

圖 5-87　從 2000 年至 2016 年 3 月有關石墨烯的文獻發表數量[70]

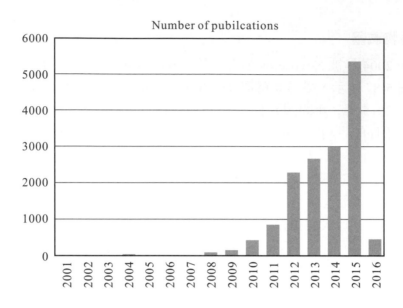

圖 5-88　從 2001 年至 2016 年 3 月有關石墨烯的專利核准數量[70]

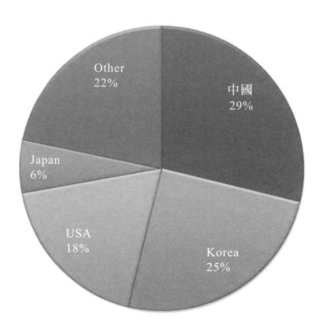

圖 5-89　從 2001 年至 2016 年 3 月有關石墨烯的專利核准數量[71]

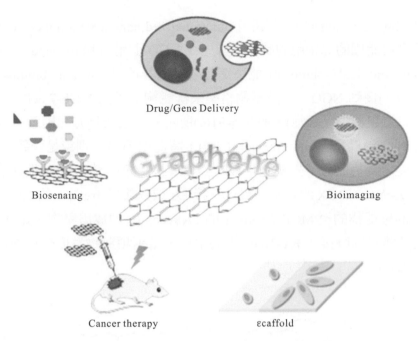

圖 5-90　石墨烯於生物醫學的各方向應用[75]

　　2012 年 Liu Zhang 等人的研究中[75]，總結了石墨烯和其衍生物在各個方向的生物醫學應用的最新進展，如圖 5-90 所示，包括藥物和基因傳遞、癌症治療、生物醫學成像、生物傳感器應用以及組織工程支架。並討論了在此領域的迅速發展所帶來的機遇和挑戰。2013 年更有 Advanced Materials, Materials Today 與 Journal of Materials Chemistry B 等期刊同時總結了石墨烯複合材料在生物醫學各個方向的應用[76-78]。

　　雖然 GNS 於 2010 年在生物醫學上的應用只有 2%，但因為石墨烯具備高比面積，良好的改質修飾效果與以及在多種溶液下的均勻分散效果，預期能夠載覆更多的藥物，並可修飾上適當之配位體 (ligand)，達到靶向治療癌症的功效，製備出功能性更好的藥物複合載體。因此，石墨烯廣泛的應用在化療藥物、蛋白質和基因的運輸載體以及廣泛的生物醫學領域，GNS 迅速成為具潛力的個人化療程材料。

　　史丹佛大學的 Hongjie Dai 等人首先製備了具有生物相容性的聚乙二醇功能化的石墨烯，使石墨烯具有很好的水溶性，並且能夠在血漿等生理環境下保持穩定分散，然後利用 π - π 相互作用首次成功地將抗腫瘤藥物喜樹鹼衍生物 (7-ethyl-10-hydroxycamptothecin，SN38)負載到石墨烯上，如此開啓了石墨烯在生物醫藥方面的應用研究。Ying Wang[109] 將阿霉素 (doxorubicin，DOX) 與喜樹鹼 (camptothecin，CPT)兩種抗癌藥物同時負載到石墨烯上，並提出了各種生物功能化石墨烯的方式。

　　2010 年 Zhijun Zhang 等人[192]利用 functionalized nanoscale graphene oxide (NGO)來做為乘載藥物並能標的癌細胞的載體，首先在 NGO 上用 sulfonic acid groups 修飾使之在仿生液(physiological solution)中能穩定分散，接著再以 covalent binding 的方式將葉酸(folic acid, FA)接到 NGO 上，讓整個給藥系統能夠去辨認 MCF-7 cells(一種表面帶有 FA receptor 的人類乳腺癌細胞)，如圖 5-91(a)所示。治療藥物方面則選用兩種，分別為 doxorubicin (DOX)以及 camptothecin (CPT)，將此兩種藥分別或是一起接於 FA-NGO 上，再比較接上藥物的數目對細胞毒殺的結果，接上單一藥物對癌細胞毒殺效果測試結果顯示，FA–NGO/DOX 的毒殺效果比不接 FA 或只施予 free FA 的 NGO 來的好，證實 FA-NGO 的確能標的至 MCF-7 cells 上的 FA receptor 並放出藥物，如圖 5-92 所示。最後測試兩種藥物同時接在 FA–NGO 上的情形，當兩項藥物濃度皆為 20 ngmL^{-1} 時對細胞毒殺效果最好。

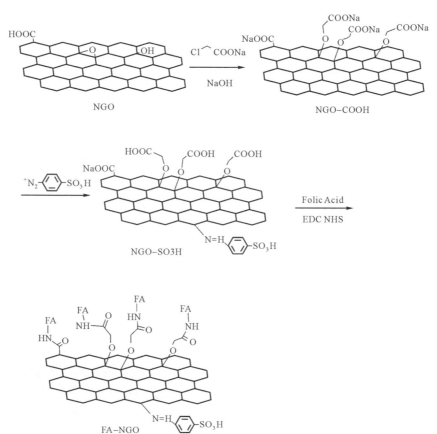

圖 5-91　Schematic illustration of the preparation of FA–NGO conjugates [192]

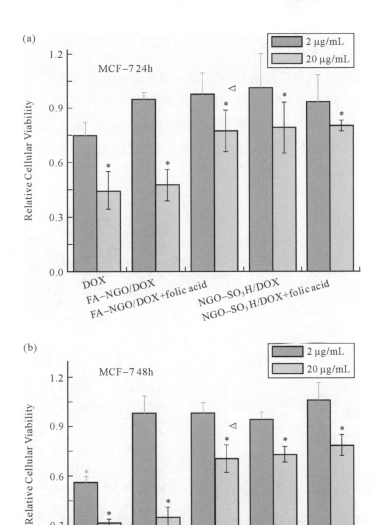

圖 5-92　Relative cell viability of MCF-7 a) 24 and b) 48 h after treatment with FA–NGO/DOX, FA–NGO/DOX+FA, NGO-SO3H/DOX, NGO-SO3H/DOX+FA, and DOX. The asterisks indicate P<0.05 versus normal cells and D indicates P<0.05 versus FA–NGO/DOX groups at the same concentration of DOX. When the P value was less than 0.05, differences were considered statistically significant [192]

(七)石墨烯應用在水泥之研究

關於石墨烯應用在水泥基材的相關文獻，Fakhim Babak 等人[11]，提到添加 MWCNT 0.03～0.1wt%於水泥漿體中，可以得到提升機械性質，但在添加 GO (Graphene oxide) 卻可以到 1.5 wt%，因 GO 表面有大量含氧官能基(如 Polycarboxylate (COOH))及較小的長徑比(Aapect ratio)有助於分散所以相較 MWCNT 可以添加比例較多，如圖 5-93 所示 [113]。

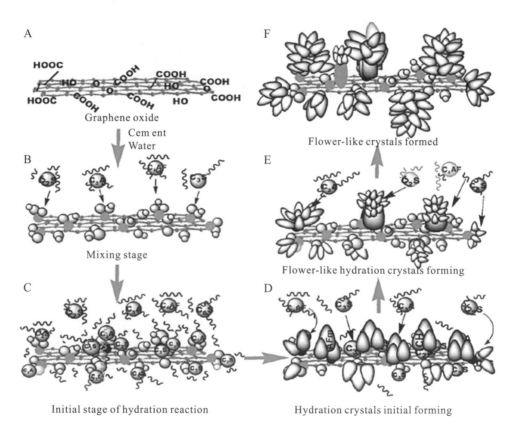

圖 5-93　GO 對水泥水合反應示意圖[113]

圖 5-94　添加 GO 的水泥形成花朵狀微晶體[113]

　　Shenghua Lv 等人[113]用改良之 Hummers 法製備了氧化石墨烯(GO)，研究了氧化時間對 GO 中含氧量的影響，研究了含氧量為 18.65 wt%和 25.53 wt%的 GO 對水泥水化產物微觀形貌及抗折強度和抗壓強度的影響，結果顯示含氧量為 25.53wt%的 GO 能夠使水泥水化產物形成密實的花朵狀微晶體，如圖 5-94 所示，GO 對水泥水化晶體產物的形成具有促進和範本效應，其增韌效果大於增強效果。其他學者 M. Saafi[114]、Shashi Sharma[115]、Shenghua Lv[113]、Zhu Pan[116]也針對石墨烯在水泥基材的的研究，得到正向的結果，整理如表 5-13。

表 5-13　石墨烯應用在水泥之相關文獻

The performance of the cement based composites prepared with the GO

Type of cement based composites	Materail	Interface agent	Performance	Researcher	Journal
Cement paste	GO 0.33wt%	Polycarboxylate ether	48% increase in the tensile strength	Fakhim Babak et al[111]	The Scientific World Journal
Cement mortar	GO 0.03wt%	Polycarboxylate	38.9% increase in the compressive strength, 60.7% increase in the flexural strength,78.6% increase in the tensile strength	Shenghua Lv et al[113]	Construction and building materials
Cement paste	GO 0.03wt%	None	33% increase in the compressive strength,58% increase in the flexural strength，138% increase surface area	Zhu pan et al[116]	Cement and Concrete Composites
Geopolymer	rGO 0.35%	None	376% increase Youngs modulus ,134% increase in the flexural strength	M. Saafi et al[114]	Cement and Concrete Research
Cement Mortar	Reduce size GO	None	Low cost ,increase crystalline phases	Shashi Sharma et al[115]	RSC Advances
Cement Mortar	GO 3wt%	None	Enchance Youngs modulus, homogeneous distribution	Elzbieta Horszczaruk et al[118]	Construction and Building Materials

六、結語

　　由於奈米石墨烯的特殊二維片狀奈米結構，使得近幾年各國學者競相從事基礎材料特性之研究並探討其應用之可行性。由於其質量輕、強度高、韌性大、可撓曲、表面積大、導熱性高、導電度佳且具化學安定性更被期許應用在高分子複合材料、高功能電子元件、場發射材料、能源材料及氣體感測器等領域，雖然奈米石墨烯要能夠在各領域商業化，製程、材料設計或者元件組裝技術上面都還有許多改善的空間，但依據目前正面的研究結果，吾人可期待這新一代的奈米碳結構材料-奈米石墨烯有極大的發展潛力。

▷ 5-14　奈米塗料

　　當材料達到奈米尺寸時，會顯現出一般較大顆粒所沒有的特性，其中有某些優點又是一般材料所欠缺的，例如電磁波遮蔽、防污、光催化反應性等，以下則為各式奈米級塗料用途及優點作大致介紹：

1. **軍事國防：**

　　　　當某些材料達到奈米尺寸時，對電磁波會顯現出強烈的吸收能力，此性質於軍事國防可作為一大應用。當我們利用奈米顆粒做成的奈米塗料塗於飛機機身上，塗料中之奈米顆粒可吸收紅外線和雷達所發出的電磁波，將反射訊號減弱或消散，故雷達或紅外線偵測器偵測不到飛行於空中的飛機，使飛機如同隱形一般，減少被擊落或損傷的機率，對軍事戰備的能力提升上可得到一定程度的效果。

2. **防污能力：**

　　　　某些奈米塗料具有防污能力，因為這些奈米顆粒的表面作用力強，易與同性質顆粒產生作用，而對於不同性質的物質則否，故有一些奈米塗料的表面不染飛塵常保清潔。如：蓮葉表面具有奈米尺寸的絨毛，故能使蓮花顯得出污泥而不染(即蓮葉效應)。另外，還有不久前所研發出的的防污磁磚，德國 Nanogate Technologies GmbH 藉奈米技術來製作 100 奈米厚塗裝，其可使磁磚或洗碗機表面不沾污，且防污刮痕使清洗變得更加簡易，Nanogate 塗裝主要技術是先在磁磚上塗佈一層沾著性奈米質粒，然後在其上再添加另一層不沾著奈米質粒，但其會與第一層接著，此最上層奈米質粒會防止其他質粒，如灰塵、污物與其接著而達防污目的。德國衛浴設備製造廠已使用此技術來處理洗臉槽，馬桶及浴盆達自行清潔目的，而我國亦有衛浴業者採取此提昇策略，研發出衛浴設備加上奈米級釉藥，使其具有防污抗菌功效，讓外表看似普通的奈米馬桶具有抗污的效果。

3. **顏料烤漆：**

　　新式的汽車烤漆必須要平滑、光亮、無刮痕，此外，對於化學、溫度、紫外線等也要有足夠的穩定性。儘管汽車烤漆的技術不斷改良，可是對機械性傷害的抵抗能力還是相當的弱。德國杜塞道夫的 Degussa 公司的三個研究人員－Bjorn Borup、Roland Edelmann 以及 Dr. Jaroslow Monkiewicz－就針對這點加以研究，並且找到了解決的方法。他們已經發展出了一種烤漆，不但抗刮性高，而且不會造成環境污染、施工處理容易、應用範圍廣泛，是極有潛力的明日之星。他們所用的方法，基本上是將只有幾個奈米大小的二氧化矽微粒，混合到壓克力(Acrylat)塗料裏。這三位研究人員和萊比錫的「表面處理研究所」合作，所獲得的這項技術成果，是運用了一個小小的技巧，達到了他們所預期的抗刮性能，而且也免除了一些可能出現的負面效應。高成份的二氧化矽奈米微粒增強了塗料的機械抗刮性能。然而在這同時，微粒表面的極性卻提高了塗層的黏滯性，使得進一步的加工處理變得幾乎不可能。

　　為了解決這個問題，研究人員們就試著直接在結合溶劑裏將奈米微粒包覆以一層厚厚的、軟軟的、由有機的矽氫化合物所組成的 Polysiloxane 外殼。如此一來，微顆粒的表面極性就有所改變，塗料的黏滯性也降低了，但是卻不至犧牲掉奈米微粒的高抗刮性。由這些微粒所形成的就是所謂的奈米囊球，中間有一個高硬度的二氧化矽核心，外層則是較軟的 Siloxane 外殼。這層外殼不需要額外特殊的溶劑，只要透過紫外線照射就可以結合在塗料裏。如此，所獲得的結果是一種全新的、以壓克力塗料為基礎、含有機、無機成份的混合塗料，其中奈米囊球約佔了30%。這麼高的濃度才能保證極高度的抗刮及耐磨能力。和傳統的壓克力塗料比起來，硬度增加了將近 10 倍。此外，由於加入了矽氧的化合物，這塗料對於溫度變化、機械性損耗，還有紫外線的照射也都表現得相當穩定。

　　此新開發的紫外線硬化塗料，由於其混合的特性，不但表現了無機物質的特質，如硬度、抗機械性磨損、耐久性、不易燃、抗紫外線等；此外，也具有有機聚合物的特點，如延展性佳、黏著力好等優點。其他還有很多優點，例如，反應快(只要在幾秒鐘內就硬化了)、容易施工(不需要特殊的工具)、環保(因為裏頭沒有溶劑)、還有，因為所含的微粒體積極小，所以是透明的。BASF 公司的所作的模擬測試結果顯示，含有 Degussa 公司奈米微粒的烤漆在經過洗車設備一番刷洗後，其表面光澤絲毫沒有受損。不過，專家們表示，這種性能優異的塗料要在汽車工業大量使用，還需要一段時間，因爲除了化學性、抗紫外線外，它也得像一般塗料一樣耐風化腐蝕。此外，還得排除生產成本過高的障礙，才可能快速進入市場。

4. **光波環保耐溫塗料：**

(1) 光波奈米加熱乾燥及其優點：

① 光波奈米具有穿透力，能內外同時加熱。傳統的熱風乾燥，其熱量的傳遞，是從被加熱物的表面往內部逐漸傳送，因此物質的溫度分佈不均；而紅外線具有內外同時加熱的特性，因此被加熱物內部溫度均勻，故可增進被加熱物質的品質。

② 直接輻射式加熱，不需熱傳介質傳遞，熱效率良好，加上內外 同時加熱，可大幅縮短乾燥時間。

③ 可局部加熱－能直接加熱被塗物，減少對不需加熱的物體加熱，例如：爐內空氣、爐壁或爐體周邊等，可節省不必要的能源消耗，也可提供舒適作業環境。

④ 單位面積的能源傳輸量大，故光波奈米爐體的尺寸遠小於傳統的熱風爐，可節省爐體的建造費用及空間，且組合、安裝簡單容易。

⑤ 溫度控制容易且迅速，並較具安全性。

(2) 光波奈米塗料塗覆應用：光波奈米塗料可應用的領域甚廣，在高溫或腐蝕環境的金屬或陶瓷材料，皆可利用塗佈光波奈米塗料來增加其使用壽命，並減少燒料能源的耗用。將高放射率光波奈米塗料塗佈於暴露在高溫腐蝕環境下之鐵材、陶瓷磚、或耐火磚表面，可提升其使用的年限；降低維修費，且明顯地減少能源耗用量。根據國外資料顯示：在加熱爐內壁塗佈光波奈米塗料，所節省能源耗用量達 15～38%。光波奈米塗料不僅被應用於高溫加熱系統，同時也被應用塗佈在鍋具，燒烤器具等，可提升食物之品質，使口感更加鮮美。

⊙ 5-15　奈米材料在紡織之應用

一、奈米材料在紡織之應用

當人類文明發展到一定階段後對材料的認識與使用已開始向多功能方面發展，而其中一項就是紡織。當今世界主流的紡織品已經向功能性、環保型方向發展，功能性紡織品的開發研究已擴展到眾多領域，應用也愈加廣泛，同時也給企業帶來了效益。

功能性紡織品指具有某些特殊的、不同於一般紡織品所固有的性能，能滿足人們特殊需求的紡織品。目前功能性紡織品的研究開發方向有

1. 對一般合成纖維材料的改性。
2. 通過化學或物理手段賦予天然纖維和化學纖維一些新的特殊功能。
3. 具有特殊性能如超高強度、高模數、耐熱等纖維。

而奈米材料在功能性紡織品開發上的應用，主要集中在利用一些金屬及氧化物的奈米級粒子所具有的特性，通過一定的方法加工到纖維中或處理到織物上，使紡織品具有某些特殊功能。

二、奈米材料在紡織品的加工方法

利用一些金屬及氧化物的奈米級粒子所具有的特性，通過一定的方法加工到纖維中或處理到織物上，使紡織品具有某些特殊功能。目前採取的方法主要有[147]：

1. **共混紡絲法：**

將功能性奈米材料粉體，在化纖的聚合階段、熔融階段或紡絲階段加入其中再紡絲，使生產出的合成纖維，改變其原聚合物的某些性能，此法是生產功能性化纖的主要方法，由於奈米粉體的表面效應，其化學活性高，經過分散處理後，容易與高分子材料相結合，較普通微粉體更容易共融混紡；而且奈米粉體粒徑小，較能滿足紡絲設備對添加物粒徑的要求，在化學纖維生產過程中較能避免對設備的磨損、堵塞及纖維可紡性差、易斷絲等問題，對化學纖維的染色、後整理加工及使用等性能也不會造成大的影響。共混紡絲法的優點在於奈米粉體均勻分散在纖維內部，因而耐久性好，其賦予的功能能夠穩定存在。

目前化纖產品中複合型纖維的比例不斷擴大，如果在不同的原液中添加不同的奈米粉體，可開發出具有多種功能的紡織品。例如在芯鞘型複合纖維的皮芯層原液各自加人不同的粉體材料，生產出的纖維可具有兩種或兩種以上的功能。

2. **後處理法：**

對於天然纖維，無法在纖維的生產過程中添加粉體，只能採用後處理的辦法。加工方法有吸盡法，浸軋法、塗層法。將奈米粉體借助於分散劑、穩定劑、粘合劑等助劑及一定的加工方法，處理到織物上，從而使紡織品獲得特殊功能。採用奈米級材料進行後處理的好處除了可利用奈米材料的優異特性外，對紡織品的色澤、染色牢度、白度、手感等不會有大的改變。

後處理法相對簡單，可結合其他一些加工同時進行，而且可根據客戶的要求進行小批量生產，特別適合於服裝個性化需求的趨勢。其缺點是耐久性差，隨著使用及洗滌次數的增加，其功能會減弱甚至喪失。針對這方面的不足，人們也投入大量的精力加以研究。

3. **接枝法**：

接枝法主要是爲改善一般後整理法不耐洗，牢靠度差，設法在微粉體與纖維間建立化學鍵或其他形式的結合，從而使天然纖維也能獲得耐久功能的效果。其方法主要有兩種：

(1) 對粉體進行表面改性處理，同時利用低溫等離子技術、電暈放電等技術啓動纖維上的某些基團而產生結合。

(2) 利用某些化合物的"橋基"作用，將粉體聯結到纖維上。

三、機能性奈米尼龍

遠紅外線輻射機能可促進人體皮膚的血液循環，以往利用傳統纖維陶瓷技術製造的遠紅外線產品，加工困難，良率偏低，再加上製造成本高，使得商品價格居高不下，市場空間有限。工研院透過奈米技術的應用，將具有遠紅外線輻射機能性成分的奈米級黏土分散於尼龍纖維中，製造出全球第一個低成本、抗紫外線且具有遠紅外線輻射功能的奈米尼龍材料。經由布料機能及染色測試後，證明奈米尼龍織物在減少機能性成分的添加量的情況下，亦能達到高效率的目的，不僅加工方便且成本低廉。未來可應用於外套、休閒服飾、內衣褲等高附加價值的保健纖維服飾上。

圖 5-95　以奈米尼龍絲織成的外套不僅成本低廉，且具有抗紫外線與遠紅外線輻射等多重功能[318]

四、高性能奈米纖維

奈米無機材料可賦予紡織物有較高的強度、硬度和韌性，由於尺寸介於光波的吸收波長，因此可以具有透明度，並因應尺寸和與纖維的接著力而有不同的防水和透氣性能，如奈米級的 SiO_2，加入高分子中可增強其強度、韌性、防水性能[148,149]。並可增加其熱穩定性[196]和透光性能[191,198]。以 sol-gel 方式把 SiO_2 加入高分子中可得到顆粒大小一致之 SiO_2 分散均勻[199~201]，並且容易製造。碳奈米管的發現[202]，使人們注意到其高強度和高韌性，碳奈米管強度比鋼高出 100 倍，而比重只有其六分之一[203,204]。而碳管可由改質以增加其對高分子的親和力[205,206]，用於紡織方面可大幅增強纖維的強度和韌性。

1987 年日本 Toyota 研究發展中心製備了 Clay/Nylon 6 奈米複合材料[207~210]，Clay 充份補充了 Nylon 6 的各種性質，其中抗曲彈性率和熱變形溫度比純 Nylon 增加一倍，而水氣和氧氣透過率減少一半。Nylon 可由己內醯胺(ω-caprolactam)自身聚合或由 ω-胺基酸(ω-amino acids)的胺基和酸基反應生成，而己內醯胺或 ω-胺基酸可當作 Clay 的膨潤劑，而 ω-胺基酸的分子鏈越長對 Clay 的膨潤效果越好，在酸性溶液中質子化後的 Clay 可與矽酸鹽層間的陽離子交換，插層在長廊間住行聚合反應並由聚合產生的加量把矽酸鹽的排列打亂並分散至奈米尺寸形成脫層奈米複合材料。纖維級之 claylnylon 已有許多研究機構與產業界進行產品之研究與開發。

五、奈米技術用於導電紡織品

由於科技進步，電子，電器產品的普及使人們無時無都身處於電磁輻射中，雖然現今仍然沒有直接證據支持電子和電器產品所釋放的電磁輻射會危害人體，但其潛在的危害正引起全世界的關注，在電磁輻射無處不在的今天，對個體電磁防護產品有不少市場的需要。

另外在於某些特殊場合，例如充滿易燃氣體的環境必須防止靜電所引起的火花，包括衣服磨擦所產生的靜電，而衣服上的靜電足以引爆周遭的氧氣/易燃氣體混合物[165~168]，所以抗靜電的紡織品就有所需要。

抗靜電、抗電磁輻射，其中一種的辦法就是在紡織纖維加入導電性纖維如不銹鋼纖維，在面料形成網路結構，可以起到優良的電磁遮罩與抗靜電作用，但在一定程度上會影響織物的手感和外觀。另外也有在纖維表面上鍍上導電高分子或有導電性的化合物，也有鍍上碳纖維或碳球[215]。

　　奈米材料特殊的導電、電磁性能，超強的吸收性和寬頻帶性，為導電吸波織物的研究開發創造了新條件。

　　碳奈米管有高導電性[216~221]，將碳奈米管作為複合材料生產的纖維，不僅具有高強、高韌的特點，其優良的導電性還將是抗靜電、抗電磁輻射功能織物的首選材料。但不管是利用碳管還是碳球，石墨等都會使紡織品染成黑色，因此不能染色，影響外觀。另外，可以利用奈米技術開發導電膠和導電塗料，對織物進行表面處理，或在紡絲過程中加入奈米金屬粉體使纖維具有導電性。使用 MgO、ZnO 與 TiO$_2$ 等微米/奈米微粒材料時，導電纖維不帶黑色，可作染色加工，增加服飾創意之設計空間。

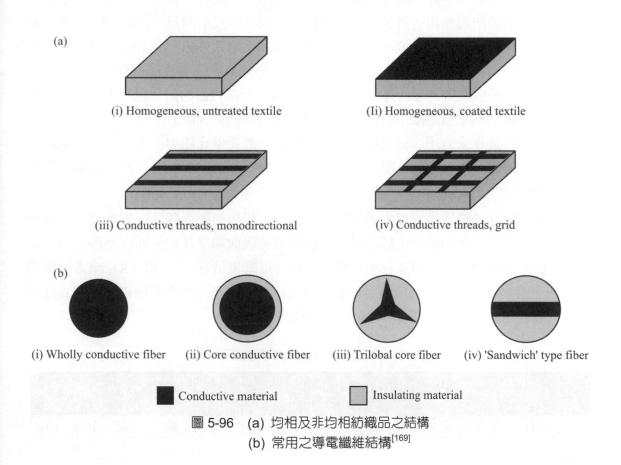

圖 5-96　(a) 均相及非均相紡織品之結構
(b) 常用之導電纖維結構[169]

六、奈米級抗紫外線纖維

眾所周知，地球的臭氧層受破壞使人們所照射到的紫外線的機會大幅增加，而過量的紫外線對人體的健康有害，因此抗紫外線之衣物在未來將有龐大的市場需求。

事實上世界上存在不少能遮罩紫外線的物質，對紡織品進行抗紫外功能加工主要是利用能反射紫外線的紫外線遮罩劑和對紫外線有強烈選擇吸收的紫外線吸收劑，但這些物質大都是有機化合物，長時間照射紫外線會使有機化合物分解，因此現在正發展無毒性，性能穩定，效果持久，對紫外線的遮罩效果也較好的無機材料。

有不少物質如 Al_2O_3，MgO，ZnO，TiO_2，SiO_2，$CaCO_3$，高嶺土，炭黑，金屬等對紫外線有遮蔽防護作用，阻擋紫外光的機構有吸收和反射兩種，ZnO，TiO_2 等金屬氧化物具有高的折射率[222]，在奈米尺寸下會更容易反射紫外線，而 ZnO 也具有一定的紫外線吸收能力。稀土金屬如鈰(Cerium)，銪(Europium)，鋱(Terbium)的離子因為電子軌域的排列而能吸收紫外線而進行 4f-5d transition，而這方面的研究已有不少文獻發表了[223~239]，雖然稀土金屬離子有光催化分解有機物的能力，因此不能直接加進衣服纖維中使用，但近年來有不少研究減低稀土金屬離子的光催化能力。也有研究在鈰的氧化物中加入過渡金屬氧化物，使其同時有紫外線吸引和反射功能。並減低鈰離子的光催化能力[240~242]。

這些物質在紡絲或後處理中處理到織物上後，能有效降低紫外線的透過。當這些材料製成奈米等級的粉體時由於小尺寸效應導致光吸收顯著加強，而這些微小物質的比表面積大，表面能高，與高分子材料共混時可以緊密結合[243]。如 SiO_2 奈米材料與 TiO_2 奈米材料以適當配比而成複合粉體，以此作為添加劑而制得的纖維能得到良好的抗紫外輻射功能。以下是幾種粉體對紫外線透過率的數據[243]：

表 5-14 奈米材料之紫外線透過率[243]

材料 波長	ZnO	TiO₂	瓷土	CaCO₃	滑石粉
313nm	0	0.5	55	80	88
366nm	0	18	59	84	90

　　各種無機氧化物粉體對光線的屏蔽，反射效率是有差別的，例如常用的 TiO_2，ZnO 和 Al_2O_3 在波長為 320～400nm 的範圍內三種物質的紫外線屏蔽能力有所差異，從 PET 薄膜中加入不同氧化物後的紫外線透過率可表現出這一現象[243]：

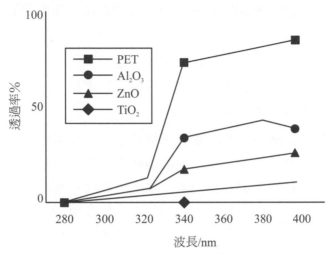

圖 5-97　PET 薄膜中添加無機氧化物後的紫外線透過率曲線[243]

　　對於綿織品等天然纖維，不易用共混等方法直接把抗紫外線奈米材料加到纖維，只能根據這些纖維的特性用表面改質把奈米材料加到纖維，可得到的紡織品對紫外線屏蔽率達 95%以上[243]。

七、具遠紅外吸收/反射功能之奈米纖維

　　太陽光光譜中 500nm 波長附近有一能量峰值，而在 300nm 到 2μm 之間波長範圍內的光能佔了太陽光能的 95%。在吸收紫外線的基礎上將遮罩波長擴展到紅外線區域，則可製得涼爽型紅外線吸收纖維，用來製作夏季服裝、戶外帳篷等，可降低在日光下的使用溫度[197]。

　　從紅外線光譜分析中知道物質的紅外線吸收波長，而 TiO_2、SiO_2、ZnO、ZrO_2 等奈米級粉體，對遠紅外有很強的吸收[244~246]以發射特定波長的紅外線來釋放能源，某些波長的紅外線可以被人體吸收對人體有保暖功能．在軍事上，紅外線吸收材料做成的軍服，可避開紅外線探測儀的偵測，提高士兵在夜間黑暗環境下的防護能力。

八、具抗菌、除臭功能之奈米纖維

自人類發現微生物以來，人類與疾病之間的戰爭從沒停止過，而二十世紀以來各種新生傳染病的出現，包括 AIDS，Ebola，SARS 等都使人類警覺到人類戰勝疾病的時間還要等很久。

各種紡織品的防菌是控制傳染病傳播的關鍵之一，同時，未來人類對紡織產品的要求也越來越嚴格，對由微生物作用所發出的臭味越來越不能接受，而奈米科技對紡織品的抗菌能力有極大的研究空間。

各種金屬，例如銀金屬所釋放的銀離子可有效的防止微生物生長，因此有不少研究使用銀或銀的合金作爲抗菌劑。或用於燒傷病人的傷口復原[247~267]。銀的抗菌機構是活性氧及銀離子慢慢地溶出朝細胞內進行擴散，破壞細胞內蛋白質的構造而引起代謝阻礙。但使用奈米銀金屬作爲抗菌紡織品時要注意在漿紗、染整等加工處理後銀金屬的抗菌效果是否會受到影響，而在加工過程中保留奈米材料的特性也是重要的研究方向。而金屬的抗菌性能排序爲：Ag>Hg>Cu>Cd>Cr>Ni>Pb>Co>Zn>Fe。而 Hg，Cd，Cr，Pb 對人體有毒性，Ni，Co，Cu 離子對物體有染色性，所以能用的金屬抗菌劑只有 Ag 和 Zn 和其化合物。Zn 的氧化物和多種化合物也是常用的抗菌劑，它們本身也是白色系列的染料，因此加工後具有可染性的色澤的穩定性，加上含 Zn 抗菌劑表現出廣泛性，耐熱性，持續性和對人體安全性等性質使它們可以成爲理想的奈米抗菌劑[102]。

表 5-15 金屬氧化物之吸附氧原子光激發初步測試值[290]

metal oxide	$E_{bg}^{\ a}$ (eV)	$\Delta R_{vac}^{\ b}$ (10^{-3})	$\delta R_{vac}^{\ c}$ (10^{-4})	$\delta Ro_2^{\ d}$ (10^{-4})	$(\delta R/\Delta R)_{vac}^{\ e}$	dP/dt (PhA)^f (10^{-5} Pa s^{-1})	dP/dt (PhSPA)^g (10^{-5} Pa s^{-1})	PhSPAh effect
BeO	10.6	15				0	0	no
MgO	8.7	32.6	53	30	0.1626	0	0	no
Al$_2$O$_3$	9.5	4.2	8.0	8.0	0.1905	0	0	no
MgAl$_2$O$_4$	8	12				0	0	no
SiO$_2$	10	0.30	1.0	1.0	0.3333	0	0	no
TiO$_2$	3.2	8.6	−9.0	−23	−0.1047	2.0	2.0	no
GeO$_2$		8.5	2.0	2.0	0.0235	30.	3.0	no
SnO$_2$	3.8	10.2	−5.0	2.0	−0.0490	101	92	no
ZnO	3.2	4.4	−8.0	−19	−0.1818	120	37	negative
Sc$_2$O$_3$	6.0	40.2	88	88	0.2189	0	0	no

metal oxide	E_{bg}[a] (eV)	ΔR_{vac}[b] (10^{-3})	δR_{vac}[c] (10^{-4})	δRo_2[d] (10^{-4})	$(\delta R/\Delta R)_{vac}$[e]	dP/dt (PhA)[f] (10^{-5} Pa s^{-1})	dP/dt (PhSPA)[g] (10^{-5} Pa s^{-1})	PhSPA[h] effect
Y_2O_3	6.2	24.2	34	22	0.1405	8.0	8.0	no
La_2O_3	5.4	9.8	45	34	0.4546	81	155	yes
Sm_2O_3	5	15.2	40	41	0.2631	90	150	yes
Gd_2O_3	5.3	18	25		0.1389	3.0	62	yes
Dy_2O_3	5	90				84	81	no
Yb_2O_3	5.2	36	80	75	0.2222	2.8	30	yes
ZrO_2	5.0	68.9	106	149	0.1539	12	320	yes
$Y*ZrO_2(5.5\%)$		71	50	60	0.0704	2.0	138	yes
$Y*ZrO_2(8\%)$		37	80	90	0.2162	1.0	93	yes
$Y*ZrO_2(15\%)$		30	110	120	0.3667	1.0	49	yes
HfO_2	5.5	58.1	173	174	0.2978	8.0	83	yes

[a] Band-gap energy of the insulator or serniconductor specimen. [b] Extent of coloration of the specimen in vacuo.
[c] extent of photobleaching of a colored specimen in vacuo. [d] Extent of photobleaching in the presence of oxygen.
[e] Fraction of photobleached color centers after 200 s of visible irradiation. [f] Rate of photoadsorption of oxygen.
[g] Rate of photosimulated post-adsorption of oxygen. [h] Presence or absence of a photosimulated post-adsorption effect in the case of oxygen.

　　除了金屬以外，近年來光觸媒用於殺菌的研究也受到注目，TiO_2 和 ZnO 是很多人熟悉的光觸媒，它們可以把病原體和它們的殘骸一併清除，並也將微生物所分泌的毒素一併清理掉，因此也有不少研究者把光觸媒用於抗菌或殺菌用途[268～286]。但對於 TiO_2 等光觸媒，其操作環境是在紫外線波長，而一般陽光紫外線波段只佔小部份，而且紫外線本身已具有殺菌能力，因此使用紫外線激發光觸媒反應以達到殺菌效果並沒有實質意義，因此以光觸媒作為殺菌用途的研究即偏向可見光波段[287～289]。例如在 TiO_2 中加入氮使其工作波段移向藍光(可見光部份)[289]，事實上除了 TiO_2 和 ZnO 以外，也有不少金屬氧化物有光觸媒的效果。

　　而未來光觸媒抗菌紡織品的研究將不再局限在 TiO_2 和 ZnO 這兩種氧化物。

　　在除臭方面，除了直接殺滅微生物以外，也能利用吸附，氧化分解等方法處理各種臭味來源，而比表面非常大的奈米材料在這方面就有非常大的優勢。

　　聲稱使用奈米技術作為防菌紡織或纖維材料已經有不少產品上市[291]，例如中國大陸某家公司生產了奈米牙刷，聲稱使用單分散奈米殺菌因子能在細菌周圍產生活性氧把細菌殺死，能防止各種口腔疾病的發生；奈米防菌材料也用於毛巾，襪子和利用光觸媒的冷空氣濾網。

　　奈米化的產品具有極大的比表面積，奈米等級的抗菌劑將可預期其有極大的效率。利用奈米抗菌紡織品可作為醫護人員的防護衣以取代現在所使用又熱又重的塑膠防護衣，而在醫院裡的各種布料如棉被，病人穿著等使用有效的抗菌紡織品將可大幅減少各種疫情蔓延的可能性。而奈米抗菌紡織品用於民生用品上，所製造的內衣褲，鞋襪等，可大大減少人民接觸有害微生物的機會，也可減少人民洗滌衣物的次數。2003年在東亞地區和加拿大多倫多發生的 SARS 疫情更使奈米口罩等各種奈米抗菌紡織品熱賣。

九、特殊介面性能的奈米紡織品

　　相信蓮花對大家來說並不陌生，而蓮花葉面的自清潔(self-cleaning)功能在最近才被了解，由於蓮葉具有疏水、不吸水的表面，落在葉面上的雨水會因表面張力的作用形成水珠，只要葉面稍微傾斜，水珠就會滾離葉面，滾動的水珠會順便把一些灰塵污泥的顆粒一起帶走，達到自我潔淨的效果[292]。

　　這種"出污泥而不染"的技術用於紡織品上即可做出易於清潔的成衣，棉被等各種紡織產品。由於具有蓮葉效應的產品極容易清潔，因此可節省不少洗滌的用水和時間。

　　聲稱具有自清潔效果的已經有不少商品上市，例如中國大陸一家領帶公司生產了具有自清潔效果的奈米領帶 [292]。

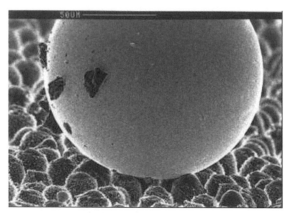

圖 5-98　在電子顯微鏡下觀察水珠與葉面接觸的狀況[292]

　　不同物體的表面具有不同的表面性能，而對織物表面性能進行改造滿足人們不同的需要一直是功能性紡織品開發的重要內容。將導電、導磁性奈米材料複合到紡織品表面上，可得到優異的電磁遮罩性和隱形效果。而這些技術也成功與否與紡織品表面性質有密切關係。

十、奈米直徑纖維

　　如果紡織品所用的纖維非常細，甚至細小到奈米等級，其所做成的布料具有非常細小的孔洞，因此具有特殊的隔水性和透氣性。用這種布料所做成的雨衣可有效的阻擋雨水沾濕身體而又可以保持透氣性，使用者穿著時不會感覺到穿著傳統雨衣那種悶熱難受。而小孔洞所牢籠的空氣使這種紡織品具有特別優秀的保溫能力，使用者在冬天不用穿著又厚又重的棉襖即可達到相同的保溫效果。

　　但一般的紡紗機械很難做到超細小的纖維，因為當紡紗的噴口太小時，所噴出的高分子並不連續，而是一滴一滴的滴出來，沒法達到紡出極細纖維的效果，因此有不少研究做出超細纖維的技術，其中一種就是 "海島(Sea and Island)技術" [293]，所謂 "海島" 技術就是使用兩種互不相溶的高分子互混，在噴嘴噴出高分子纖維時，兩種高分子相分離，而在一維方向的高分子是連續的，但在二維方向是分離的，情況就好像在一個海中有不少小島，在紡紗完成後再以一種可溶解包圍在外的高分子而不能溶解另一種高分子的溶劑把 "海" 部份的高分子溶解，即剩下非常細小的纖維。

　　人們對奈米材料的重視使各種不同功能紡織品的研究不斷的開發，生產各種紡織品用於不同的用途。奈米科技是未來改變人類生活方式的重要技術之一，而對人類關係密切的紡織品當然不會缺少這種技術。

▶ 5-16　奈米生醫藥物

　　由於生命系統乃是由奈米尺度下的行為所控制，生物分子基本構成單元，如：蛋白質、核酸、脂質、醣類、及其非生物仿生體等，其獨特的特性皆來自於本身特有的奈米構造，因此奈米科技的發展，可大幅提升醫療能，從心律調節器、人造心臟瓣膜、探針、生化感測器(biosensor)、各種導管、助聽器、大腦內視鏡、奈米內服藥物(nanomedicine)等等，皆是造成革命性醫療的新方法。

一、奈米機器人[295]

機器人可廣泛應用在各種領域：奈米機器人由 3 種構成要素所形成，分別為：能感應壓力的微感應器、驅動裝置(馬達等)的微致動器、控制這些裝置的微處理器。利用奈米技術可將機器縮小化，此微化技術可應用在多種領域，例如利用虛擬實境的遠距醫療系統，醫生可藉由頭戴式顯示器(HMD)在虛擬空間進行手術，在遠方則由機器人重現醫生的動作以治療患者。

Robosem 是歐盟奈米科技推動計劃中有關奈米操縱機器(nano-handling machinery)的重點計劃之一，共有德、瑞、西、法、奧、芬蘭、波蘭等 7 國的奈米科技業界與學術界共同合作參與，2002 年 4 月計劃開始，預計 3 年內即 2005 年將完成全球首創的智慧微型奈米機器人(nanorobot)，能在電子掃瞄顯微鏡的真空環境下加入奈米微組裝(the assembly or microsystems)、檢測奈米材及細胞操縱工具(tools for cell handling)的行列。

下述奈米機器人的構想：

1. **化學模擬**：

     利用類似酶分子的活性中心 "模擬酶" ，因為酶分子都是一個活生生的奈米機器人，但還在模擬階段。

2. **利用分子的自組合原理裝配機器人**：

     利用分子的自組合特性配置奈米機器人的某些功能，例如有些生物膜可以包載藥物，在利用只有特定細菌才能溶解此生物膜的方法，製造一個宛如生物導彈的奈米機器人。

3. **利用生物分子作為分子功能器件組裝奈米機器人**：

     ATP 酶是目前奈米機器人的熱門人選。原則上所有的生物分子都是奈米機器人或組成奈米機器人的零件，生物分子的自組合性質就是零件組裝的原理依據。

4. 引發狂牛症(bovine spongiform encephalopathy，BSE)的變性蛋白質 prion，也許可以在奈米機器上發揮好的用途。正式名稱為 proteinaceous infection particle 的 prion，不但能引發人人聞之色變的狂牛症，也被認為是人腦病變中的庫賈氏症 (Creutzfeldt-Jacob disease，CJD)的原兇。波士頓 Whitehead 研究所的 Susan Lindquist 指出，發現於酵母中的一種 prion 卻會自行組成韌性極強的長絲，若在其外表鍍上金或銀，便形成比人髮還細的電線。研究人員說，該材料只要稍加改良，便可應用在微小的裝置中，例如做為微電腦的線路或感測器，而製作難度會比採用其他奈米纖維如碳奈米管等要低一些。

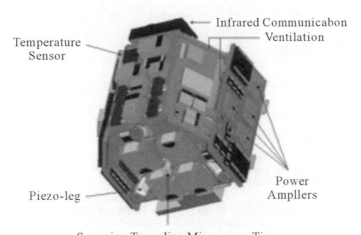

Temperature
Sensor

Infrared Communicabon
Ventilation

Power
Ampllers

Piezo-leg

Scanning Tunneling Microscope Tip

圖 5-99　MIT 研究員製造奈米組裝機器人[296] (另有彩頁)

二、奈米/分子馬達[297，298]

　　科學家藉由重新設計自然界的一種分子機械，製造出世界上最小的可開關式馬達。該機器可以像口袋風扇般發動及停止，不過它的大小只有 14 奈米寬。對化學家而言，與其自行設計分子馬達很難，還不如師法大自然的現成作品。

1.　在腺嘌呤核甘三磷酸 Adenosine Triphosphate(ATP) ATP 合成酵素(ATP synthase)的蛋白質中加上一小群化學物質，這些物質會由溶液中捕捉鋅離子，蛋白質的形狀因而改變並停止轉動。至於如何「啓動」，則靠另一種更親鋅的小分子奪取 ATP 合成酵素上的鋅離子，使其重新轉動。這項發明使利用單一分子製作機械裝置的可能性又向前跨了一步，這類機器除了可能成爲電子線路的一部份，未來也可能對細胞施行精細的手術或用來收集太陽光的能源。

2.　DNA 除了是建構生命的藍圖之外，在奈米科技的領域裡，DNA 也是個多用途的材料之一。DNA 由 A、C、G、T 四個鹼基組成，其中 C 只和 G 配對，而 A 只和 T 配對。奈米科學家們利用這個特性，設計出特殊的 DNA 序列，用來製成新奇的特定結構。貝爾實驗室及牛津大學的科學家們曾於 2000 年合成一小段 DNA 做爲分子鑷子(molecular tweezers)；透過再加入的一股 DNA，可以控制這個 DNA 鑷子的開合。現在他們更設計了 DNA loop，可以做爲 DNA 分子馬達的動力來源。DNA 環的反應相當的慢，當特別設計的 DNA 序列加入後，會打開這個 DNA 環而催化反應的進行。打開後的 DNA 環會彼此結合,產生轉動馬達的能量,馬達自由轉動時會慢慢消耗 DNA 能源,直到耗盡 DNA 的能量為止。

三、奈米材料遙控細菌

將奈米大小的金微粒附著在酵素上,作為從射頻電磁波接收能量的天線,當電磁場開啟時,金粒子接收的能量會切斷酵素使其失去作用,當電磁場關閉時,酵素會重新組合恢復功能,而達到指揮細菌的目的。

四、生體分子分離用微晶片

日本 NEC 公司已開發成功奈米微細加工之 DNA 等生體分子分離用微晶片,用來分離不同大小分子,具有與現用的液體色層分析儀(Liquid Chromatography,LC)系 Column 或 Gel 相似的功能,但不必更換分離所必須使用的填充材,可提高效率[299]。

NEC 開發的是二種微晶片,一種利用半導體製造的奈米微細加工技術,在矽晶片上製成 100 nm 級的凸起成為 Nano Pillar 型晶片。讓試液從單向流過此晶片間隙間的凸起時,較大的分子會被阻止或卡住,較小的分子可以通過,而達到分離大小分子的結果。因此只要設計矽晶片上的凸起構造,即可進行各種不同大小分子的分離。另一種利用陽極氧化加工技術在鋁材上形成 5nm 的小孔,為 Nanohole 型晶片,當試液通過時,小的分子會進到小孔中,留下大分子而完成分離[300]。

五、奈米天平[301]

利用碳奈米管可進一步製造奈米天平,此種奈米天平可秤出一個石墨粒子的重量,未來可能稱出病毒的重量。奈米天平是奈米探針在顯微技術應用上的一大進展,未來對於以探討的分子層級的生物醫學將有相當大的助力。

六、裹上細菌蛋白的奈米微粒具有生物反應性[302,303]

奈米微粒通常有凝聚的傾向,以穩定物(stabilizer)包覆它們雖能防止凝聚,但會降低粒子對外界刺激的反應。有鑑於此,日本科學家將硫化鎘(CdS)奈米粒子放入伴隨蛋白質(protein chaperonin)內,製造出具有生物反應性的複合物。

由東京大學、產業技術總合研究所及東京農工大學合組的研究小組採用大腸桿菌(E. coli)的伴隨蛋白質 GroEL 和來自 Thermus thermophilus 的 T.th cpn 蛋白質。GroEL 高 14.6 nm,壁厚 4.6 nm,中間有一直徑 4.6 nm 的圓柱狀空腔,而 T.th cpn 也具有類似的空腔和厚壁。通常伴隨蛋白會將去活性的蛋白質包裹在中央的空腔內，幫助其重新摺疊，而腺嘌呤核甘三磷酸(adenosine triphosphate，ATP)的出現會使伴隨蛋白改變形狀，釋放出重新摺疊後的蛋白質。

　　研究人員利用這些空腔來包裹直徑 2-4 nm 的硫化鎘分子，由穿透式電子顯微鏡的觀察顯示，確實有 75%的 T.th cpn 分子的空腔處容納了一個硫化鎘奈米微粒。這類伴隨蛋白和奈米粒子的複合物，在 80℃ 以內都能保持穩定，經得起電解質，並且可以維持在電解質溶液之中。要釋出奈米微粒時，研究人員在有鎂或鉀離子存在的情況下加入 ATP 分子，使其與伴隨蛋白結合，後者因而變形並釋放出奈米粒子。

　　研究人員認為伴隨蛋白與硫化鎘奈米微粒複合物，可以利用來偵測 ATP 這種生物體內能量的重要來源；此外，將伴隨蛋白連接成長鏈，可以製造出對 ATP 有反應的奈米線。如果能將奈米粒子置換成藥物時，伴隨蛋白便可用來協助投藥。研究人員目前正嘗試以化學方法改造伴隨蛋白和奈米微粒複合物，以增加新的功能。

七、利用奈米纖維攜帶基因進入細胞

　　利用化學氣相沉積法在矽晶元上垂直生長出長 6-10 微米的碳奈米纖維；這些纖維底部寬約 1 微米、頂端縮至 20-50 奈米，間隔約 5 微米。然後將帶有強化綠色螢光(enhanced green fluorescent)蛋白質基因的質體 DNA，沾到奈米纖維陣列晶片上，或將奈米纖維曝露於氧化血漿(oxygen plasma)中，製造出羧酸基(carboxylic acid groups)，以便用來與 DNA 鍵結。接下來，將複製的中國倉鼠(Chinese hamster)卵巢細胞株以離心法分佈到晶片上，過程中有些細胞會被釘在奈米纖維上。有時候研究人員也施壓於晶片上，以協助奈米纖維刺入細胞內。最後研究人員將晶片放入培養皿中加以培養，並追蹤細胞內綠螢光蛋白的產量，做為基因物質是否被細胞吸收的指標。

　　而基因表現(gene expression)顯然可以在質體 DNA 與奈米纖維結合的界面上發生。碳奈米纖維將質體的 DNA 植入並且使其在細胞內表現，更因奈米纖維支架的固定作用提供了高層次的控制，因此成為一種新的基因操控改造方式，未來可能成為實驗室常用的有效的物質傳輸工具，用來示範細胞的基因調控或研究藥物對於細胞成長的影響。

八、導體奈米粒子在生化上的結合與應用[304]

　　螢光標記在生物技術中佔有不可忽視的地位。我們可採用螢光標記改善一般同位素偵測半生期短以及有損人體健康的缺點。而一般的染料分子的靈敏度較低，因為他們的雷射光譜譜寬狹窄，容易產生干擾，對於定量較困難。理想的探測器其發光光譜應該具有狹窄對稱的特性，且能以單一波長光源激發。半導體奈米晶體因為量子限量化效應，使其在小於波耳半徑(1 到 5nm)時隨粒徑減小，吸收及放光波峰會有藍位移的現象。因此我們可藉由改變奈米晶體的種類及粒徑，使其產生範圍從 400 nm 到 2 μm 的發光光譜，由於其可見光區的半高頻寬約介於 20 到 30 nm，並且有相當大的莫耳吸光係數。所以如果我們將單一波長的光同時照射在不同粒徑的奈米晶體上，可一次得到許多不同波長的發射光。如前所述，金屬及磁性奈米晶體表面接上適當的有機衍生物修飾後，在生物技術上亦有很大的應用性。由於發光效率及光化學穩定性可能因為其表面積太大而降低，藉著材料科學、電子學、能階工程學等學科的發展提高了室溫下核殼(Core-shell)奈米晶體的產率，並且大幅提昇了光化學穩定性。將奈米晶體包覆在另一層寬能帶的奈米晶體內，會限制核的激發途徑，減少非輻射性的能量遲緩，並提高光化學穩定性。在以往文獻中所記載的半導體奈米晶體合成及殼層成長技術已經非常成熟，不但能合成大小相當近似且產率相當高的成品，可惜因為表面活性劑只能溶在非極性溶劑中，而不是生物體常見的極性水相系統，因此改變奈米晶體的溶解性才有將其利用在生物技術上的可能。相信隨著技術的進步，將來可得到更高產率及更佳發光性質的奈米晶體。半導體奈米晶體作為生物螢光探測器目前仍處於初步的研究階段，以下介紹由 A. Paul Alivisatos、Shuming Nie 等人在 1998 年所做的相關研究。

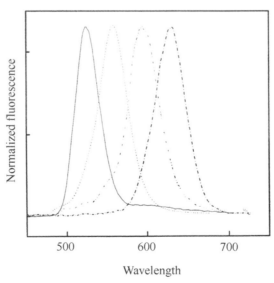

圖 5-100　不同大小的硒化鎘奈米晶體放光光譜圖

(a) 530 nm (b) 562 nm (c) 594 nm (d) 632 nm [304]

　　加州大學 Alivisatos 教授的研究小組利用類似以往覆蓋金及硫化鎘奈米晶體的方法，在核殼奈米晶體外再接上一層二氧化矽，使其溶於水中。此做法的的優點有：即使硫基流失，多層的聚矽鏈仍能確保奈米晶體的水溶性。因為矽表面的反應化學目前已有深入完整的研究，只需接上不同的官能基即能改變奈米晶體和生物樣本的作用力。使製備出的核殼奈米晶體在水中或緩衝溶液中能穩定存在，並且仍能維持優異的量子產率(quantum yield)。為了建立奈米晶體在生物標記上的基準，Alivisatos 研究小組使用了兩種包覆二氧化矽不同粒徑的 CdSe-CdS core-shell 奈米晶體來標記 3T3 老鼠的纖維組織細胞，發現較小與較大的奈米晶體間其放光波長的差異為 550 到 630 nm，由綠光位移到紅光，奈米晶體的表面藉著靜電力、氫鍵、或是特殊的配位基(ligand)與接受體(receptor)間的作用力影響產生的光位移現象，例如 Avidin-biotin 間的作用力，Alivisatos 以紅色的奈米晶體標記 F-actin，並將奈米晶體表面接上共價 biotin 分子，以共軛焦雷射掃描螢光顯微鏡得到如圖 5-101[304]的影像。以往傳統多色染料，通常使用汞燈為光源附加多組濾鏡的裝置觀測；現今 Alivisatos 以紅色、綠色半導體奈米晶體標記，即可清楚方便的使用肉眼辨識或直接影像擷取。當標記物不具有特殊的辨識性時，可以觀察到在核膜上因為分布有紅色及綠色的標記物而呈黃色，單纖維組織則因特殊的選擇性而呈紅色，缺乏 phalloidin-biotin 的環境中單纖維組織呈色微弱或幾乎無色，我們可由圖 5-101[304]中清楚的看到選擇性的呈色：核為綠色，纖維組織則為紅色。相較於傳統染料分子不穩定，Alivisatos 證明經由多次重複的掃描奈米晶體仍可維持良好的穩定性，如圖 5-102[304]。

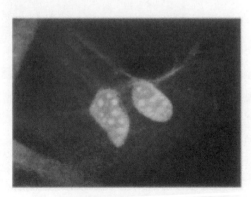

圖 5-101　共軛焦雷射顯微鏡影像(40x oil 1.3)。老鼠 3T3 纖維細胞以 363-nm 雷射激發，影像寬度 84 微米[304]

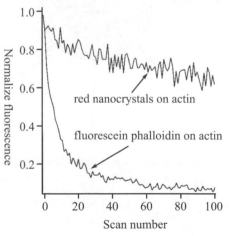

圖 5-102　Fluorescein 與奈米粒子標記的 phallodin actin 光 穩 定 性 比 較 圖 ， 其 中 Fluorescein 及 奈 米 晶 體 分 別 以 488nm、363nm 共軛焦雷射激發[304]

　　在另外一方面，Shuming Nie 以 mercaptoacetic acid 此官能基來解決溶解度與蛋白質共價鍵結的問題。藉著 CdSe/ZnS 外層的鋅與 mercapto group 的鍵結，使具極性的酸基包覆在最外層，改變奈米晶體的水溶性，利用 carboxyl group 與不同的生物分子(例如：蛋白質胺基酸及核酸)與奈米晶體鍵結。不但如此，mercaptoacetic acid 還可以減低外層蛋白質對量子點之吸收干擾。由電子顯微鏡照片，可以看到這些修飾的步驟並不會使得量子點產生聚集的情形圖 5-103[304]。這個結果支持使用單一奈米晶體尺度，應用在敏感光學測量的可能性。由圖 5-104[304]我們可以清楚地看到將奈米晶體溶於水或接上生物分子以後，其放光波長及效率仍然沒有改變。雖然所接蛋白質數目與 mercaptoacetic acid 仍未被實驗證明，但考慮立體障礙因素，5nm 的量子點僅能接上 2-5 個 100-kD 的蛋白質分子，與相同大小的金量子點接上的蛋白質數目大概相同。

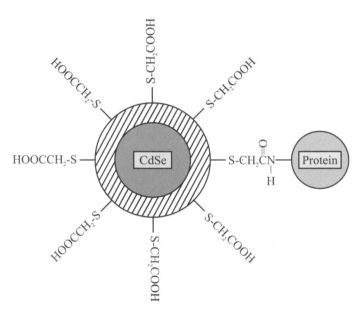

(a)以 mercaptoacetic acid 修飾 CdSe/ZnS 鍵結蛋白質分子圖示　　(b)TEM 影像：transferring-奈米晶體

圖 5-103 [304]

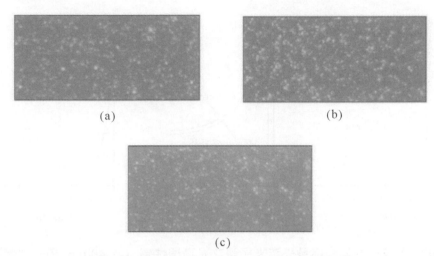

圖 5-104　(a) 原未修飾之奈米晶體　(b) mercapto-奈米晶體　(c) IgG-奈米晶體。
塗佈於 poly-lysine-coated 玻片及時擷取影像[304]

　　一般來說，量測巨觀塊材時其放光波型為單一寬廣的波峰，然而單顆奈米晶體的放光訊號卻像彩虹般如圖 5-104 為不連續的的放光，可推知奈米晶體的粒徑差距大約相差5%。單一的螢光劑分子與單一的奈米晶體皆會產生不連續間歇的放光行為，這種閃爍的光源卻會使敏感偵測上的波段產生干擾，但這些問題可藉由減低激發光源強度或是包覆上硫化鋅來獲得改善。Shuming Nie 進一步地比較傳統有機染料與奈米晶體的光物理性質可發現：頻寬相依光譜或是時間相依的 photobleaching data 都顯示奈米晶體與其塊材性質並無不同。奈米晶體的放光穩定性較 R6G 高 100 倍。(不考慮其量子產率的差異)。若以波長相符的螢光膠體球為基準，硒化鎘奈米晶體的螢光強度約為 rhodamine 分子的20 倍，如圖 5-105[304]。這些結果顯示，利用奈米晶體的穩定性，我們可以做廣泛地應用。然而，使用奈米晶體作為標記物時，此探測器是否會影響生物分子的活性及辨識標地物的特性。因此 Shuming Nie 將運鐵蛋白標記上奈米晶體，實驗發現若細胞在缺乏運鐵蛋白的情況下，細胞中亦沒有任何奈米晶體存在，因此只有細胞本身微弱的自發光影像；當運鐵蛋白存在時，發光量子點被運輸到細胞內，且吸附上奈米晶體的運鐵蛋白分子不僅仍舊具有生化活性、且能通過細胞表面上的辨識，藉此也能證明奈米尺度大小的量子點並不會干擾分子間的辨識，及奈米晶體能與活細胞相容。Shuming Nie 也試驗了奈米晶體在高敏感度免疫分析上的適合度。圖 5-106 為奈米晶體與免疫蛋白 G(IgG)在溶液中和特定的抗體(BSA)結合的螢光影像。抗體辨識出免疫蛋白上片段後奈米晶體亦大量聚集。此實驗顯示吸附的免疫分子可以辨識出特定的抗體與抗原而產生奈米晶體聚集的行為。此原理與廣泛用在醫學上膠體球免疫聚集分析的原理相近。

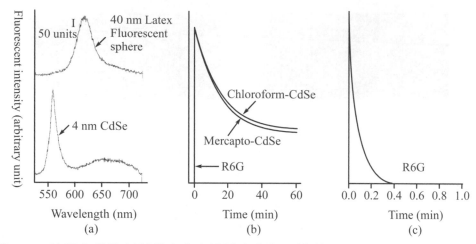

圖 5-105 比較有機染料與發光奈米晶體之光物理性質　(a)　40-nm　螢光膠體球與
mercapto-奈米晶體　(b) mercapto-奈米晶體、未修飾奈米晶體、與 R6G 之
頻寬及時間對光穩定性關係圖　(c) R6G 放大圖[304]

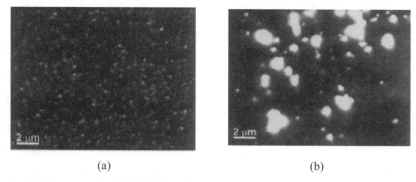

圖 5-106　(a)　溶於 BSA 奈米晶體螢光影像　(b)　修飾 IgG 奈米晶體產生聚集之螢光影像[304]

合成特定生物官能化的奈米晶體是目前應用於奈米材料的研究方向，在生化偵測
系統中，應用螢光標記在半導體上早已成為發展趨勢。光化學方面，奈米晶體放光更
強，因此過濾探針其他雜訊的過程已經不那麼重要了。此外，奈米晶體螢光放光的波
寬是相當地狹窄的，通常小於 10 個奈米的範圍，由於這些獨特的特徵再結合高強度的
放光使得螢光奈米粒子被選用於生物科技的螢光分析中。現今，利用半導體奈米晶體
和生物分子共價鍵結的技術已經可以達到單顆範圍的高靈敏偵測實驗上，相信改良光
的穩定性，未來還可以用來觀測即時的配位基與接受體間的反應及分子在細胞中的行
為。目前，有機染料同步觀測技術只能偵測到最多 25 個 DNA 序列。若技術更加成熟
則能應用到更複雜的觀測系統，或是免疫學、核酸雜交反應上、細胞分裂素或濾過性
病毒等單一個原生生化分子物標定。光學上的可調性質也讓奈米晶體可作為直接探測

器。將發射遠紅光及紅外光能階的奈米晶體(InP 及 InAs)當作可調式的紅外光染料亦是將來的另一個可行性。

九、奈米醫生[305]

　　全球醫學界，正全力打造一位「奈米醫生」，在人體器官的組織工程上，擔任要角。以人工關節為例子，用久了，金屬和肌肉接觸的地方容易發炎！一旦發炎，必須重新再來。但如果導入奈米技術，在人工關節的金屬上，塗上一層奈米顆粒的保護膜，不但比較牢固，也可以降低組織發炎的機率，延長人工關節的使用壽命。工研院生醫中心組長郭兆塋說：「兩個玻璃表面，碰在一起分不開，兩塊木板在一起，一下子就掉下來，因為玻璃表面沒有顆粒，兩片在一起真正接觸很牢，木板的話，兩塊木板則空洞很大，一下子就分離了。」工研院生醫中心研究員吳育民也引述學術報告指出，碳奈米管不會和沾粘人體、沒有生物毒性、不會毒害生物組織，韌性很強，可以研究用在組織工程上。「導管很長，可以彎折，神經受損再生，需要導管，就可以利用碳奈米管，想把神經導到什麼地方去，就用導管導過去，導管本身是一根一根的，可以做成立體的，成為骨架一樣，而且強度又好，可以在細縫中，培養軟骨這些組織。」許許多多的醫學構想正被實現中。

十、奈米磁性標籤[306]

　　磁性顆粒的作用像標籤一樣固定在抗體上，然後加入待測樣本中。為了檢測加入的抗體是否與標的產生結合，研究人員便施予強力磁場(造成顆粒暫時磁化)，然後將樣本置於可以偵測微弱磁場的精密儀器中。帶磁性顆粒的抗體要是沒有與樣本產生結合，會在溶液中快速旋轉，因而無法產生磁性訊號。與樣本結合的抗體則不能夠旋轉，它們的磁性標籤也就協同一致地發出可以偵測到的磁場。

圖 5-107　磁性奈米粒子的抗體與標的物結合[306]

　　由於沒有與樣本結合的抗體探針不會產生訊號，因此這種做法就不需要經過耗時的清洗步驟，該項試驗技術的靈敏度已經要比標準檢測法好上很多，再加上預期中檢測儀器的改進，很快就可能增加數百倍的靈敏度。

許多偵測是否有某分子或病原菌存在的檢驗法，都是利用抗體與標的物結合的方式達成。帶了磁性奈米粒子的抗體與標的物結合之後(圖 5-107)，經短暫曝露於磁場之下，將造成這些探針集體放出強烈的磁性訊號。至於沒有與標的物結合的抗體，則會朝不同的方向打轉，而不會產生訊號。因此無需經過清洗的步驟將未結合的抗體除去，就可直接讀出結果。

十一、聰明的奈米懸臂樑[306]

利用類似原子力顯微鏡當中的奈米懸臂樑，可用來篩選生物樣本中是否存在某特定的基因序列。每個懸臂樑表面接上可與一特定標的序列相接的 DNA 分子，然後加入生物樣本。如果有配對產生，將形成表面壓力，造成該懸臂樑彎曲幾個奈米；雖然彎曲的幅度不大，但足以顯示樣本中具有特定的標的分子。

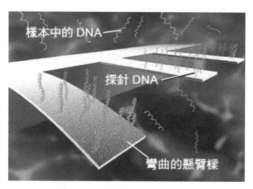

圖 5-108 [306] (另有彩頁)

十二、奈米陶瓷資訊通信應用[307]

美國科學家以一股 DNA 片段做為支架(scaffold)，使其他 DNA 片段在其周圍自組裝(self-assembly)，創造出一種含有數位資訊的條碼晶格(bar-code lattices)。這種技術可望應用在分子電子元件以及 DNA 電腦的製造上。美國杜克(Duke)大學的 John Reif 表示，這項工作是第一次成採用「由下往上」(bottom-up)的方法將成分子級的材料排成圖案，而由於條碼圖案取決於中央做為支架的 DNA 片段，因此具有可程序控制(programmable)的特性。

該研究小組重組了 DNA 片段，使其具有位元字串 01101 的編碼資訊，其他的 DNA 便會依照需求與支架 DNA 結合在一起。科學家利用原子力顯微鏡檢測 DNA 片段構成的圖案，如果 DNA 晶格呈現突起的髮夾環，則其值代表 1，若無突起環，則代表 0。為了展示這種可程序控制的技術，他們修改了支架 DNA 的片段，其中一個例子對應的條碼為 10010，正好是 01101 的相反。

　　這個技術可以應用在建構較精細和特定用途的分子電子或機械元件上，也可用在 DNA 電腦上。目前該小組正計劃建構複雜的二維 DNA 晶格。Reif 指出，若能利用這些 DNA 晶格做為模板，在其上建立分子等級的電子電路，大小將會遠小於目前一般的電子電路。

十三、奈米陶瓷在醫療之應用[306～311]

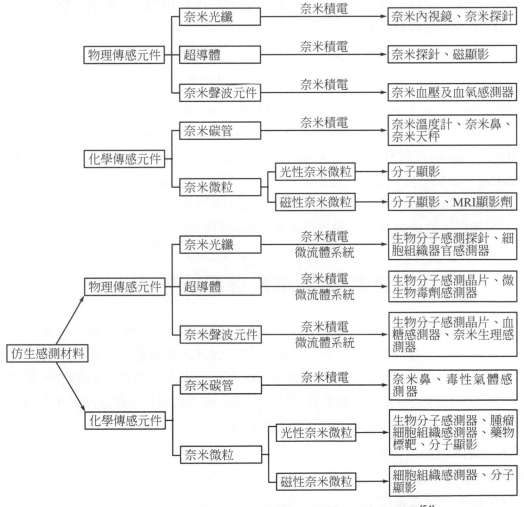

圖 5-109　奈米感測器於生物醫學應用之產品技術關聯圖[54]

1. 印度科學家利用微生物(micro-organism)，透過生物合成的方式來製造金奈米微粒(gold nanoparticles)。利用微生物來合成奈米微粒，可避免過程中遭到有毒化學物質的污染，目前科學家已經使用過細菌、黴菌及苜蓿植物等為生物來進行這項工作。最近由印度國家化學實驗室(National Chemical Laboratory)及軍事醫學院(Armed Forces Medical College)的科學家所進行的一項研究，則是首度採用了抗鹼性的放射菌類(actinomycete)中的紅球菌(Rhodococcus sp.)，在其細胞內培養奈米粒子。

   紅球菌原是一種生長在無花果樹上的微生物，將其置於氯化金($AuCl_4$)的水溶液中，會將氯化金還原，而在紅球菌的細胞壁及細胞膜上形成直徑 9～12nm 的金奈米粒子。在形成金奈米粒子後，細胞仍能繼續分裂、複製，而且比起先前採用黴菌的方法，這種方式法產生的奈米粒子之大小比較均勻，這點對生物診斷及醫療藥物傳送的應用相當重要。

   目前該研究團隊正在計畫研究各種基因改良的方式，以促使放射菌種製造更多催化金粒子形成的酵素，以便能夠大規模地產生金粒子。

2. 由微機電(microelectromechanical，MEM)系統組成的電極陣列成為盲人恢復視力的新希望。一些眼疾如視網膜色素病變(retinitis pigmentosa)及黃斑部退化(macular degeneration)只影響病人眼球中負責偵測光線的柱狀及錐狀細胞(rod and cone cells)，並未損及大部份的視神經末稍。一個由美國國家實驗室、大學及民間企業組成的研究小組，發展出這個含有 1000 個電極的陣列。這個裝置一旦植入視網膜中，便能以電流刺激病人視神經末稍受損的視網膜。

▶ 5-17　奈米藥物載體(奈米導彈)[312～314]

以往的藥物療法，投遞的藥物會均勻的分布在人體內，不僅會殺死有害的細菌以及病毒組織，卻也會對健康的組織造成副作用，因此，要是能利用投藥標誌技術，將藥物選擇性的運輸到病變的部位，不但可以使用目前因副作用嚴重而被禁用藥物能被安全的使用，同時也可以使目前效果不佳的藥品，其效果更好。而這種使用奈米科技，精確的在病變組織投藥的技術，又稱為奈米導彈。

控釋藥(CRDDS)是控制釋放給藥系統(Controlled release drug delivery system，CRDDS)的簡稱。CRDDS 是通過物理、化學等方法改變製劑結構，使藥物在預定時間內，自動按某一速度從劑型中恆速釋放於作用器官或特定靶組織，並使藥物濃度較長時間維持在有效濃度內的一類製劑。CRDDS 的一個重要方向是將藥物粉末或溶液包埋在直徑爲奈米級的微粒(Microparticles)中。以奈米粒(nanoparticles，NP)作爲藥物載體，將會大大提高療效、減少副作用。作爲藥物載體的奈米粒也稱毫微粒，即奈米球(nanospheres)與奈米膠囊(nanocapsules)的統稱。奈米粒表面的親水性與親脂性將影響到奈米粒與調理蛋白吸附結合力的大小，從而影響到吞噬細胞對其吞噬的快慢。一般而言，奈米粒的表面親脂性越大，則其對調理蛋白的結合力越強。故要延長奈米粒在體內的迴圈時間，需增加其表面的親水性，這是對奈米粒進行表面修飾時選擇材料的一個必要條件。

奈米粒的表面電荷影響到奈米粒與體內物質如調理素等的靜電作用力。負電荷表面往往使奈米粒相對於正電荷或中性表面在體內更易被清除，而中性的表面最適合用於延長奈米粒在體內的迴圈時間。故在對奈米粒進行表面修飾時，一般選用非離子性的表面活性劑。

奈米粒的粒徑是決定藥物載體輸送系統亞微粒體內過程的重要因素之一。若是使用一般尺寸的材料，很容易被免疫系統認爲是體內的異物，產生排斥現象或是引起病變，但如果將奈米材料引入，使藥物尺寸介於 4nm～400nm 之間，便可以使物質在血液中穩定的到達所要的部位，不過要是小於 4nm，藥物會被腎臟過濾，成爲尿液而被身體排出。而在構建體內長迴圈奈米粒時較好的粒徑範圍是 1～200nm。對奈米粒包衣，可改變其表面性質，如：電荷、親水性等。以往的研究多集中於非生物降解的奈米粒，近年對可生物降解的奈米粒的表面修飾。Borchard 等[313]分別用血漿蛋白和血清補體對聚甲基丙烯酸甲酯(PMMA)奈米粒包衣，研究包衣前後 RES 對奈米粒的攝取情況。結果表明，血漿蛋白包衣可被網狀內皮系統(RES)的攝取。如果血漿蛋白熱滅活後包衣，則效果更明顯。奈米粒用適當的表面活性劑包衣後，可跨越血腦屏障，實現腦位靶向。另外，奈米粒表面修飾後脈管給藥可降低肝位蓄積，從而有利於非肝位元病變組織的導向治療。奈米粒中加入磁性物質，通過外加磁場將其導向靶位元，對於淺表部位病變組織或對於外加磁場容易觸及的部位具有一定的可行性。在影像學診斷中，奈米粒可被廣泛應用。例如：奈米氧化鐵造影劑是一種水性膠質。靜脈注射奈米氧化鐵造影劑以後，氧化鐵顆粒被血液帶到身體的各部位，只是在肝臟和脾臟被網狀內皮細胞吸收。肝臟內的網狀內皮細胞是由枯否細胞的巨噬細胞構成，它可以吞噬氧化鐵顆粒；而惡性腫瘤細胞僅含有極少量的枯否細胞，沒有大量吸收氧化鐵的作用。奈米氧化鐵造影劑就是利用正常細胞和惡性腫瘤細胞之間的這種功能差異別。顯示出其對這些病變組織診斷的特異性——奈米氧化鐵在正常細胞和腫瘤細胞的數量不同，會造成信號強度的差別，這種差別在磁共振圖像中，由於正常組織吸收奈米氧化鐵表現爲暗的低信號，而病變組織不吸收奈米氧化鐵表現爲亮的高信號。這樣，病變組織與正常組織在磁共振圖像上會有較大的對比。

奈米粒用作藥物載體具有下述顯著優點：

1. 載藥奈米粒作為異物而被巨噬細胞吞噬，到達網狀內皮系統分佈集中的肝、脾、肺、骨髓、淋巴等靶部位；連接有配基、抗體、酶底物所在的靶部位。

2. 到達靶部位的載藥奈米粒，可有載體材料的種類或配比不同而具有不同的釋藥速度。調整載體材料種類或配比，可投資藥物的釋放速度，製備出具有緩釋特性的載藥奈米粒。

3. 由於載藥奈米粒的粘附性及小的粒徑，即有利於局部用藥時滯留性的增加，也有利於藥物與腸壁的接觸時間與接觸面積，提高藥物口服吸收的生物利用度。

4. 可防止藥物在胃酸性條件下水解，並能大幅降低藥物與胃蛋白酶等消化酶接觸的機會，從而提高藥物在胃腸道中的穩定性。

5. 載藥奈米粒可以改變膜運轉機制，增加藥物對生物膜的透過性，有利於藥物透皮吸收與細胞內藥效發揮。如：載帶抗腫瘤藥物阿黴素的奈米粒，可使藥效比阿黴素水針劑增加 10 倍；用氰基丙烯酸酯作載體,製備長春花胺的奈米粒，口服給藥後比水溶性吸收更快、更安全；去炎雙醋酸酯奈米粒的體內過程顯示了緩釋特性，局部治療關節炎有長效作用。當前，對奈米粒的研究重點在如下幾個方面：奈米粒載體材料的篩選與組合，以獲的適宜的釋藥速度；採用表面化學方法對奈米粒表面進行修飾使其改性，以提高靶向能力與改變靶向部位；製備工程的進展，以增加藥物載量、臨床適用性和適用於工業化生產為目的；體內工程的動力學規律探討，以正確描述血液與靶器官內藥物的變化規律為目的。相信隨著研究的不斷深入，奈米醫學領域必將產生"奈米藥學"新分支，使奈米材料成為人類征服疾病的又一有力工具。目前已在臨床應用的有免疫奈米粒、磁性奈米粒、磷脂奈米粒以及光敏奈米粒等。

理想的奈米粒應具備以下性質[313]：

(1) 具有較高的載藥量，如 > 30%。

(2) 具有較高的包封率，如 > 80%。

(3) 有適宜的製備及提純方法。

(4) 載體材料可生物降解，毒性較低或沒有毒性。

(5) 具有適當的粒徑與粒形。

(6)　具有較長的體內循環(Circulating)時間。延長奈米粒在體內的循環時間具有重要意義。其一：能使所載的有效成分在中央室的濃度增大且循環時間延長，這樣藥物能更好地發揮全身治療或診斷作用；其二：增強藥物在病變組織靶部位的療效，如腫瘤等病變部位的上皮細胞處於一種滲漏狀態，由於奈米粒在體內循環時間長，其裝載的藥物進入腫瘤等病變部位的機會增加。因此，長循環奈米微粒(long-circulating nanoparticles)的作用是降低了藥物對網狀內皮系統(RES)的靶向性，實際上增加了對病變部位的靶向性，宏觀的效果是明顯改變療效。

奈米載體的分類：

(1)　水溶性高分子：利用藥物與水溶性高分子結合，不只可以利用高分子，也可以利用天然的抗體分子。

(2)　奈米球體：將藥物埋入奈米尺寸的微粒子中。

(3)　核醣體(微脂粒)：由脂質的雙分子膜所組成的人工細胞膜小包，微脂粒。

(4)　高分子微胞：將不均勻構造的高分子結合，稱為高分子微胞。

有關奈米粒的製備方法較多，依據奈米粒形成機理的不同可分為兩種，即：聚合反應法和聚合材料分散法。聚合反應法製備的奈米粒由聚合反應生成，主要採用乳化介面縮聚法。乳化聚合法獲得的奈米粒，粒徑一般為 200nm 左右，當加有非離子表面活性劑時，粒徑可減至 30～40nm。由於這種催化聚合法多在酸性介質中進行，顯然不適於對酸不穩定藥物的包封。該法的優點是製備方法簡單，利於規模生產。與乳化聚合法相比，界面聚合法適合包封脂溶性藥物，且載藥量較高。聚合材料分散法製備的奈米粒由大分子或聚合物分散制得。在對奈米粒進行表面修飾而製備體內長循環奈米粒時多採用聚合材料分散法。其中"乳化-蒸發"法最為常用，用這種方法製備長循環奈米粒時可以將起穩定作用的表面活性劑溶於水構成水相，將聚合材料與起表面修飾作用的表面活性劑和藥物溶於一定的有機溶媒構成有機相，在高速攪拌或超音波的條件下將二者混合形成油/水的乳滴，然後蒸發除去體系中的有機溶媒而得到表面修飾的奈米粒。

奈米粒載體之所以如此引人注目，一個重要原因就是它可以改變藥物的體內分佈，顯示體內分佈的靶向性，這就是所謂的載藥靶向(Carrier targeting)。載藥米粒大多經脈管給藥，以達到靶向釋藥的目的。奈米粒可從血流中迅速清除並被 RES 攝取。RES為來自骨髓的巨噬細胞的統稱，主要分佈於肝，其次是脾、骨髓等。巨噬細胞的吞噬作用，對於與 RES 有關的疾病是有益的，可藉此達到靶向給藥的目的。巨噬細胞在愛滋病致病機制中有著重要作用，抗愛滋病毒藥疊氮胸腺嘧啶(AZT)製成奈米粒後，給小鼠尾靜脈注射，RES 的攝取作用，RES 器官中 AZT 的濃度比對照組(AZT 水溶液)高處 5～18 倍。RES 的攝取作用對 RES 有關的疾病是有益的，但多數疾病並不在該系統中。與上述研究背道而馳的一個研究方向，就是如何降低這些攝取。減少 RES 攝入的一種方法是先讓其"吃飽"。有人嘗試用聚苯乙烯(PS)奈米粒對 RES 進行飽和抑制給以 PS 奈米粒 8 天後，肝臟攝取率由 60%降至 33%。將單克隆抗體(McAb)共價交聯或吸附到奈米粒表面形成具有免疫活性的奈米粒的研究也取得令人鼓舞的體外試驗結果。

　　生物相容物質的開發，是奈米材料在醫學領域中的另一個重要應用。令美容或校正學家最煩惱的問題是因植入物的不相容性所引起炎症反應或排斥反應，而奈米物質所展現的非凡的物理特性正好能解決這一難題。用奈米技術製造的奈米物質與其在自然界中的常規狀態相比，其物理性質有著巨大的區別。1994 年，英國 Bonfield 成功地合成了類比骨骼亞結構的奈米物質，該物質可取代目前骨科常用的合金材料。它的主要成分是經與聚乙烯混合壓縮後的羥基磷灰石網(骨骼的主要成分)，其物理特性正好符合理想的骨骼替代物的模數匹配(Modulus matching，例如具有與骨骼相似的強度和密度指數)，不易骨折，且與正常骨組織連接緊密，顯示了明顯的正畸應用優勢。其他可望應用於臨床的奈米物質有人工關節面和關節腔、美容植入物、口腔校正物等。

表 5-16　奈米醫藥技術的應用領域與潛力市場[54]

應　用	商品化或未來可能產品	市　場
藥物傳輸	奈米微粒藥物、定量釋放植入物、定位傳輸或釋放藥物的奈米微粒與奈米器械、奈米聚合物。	2002 年為 1 億美元 2005 年預估為 10 億美元
組織工程/組織修復	細胞生長支架、細胞內植入物、人工血球、人工器官、組織修復奈米微粒。	2002 年為 1,500 萬美元 2005 年預估為 2.06 億美元
疾病監測	體外與體內奈米感測器、金微粒檢測、顯影劑。	2005 年預估為 10.4 億美元
癌症治療	破壞癌細胞的奈米微粒或奈米機械。	2005 年預估為 3.1 億美元
疾病預防	破壞病原菌之奈米機械、Bulkyball 作為 HIV 蛋白酶抑制劑、奈米微粒塗劑、Dendrimer。	2005 年預估為 252.3 萬美元

▶ 5-18　奈米材料在食品之應用[315～317]

一、前言

　　奈米尺度下，許多的物質性質從根本去理解，所有的食物不外乎都是分子、蛋白質、脂肪、醣類、維生素、礦物質、色素、香味成分等，由從收集回來的原料分別將水分子、蛋白質、脂肪、醣類、維生素、礦物質、色素、香味成分等，經程式設計組合後，合成你想要的食物，在過去想像中的科技，由於人類逐漸理解奈米尺度的物質，我們對於小粒子的掌握度逐漸提升，使得想像得以成真。

　　人體對食物的作用，進入口中的食物為公分的尺度，經咀嚼降為毫米的尺度後吞入肚中，經過胃酸作用成為乳糜狀，再進入腸中，經酵素消化，最後成為分子層級，才能被人體吸收；不被消化的成分，將被排出體外。所以人體的口、胃、腸以由上而下的方法，逐步地將食品微米化、奈米化與分子化。而人類反其道而行，操作奈米尺度的物質，理解食物中的各種微小分子，製造出各種更適合人類食用或保健的「奈米食品」。或是將奈米科技引進新的農業或食品安全系統、醫療治劑的運送方法、探測分子和細胞生物學的工具、檢測病原菌的感測元件、環保……等。如果在奈米材料製備與穩定化技術有突破，也能應用於功能性飲料、高效能過濾器、微包覆系統等方面。

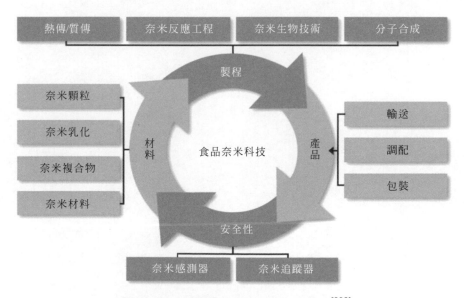

圖 5-110　奈米科技與綠色食品應用[399]

二、奈米產品風險評估

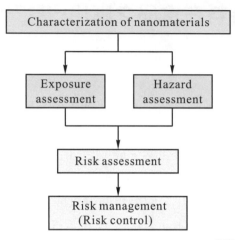

圖 5-111　奈米科技與綠色食品應用[400]

　　奈米微粒會經由三大途徑：包括了肺部、腸道以及皮膚進入人體，而不同種類的奈米微粒對人體有不同的影響，在各項產品上市之前，需要經過嚴格的風險評估。

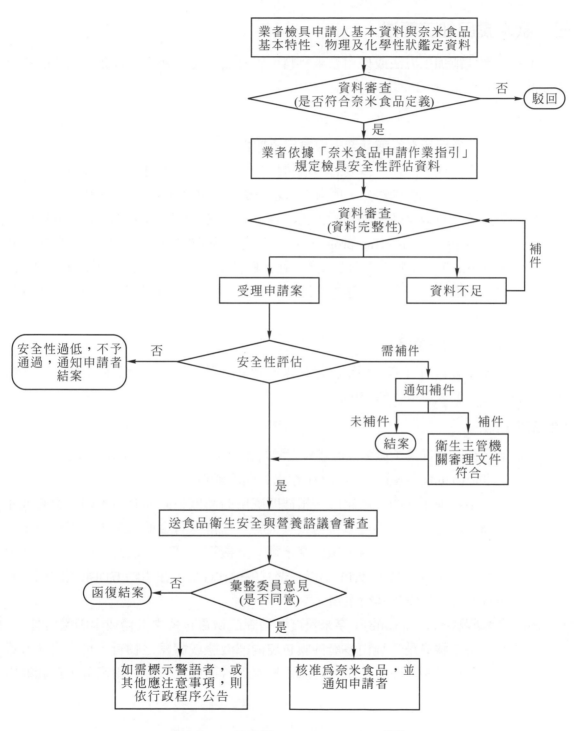

圖 5-112　衛服部奈米食品申請流程[401]

三、奈米食品加工簡述

利用奈米技術加工方法或使用奈米材料，將食品之應用朝高科技化，已知的奈米食品簡述如下：

3.1 奈米食品

第一類「奈米級食品原料」或「奈米級食品添加物」：

1. 食品原料或添加物至少要有一個維度介於奈米尺度，且奈米尺度為人工製造而非自然發生於自然界，所含奈米粒子數含量應大於或等於 50%。

2. 若食品原料或食品添加物經人工（為）加工後，因尺寸變小、以致於展現出特別的特性（specific properties），此特性與加工前尺寸的整體性質(bulk properties）相比較有顯著之差異，在此條件下即使三維尺度超出奈米尺度（但體積平均粒徑須小於或等於 1 微米），仍視為奈米級食品原 料或奈米級食品添加物。

第二類：「含奈米物質食品」

食品之組成分含符合第一類定義之奈米級食品原料或奈米級食品添加物，且重量或體積佔比至少要大於或等於 50%)。

3.2 奈米粒子

基本上，奈米粒即為 1 微米～1 奈米之間的顆粒之統稱，而奈米粒有兩大類:

(a) 奈米球(nanosphere)：1 微米～1 奈米之間的顆粒。

　　由各種不同物質所組成，根據所應用的領域不同而有所不同，金屬或非金屬，高分子或是各種聚合物或無機物，在常見有金屬有奈米銀與奈米金，或是在牛奶中添加的奈米鐵或奈米鈣。無機物則是奈米碳及其衍生物，其中在高分子領域，聚乳酸(PLA)以及聚甘醇酸(PGA)，在生物方面常用的則是明膠以及幾丁聚醣及其衍生物。

(b) 奈米膠囊(nanocapsule)：奈米尺度，被固體物質包覆之液體或半固體物質

　　奈米膠囊是一種由多層外膜包覆內部液態或膠體之物質，可由兩種方式產生，一是利用在乳液中介面處由單體聚合而成，或是利用高分子在乳液中分散得到。

3.2.1　奈米粒子在食品之應用

(a)　成分奈米化

　　　　使用傳統食材利用物理研磨成奈米顆粒或是以化學方法合成出特定成分的奈米粒以及奈米膠囊，以改進人體吸收以及成分之安定，或是研發利用奈米粒或是奈米膠囊做藥物以及特定成分釋放的研究。

(b)　奈米粒食品製備

　　　　使用奈米沉澱的明膠以及薑黃素，或是利用離子凝膠製備幾丁聚醣，還有使用介質研磨或是奈米乳化的各種食材像是紅麴、芝麻以及綠藻等等……，將許多傳統食材進行製備到奈米等級，促進人體的吸收。

(c)　奈米顆粒特定性質應用

　　　　金奈米粒子具有特殊的光學性質、電子性質、分子識別。

3.3. 生酒人工老酒化技術[316]：

　　　　白酒的主要成分是乙醇。此外，還有十多種高級醇(雜醇油)，三十多種有機酸，三十多種酯類，三十多種羰基化合物(含醛類和酮類)等。新製成的酒稱為生酒，其口感、味道很差，因此需要貯存一段時間，也就是人們常說的窖藏，使生酒的燥辣味減少，酒味甘綿柔和香味增加，這個變化過程被稱為生酒的老熟。生酒貯存自然老熟，一般要經過相當長的時間，因酒類品種的不同，短則一至三年，長則幾十年不等。酒類的生產者，在保證質量的前提下，都想採用人工手段，使生酒的老熟期盡可能地縮短，以達到降低成本的目的。北京奈米超微技術研究所，使用奈米工程處理技術及設備，應用於生酒之人工老熟，對於製酒行業具有很高的經濟效益和重要意義。

(1)　奈米生酒老熟處理設備，可以去除新酒中的苦味：在製酒過程中，除產生乙醇外，還通常伴有甲醛、乙醛、雜醇油的產生。由於它們在酒中的大量存在，是苦澀味的主要原因。生酒老熟處理設備，對上述物質進行處理的過程中，使之產生活性；生酒中醛類物質全部迅速氧化為有機酸，和酒中的原有有機酸一起與雜醇油起作用，加速酯化反應過程，使酒中的乙醛消失，苦澀口味發生強烈的變化。另外，有些地區，製酒的原料是非糧食性的薯類作物，製成的新酒常常有濃重的苦味，這是由於原料中的極少的腐壞薯類所致。它們在製酒時，產生一種稱為番薯酮($C_{15}H_{22}O_3$)的油狀物質，用一般方法無法去除。而酒中，含有萬分之一的番薯酮，會產生極大的苦味。這就是目前市場上薯類酒極為稀少的原因。在以奈米技術處理薯類酒後，可使酒中的番薯酮在活性狀態下，蓄薯酮的較長的碳鏈斷裂，被酒中的游離氧氧化成酸或酯，從而達到去除苦味的目的。這一點無疑可以使次薯類為原料的酒，品質有所提高，提高了酒的等級，增加產品利潤。

(2) 奈米生酒老熟處理設備可以增強新酒的酯化作用：剛製成的新酒，酯類含量往往較低。酯類物質是酒類，特別是白酒香味的重要組成部分，高品質的酒中，一般都含有大量豐富的酯類，然而，在酒的自然老熟中，由醇氧化到酸比較容易，要通過貯存希望在進行酯化反應卻不那麼容易。但採用了奈米生酒老熟處理設備之後，新酒物質在高能量對撞破碎(這種破碎甚至可以使某些物質的粒徑達到十幾奈米)，在強衝擊波下產生強超聲波場，使各個分子的化學性質異常活潑，從而增強了一般所無法達到的促進酯化反應的效果。使新酒像陳酒那樣香醇味厚。

(3) 奈米生酒老熟處理設備對降低酒中甲醇含量的貢獻：在製酒過程中，由於原料中含有難以避免的果膠，在酵素的作用下，生成甲醇，一般酒中雖然含有甲醇通常不會很高，但甲醇是一種有害物質，飲用了甲醇後，輕則會引起頭疼，重則可以使人中毒，視力失明，直至死亡。然而，在酒中都含有殘量的葡萄糖物質，利用這一點，採用奈米生酒老熟設備，在加載波能量的情況下，很容易使葡萄糖與甲醇起成苷反應，轉變為甲醇葡萄糖苷。甲醇葡萄糖苷屬縮醛的一種，還可以進一步與游離氧反應形成酯。這一過程可以使原酒中 91% 以上的甲醇得以去除。此一特殊功能，也對於以塊莖和根莖的薯類以及水果類為原料的製酒過程有所幫助。通常這類製酒原料中，含有較多的果膠，發酵中經微生物的果膠酶作用，逐步生成較多的甲醇。

(4) 奈米生酒老熟處理設備中的非化學過程提高酒的品質：很多研究人員很早就發現，當酒中的乙醇分子與水分子加以有序排列後，(老熟之後)水與乙醇的氫鍵之間，或與其他物質成分之間相結合加強，以致減少了它對外界的活力，也就是水分子約束了乙醇分子的活性即締合作用，從而減少了它的刺激能力，於是人就感到酒味柔和。由於奈米生酒老熟設備除使酒中物質產生活性，發生化學反應之外，還有很強的乳化和分散作用，對乙醇分子的排列締合具有很大的作用。這種過程被認為是一種物理過程。雖然對酒的香味沒有直接的影響，但使酒的口感越發的 "綿"，對飲用者的喉頭的刺激作用相對減少，這一點被許多次試驗所證明。人們可以利用奈米生酒老熟設備處理這一特點，使新酒的等級提高，產品更加受到歡迎並具有較高的經濟效益，同時又可滿足消費市場的需要。

(5) 奈米生酒老熟技術與其他生酒老熟技術的不同：前幾年，有人發明用微波進行生酒老熟，即在微波輻照下，一個醛分子與一個醇分子生成半縮醛[1]，當微波輻照達到一定強度時，可以是一個醛分子與兩個醇分子反應並脫水成穩定的縮醛[2]。這是因為微波波頻率比較高，能夠接近或達到醛分子或醇分子的本征頻率，使醛和醇分子產生共振，在共振狀態下，醛和醇容易縮合成半醛或生成縮醛。半縮醛一般不穩定，過一定時間容易分離。縮醛比較穩定，但在酸存在下，過一定時間也容易水解為原來的醛。

實際上，微波熟酒主要產生半縮醛，因為微波的波應力很小，不容易從兩個醇分子和一個醇分子的半縮分子的縮合物上擠出一個水分子，即使微波密度能達到分子密度。我們採用的技術方法為功率高頻超聲波，聲波頻率不但能達到醛和醇的自由頻率，是醛和醇產生共振，還有很強的波應力，使 3 個醛分子，2 個酸分子，1 個醇分子脫水縮合成酯。反應如下：

$$3R-\overset{\overset{\textstyle O}{\textstyle \|}}{C}-H+2R``-COOH+R''-OH \xrightarrow{\text{功率超聲波}} 3R-COO-R+2H_2O$$

強超聲波場用於生酒老熟之所以優於微波熟酒，在於不但有高頻，還有強波壓。

酯是很穩定的物質，不易水解，不同類型的酒含不同類型的酸。一般清香型酒含乙酸較多，濃香型酒含乙酸較少，不同的酸形成不同的質感，構成某一牌子的酒，有自己獨特的風格。

用物理的方法，加快原酒的成酯反應，不會破壞原酒的獨特風格，這是由原酒的內在成份所決定的。當然，酒放一段時間後，就會含有一定數量的游離氧，在有游離氧存在下，醛與醇可直接成酯反應，這種反應更容易一點。再生酒陳放過程中，多是這樣成酯的。

不過，產品奈米化後，或許可使效果更好，例如：讓原本無法穿過細胞膜或細胞壁的物質，變的更具穿透力，但是，這也意味著副作用也會隨著增加，除非研發者可以完全的將壞處除去，此外，尺度達到奈米尺度時，顆粒變小，表面積變大，物理與化學特性也會有所改變，原有的效用是否不變，或產生其他的衍生物，這都是目前無法預測的。因此，對於奈米食品、奈米保健品等產品，仍待進一步的研究[271]。

▶ 5-19　奈米材料在環保之應用

　　奈米技術應用在環保方面，已有
多種產品問世。從傳統產業，注入新
的創意研發新產品，並與高科技產業
結合。現階段的應用成果包括：奈米
尼龍織物、顏料粉體奈米微粒材料與
應用、奈米金觸媒、高阻氣奈米材料
與應用、奈米機能性粉體與高熱傳導
可撓性熱材等。

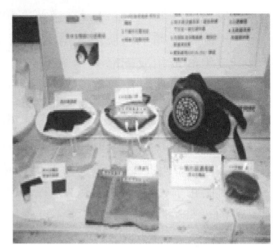

圖 5-113　奈米技術應用在環保安全方面[318]

一、奈米金觸媒催化防毒罐[319]

　　透過金觸媒奈米化效應，微細僅 2nm 的金顆粒可使金呈現獨特的低溫催化活性，
可在室溫下去除一氧化碳，應用於爐具可避免因燃燒不完全導致的一氧化碳中毒。此
外，以往消防隊所使用的防毒罐重達 900 公克，在緊急的火災事故現場，對分秒必爭
的消防隊員來說，多一分重量就是多一分負擔，應用奈米金觸媒製成的輕便型一氧化
碳防毒口罩和濾毒罐(重量僅約 20 公克)，可增加火災的逃生機會。

二、環保塑膠的新合成法[319,320]

　　康乃爾大學化學暨生化系 Geoffrey Coates 教授找到一種較經濟又有效率的方法合
成聚酯，此種聚合物可用為可被生物分解的環保塑膠。

　　Geoffrey Coates 教授發表了 poly(beta-hydroxbutyrate)(簡稱為 PHB)的新合成法。此
種聚酯普遍存在於生物界，尤其常在細菌細胞間發現。其不但有類似聚丙烯的物性，
而且兼具可被生物分解的特性。過去合成 PHB 必須仰賴酵素做為催化劑，其製作過程
包含糖發酵，不但耗時也耗能。Coates 教授的研究群則以一種 beta-butyrolactone 的內
酯做為單體，含二亞胺基的鋅錯合物為催化物，成功的合成 PHB。

但實際使用於包裝和生物醫學上的 PHB 必須是等規聚合物(isotactic polymer)，即具有官能基的原子都有相同的立體結構。因 beta-butyrolactone 本身即具有兩種鏡像異構物，故研究人員致力於尋找合成其單一異構物的方法。研究人員利用以鈷和鋁為中心的錯合物為催化劑，將羧基(-CO)加成在環氧化物 propylene oxide 上，可以得到和 propylene oxide 相同立體結構的 beta- butyrolactone。因單一鏡像異構物 propylene oxide 很廉價且極易購得，利用此這種合成法可以很容易得到單一鏡像異構物的 beta-butyrolactone。

這種完全利用化學合成的方法，有效率地合成自然界原本就存在的聚合物，對於未來使用可被生物分解的塑膠產品，將可提供更經濟的來源。

三、奈米環保農藥[321]

奈米環保農藥利用無毒很環保-蒙脫石萃取出超微細粉粒，能驅蟲分解細菌。

農藥的基本原理是用毒來殺蟲或防蟲，大多對人體、環境不好；台灣大學材料系主任李源弘教授最近發現，將不具毒性的天然蒙脫石，萃取成奈米級超微細材料，溶於水中灑在植物上，也有農藥的效果，這項產品被稱為「奈米農藥」。

從用於各種工地水土保持或是土質改良的天然礦物皂土(膨潤土)中，萃取出蒙脫石(鋁矽酸化物)，再經過離心、真空冷凍乾燥等程序後，得到白色的純化蒙脫石超微細粉粒，粒徑小於兩百奈米，晶體之間孔隙更只有不到一奈米。

將純化蒙脫石超微細粉粒溶於水中，噴灑在九層塔、萵苣、百合等植物上，發現這些植物葉子都長得綠油油，表面像塗了一層蠟一樣；雖然根據台大植物病理與微生物學系教授吳文希分析，科學統計結果顯示，這些植物葉綠素增加並不明顯，不過在桃園新屋試種的農民都告訴李源弘，噴灑蒙脫石的植物，每一株都長得差不多高，不像從前，因為部分植物會受微生物感染，每株長得不一樣。

純化蒙脫石超微細粉粒之所以能製成「奈米農藥」，首先是蒙脫石晶體間孔隙具有容許離子進出特性，噴灑到植物表面後，因為細菌帶有電荷，所以會被吸入，然後就會和蒙脫石結合變質，成為無害物；另一點是蒙脫石水溶液為鹼性，對適合在酸性環境中生長的細菌不利。

蒙脫石還有另一項特性，就是會因太陽光照射產生電化學反應而放電，每一個晶體都像一個超小型太陽能電池，雖然植物表面電流變化不大，但是一直持續著，不管是小昆蟲還是微生物，都會受不了，即使不被電死，也會被驅離，所以可以發揮農藥效果。

人類使用化學劑品或用化學燃料所產生的污染，而奈米科技產業的發展方向似乎已不再利用燃燒、腐蝕等化學方法來製造產品，而是較清潔、有效的物理方法製造新的產品，若製造過程中需要化學方法輔助產品的製造，也會因為奈米尺寸的關係而大大減少化學藥劑的用量，進而降低污染源。奈米科技將不同以往的工業或產業革命，不會因為追求經濟或產業的成長而犧牲環保，經濟的成長與環境的保護是可以並行不悖，若說奈米科技也是一場綠色工業革命，可能不為過。

▶ 5-20　奈米材料的安全性探討

奈米科技日新月異，其在各領域的應用不勝枚舉，當人類正雀躍於奈米科技飛躍的成長及卓越的成果時，我們不禁要反思，奈米科技是否也會帶給人們危害。在 2003 年 Michael Crichton 著，洪蘭教授譯的《奈米獵殺》這本科幻小說出版，書中即描寫著奈米科技可能造成的危機，書中人們開發出奈米機器，組成群集，並賦予它們行為模式，然而這些群集卻演化出它們的智慧，加上奈米機器極小，會入侵人體器官及腦部，造成人類死亡甚至控制人的行為。以現在來說，人工智慧的部分或許尚未成熟，但奈米顆粒微害人體卻是有證據佐證的，動物實驗顯示奈米微粒可以引起急性肺部發炎，甚至在疾病動物引發血栓，而慢性暴露則可引起肺部纖維化反應，研究也顯示，奈米微粒不僅可經肺部進入循環系統，也可經上呼吸道進入腦部。1959 年，諾貝爾物理獎得主理查·費曼(Richard Phillips Feynman)在美國物理學會年會演講中，鼓勵年輕學者「努力做小」，只要粒徑與尺寸縮小，就有無限寬廣的發展空間。半世紀以來，費曼的預言一一實現，研究及發展奈米科技的確有無限的可能性，但是隨之而來的不確定及不安全性，也同樣值得科學研究社群關注。

一、奈米科技對人體健康的危害

奈米微粒會經由三大途徑：包括了呼吸系統、心血管、腸胃道、皮膚，以及生殖系統等，而不同種類的奈米微粒對人體有不同的影響。

1.　呼吸系統

人類的呼吸過濾系統，鼻咽喉可過濾 5～10 微米的顆粒，到達氣管與支氣管可過濾的顆粒也只有 2～3 微米，對於小於 1 千倍的奈米粉塵，身體是沒有任何抵擋能力的。若工人在生產或包裝奈米粉體時，不甚吸入過量粉塵直達肺泡，這將可能導致肺部永久性損傷，甚至死亡。

研究顯示，在持續暴露的條件下，當清除速率低於累積速率時，清除半衰期會大幅度增加，過度負荷而受損會導致清除半衰期大幅度提升，累積在肺部的奈米微粒，若有誘導基因突變之特性，可能誘導癌症發生。

2.　心血管疾病

近年來很多標榜添加奈米的藥妝產品，例如：脫臭奈米襪、奈米防曬乳、含有奈米顆粒的化妝品等等。由於奈米微粒體表面積大，讓防曬乳或化妝品效果倍增；然而也因奈米細小，粒子可輕易穿透毛細孔或血管，從英國皇家學會和美國食品藥物管理局(FDA)的老鼠動物實驗顯示：若奈米顆粒直達血管進入動物心肺後，其體表面積的優點將迅速變成危害身體的缺點，顆粒愈小，愈具高反應性及毒性，容易造成肺發炎、血管阻塞、心肌發炎及退化等各種症狀。

實驗顯示鎳、鈷、鉻微米級粉體均可穿透人體皮膚，且受損的皮膚比完整皮膚有較高的穿透量，鈷及鎳粉體的穿透性較鉻粉體來的高。受損的皮膚較易使銀奈米微粒穿透至皮膚內，但其穿透的位置只到達深層的角質層，尚未穿透至表皮層之中。

3.　腸胃道之影響

微粒進入腸組織後，會經由腸道吸收，腸道中的淋巴結具有能吸收微粒的 M 細胞，引發免疫反應，奈米微粒穿過腸道後，會經由淋巴與微血管，分布到不同器官，而微粒表面性質與帶電電荷會影響吸收效率，在奈米食品的設計上都需要考慮到。

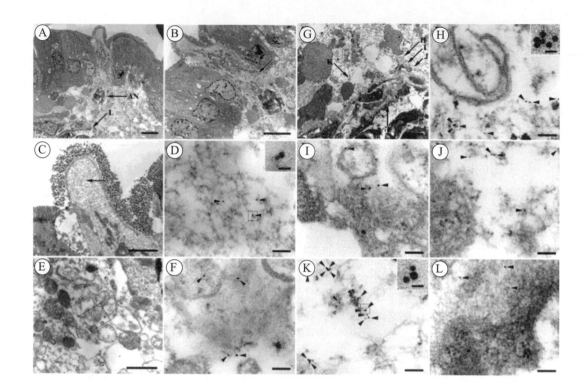

圖 5-114　穿過腸 4 奈米直徑的膠體金顆粒吸混作用。(A)低放大倍數顯微鏡照片表示在鼠迴腸絨毛的側面擠壓腸。細胞的老化核(AN)可以看出，以及一個乳糜管(L)的基於腸。該乳糜管的面積已經馬尼網絡版面板(G)。(B)腸擠出較高放大倍數。由箭頭標記的區域是面板馬尼網絡編輯(E)。(C)擠出腸的頂端部分。由箭頭標記的區域是(D)。(D)膠體金顆粒(箭頭)擠壓腸的頂側內。顆粒打下細胞內，裡面沒有膜劃界囊泡。顯示兩個膠體金粒子(D)。(E)馬尼擠出腸的側面。一個垂死的細胞膜老化的特性。(F)膠體金顆粒(箭頭)中擠出腸的側部。(G)擠出腸的基部，呈現出乳糜管的高放大倍數。由(H，I，J，K 和 L)標記的區域已放大倍率。(H，I，J，K)膠體金顆粒(箭頭)中擠出腸的基部。顆粒是鬆散的細胞，而不是內部膜結合囊泡。(L)膠體金顆粒(箭頭)渡乳糜牆。比例尺：(A，B)=5 毫米;(C)=2 毫米;(D，F，H，I，J，K，L)=100 奈米;(D，H，K)=10 奈米;(E)=1 毫米;(G)=2 毫米。

4.　**皮膚之影響**

　　佔了人體總表面積 1.5～2 平方公尺的皮膚，具有避免人類收到傷害以及保持體溫的功能，在最近的研究裡顯示，微米級的顆粒如二氧化鈦能穿透角質層與毛囊，而 0.5～1 微米的顆粒能穿透角質進入表皮或真皮層，而後被皮膚中的細胞吞噬，故粒徑的大小影響顆粒能藉由皮膚進入的程度。

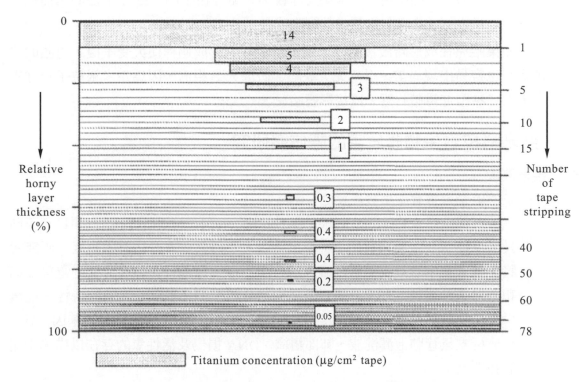

圖 5-115　奈米顆粒(奈米氧化鈦)粒徑對於皮膚之穿透性

5. 生殖系統

奈米銀可能干擾男性精子細胞訊號，導致精子不再成長，進而影響男性生育能力。奈米銀非常小，也可能進入孕婦胎盤，造成男胎生殖系統出現先天缺陷。這項研究發表於「毒物科學」期刊，美國空軍研究實驗室、伊利諾大學香檳分校研究團隊進行老鼠實驗發現，奈米銀濃度若在 10 微克／毫升以上，就會影響男性幹細胞生長力，實驗使用的奈米銀尺寸較小，範圍在 10 到 25 奈米之間，而尺寸最小的奈米銀粒子更會阻礙精子幹細胞成長。

如果胎兒在成形階段接觸奈米銀，精子細胞形成過程便大受干擾，男胎的生殖系統也容易出現異常，引起先天缺陷。研究人員相信，因為奈米銀粒子尺寸很小，很容易跑進母體胎盤，直接影響胎兒。

二、奈米科技對生物體危害的評估與研究

1. 奈米碳管

(1) 多壁碳奈米管會產生發炎反應

多壁碳奈米管(Multi-walled carbon nanotubes, MWCNTs)是一類具有不同長度、形狀及金屬雜質的不純奈米物質，使得其危害評估有困難度。研究者將多壁碳奈米管以支氣管內滴入的方法對母小鼠進行實驗，並透過電鏡掃描和透射電鏡成像、熱重分析以及表面積分析量測多壁碳奈米管的特性，最後再對母小鼠肺部進行基因組毒性分析。研究使用 DNA 微陣列分析基因表達，且分析支氣管肺泡灌洗液、肺部組織、DNA 損傷及活性氧的存在以描述相關的肺端點。

研究結果指出暴露於多壁碳奈米管會引起強烈的急性和炎症反應，在 3 天達到峰值，並持續達 28 天，同時伴有支氣管肺泡灌洗液內細胞增加，間質性肺炎及 DNA 損傷及纖維化產生等現象。

研究結果確認了 14 個暴露於多壁碳奈米管後可被分別控制的基因，這些基因使暴露於多壁碳奈米管後產生更強的纖維化反應。因此這些基因可能成為纖維化相關毒性的生物標誌物。

(2) 單壁奈米碳管的肺部毒理評估比較

單壁奈米碳管(Single-walled carbon nanotubes, SWCNTs)，這個研究主要是在評估大鼠對單壁奈米碳管氣管灌流後所產生的極毒性，在老鼠的肺中以

不同的物質施以氣管灌流：SWCNTs、石英顆粒、羧基離子顆粒、石墨顆粒。暴露過後，觀察細胞增生情形和進行病理分析。

分別在安置後 24 小時、1 週、1 個月以及三個月後，暴露在高劑量的 SWCNTs 下的老鼠經 24 小時後有 15%的死亡率，死亡原因為上呼吸道閉鎖而非由因顆粒造成的天生性肺部毒性引起。暴露在石英顆粒下會顯著的引起肺部免疫、細胞毒性、細胞增生等現象，暴露在 SWCNTs 下會有短暫的免疫和細胞傷害反應。病理報告顯示，肺部暴露到石英顆粒會產生劑量免疫反應，容易產生和劑量有相關聯的發炎反應，同時伴隨著泡沫狀肺泡巨噬細胞累積以及微粒沉降。暴露到石墨顆粒或是羧基離子顆粒不會有明顯負面健康效應出現，而暴露到 SWCNTs 則會產生非劑量相關的多發性肉芽腫，證實組織反應是不均勻的且不因暴露後時間拉長而更嚴重。

(3) 使用人類角質細胞作奈米碳管毒性的評估

暴露在石墨以及其他一些含碳物質會使得皮膚性疾病發生的機率增高，像是過度角質化、皮膚斑紋等等，甚至發生塵肺病和癌症。我們要使用細胞培養檢驗單壁奈米碳管對角質細胞所造成的負面健康效益，經過十八小時暴露後，自由基增加顯示出氧化壓力以及細胞毒性也增高了許多，此外像是防氧化物質的累積還有抗氧化物質的消耗，也使得細胞生長力降低。暴露在單壁奈米碳管下會導致該細胞發生構造和病理的改變，這些資料可以告訴我們，暴露在單壁奈米碳管，會因為氧化壓力加速，造成皮膚的細胞毒性。

2. 奈米銀

奈米銀微粒具有抗菌特性，常被應用於多種產品中，包括食品包裝與塗料、紡織品和繃帶。隨著銀的使用量的增加，我們更有必要評估這種新穎技術對人體健康與環境的潛在影響。

(1) 氫氧基磷灰石複合材料中奈米銀微粒的安全疑慮

研究者探討摻入奈米銀微粒的氫氧基磷灰石(hydroxyapatite, HAp)能否提供安全且有效的抗菌能力，分析了 HAp 與具有抑菌效果的銀所製成的奈米複合材料對細菌的抗菌能力和對人類細胞的生物相容性。研究結果顯示含有較低奈米銀微粒質量濃度的 HAp/Ag 複合材料與人類的骨肉瘤細胞與肺纖維細胞具有高度相容性，但在含有較高奈米銀微粒質量濃度時會產生毒性。雖然能抑制與消滅大腸桿菌與金黃色葡萄球菌，但同時也會對人類細胞會產生與其他生物細胞類似的型態改變。

銀對哺乳動物細胞以及細菌細胞的反應機制相同，因此含銀材料不可能同時兼顧安全性與抗菌能力。雖然複合材料中的礦物相能夠刺激與促進細胞的生長，卻無法降低具抗菌力的銀的毒性影響。若將銀微粒的質量濃度降至沒有危害的比例時，此銀複合材料也將同時失去抗菌能力。研究者認爲銀與 HAp 組成的奈米複合材料不是絕對安全的抗菌材料，並建議最好的解決方法是開發出對細菌具有專一性抑制效果的材料，且在提升生醫奈米材料的抗菌能力的同時應兼顧其材料的安全性。

(2) 奈米銀在 NIH3T3 細胞引發之細胞凋亡機制

研究以數種不同的實驗細胞株爲研究模式，探討市面上販售的奈米銀對動物細胞的影響。我們發現粒徑小於 100 nm 的奈米銀抑制細胞的存活，而在大顆粒的銀粉體則無此毒性。而利用流式細胞儀分析，發現處理奈米銀 24 小時後，可以引發老鼠纖維母細胞的細胞凋亡。

學者也探討了奈米銀所引發凋亡的分子機制，確認其訊號傳遞與氧化壓力有關，這些氧化壓力的變化引起特殊蛋白的活化，刺激下游的蛋白分子而導致細胞凋亡。但在人類大腸癌細胞系統中，細胞凋亡並沒有發生，進而懷疑有抑制者蛋白的出現而阻斷了奈米銀所引發的訊息傳遞。我們證實在癌細胞中奈米銀的處理，會引發抗凋亡蛋白的高度表現，而阻斷了細胞凋亡。

在此研究中，證實奈米銀的細胞毒性是來自細胞凋亡，我們並首度連結特定訊號活化在奈米銀所引發的凋亡路徑的重要性。這研究國際間第一次詳細探討奈米銀所引發的凋亡分子機制。奈米銀所引發的細胞毒性結果，期盼可以在未來使用奈米銀或其他奈米粉體時提供一些重要的資訊。

3. 其他奈米微粒

(1) 奈米氧化鎳微粒在動物體外試驗中透過細胞攝取誘發之細胞毒性

氧化鎳（NiO）是一種用於電子基板及陶瓷工程材料的重要工業原料。透過先進的工程技術已可製造出奈米氧化鎳微粒。鎳化合物具有生物毒性。鎳化合物的毒性主要來自鎳離子。

一些研究團隊以動物體外試驗研究奈米氧化鎳微粒對細胞存活率的影響。奈米氧化鎳微粒比一般氧化鎳微粒對人類角質形成細胞和人類肺癌細胞具有較高的細胞毒性；對培養基來說，奈米氧化鎳也比一般氧化鎳微粒具有較高的溶解度。特別是在培養基中鎳離子的釋出濃度，奈米氧化鎳微粒是一般氧化鎳微粒的 150 倍。氧化鎳微粒在含有氨基酸水溶液中鎳離子的釋出濃度明顯高於一般水中。

　　穿透式電子顯微鏡的觀察結果發現一般和奈米氧化鎳微粒都會被細胞攝入。綜合研究結果顯示，細胞內鎳離子的釋出量可能是決定氧化鎳細胞毒性的一個重要因素，同時奈米氧化鎳微粒比一般氧化鎳微粒更具細胞毒性。

(2)　電焊燻煙金屬奈米神經毒性調查研究

　　電焊高熱過程所產生的電焊燻煙中含有錳、鐵、鉛、鋅及其他金屬等。電焊勞工工作風險之一為長期暴露於錳燻煙環境導致帕金森氏症的風險，雖然有文獻提及此風險，但是較少有電焊燻煙金屬微粒與 MnO_2 對神經毒性的文獻，需要深入釐清。

　　此研究以人類神經母細胞瘤 SH-SY5Y 和 SK-N-SH 細胞株為材料，分析細胞凋亡，及分析多巴胺反應酵素之基因表現，探討 MnO_2 微粒及電焊勞工工作場所收集的電焊燻煙所造成的神經細胞毒性，以及提出減量策略，測試減量策略是否可降低神經毒性風險。

　　研究結果發現 MnO_2 於高濃度下可以顯著降低 SK-N-SH 細胞存活，亦降低骨母細胞之細胞存活；研究顯示 MnO_2 有造成細胞凋亡。將採樣的金屬燻煙微粒進行神經毒性試驗，發現工廠金屬微粒對神經細胞具有毒性。MnO_2 及工廠金屬微粒對多巴胺反應酵素之基因表現有抑制作用，顯示工廠金屬燻煙具有毒性。

　　在減量策略上，首先比較多種偵測金屬微粒之方法，以螢光儀偵測金屬微粒之反射最為敏感，可同時進行金屬微粒解離試驗；以水風扇降低勞工工作場所之金屬粉塵，以緩衝水溶液去除較多金屬粉塵，工作場所實施減量後，減量前後工廠收集之金屬微粒對多巴胺反應酵素之基因表現有異，減量後多巴胺反應酵素的基因表現量高於減量前，推測減量策略有效降低環境中具神經毒性之微粒。

　　研究也對工人的健康狀態的進行統計，電焊勞工暴露組中記憶力衰退或健忘、比以前容易疲倦之比例皆高於對照組且呈統計上顯著差異。

　　總結此研究結果顯示電焊燻煙金屬微粒具有神經毒性，包括使神經細胞存活率下降，以及多巴胺反應酵素基因表現下降，建議採行奈米物質暴露控制規範，包含奈米物質作業人員管理、工程控制與行政管理與個人防護具，以降低金屬奈米物質暴露所造成的危害。

三、奈米顆粒對環境危害

1. 奈米銀紡織品的潛在環境影響和抗菌能力的研究

　　這研究評估了四種不同的銀摻雜方法的紡織品的抗菌能力，及在多個生命週期階段的銀釋出潛勢，四種銀的紡織品包含：(1)以共價結合的奈米銀粒子；(2)以靜電附著的奈米銀粒子；(3)以銀鹽塗佈的紡織品與(4)以金屬銀塗佈的紡織品。

　　研究結果顯示銀在紡織品中的含量與其摻雜至紡織品的方法，皆會顯著的影響含銀紡織品在洗滌過程中的銀釋出。在紡織品清洗的過程中銀釋出的量會隨著銀的初始添加量的增加而增加。研究發現四種不同的紡織織品在洗滌劑與 DI 水中的銀釋出趨勢非常相似，以金屬銀塗佈的紡織品有最高的銀釋出量，接著是以共價結合的銀紡織品，再來是以銀鹽塗佈的紡織品，最後則是以靜電附著的銀紡織品。

　　研究指出清洗含銀紡織品的上層液，對班馬魚胚胎的毒性是非常微量的，除非銀釋出的量非常高才會對班馬魚胚胎造成巨量的毒性；且毒性試驗的結果也顯示殘留在上層液的洗滌劑比釋出的銀造成了更大的不良反應。雖然四種紡織品在清洗測試的過程中都會釋出銀，但都不會影響它們的抗菌能力；即便紡織品清洗後的含銀量只有 2 μg/g，對大腸桿菌生長的抑制作用依舊可達 99.9%以上。

　　此結果表示紡織品只需要含有非常少量的銀就可以有效的控制細菌的生長，因此雖然一般洗滌所釋出的銀粒子其實是微量的，或許微量的奈米銀粒子對大型生物不會造成危害，但仍舊可能會抑制環境中單細胞生物或細菌的生長，間接影響整個生態系。

2. 水生環境中的硫化銀奈米微粒的穩定性

　　硫化銀奈米微粒的物化特性穩定，在自然環境中一般被假設是穩定的，然而硫化銀奈米微粒的穩定性會隨環境條件而變化。有人研究環境相關因子對水生環境中硫化銀奈米微粒的影響，其中包括光照輻射、溶液 pH 值、無機鹽、可溶性有機物和溶氧。在光照條件下，鐵離子會使硫化銀奈米微粒在水生環境中發生轉化，此研究評估了硫化銀奈米微粒在水生環境中的穩定性，有助於理解硫化銀奈米微粒對人體健康和環境安全的潛在風險。

　　研究指出在短時間(96 小時)的模擬和自然太陽光照下，硫化銀奈米微粒會在含有鐵離子濃度的水生環境中轉化，硫化銀奈米微粒的形貌與溶解度皆有明顯的變化。當鐵離子存在時，硫化銀奈米微粒的光誘導轉化會受到溶液 pH 值、、可溶性有機物和溶氧量影響。

　　在自然水生環境中存在著大量的鐵離子，特別是在含氧環境下，因而導致硫化銀奈米微粒在自然環境中像是經過了光誘導的溶解。此外硫化銀奈米微粒尺寸的顯著變化會影響其在自然環境中的宿命與傳輸，一般而言，小微粒會比大微粒具有更大的移動度，所以小硫化銀奈米微粒可能會傳輸到更遠。更重要的是，微粒尺寸已顯示會影響微粒對有機體的毒性——尺寸越小，毒性越強。因此轉化過成中重組的硫化銀奈米微粒有可能會造成毒性的提升。

3. **富勒烯(C_{60})對生物及環境的影響**

(1) 牡蠣暴露於富勒烯的影響

　　牡蠣是生態系統一種重要的濾食性動物，也是研究奈米微粒對海洋生物系統影響的一個具有指標性的毒理學模型。太平洋牡蠣在不同生物時期下暴露於富勒烯(C_{60})的研究，包括：胚胎的發育研究、成熟期生物體的暴露研究，及個別肝細胞的研究。研究中觀察，富勒烯濃度低至 10 ppb 對於胚胎的發育和溶酶體的穩定性均有顯著影響。此外，溶酶體不穩定速率在富勒烯濃度≥ 100 ppb 濃度被認定是具有生物意義的，因為它們與生殖失敗有關。

　　牡蠣肝胰腺組織是由豐富的溶酶體細胞所組成的，共聚焦顯微鏡研究顯示，富勒烯顆粒在 4 小時內已完全積聚於肝細胞內。富勒烯的分布往往是局部性的，並且集中在溶酶體。顯微鏡下觀察結果與溶酶體功能評估均一致指出，溶酶體途徑可能是富勒烯及其他奈米微粒進入細胞最主要途徑。所以富勒烯汙染會對牡蠣的生殖造成影響，以此研究類推的話甚至也可能影響到其他生物。

(2) C_{60} 水浮懸液對於細菌的影響

　　研究是利用 C_{60} 的懸浮液觀察細菌生長的情形，其結果顯示，在濃度非常低的懸浮液中，大腸桿菌與枯草桿菌的生長就會受到影響，這些 C_{60} 會刺穿大腸桿菌與枯草桿菌的細胞膜，阻礙電子的傳遞，因而對於細菌的生存造成危害。在粒子大小的實驗中，他們發現小於 100 奈米的 C_{60} 最具有毒性。因此，根據他們的實驗結果，顯示 C_{60} 非常有可能會對於環境造成不良的影響，因此必須格外的小心。

　　初步研究結果顯示，我們可以知道 C_{60} 的大小幾乎與細菌的細胞壁上的奈米孔洞的尺寸一樣，因此分散的 C_{60} 的浮懸液很容易會沈積在細菌的細胞壁

　　上，而堵塞住細菌細胞壁上的離子通道，進而使得細菌無法與外界傳輸所需要的養分，及排出新陳代謝時所產生的廢物，因而中毒死亡。

　　在瞭解了這些機制之後，研究人員可以推論此種結果亦很可能會發生在一般無細胞壁的生物細胞上，使得一般細胞也會中毒死亡。目前 C_{60} 的使用尚局限於實驗室，但是對於各類研究逐漸的實用化之後，C_{60} 的浮懸液很可能不小心的被任意排放到我們的環境之中，而會影響到現有的水中動植物，對於整個大環境造成很大的破壞。因此，研究人員在使用 C_{60} 這類的分子奈米科技產品時，要特別小心，避免不必要的外流到環境中。

四、結論

　　由於奈米科技的發展是持續不斷地過程，而目前對於奈米微粒或奈米材料的危害量測，有其執行與監控上的困難，因為奈米材料實在太多了，必須每種都進行實驗，評估其對人體或環境的安全性，得花費相當多的時間和經費，這部份必須仰賴量測科學的進一步發展和政府及科學家積極的投入。大部份國家採取的方式，是在現有的毒物管理法令之中，新增對於奈米材料的使用規範，是為最快、最可行的方式。但是政府在訂定規範以降低風險的同時，必須參考來自產業界、實驗室、乃至於一般消費者的回饋資訊，因此許多國家都發展自願回報機制，由政府將蒐集來的資訊轉換為法令訂定的參考，形成政府與業界、學界、民眾之間的一個監測與資訊網絡。台灣目前已實施奈米標章驗證制度，針對已商品化的產品進行規範，未來應致力於研發、製造與應用各階段可能面臨的危害，而此部份也是國外近年來所努力的方向。

參考文獻

1.　Heath，Scientific American December 2000 p.65.

2.　Nteragency Working Group on Nanoscience，Engineering and Technology (IWGN)，Nanotechnology Research Directions:IWGN Workshop Report "Vision for Nanotechnology R&D in the Next Decade" (1999/09).

3.　The Journal of the British Interplanetart Society，volume51，pp.145-152，1998.

4.　Pirio，G. et al.，"Fabrication and electrical characteristics of carbon nanotubefield emission microcathodes with an integrated gate electrode" nanotechnology V13 pp1-4 (2002).

5. S. T. Purcell，P. Vincent，C. Journet，and Vu Thien Binh，"Hot Nanotubes：Stable Heating of Individual Multiwall Carbon Nanotubes to 2000 K Induced by the Field-Emission Current". Physical Review Letters，11 March 2002.

6. 工業技術研究院，工業技術與資訊月刊第 136 期。

7. IBM 研究部門所設置的「奈米科技」網頁。

8. In Touch with Atoms. Gerd Binnig and Heinrich Rohrer in Reviews of Modern Physics，Vol. 71，No. 2，pages S324-S330；March 1999.

9. The "Millipede"-Nanotechnology Entering Data Storage. P. Vettiger，G. Cross，M. Despont，U. Drechsler，U. Dig，B. Gotsmann，W. Herle，M. A. Lantz，H. E. Rothuizen，R. Stutz and G. Binnig in IEEE Transactions on Nanotechnology，Vol. 1，No. 1，pages 39-55；March 2002.

10. 科技發展政策報導。

11. 奈米高分子複合材料發展現況與未來趨勢，廖建勳，化工資訊，21(2001)。

12. 國立中央大學光子晶體研究群
http://newton.cc.ncu.edu.tw/～trich/NCUPCR/NCUPCR.htm.

13. http://www.ee.ucla.edu/faculty/Yablonovitch.html/.

14. www.nanotechweb.org/articles/news/2/6/3/1.

15. Yang-Jae Lee，Se-Heon Kim，Joon Huh，Guk-Hyun Kim and Yang-Hee Lee，Applied Physics Letters，82，3779 (2003).

16. http://www.itri.org.tw/chi/rnd/focused_rnd/nanotechnology/bn04.jsp.

17. J. Tominaga，T. Nakano，and N. Atoda，Proc. SPIE 3467，282 (1998).

18. B.-C. Hsu，S. T. Chang，C.-R. Shie，C.-C. Lai，P. S. Chen，C. W. Liu，IEDM Technical Digest，2002.

19. http://cc.ee.ntu.edu.tw/～kuanlab/html/IR.htm.

20. Sajeev John，Ovidiu Toader and Kurt Busch，Photonic Band Gap Materials：A Semiconductor for Light.

21. Kenichi Iga，IEEE Journal on Selected Topics in Quantum Electronics，Vol. 6，No. 6，Nov./Dec. 2000.

22. K Nomura et. al.，Science 300，p.1269，2003.

23. optics.org/articles/new/9/5/7/1.

24. Nature Materials，published online，doi：0.1038/ nmat887，2003，
http://www.nature.com/nsu/030505/030505-2.html.

25. Prof. dr. A. P. PhilipseDr.，G. J. Vroege "Phase behavior of mixtures of magnetic colloids and non-adsorbing polymer"
www.library.uu.nl/digiarchief/dip/diss/1942669/full.pdf.

26. www.nanotech.com.cn.

27. www.nmpt.com.cn.

28. www.jk-nano.com/services/wzhong.htm.

29. 張立德、牟季美，奈米材料與奈米結構。

30. www.casnano.net.cn/gb/kepu/cailiao/clo18.html.

31. reference 30.

32. reference 30.

33. http://202.114.88.183/jystud/phy/pages/lingyo.htm.

34. http://www.nmpt.com.cn/show.aspx?ArticleID=131.

35. Hayakawa，Y.：Hiro Kaw. K.：Makin A，Nippon. OyO Jiki Gakkaishi(1994)，18(2)，415-18.(Japanese).

36. http://www.nanotechweb.org/articles/news/2/8/8/1.

37. http://nano.nchc.org.tw/news_show2.php3?mode=&offset=6.

38. http://www.nanotechweb.org/articles/news/2/8/8/1.

39. Zhang，Hai-Feng；Wang，chong-Min；Buck，Edgar C.；Wang，Lai-Sheng；Nano Letters (2003)，3(5)，577-580.

40. http://nanotechweb.org/articles/news/2/4/12/1.

41. http://nr.stic.gov.tw/ejournal/NSCM/9107/9107-10.pdf.

42. http://physicsweb.org/article/news/7/2/11#porphyrin.

43. http://focus.aps.org/story/v10/st23.

44. http://nanotechweb.org/articles/news/2/3/12/1.

45. http://nanotechweb.org/articles/news/1/8/18/1.

46. http://focus.aps.org/story/v10/st22.

47. http://www2.ccnmatthews.com/newsnet/2003/03/24/0324090n.html.

48. http://www.photocatalyst.co.jp.

49. 化工資訊，第 12 卷，第 11 期。

50. http://page.pchome.com.tw/freepage/tio2/freepage02.html.

51. http://www.hop.com.tw/product_6.html.

52. http://www.biocozy.com.tw/aspl.htm.

53. 台灣日光燈股份有限公司網頁 http://www.tfc.com.tw/newproduct.html.

54. 工研院經資中心 ITIS 計畫(2002/12)。

55. http://www.tyngham.com.tw/suit.html.

56. 立天股份有限公司網頁 http://www.arc-flash.com.tw.

57. 濠誠科技股份有限公司網頁 http://www.codetech.com.tw/p2-2.htm.

58. http://www.air-hikari.com/TCH/tio2%20%20imf%20cn.htm.

59. 化工資訊月刊，第 14 卷，第 8 期。

60. 顥陽股份有限公司網頁 http://www.homeyoung.com/#mask.html.

61. http://itrifamily.itri.org.tw/itriman/92/man920430-2.html.

62. 奈米科技專利研究系列－第二輯奈米二氧化鈦專利地圖及分析。

63. Li，Shufen；Jiang，Zhi；Yu，Shuqin. Thermal decomposition of HMX influenced by nanometal powders in high-energy fuel. Abstracts of Papers，224th ACS National Meeting，Boston，MA，United States，August 18-22，2002 (2002).

64. Mench，M. M.；Kuo，K. K.；Yeh，C. L.；Lu，Y. C. Department Mechanical Engineering，Pennsylvania State University，University Park，PA，USA. Combustion Science and Technology (1998).

65. Brousseau，Patrick；Anderson，C. John. Defence Research Establishment Valcartier，Val-Belair，QC，Can. Propellants，Explosives，Pyrotechnics (2002)，27(5)，300-306.

66. Jones，D. E. G.；Brousseau，P.；Fouchard，R. C.；Turcotte，A. M.；Kwok，Q. S. M. Canadian Explosives Research Laboratory，Natural Resources Canada，Ottawa，ON，Can. Journal of Thermal Analysis and Calorimetry (2000)，61(3)，805-818.

67. Simonenko，V. N.；Zarko，V. E. Institute Chemical Kinetics Combustion，Novosibirsk，Russia. International Annual Conference of ICT (1999)，30th 21/1-21/14.

68. Zhang，Xiaohong；Long，Cun；Wang，Tiecheng；Hou，Guang；Fan，Xuezhong. Xian Modern Chemistry Research Institute，Xian，Shanxi Province，Peop. Rep. China.

Huozhayao Xuebao (2002)，25(2)，39-41.(in Chinese)

69. T. Azuma，M. Sato，Catalyst for exhaust gas purification，JP 62197148 A2 870831，(1987).

70. T. Engel，G. Ertl，J. Chem. Phys. 69 (1978) 1267.

71. T. Engel，G. Ertl，Adv. Catal. 28 (1979) 1.

72. M. Haruta，Catal. Today 36 1997 153，and references therein.

73. Choudhary，T. V.；Goodman，D. W. Chemistry Department，Texas A&M University，College Station，TX，USA. Topics in Catalysis (2002)，21(1-3)，25-34.

74. Cataliotti，R.S.；Compagnini，G.；Crisafulli，C.；Minico，S.；Pignataro，B.；Sassi，P.；Scire，S.，"Low-frequency Raman modes and atomic force microscopy for the size determination of catalytic gold clusters supported on iron oxide" Surface Science 2001 pp. 75-82.

75. Minico，Simona；Scire，Salvatore；Crisafulli，Carmelo；Galvagno，Signorino，"Influence of catalyst pretreatments on volatile organic compounds oxidation over gold/iron oxide" Applied Catalysis B：Environmental 2001 pp. 277-285.

76. M.Haruta，S. Tsubota，T. Kobayashi，H. Kageyama，M.J.Genet，B. Delmon，J. Catal. 144(1993) 175.

77. A.M. Visco，A. Donato，C. Milone，S. Galvagno，React. Kinet. Katal. Lett. 61(1997) 219.

78. S.Minicò，S. eirè，C.Crisafulli，A.M. Visco，S. Galvageno，Catal. Lett.47(1997)273.

79. S.Minicò，S.eirè，C.Crisafulli，R. Maggiore，S. Galvageno，Appl. Catal. B Environ. 28(2000) 245.

80. Salvatore Scirè，Simona Minicò，Carmelo Crisafulli，Signorino Galvagno，Catalysis communications 2 (2001) 229-232.

81. http://www.autodepot.com.cn/qcdg/qcsc02.htm.

82. 石育賢，乾淨上路：燃料電池將引發下一波汽車革命，工業技術研究院產業技術分析新聞，2001 年 7 月 31 日，http://www.itri.org.tw/chi/services/ieknews/m1701-B10-02017-C861.jsp。

83. 尤如瑾，燃料電池機車，工業技術研究院產業技術分析新聞，2001 年 3 月 13 日，http://www.itri.org.tw/chi/services/ieknews/m1906-B10-00964-B087.jsp。

84. 王聰榮，燃料電池技術之航空應用，工業技術研究院產業技術分析新聞 2002 年 3 月 14 日，http://www.itri.org.tw/chi/services/ieknews/m1803-B10-00000-7182.jsp。

85. 工業技術研究院燃料電池與氫能研究室網頁 http://www.erl.itri.org.tw/innovation/inn_core_a01.html.

86. T. Ford，Oil Gas J. 97 (50) (1999) 130–133.

87. Chunshan Song. Catalysis Today 77 (2002) 17-49.

88. W.R. Grove，Philos. Mag. 14 (1839) 127.

89. W. Vielstich，Fuel Cells，Wiley/Interscience，London，1965，501 pp.

90. News-FC Car，Fuel-Cell Car Makes Tracks Across Country，USA Today，Section B，May 29，2002.

91. K. Kordesch，G. Simader，Fuel Cells and their Applications，VCH Publishers，New York，1996.

92. A. Hamnett，Catal. Today 38 (1997) 445.

93. J. M̈uller，Ph.D. thesis，RWTH Aachen，1999.

94. V.M. Schmidt，P. Br̈ockerhoff，B. Ḧohlein，R. Menzer，U. Stimming，J. Power Sources 49 (1994) 299.

95. Peter M. Urban，Anett Funke，Jens T. Müller，Michael Himmen，Andreas Docter Applied Catalysis A：General 221 (2001) 459-470.

96. P.N. Ross Jr.，J. Giallombardo，E.S. De Castro，in：Proceedings of the Fuel Cell Seminar，Palm Springs，CA，16–19 November，1998.

97. E. Passalacqua，F. Lufrano，G. Squadrito，A. Patti，L. Giorgi，in：Proceedings of the Extended Abstracts of the 3rd International Symposium on New Materials for Electrochemical Systems，Montreal，Canada，4–8 July，1999，p. 292.

98. C. He，R. Venkataraman，H.R. Kunz，J.M. Fenton，Hazardous and industrialastes：Proceedings of the Mid-Atlantic Industrial Waste Conference 31 (1999) 663-668.

99. Don Cameron，Richard Holliday，David Thompson，Journal of Power Sources 118 (2003) 298-303.

100. F. Boccuzzi，A. Chiorino，M. Manzoli，Journal of Power Sources 118 (2003) 304-310.

101. Jinchang Zhang，Yanhui Wang，Biaohua Chen，Chengyue Li，Diyong Wu，Xiangsheng Wang，Energy Conversion and Management 44 (2003) 1805-1815.

102. 廖世傑，奈米儲氫合金及儲氫裝置，奈米能源及化工材料應用研討會報告，台灣，31st July 2003。

103. Nűtzenadel C，ZQuttel A，Chartouni D，Schlapbach L. Electrochem Solid-State Lett 1999；2：30.

104. Dillon AC，Jones KM，Bekkedahl TA，Kiang CH，Bethune DS，Heben MJ. Nature (London) 1997；386：377.

105. Ye Y，Ahn CC，Witham C，Fultz CB，Liu J，Rinzler AG，Colbert D，Smith KA，Smalley RE. Appl Phys Lett 1999；74：2307.

106. Liu C，Fan YY，Liu M，Cong HT，Cheng HM，Dresselhaus MS. Science 1999；286：1127.

107. Gupta BK，Srivastava ON. Int J Hydrogen Energy 2000；25：825.

108. A.K.M. Fazle Kibria，Y.H. Moa，K.S. Park，K.S. Nahm，M.H. Yun International Journal of Hydrogen Energy 26 (2001) 823-829.

109. Schmidt TJ，Noeske M，Gasteiger HA，Behm RJ. J Electrochem Soc1998；145：925.

110. Kua J，Goddard III WA. J Am Chem Soc1999；121：10928.

111. Reddington E，Sapienza A，Gurau B，Viswanathan R，Sarangpani S，Smokin ES，Mallouk TE. Science 1998；280：1735.

112. 高志勇，奈米材料應用於燃料電池技術，奈米能源及化工材料應用研討會報告，台灣，31st July 2003。

113. 張志焜，崔作林，奈米技術與奈米材料，國防工業出版社(2000)，北京。

114. 張立德，牟季美，奈米材料和奈米結構，滄海書局。

115. G.L. Wilkes，B. Drier，H.H.Huang，Ceramers-Hybrd Materials Incorporating Polymeric OliGomeric Species into Inorganic Glasses Utilizing a Sol-Gel Approach，Abstracts of Papers of the American Chemical Society，190，p 109，1985.

116. Barthlott，W. and Neinhuis，C.，Planta 202，p.1，1997.

117. 日經產業新聞 2003 年 3 月 17 日 7 版。

118. Cui，N；He，P；Luo，J，L."Magnesium-based hydrogen sorge materials modified by mechanical alloying" Acta Material (1999) 47(14)，3737-3743.

119. 神奇奈米金觸媒，吳國卿等，化工資訊，2002.9. pp19～23。

120. 改變世界的奈米技術，黃德歡著，瀛洲出版社，2002.2。

121. S. Iijima，Nature 354 (1991) 56.

122. Nűtzenadel C，ZQuttel A，Chartouni D，Schlapbach L. Electrochem Solid-State Lett 1999;2:30.

123. Dillon AC，Jones KM，Bekkedahl TA，Kiang CH，Bethune DS，Heben MJ. Nature (London) 1997；386：377.

124. Ye Y，Ahn CC，Witham C，Fultz CB，Liu J，Rinzler AG，Colbert D，Smith KA，Smalley RE. Appl Phys Lett 1999；74：2307.

125. Liu C，Fan YY，Liu M，Cong HT，Cheng HM，Dresselhaus MS. Science 1999；286：1127.

126. Gupta BK，Srivastava ON. Int J Hydrogen Energy 2000；25：825.

127. A.K.M. Fazle Kibria，Y.H. Moa，K.S. Park，K.S. Nahm；M.H. Yun International Journal of Hydrogen Energy 26 (2001) 823-829.

128. P.M.Ajayan，O. Stephan，C. Colliex，D. Trauch，Science 265 (1994) 1212.

129. M.M.J. Treacy，T.W. Ebbesen，J.M. Gibson，Nature 381 (1996) 678.

130. A.G. Rinzler，J.H. Hafner，P. Nikolaev，L. Lou，S.G. Kim，D. Tomanek，P. Nordlander，D.T. Colbert，R.E. Smalley，Science 269 (1995) 1550.

131. J.M. Bonard，J.P. Salvetat，T. Stochli，W.A. de Heer，L. Forro，J.M. Bonard，J.P. Salvetat，T. Stochli，W.A. de Heer，L. Forro，A. Chatelain，Appl. Phys. Lett. 73 (1998) 918.

132. W.A. de Heer，A. Chatelain，D. Ugarte，Science 270 (1995) 1179.

133. Q.H. Wang，A.A. Setlur，J.M. Lauerhaas，J.Y. Dai，E.W. Seelig，R.P.H. Chang，Appl. Phys. Lett. 72 (1998) 2912.

134. S.S. Fan，M.G. Chapline，N.R. Franklin，T.W. Tombler，A.M. Cassell，H.J. Dai，Science 283 (1999) 512.

135. L. Nilsson，O. Groening，C. Emmenegger，O. Kuettel，E. Schaller，L. Schlapbach，H. Kind，J.-M. Bonard，K. Kern，Appl. Phys. Lett. 76 (2000) 2071.

136. Lee，S.-B.；Robinson，L. A. W.；Teo，K. B. K.；Chhowalla，M.；Amaratunga，G. A. J.；Milne，W. I.；Hasko，D. G.；Ahmed，H. Suspended multiwalled carbon nanotubes as self-aligned evaporation masks. Journal of Nanoscience and Nanotechnology (2003)，3(4)，325-328.

137. Lee，S.-B.；Robinson，L. A. W.；Teo，K. B. K.；Chhowalla，M.；Amaratunga，G. A. J.；Milne，W. I.；Hasko，D. G.；Ahmed，H. Self-aligned split gate electrodes fabricated on suspended carbon nanotubes. Materials Research Society Symposium Proceedings (2003)，Volume Date 2002，741(Nano- and Microelectromechanical Systems (NEMS and MEMS) and Molecular Machines)，185-190.

138. Robinson，L. A. W.；Lee，S.-B.；Teo，K. B. K.；Chhowalla，M.；Amaratunga，G. A. J.；Milne，W. I.；Williams，D. A.；Hasko，D. G.；Ahmed，H. Self-aligned electrodes for suspended carbon nanotube structures. Microelectronic Engineering (2003)，67-68 615-622.

139. Robinson，L. A. W.；Lee，S.-B.；Teo，K. B. K.；Chhowalla，M.；Amaratunga，G. A. J.；Milne，W. I.；Williams，D. A.；Hasko，D. G.；Ahmed，H. Fabrication of self-aligned side gates to carbon nanotubes. Nanotechnology (2003)，14(2)，290-293.

140. http://www.ee.ndhu.edu.tw/test/publications/publications3/pub3.htm.

141. Lieber，Charles M.. Carbon nanotube based for molecular computing. Abstracts of Papers，222nd ACS National Meeting，Chicago，IL，United States，August 26-30，2001 (2001).

142. Rueckes，Thomas；Kim，Kyoungha；Joselevich，Ernesto；Tseng，Greg Y.；Cheung，Chin-Li；Lieber，Charles M.. Carbon nanotube-based nonvolatile random access memory for molecular computing. Science(Washington，D. C.) (2000)，289(5476)，94-97.

143. Misewich J A；Martel R；Avouris Ph；Tsang J C；Heinze S；Tersoff J Electrically induced optical emission from a carbon nanotube FET. SCIENCE (2003 May 2)，300(5620)，783-6.

144. Derycke，V.；Martel，R.；Appenzeller，J.；Avouris，Ph.. Controlling doping and carrier injection in carbon nanotube transistors. Applied Physics Letters (2002)，80(15)，2773-2775.

145. Misewich，J. A.；Avouris，Ph.；Martel，R.；Tsang，J. C.；Heinze，S.；Tersoff，J. Electrically Induced Optical Emission from a Carbon Nanotube FET. Science (Washington，DC，United States) (2003)，300(5620)，783-786.

146. 中國印染協會信息：http://www.desunnano.com.tw/DB/ProgramDB/20030429120718.mht.

147. Wallace,P.R., The Band Theory of Graphite. Physical Review, 1947. 71(9):p.622-634.

148. McClure,J.W., Diamagnetism of Graphite. Physical Review, 1956. 104(3):p.666-671.

149. Semenoff, G.W., Condensed-Matter Simulation of a Three-Dimensional Anomaly. Physical Review Letters, 1984. 53(26):p. 2449-2452.

150. Staudenmaier,L., Verfahren zur Darstellung der Graphitsaure. Berichte der deutschen chemischen Gesellschaft, 1898. 31(2):p. 1481-1487.

151. Hummers, W.S. and R.E. Offeman, Preparation of Graphitic Oxide. Journal of the American Chemical Society, 1958. 80(6):p. 1339-1339.

152. Mouras, S., Hamm, et al., Synthesis of first stage graphite intercalation compounds with fluorides. Revue de Chimie Minerale, 1987. 24(5).

153. Lu, X., M. Yu, H. Huang, et al., Tailoring graphite with the goal of achieving single sheets. Nanotechnology, 1999. 10:p. 269.

154. Zhang, Y., J.P. Small, W.V. Pontius, et al., Fabrication and electric-field-dependent transport measurements of mesoscopic graphite devices. Applied Physics Letters, 2005. 86(7):p.073104-073104-3.

155. Geim, A.K. and K.S. Novoselov, The rise of graphene. Nature Materials, 2007.6(3):p. 183-191.

156. http://nobelprize.org/nobel_prizes/physics/laureates/2010/.

157. Zhamu,A., NGPs--an emerging class of nanomaterials. Reinforced Plastics, 2008. 52(10):p. 30-31.

158. 羅吉宗, 奈米科技導論. 2003: 全華科技圖書股份有限公司.

159. Yao, N. and V. Lordi, Young's modulus of single-walled carbon nanotubes. Journal of Applied Physics, 1998. 84(4):p 1939-1943.

160. Treacy, M.M.J., T.W. Ebbesen, and J. M. Gibson, Exceptionally high Young's modulus observed for individual carbon nanotubes. Nature, 1996. 381(6584):p. 678-680.

161. A.K. Geim et al., Electric Field Effect in Atomically Thin Carbon Films. Science, 2004. 306(5696):p. 666-669.

162. A.K. Geim et al., The rise of graphene. Nat Mater, 2007. 6(3):p. 183-191.

163. 林瑋寧, 國立清華大學化學工程系碩士論文,碳奈米管/ 奈米石墨烯片/環氧樹脂複合材料之製備及其性質之研究, 馬振基教授指導,2009

164. A. Zhamu, NGPs—an emerging class of nanomaterials. Reinforced Plastics, 2008.

52(10):p. 30-31.

165. Angstron Introduces Low Cost Graphene Platelets. Angstron Materials,Nano werk, 2008

166. C. Lee et al., Measurement of the Elastic Properties and Intrinsic Strength of Monolayer Graphene. Science, 2008. 321:p. 38.

167. W.A de Heer et al., Epitaxial graphene. Solid State Communications, 2007.143(1-2) :p. 92-100.

168. Li, X. Et al., Highly conducting graphene sheets and Langmuir-Blodgett films. Nat Nano, 2008. 3(9):p. 538-542.

169. L.Z. Gomez et al.,Synthesis, Synthesis, Transfer, and Devices of Single- and Few-Layer Graphene by Chemical Vapor Deposition. IEEE Trans. Nanotechnol.,2008.8:p. 135-138.

170. D.R. Dreyer et al., The chamistry of graphene oxide, Chem. Soc. Rev., 2010. 39.p 228-240

171. Stankovich et al., Graphene-based composites materials, NATURE. 2006. 442.p 282-286

172. P. Seurer et al., Functionalized Graphenes and Thermoplastic Nanocomposites Based upon Expanded Graphite Oxide. Macromolecular Rapid Communications, 2009. 30(4-5):P. 316-327.

173. H.A. Becerril et al., Evaluation of Solution-Processed Reduced Graphene Oxide Films as Transparent Conductors. ACS Nano, 2008. 2(3):p. 463-470.

174. Comptom et al., Electrically Conductive 〝Alkylated〞Graphene Paper via Chemical Reduction of Amine- Functionalized Graphene Oxide Paper. Adv. Mater. 2009. 21. p 1-5

175. F.Xiaobin et al., Deoxygenation of Exfoliated Graphite Oxide under Alkaline Conditions: A Green Route to Graphene Preparation, Adv. Mater. 2008. 20. p 4490-4493

176. Http://onl y-perception.blogspot.com/2008/07/stm.html.

177. K.S. Novoselov et al., Two-dimensional gas of massless Dirac fermions in graphene. Nature, 2005. 438(7065):p. 197-200.

178. M. Crommie, A Phonon Floodgate in Monolayer Carbon: The First STM spectroscopy of graphene flakes yields new surprises. Lawrence Berkeley National Laboratory, 2008.

179. http://www.thp.uni-koeln.de

180. S.V. Morozov et al., Giant intrinsic carrier mobilities in graphene and its bilayer. Phys Rev Lett, 2008. 100(1):p. 016602.

181. Nano Graphene Platelets (NGP) READE
     http://www.reade.com/resources/manufacturers-list/5249

182. M.A. Rafiee et al., Enhanced Mechanical Properties of Nanocomposites at Low Graphene Content. ACS Nano, 2009. 3(12):p. 3884-3890.

183. H. B. Zhang et al., Electrically conductive polyethylene terephthalate/graphene nanocomposites prepared by melt compounding. Polymer, 2010. 51(5): p.1191-1196.

184. M.C. Hsiao et al., Preparation and properties of a graphene reinforced nanocomposite conductiong plate. J. Mater. Chem., 2010. 20: P. 8496-8505

185. Y.B. Tang et al., Incorporation of Graphenes in Nanostructured TiO2 Films via Molecular Grafting for Dye-Sensitized Solar Cell Application, ACS NANO, inpress

186. E. Yoo et al., Enhanced Electrocatalytic Activity of Pt Subnanoclusters on Graphene Nanosheet Surface. Nano Letters, 2009. 9(6):p. 2255-2259.

187. S.Y. Yang et al., Constructing a hierarchicl Graphene-carbon nanotube architecture for enhancing exposure of graphene and electrochemical activity of Pt nanoclusters. 2010. 12:p. 1206-1209

188. M.D. Stoller et al., Graphene-Based Ultracapacitors, Nano. Lett. 2008. 8(10) :p 3498-3502

189. L.L. Zhang et al., Graphene- based materials as supercapacitor electrodes, J. Mater. Chem. 2010. 20:p. 5983-5992

190. C.Mattevi et al., Evolution of Electrical, Chemical, and Structural Properties of Transparent and Conducting Chemically Derived Graphene Thin Films, Adv. Mater. 2009. 19:p. 2577-2583

191. S. Bae et al., Roll-to-roll production of 30-inch graphene films for transparent electrodes, NAT. MATER. 2010. 5: 575-578

192. L. Zhang et al., Functional Graphene Oxide as a Nanocarrier for Controlled Loading and Targeted Delivery of Mixed Anticancer Drugs, 2010. 6(4):p. 537-544
[REF] Hasin. P., M.A. Alpuche-Aviles, and Y. Wu, Electrocatalytic Activity of Graphene Mulitlayers toward I-/I3-: Effect of Preparation Conditions and Polyelectrolyte Modification. The Journal of Physical Chemistry C, 2010. 114(37): p. 15857-15861.

193. Mark JE，Sur GS. Polym Bull 1985；14：325.

194. Sun CC，Mark JE. Polymer 1989；30：104.

195. Coltrain BK，Ferrar WT，Landry CJT，Molaire TR，Zumbulyadis N.Chem Mater 1992；4：358.

196. Davies BL，Samoc M，Woodruff M. Chem Mater 1996；8：2586.

197. Wung CJ，Pang Y，Prasad PN，Karasz FE. Polymer 1991；32：605.

198. Orgaz F，Rawson H.J Non-Cryst Solids 1986；82：57.

199. Brinker CJ，Scherer GW. J Non-Cryst Solids 1985；79：301.

200. Wer J，Wilkes GL. Chem Mater 1996；8：1667.

201. S. Iijima，Nature 354 (1991) 56.

202. P.M.Ajayan，O. Stephan，C. Colliex，D. Trauch，Science 265 (1994) 1212.

203. M.M.J. Treacy，T.W. Ebbesen，J.M. Gibson，Nature 381 (1996) 678.

204. D.R. Askeland，The Science and Engineering of Materials，3rd edn.，PWS Publishing，Boston，MA，1994.

205. A.Garg，S.B. Sinnott，Chemical Physics Letters 295 (1998) 273-278.

206. Usuki，A.；Kawasumi，M.；Kojima，Y.；Okada，A.；Kurauchi，T.；Kamigaito，O. J.Mater. Res. 1993，8，1174.

207. Usuki，A.；Kojima，Y.；Kawasumi，M.；Okada，A.；Fukushima，Y.；Kurauchi，T.；Kamigaito，O. J.Mater. Res. 1993，8，1179.

208. Kojima，Y.；Usuki,A.；Kawasumi，M.；Okada，A.；Fukushima，Y.；Kurauchi，T.；Kamigaito，O. J.Mater. Res. 1993，8，1185.

209. Kojima，Y.；Usuki，A.；Kawasumi，M.；Okada，A.；Fukushima，Y.；Kurauchi，T.；Kamigaito，O. J.Polym. Sci.，part A:Polym. Chem. 1993，31，1755.

210. N. Wilson，J. Electrostatics 16 (1985) 231.

211. P. Tolson，J. Electrostatics 22 (1989) 1.

212. S.A.H. Rizvi，P.R. Smy，J. Electrostatics 27 (1992) 267.

213. N. Gibson，F.C. Lloyd，Brit. J. Appl. Phys. 16 (1965) 1619.

214. Poopathy Kathirgamanathan，Michael J. Toohey，JuK rgen Haase，Paul Holdstock，Jan Laperre，Gabriele Schmeer-Lioe，Journal of Electrostatics 49 (2000) 51}70.

215. A.G. Rinzler，J.H. Hafner，P. Nikolaev，L. Lou，S.G. Kim，D. Tomanek，P. Nordlander，D.T. Colbert，R.E. Smalley，Science 269 (1995) 1550.

216. J.M. Bonard，J.P. Salvetat，T. Stochli，W.A. de Heer，L. Forro，J.M. Bonard，J.P. Salvetat，T. Stochli，W.A. de Heer，L. Forro，A. Chatelain，Appl. Phys. Lett. 73 (1998) 918.

217. W.A. de Heer，A. Chatelain，D. Ugarte，Science 270 (1995) 1179.

218. Q.H. Wang，A.A. Setlur，J.M. Lauerhaas，J.Y. Dai，E.W. Seelig，R.P.H. Chang，Appl. Phys. Lett. 72 (1998) 2912.

219. S.S. Fan，M.G. Chapline，N.R. Franklin，T.W. Tombler，A.M. Cassell，H.J. Dai，Science 283 (1999) 512.

220. L. Nilsson，O. Groening，C. Emmenegger，O. Kuettel，E. Schaller，L. Schlapbach，H. Kind，J.-M. Bonard，K. Kern，Appl. Phys. Lett. 76 (2000) 2071.

221. R. Cai，K. Hashimoto，K. Ito，Y. Kubota，A. Fujishima，Bull. Chem. Soc. Jpn. 64 (1991) 1268.

222. A.V. Dmitriuk，N.D. Soloveva，N.T. Timofeev，Glass Physics and Chemistry 19 (1993) 33.

223. V.I. Arbuzov，N.S. Kovaleva，Glass Physics and Chemistry，20 (1994) 492.

224. M. Nogami，Y. Abe，Appl. Phys. Lett. 69 (1996) 3776.

225. M. Nogami，T. Yamazaki，Y. Abe，J. Lumin. 78 (1998) 63.

226. V.I. Arbuzov，M.A. Elerts，Sov. J. Glass Phys. Chem. 18 (1992) 216.

227. H. Hosono，T. Kinoshita，H. Kawazoe，M. Yamazaki，Y. Yamamoto，N. Sawanobori，J. Phys. Condens. Matter 10 (1998) 9541.

228. J.S. Stroud，J. Chem. Phys. 35 (1961) 844.

229. R. Reisfeld，Structure and Bonding 13 (1973) 53.

230. K. Arai，H. Namikawa，Y. Ishii，H. Imai，H. Hosono，Y. Abe，J. Non-Cryst. (1987) 609.

231. H. Imai，K. Arai，Y. Fujino，Y. Ishii，H. Namikawa，Phys. Chem. Glasses 29 (1988) 54.

232. V.I. Arbuzov，Glass Phys. Chem. 19 (1993) 202.

233. L. Cook，K.-H. Mader，J. Am. Ceram. Soc. 65 (1982) 119.

234. D. Ehrt，J. Non-Cryst. Solids 196 (1996) 304.

235. J.A. Du€y，Phys. Chem. Glasses 37 (1996) 45.

236. V.I. Arbuzov，V.Ya. Grabovskis，N.S. Kovaleva，I.T. Rogulis，M.N. Tolstoi，Optics and Spectroscopy 65 (1988) 943.

237. V.I. Arbuzov，Yu.P. Nikolaev，M.N. Tolstoi，Glass Physics and Chemistry 16 (1990) 25.

238. R. Reisfeld，C.K. J¢rgensen，Lasers and Excited States of Rare-Earths，Springer，Berlin，1977.

239. Li，Ruixing；Yabe，Shinryo；Yamashita，Mika；Momose，Shigeyosi；Yoshida，Sakae；Yin，Shu；Sato，Tsugio Materials Chemistry and Physics Volume：75，Issue：1-3，April 28，2002，pp. 39-44.

240. Li，Ruixing；Yabe，Shinryo；Yamashita，Mika；Momose，Shigeyosi；Yoshida，Sakae；Yin，Shu；Sato，Tsugio Solid State Ionics Volume：151，Issue：1-4，November，2002，pp. 235-241.

241. Shinryo Yabe，Mika Yamashita，Shigeyoshi Momose，Kazuyuki Tahira，Sakae Yoshida，Ruixing Li，Shu Yin，Tsugio Sato，The International Journal of Inorganic Materials Volume：3，Issue：7，November，2001，pp. 1003-1008.

242. 俞行、周璐瑛，"奈米材料在紡織行業中的應用研究及開發" 2003 年奈米微粉體制備與技術應用研究會，北京。

243. Moonsub Shimt and Philippe Guyot-Sionnest J. Am. Chem. Soc. 2001，123，11651-11654.

244. M. Grecea*，C. Rotaru，N. Nastase，G. CraciunJournal of Molecular Structure 480-481 (1999) 607-610.

245. W. Calleja，C. Falcony，A. Torres，M. Aceves，R. Osorio Thin Solid Films 270 (1995) 124-117.

246. Carr，H. S.，Wlodkowski，T. J.，& Rozenkranz，H. S. (1973). Antimicrob Agents Chermother 4，585-590.

247. Summers AO，Wireman J，Vimy MJ，Lorscheider FL，Marshal，l，B，Levy SB，Bennett S，Billard L. Antimicrob，Agents Chemother 1993；37：825-34.

248. Landsdown A，Sampson B，et al. Br J Dermatol 1997；137：728.

249. Wright J，Lam K，Burrell R. Am J Infect Contr 1998；26：572–7.

250. Searle A. The use of metal colloids in health and disease. New York，NY：E.P. Sutton，1919. p. 75.

251. Michaelis L. The effect of ions in colloidal systems. Baltimore，MD：Williams Wilkins，1925.

252. American Medical Association Advisory Panel. New and unofficial remedies. Philadelphia，PA：Lippincott Publications，1950. p. 100.

253. Sommonett N. Am Soc Microbiol 1992；1：834.

254. Landsdown A，Sampson B，et al. Br J Dermatol 1997；137：728.

255. Wright J，Lam K，Burrell R. Am J Infect Contr 1998；26：572-7.

256. Prasad M. Tissue elements in human health and disease. New York：Academic Press，1974.

257. Cooms C，Wan A，et al. Burns 1992；18：180.

258. Yin N，Langford R，Tredget E，Burrell R. J Burn Care Rehab 1999；21：231.

259. Monafo W，Moyer C. Ann NY Acad Sci 1968；50：937.

260. Fox C.. Arch Surg 1968；96：184.

261. Bellinger C，Conway N. Plast Reconstruct Surg 1970；45：582.

262. Scapicchio A，Constable T. Plast Reconstruct Surg 1968；41：319.

263. Niedinn R. Br J Dermatol 1986；115：41.

264. Yin H，Langford R，Burrell R. J Burn Care Rehab 1999；20：195-200.

265. Tredget E，Shahkowsky H，et al. J Burn Care Rehab 1978；19：532-7.

266. Robert H. Demling.，M.D. Leslie DeSanti Burns 28 (2002) 264-266.

267. Miray Bekbölet and Gölhan Özkösemen，Wat. Sci. Tech. Vol. 33. No.6. pp.189-194，1996.

268. D.F. Ollis，E. Pellizeti，N. Serpone，Env. Sci. Technol. 25，9. 1523-1520，(1991).

269. M.A. Fox；Chemtech，680-685，(1992).

270. M.R. Hoffman. S.T. Martin，W. Choi，D.W.Bahnemann，Chem. Rev.，95，1，69，(1995).

271. U. Stafford，K. A. Gray，P.V. Kamat，Heterogeneous Chemistry Reviews，3. 77-104. (1996).

272. Photocatalysis：Fundamentals and Applications；Serpone，N.，Pellizzetti，E.，Eds.；Wiley-Interscience：Amsterdam，1989.

273. Photocatalytic Purification and Treatment of Water and Air；Ollis，D. E.，Al-Ekabi，H.，Eds.；Elsevier：Amsterdam，1993.

274. Aguado，M. A.；Anderson，M. A.；Hill，C. G. J. Mol. Catal. 1995，165，89.

275. Schwiztgebel，J.；Ekerdt，J. G.；Gerischer，H.；Heller，A. J. Phys. Chem. 1995，99，5633.

276. Theron，P.；Pichat，P.；Guillard，C.；Petrier，C.；Chopin，T. Phys. Chem. Chem. Phys. 1999，1，4663.

277. Sopyan，I.；Murasawa，S.；Hashimoto，K.；Fujishima，A. Chem. Lett. 1994，723.

278. Sopyan，I.；Watanabe，M.；Murasawa，S.；Hashimoto，K.；Fujishima，A. Chem. Lett. 1996，69.

279. Ohko，Y.；Hashimoto，K.；Fujishima，A. J. Phys. Chem. A 1997，101，8057.

280. Ohko，Y.；Tryk，D. A.；Hashimoto，K.；Fujishima，A. J. Phys. Chem. B 1998，102，1724.

281. Kikuchi，Y.；Sunada，K.；Iyoda，T.；Hashimoto，K.；Fujishima，A. J. Photochem. Photobiol. A 1997，106，51.

282. Sunada，K.；Kikuchi. Y.；Hashimoto，K.；Fujishima，A. Environ. Sci. Technol，1998，32，726.

283. Kisel'ov，V. Th.；Krilov，B. O. Electronic Phenomena in Adsorption and Catalysis at Semicondactors and Insulators；Nauka：Moscow，Russia，1979.

284. Emeline，A. V.；Kataeva，G. V.；Litke，A. S.；Rudakova，A. V.；Ryabchuk，V. K.；Serpone，N. Langmuir 1998，14，5011.

285. Ryabchuk，V. K.；Burukina，G. V. Fiz. Khim. 1991，65，1621.

286. Asahi，R.；Morikawa，T.；Ohwaki，T.；Aoki，K.；Taga，Y. Science2001，293，269.

287. Irie，H.；Wanatabe，Y.；Hashimoto，K. J. Phys. Chem. B 2003，107，5483.

288. Clemens Burda，Yongbing Lou，Xiaobo Chen，Anna C. S. Samia，John Stout，and James L. Gole Nano Lett.，Vol. 3，No. 8，2003.

289. A. V. Emeline，V. Kataeva，V. K. Ryabchuk，and N. Serpone，J. Phys. Chem. B 1999，103，9190-9199.

290. (商業廣告)http://www/vigor-wei.com；(2)http://tonway.com.tw；艾利特服飾公司海報。

291. Barthlott，W. and Neinhuis，C.，Planta 202，p.1，1997.

292. U.S. patent 4,350,006 (1982).

293. http://www.ntrc.itri.org.tw/research/bn07.html.

294. http://nr.stic.gov.tw/ejournal/NSCM/9107/9107-10.pdf.

295. http://itisdom.itri.org.tw/_l2ajve4leoo_/materials.nsf/nanonewshome/227EB5D487D3D9EA48256BD600281E06.

296. http://www.aip.org/enews/physnews/2003/split/628-3.html.

297. http://www.nature.com/nsu/030210/030210-21.html.

298. 日經產業新聞，200304/11。

299. http://itisdom.itri.org.tw/_12ajve41eoo-/materials.nsf/nanonewshome/0037FC1A5F23D6BA48256D1A00200512.

300. 奈米時代，五南圖書出版社，伊邦耀著。

301. Nature (2003) 423，628.

302. http://www.elsevierengineering.com/flat/articles/mat/ma110903.

303. 金屬、半導體奈米晶體在生物檢測及分析上的應用，楊正義、陳吉峰、葉怡均、陳家俊著，http://psroc.phys.ntu.edu.tw/bimonth/v23/667.doc。

304. http://periodicals.wanfangdata.com.cn/showqk.asp?lmmc=kzai&ID=1224.

305. http://www.nchu.edu.tw/～material/nano/nanoinformation38.htm.

306. http://www.nanotechweb.org/articles/news/2/6/13/1.

307. Ahmad，Absar，Senapati，Satyajyoti；Khan，M. Islam；Kumar，Rajiv，Sastry，Mural；Langmuir (2003)，19(8)，3550-3553.

308. Nguyen，Clark T. C. Materials Research Society Symposium Proceeding (2003)，vol Date 2002 741，255-266.

309. Zara，J. M.；Smith S. W.；Sensors and Actuators，A：Physical (2002)，A102(1-2)，176-184.

310. Yao. J. Jason，Journal of Micromechanics and Microengineering (2000)，10(4)，R9-R38.

311. 奈米時代，五南圖書出版社，伊邦耀著。

312. http://www.las.uiuc.edu/giving/natural_sciences_gifts.html.

313. http://laxmi.nuc.ucla.edu:8248/M248_98/intro/nuc_acid.html.

314. http://www.tssdnews.com.tw/daily/2003/01/12/text/920112h1.htm.

315. http://www.desunnano.com.tw/DB/ProgramDB/20030430132406.mht.

316. 經濟部中草藥產業發展資訊服務網，"奈米新世界，未必樣樣美麗，部分生技專家對產品奈米化效果，抱持懷疑態度"，http://www.herbal-med.org.tw/Industry News .asp?Industry NewsID=144，2002/12/28。

317. http://www.st-pioneer.org.tw/.

318. Getzler，Y. D. Y. L. Mahadevan，V. Lobkovsky，E. B. Coates，G. W. Synthesis of b-Lactones：A Highly Active and Selective Catalyst for Epoxide Carbonylation. J. Am. Chem. Soc.，2002，124，1174-1175.

319. Rieth，L. R. Moore，D. R. Lobkovsky，E. B. Coates，G. W. Single-Site Beta-Diiminate Zinc Catalysts for the Ring-Opening Polymerization of Beta-Butyrolactone and Beta-Valerolactone to Poly(3-Hydroxyalkanoates). J. Am. Chem. Soc.，2002，124，15239-15248.

320. 2003-01-17，聯合報 10 版。

321. 國科會精密儀器發展中心 http://www.pidc.gov.tw/index.html.

322. 中國材料科學學會網路輔助教學課程 http://140.114.18.41/.

323. 光譜化學分析，李匡邦、許東明、何東英著。

324. 微波電漿化學氣相沈積法成長奈米級類鑽膜尖狀結構，胡瑞凱、黃振昌，國立清華大學材料科學工程研究所碩士論文。

325. 電漿的世界，新世紀編輯小組主編，曾煥華譯。

326. CVD 鑽石薄膜製程與場發射特性研究，陳永鑫、胡塵滌，國立清華大學。

327. 微米碳管之製備與鑑定及其場發射性質的研究，李志聰、韓建中，國立清華大學。

328. 平面顯示器技術及未來趨勢，石岱勳、林景川、林惠儒，成璟文化。

329. 平面顯示器特刊，曾寶貞、林美姿主編。

330. G. Skandan，Synthesis of Oxide Nanoparticle in Lowpressure flame.

331. 國立成功大學，化學工程學系碩博士班，90，碩士，90NCKU5063070 汪富瑜，聚丙烯醚含聚乙烯亞胺擬樹枝狀高分子之合成與其在製備銅奈米粒子。

332. N. G. Glumac，Particle Size Control during Flat Flame Synthesis on Nanophase Oxide powders.

333. 中國科普博覽，http://www.kepu.com.cn/gb/index.html.

334. 奈米材料簡介，http://www.mse.nthu.edu.tw/～tpp/studies1/N/N-intro.htm.

335. 中國科學院奈米科技網，http://www.casnano.net.cn/gb/jigou/namizhongxin/index.html.

336. Brave New Nanoworld，http://www.ornl.gov/ORNLReview/rev32_3/brave.htm.

337. Douglas A. Skoog and F. James Holler and Timothy A. Nieman，principle of instrumental analysis，Five Edition.

338. 量子點為光通訊帶來光明 http://www.eet.com/at/oe/news/OEG20030529S0042.

339. 光子晶體可大幅提升有激發光二極體的輸出 http://optics.org/articles/news/9/5/17/1.

340. "奈米混成平面光波導材料"，張光偉，化工資訊，16 (2002)。

341. 尖端奈米光學實驗室，Laboratory of Advanced Nono Optics，http://www.sinica.edu.tw/～caser/lab-wei/NSOM.htm.

342. 工業技術研究院，奈米科技之資訊儲存 http://www.itri.org.tw/chi/rnd/focused_rnd/nanotechnology/bn04.jsp.

343. E. Betzig，J. K. Trautman，R. Wolfe，E. M. Gyorgy，and P. L. Finn，Appl. Phys. Lett. 61，142 (1992).

344. http://www.ee.ndhu.edu.tw/test/publications/publications3/pub3.htm.

345. http://www.mrl.itri.org.tw/research/fine-metals/nano_material.htm.

346. Nature Materials，published online，doi：0.1038/ nmat887，2003，http://www.nature.com/nsu/030505/030505-2.html.

347. http://www.nature.com/nsu/030210/030210-21.html.

348. http://focus.aps.org/v10/st19.html.

http://www.aip.org/enews/physnews/2003/split/628-3.html.

349. http://nanotechweb.org/articles/news/2/2/3/1.

350. http://www.sciam.com.tw/read/readshow.asp?FDocNo=184&CL=18.

351. http://www.itri.org.tw/chi/news_events/news/20020430-02-9105012.jsp.

352. http://www.eet.com/at/news/OEG20021105S0019.

353. http://www.nature.com/physics/physics.taf?file=/physics/highlights/6916-1.html.

354. http://nanotechweb.org/articles/news/1/6/14/1.

355. http://www.nanotechweb.org/articles/news/2/6/13/1.

356. http://www.nature.com/nsu/030505/030505-2.html.

357. http://physicsweb.org/article/news/7/5/13.

358. http://physicsweb.org/article/news/7/5/3.

359. http://www.nature.com/nsu/030331/030331-9.html.

360. http://www.optics.org/articles/news/9/2/15/1.

361. http://www.nanotechweb.org/articles/news/1/12/3/1.

362. http://www.optics.org/articles/news/9/5/12/1.

363. http://focus.aps.org/story/v12/st2.

364. http://www.aip.org/enews/physnews/2003/split/628-3.html.

365. http://www.nature.com/nsu/021028/021028-3.html.

366. http://www.nanotechweb.org/articles/news/1/9/20/1.

367. http://www.physicsweb.org/article/news/6/9/2.

368. http://www.physicsweb.org/article/news/6/9/2.

369. http://www.nanotechweb.org/articles/news/2/6/7/1.

370. http://nanotechweb.org/articles/news/1/11/5/1.

371. http://physicsweb.org/article/news/6/4/13.

372. http://optics.org/articles/news/9/2/19/1.

373. http://nanotechweb.org/articles/news/2/2/3/1.

374. http://www.nature.com/physics/physics.taf?file=/physics/highlights/6931-1.html.

375. http://www.eet.com/at/oe/news/OEG20030324S0106.

376. http://optics.org/articles/news/9/5/17/1.

377. http://www.nanotechweb.org/articles/news/2/4/8/1.

378. http://physicsweb.org/article/news/6/11/15.

379. http://www.nanotechweb.org/articles/news/1/8/18/1.

380. http://nanotechweb.org/articles/news/1/4/13/1.

381. 盧明俊，環保訓練園地，第 52 期。

382. 倪碧瑩，抗菌紡織品-不織布類與奈米光觸媒，紡織中心 ITIS 計畫。

383. 徐惠美，光觸媒材料與運用製品現況，化工資訊，第 16 卷 12 期。

384. 慶祥光波股份有限公司網頁 http://www.lightraybio.com.tw/.

385. 輝綠科技網頁 http://www.feli.com.tw/.

386. CAREER，奈米科技大驚奇。

387. 艾昇科技股份有限公司 http://www.i-sun.com.tw/study06.htm.

388. 奈米科技，馬遠榮，商周出版社。

389. 材料分析，汪建民，中國材料科學學會。

390. 奈米材料，張立德，五南出版社。

391. 奈米材料於材料及化工產業之應用規劃，經濟部技術處。

392. 李崇堡(1992)，新纖維素材及其應用。

393. J. Lademann, H. Weigmann, C. Rickmeyer, H. Barthelmes, H. Schaefer, G. Mueller, and W. Sterry: Penetration of titanium dioxide microparticles in a sunscreen formulation into the horny layer and the follicular orifice. Skin Pharmacol. Appl. Skin Pharmacol. 12:247-256 (1999).

394. J. H. Hillyer. and R. M. Albrecht Gastrointestinal persorption and tissue distribution of differently sized colloidal gold nanoparticles. J. Pharm. Sci., 90:1927-193612001).

395. http://www.hbmsp.sipa.gov.tw/itri/tw/images/legal8_1.htm

396. 環境奈米科技知識平台網站

397. Shao Y, El-Kady MF, Wang LJ, Zhang Q, Li Y, Wang H, et al. Graphene-based materials for flexible supercapacitors. Chemical Society Reviews. 2015;44:3639-65.

398. Weng Z, Su Y, Wang DW, Li F, Du J, Cheng HM. Graphene–cellulose paper flexible supercapacitors. Advanced Energy Materials. 2011;1:917-22.

399. 奈米科技與綠色食品

http://scimonth.blogspot.tw/2013/07/blog-post_7686.html

400. ANSI. American National Standard; Institute.

401. 衛服部科技發展組

http://www.cnfi.org.tw/wto/admin/upload/news/img-815141803.pdf

402 共軛聚合物/C_{60}複合體系及其在光伏打電池中的應用，黃紅敏著作。

403 Shao Y, El-Kady MF, Wang LJ, Zhang Q, Li Y, Wang H, et al. Graphene-based materials for flexible supercapacitors. Chemical Society Reviews. 2015;44:3639-65.

404 Weng Z, Su Y, Wang DW, Li F, Du J, Cheng HM. Graphene-cellulose paper flexible supercapacitors. Advanced Energy Materials. 2011;917-22.

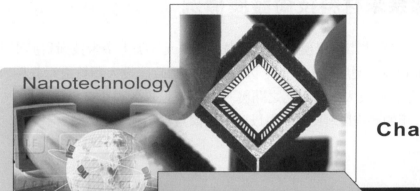

Nanotechnology

Chapter **6**

各國奈米材料
發展趨勢與相關網站

・6-1　國際奈米材料技術發展概況
・6-2　各國奈米科技網站整理

6-1　國際奈米材料技術發展概況

　　全球 2010 年奈米技術之市場規模預估將超過 1 兆美元，加上奈米技術對於軍事、航太等國家安全相關科技之發展息息相關，因此吸引各國政府投入預算進行先期研究[1]；歐美日各國業者也積極投入相關產品之開發。2001 年世界各國政府投入 12 億 6 千萬美元來進行奈米技術的研究開發[2]，其中以美日兩國最為積極。

一、美國

　　美國聯邦政府積極投入奈米科技之研發，在柯林頓政府時代由美國國家科學與技術委員會(National Science and Technology Council ，NSTC)針對奈米技術提出「國家奈米倡議」(National Nano technology Initiative，NNI)[3]，針對美國聯邦政府發展之奈米科技進行具體規劃與資源分配，NNI 計畫具有下列幾項的特徵[4]：

1.　半導體微細加工部份另外獨立編列預算，從最基礎的項目發展奈米科技。

2.　計畫涵蓋基礎研究、挑戰性研究、網路構築、強化研究基礎設施、社會倫理及教育訓練推廣等項目。

3.　國會及各相關部會積極參與，發揮各自角色功能。

4.　組織架構及預算分配展現極度平衡。

5.　成立諮詢委員會，以強化計畫執行的監督功能。

　　2001 年美國聯邦政府已投入 4 億 2,000 萬美元預算進行奈米科技研究，2002 年更提出 5 億 6,800 萬美元預算，由國防部(Department of Defense，DOD)、能源部(Department of Energy，DOE)、司法部(Department of Justice，DOJ)、環境保護署(Environmental Protection Agency，EPA)、太空總署(NASA)、國家衛生院(NIH)、國家標準與技術研究院(NIST)及國家科學基金會(National Science Foundation)等八個聯邦政府單位，從事基礎奈米科技與重大挑戰項目之研究，建立基礎研究設施、中心與研究網路，並進行奈米科技對倫理、法律、社會之影響研究，同時亦進行奈米科技之教育培訓。

　　NNI 將美國聯邦政府在奈米科技研究，區分為基礎研究、奈米材料、分子電子、自旋電子學、奈米電子零組件、生物感測器與生技資訊、生物工程、量子電腦、量測與標準工具、奈米理論與模擬、環境監控、奈米機器人、無人控制、國際合作、奈米加工設施等研究領域，依各領域及各單位之特性，規劃不同單位進行該領域之研究計畫。

表 6-1　2000～2002 年美國聯邦政府部門奈米科技預算[11]

單位：百萬美元

部　　　　門	FY 2000 經費	FY 2001 經費	FY 2002 經費
國防部(DOD)	70	110	144.0
能源部(DOE)	58	93	114.1
司法部(DOJ)	－	－	1.4
環境保護署(EPA)	－	－	5.0
太空總署(NASA)	5	20	46.0
國家衛生院(NIH)	32	39	40.8
國家標準與技術研究院(NIST)	8	10	17.5
國家科學基金會(NSF)	97	150	199.0
總　　　計	270	422	567.8

註：國務院，運輸部，財政部(DOTreas)，農業部(USDA)等四部會無明確編列之奈米科技預算。

表 6-2　美國聯邦政府奈米科技研究領域規劃[12]

項目/部門	DOD	DOE	DOJ	EPA	NASA	NIH	NIST	NSF
基礎研究	×	×			×	×		×
奈米材料	×	×		×	×	×	×	×
分子電子	×				×		×	×
自旋電子學	×				×			×
奈米電子零組件	×	×	×		×	×	×	×
生物感測器與生技資訊			×		×	×		×
生物工程	×	×				×		×
量子電腦	×	×					×	×
量測與標準工具	×	×		×			×	×
奈米理論與模擬	×	×			×			×
環境監控		×		×	×			
奈米機器人		×				×		
無人控制	×				×			
國際合作	×	×	×	×	×	×	×	×
奈米加工設施		×		×	×		×	×

　　美國為現今科技與產業之強國，除了企業投入奈米科技之研究外，聯邦政府設立 NNI，統合各單位之奈米科技預算與研究方向，節省經費與人力，以期發揮政府預算之最大貢獻。

　　不僅是美國聯邦政府，各州政府也積極結合當地企業與大學，投入奈米技術與產品之研究。目前德州的學術界、企業界、創投基金亦在最近成立 Texas Nanotechnology Initiative(TNI)組織，其宗旨是企圖將傳統生產石油的產業型態，轉變爲奈米產品的研發及生產據點，TNI 透過研討會及網際網路來促進產官學間的交流與合作。

　　美國爲全球科技領先之強國，不論資金、技術、人才、環境均有利於新興科技之發展，美國聯邦政府結合產官學研合力研究奈米科技之方式，可爲台灣之借鏡。

二、日本[5]

　　日本自 1991 年開始，陸續投入奈米技術之研究，在美國政府積極推動奈米技術影響下，2001 年日本政府由科學省與經濟產業省推動奈米技術之研究，政府預算達到 512 億日圓，較 2000 年成長 66%。由主導材質材料研究機構(23 億日圓)、理化學研究機構(20 億日圓)、原子力研究所(1 億日圓)、科學技術振興事業團(143 億日圓)等，共同執行文部科學省 187 億日圓預算。另外經濟產業省計畫投入 50 億日圓推動高分子材料、無機、金屬、非晶質、複合材料及基礎知識六大項之材料基盤研究，目標是 2007 年以前將研究成果轉移產業應用；此外經濟產業省也計畫投入 51.7 億日圓預算，進行半導體與資訊相關之奈米技術研究。

表 6-3　2010 年奈米科技市場規模評估[13]

單位：億日圓

種類 \ 年度		2005		2010	
		日本	全球	日本	全球
IT	半導體	934	2615	58956	267097
	儲　存	0	0	30323	51593
	生物感測器	0	0	392	1986
	網路元件	8210	23868	23233	107188
	其　他	0	0	25745	244020
材　料		4717	15896	89079	415924
量測&加工		6282	12827	21311	52202
環境保護		1131	5619	15932	61309
健康醫療		883	6968	4150	37951
農產畜牧		88	600	210	1725
航　太		1316	29281	3965	88220
合　　　計		23561	97674	273296	1329215

三、南韓[6]

南韓國家科學技術委員會轄下之奈米技術專門委員會，計畫於 2002 年投入 2,031 億韓圓(約 1.54 億美元)於奈米技術領域，較 2001 年投入的 1,052 億韓圓增加 93%，藉以促進奈米技術的研發、設施建構與人才培育，並計畫制定奈米技術開發促進法，以持續、有系統地發展奈米技術。

奈米計畫預算係來自南韓政府各部門，以科技部投資的 1,033 億韓圓最高，比重約 51%；其他部門包括產業資源部挹注 355 億韓圓，佔 17%；環境部挹注 200 億韓圓；國務調整室與情報通信部將各投入 183 億、155 億韓圓。

四、中華民國[7]

先進國家所推的奈米計畫有一個共通性，即學術單位先期投入、企業參與研發、政府輔導措施、創投基金形成、基礎設施及法令完備。每一個國家在前述各環節的使力方式及程度上各有差異，但基本上皆朝向發揮本身優勢、保持領先競爭力的終極目標邁進。

在台灣，奈米科技已成為國家型計畫，計畫在未來 5 年內投入 231 億元經費進行研發，盼以美國 NNI 為師，不僅規劃研究方向、進度、預期成果、基礎設施等課題，以期將經費作最有效之利用，也考慮、奈米科技對社會、文化之衝擊，以及對產業之影響，同時注重奈米教育之推廣，希望奈米科技能如網際網路一般，落實於生活之中。

我國奈米國家型科技計劃內容架構如圖 6-1 所示[14]。

奈米國家型科技計劃規劃範圍包括學術卓越、產業化技術、核心設施建置與分享應用、人才培育等四項分類計劃，此外，再計劃推動上億成立計劃審議小組、產業推動小組、國際合作推動小組和行政院小組。其計劃分述如下：

1.　**學術卓越分類計劃：**
   (1)　奈米結構物理、化學與生物特性之基礎研究：
      ①　介觀物理與化學。
      ②　超分子化學。
      ③　奈米結構特性之理論計算、模擬與預測。
   (2)　奈米材料之合成、組裝與製程研究：
      ①　高表面積材料。
      ②　奈米顆粒/管/纖維、超薄膜及超晶格結構。

③ 奈米結構材料及複材。
④ 奈米結構材料的塊狀行為。
⑤ 生物與非生物介面材料。
⑥ 生物分子協同自組材料。
⑦ 自行修補與自行複製材料。

計畫　　　　分項計畫　　　　　　　　子項計畫

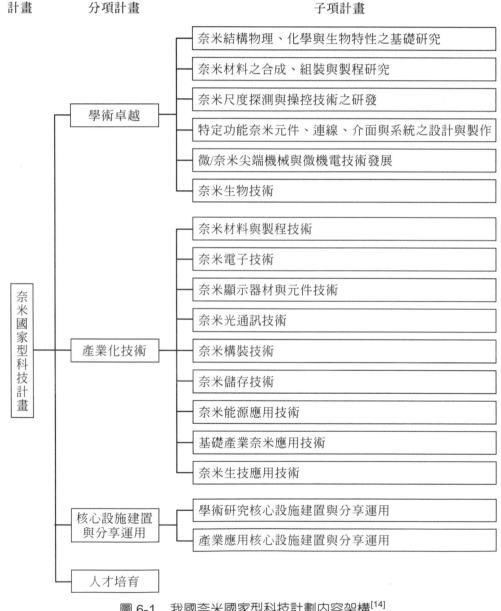

圖 6-1　我國奈米國家型科技計劃內容架構[14]

(3) 奈米尺寸探測與操控技術之研發：

　① 單探針與多探針掃描式近距離探測與操控技術。

　② 高空間分辨率(<10 nm)遠距離顯微探測與操控技術。

　③ 探測與操控技術之理論基礎。

(4) 特定功能奈米元件、連線、介面與系統之設計與製造：

　① 單電子或少數電子元件。

　② 磁電與自旋電子元件。

　③ 量子點與量子線光電元件。

　④ 分子電子元件。

　⑤ 分子與超分子偵測器。

　⑥ 奈米連線、光子與電子波導。

　⑦ 超高密度(>1012 元件/cm^2)元件陣列設計架構。

(5) 微/奈米尖端機械與微機電技術發展：

　① 微感測器：微壓力針、微流量計、微力感測元件、微溫度感測元件、微加速器等。

　② 微致動器：微閥、微馬達、微繼電腦、微 PZT 等。

　③ 微定位系統、PZT 微精密定位平台。

　④ 微磨潤機器：微空氣軸承、微磁浮軸承。

　⑤ 微機械組裝系統：微機械人、微夾治機、微操控器。

　⑥ 微奈米研磨：CMP 機構設計。

　⑦ 奈米微影加工：奈米光罩、近場光學奈米微影加工。

(6) 奈米生物技術：

　① 微型生物分子檢測及操縱系統。

　② 生物與非生物物質介面元件及材料。

　③ 藥物遞送件。

2. 產業化技術分項計劃：

(1) 奈米材料與製程技術。

(2) 奈米電子技術。

(3) 奈米顯示器材料與元件技術。

(4) 奈米光通訊技術。

(5) 奈米構裝技術。

(6) 奈米儲存技術。

(7) 奈米能源應用技術。

(8) 基礎產業奈米應用技術。

(9) 奈米生物應用技術。

3. **核心設施建置與運用與分享計劃：**

　　核心設施建置與分享運用計劃包括學術研究核心設施建置與分享運用和產業應用核心設施建置與分享運用二項子計劃。在學術研究核心設施方面，首先必須建立耳濡目染的研究環境，和設置最先進的公共儀器設備。考慮到現階段台灣在奈米科技方面的人才和其他資源都極為有限的條件下，將先成立一個學術研究的「國家奈米科技研究中心」。中心內主要設置設備齊全的核心儀器設備實驗室，同時必須建立一套健全的評審制度，以達到資源分配的公正性。在產業應用核心設施與資源分享運用方面，以服務產業應用研究之研究單位發展奈米相關技術與應用產品開發技術為主。將密切結合各領域專業知識，在研發上亦將採跨單位、跨領域合作模式運作，使資源之結合能產生更大的功效。

4. **人才培育分項計劃：**

　　人才培育分項計劃希望能迅速提供我國發展奈米國家型科技計劃所須之各種跨領域人才。奈米科技之跨領域人才培育，將不僅只是傳統所言各科技領域之跨領域整合，至少須具備包括工程、基礎科學、經營管理、智財權、法律、人文社會、生技醫學等領域之知識。除此之外，由於網際網路之快速發展，以及知識經濟之迅速成形，必須與從小學、中學、大學、研究所、在職訓練(On Job Tranning，OJT)、甚至與終身學習(Life Long Learning)之教育施政目標相結合。

　　台灣在這一波 IT 革命中，產業表現受到全球肯定，其成功要素是當機會來臨之前，台灣已默默地從美國學習技術，隨後產業界發揮彈性應變特質，勇於投入風險性高科技產業，始造就今天風光的局面，中國大陸存在許多奈米科技研發成果，未經善加利用導致與產業脫軌，值得國人運用語言及文化的同質性，去發掘廣大的商機。

　　經濟部技術處自 2002 年起，五年內投資新台幣 80～100 億新台幣發展「奈米科技」，2002 年預算先投入六億元，2003 年投資累積到十八億元，希望五年內開發出能夠待機 100 天的大哥大電池、體積比現有小 100 倍的光通訊元件、性能高、價格成本低 100 倍的顯示器、速度快 100 倍且電能消耗低 100 倍的奈米晶片。我國政府將極力爭取未來十至十五年間一兆美元奈米產業的國際市場商機，包括奈米技術應用於材料與製程，十年後每年預估可創造三千四百億美元產值，應用在電子半導體產業每年可創造三千億美元。工業技術研究院亦計劃已於今年(2002)元月成立「奈米科技發展中心」，進行下列各項研究[14]。

(1) 半導體奈米材料製備暨基本物理化學性質的研究。

(2) 磁性奈米材料基本物理化學性質的研究及其應用的探討。

(3) 金屬奈米材料基本物理化學性質的研究及其在催化和特殊光學材料上的應用。

(4) 特殊奈米結構材料製備技術的發展及其在光電產業上的應用。

(5) 掃描式微探測技術的發展及應用。

(6) 超分子化學(Supramolecular Chemistry)和自組裝材料合成技術上的發展。

(7) 奈米孔洞材料合成及應用。

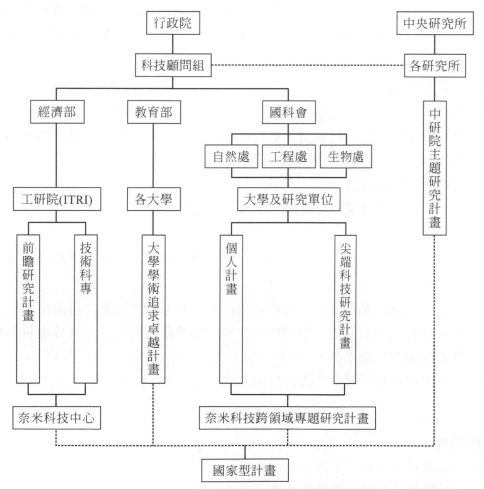

圖 6-2　我國政府「奈米技術」研發體系[15]

五、中國大陸[3]

先進國家在奈米世界的進展已經遙遙領先，美國的發展更是讓其他國家難以望其項背。中國大陸被預測是未來 20 年新誕生的超級強權，其廣大土地及眾多的人口，將成為未來先進國家奈米產品進軍首要目標市場，而中國大陸亦積極在奈米技術領域上展現其特有的實力。大陸奈米材料研究始於 80 年代末，"奈米材料科學"列入國家重點項目。國家自然科學基金委員會、中國科學院、國家教委分別組織了 8 項重大、重點項目。自 1999 年到 2001 年間，共資助項目 530 項，其中 50 萬人民幣以上的項目 73 項。在基礎研究和應用研究方面，500 萬人民幣以上的項目 25 項。資助的總經費大約 3 億人民幣，中國在奈米材料的專利數量占世界總量的 9%，這說明在材料領域大陸已具有與其他先進國家相當的基礎；生物醫藥領域雖然有一定的基礎，專利數占世界總量的 3%，但總體上還很薄弱；在奈米電子領域處於明顯落後的狀態，專利數只占世界總量的 1%，社會資金對奈米材料產業化亦有一定投入。對於奈米電子與材料未來發展方向如下：

1. **在奈米電子方面：**
   (1) 成功地研製出波導型單電子器件晶體管和對電荷超敏感的庫倫計。
   (2) 實現 6 奈米寬的半導體量子線台面和 6 奈米寬的線條金屬柵，製備出間隔儀為 10 奈米的多種"奈米電極對"。
   (3) 超高密度信息存儲。
   (4) 在奈米器件的構築與自組裝、奈米分子電子器件等方面。

2. **在材料方面：**
   (1) 以碳奈米管為代表的準一維奈米材料及其陣列體系、在非水熱合成奈米材料方面處於國際領先地位。
   (2) 奈米銅金屬的超延展性、塊體金屬合金、奈米複合陶瓷、巨磁電阻、磁熱效應、介孔組裝體系的光學特性、奈米生物骨修復材料、奈米界面材料等領域都處於國際先進水平。
   (3) 在奈米複合材料改造傳統材料和產品方面，部分成果已經實現產業化。

以下為大陸未來在奈米方面發展的總體目標與各個發展方向：

1. **總體目標：**
   (1) 在關鍵技術方面，取得 150 餘項創新專利成果，形成自主知識產權，開發 20 餘項關鍵新材料及其應用技術，進到國際先進水平，提供 10 餘項關鍵製造技術和配套設備，形成高技術新產業。

(2) 在平台及基地建設方面，創建 1～2 個奈米加工、檢測及標準化平台和 2～5 個奈米材料應用技術研究開發和成果轉化基地，初步形成奈米材料科技創新、成果轉化的完整體系。通過吸引社會資源，力爭形成具有影響力的奈米材料應用企業，形成新的經濟增長點。

(3) 在人才培養方面，造就一批高水平的從事奈米材料和奈米技術研究開發的科技骨幹，形成近千人的國家奈米科技隊伍。

2. **奈米信息材料及器件的集成技術：**

(1) 結構及功能可控的奈米及微米結構的自組織生長技術。

(2) 量子電子及光電子材料與器件集成技術。

(3) 實用化或新型超高密度信息存儲材料與技術。

(4) 光電顯示器件用奈米材料及技術。

(5) 光通訊及光學器件用奈米複合材料與技術。

(6) 用於奈米電子器件的封裝及低介電奈米絕緣材料。

3. **奈米生物醫用材料：**

(1) 藥物控釋奈米材料及靶向治療技術。

(2) 組織修復與替換用奈米生物材料及技術。

(3) 分子級生物檢測(磁性及螢光)奈米材料及器件。

(4) 生物分子分離(磁性)奈米材料及技術。

4. **奈米環境材料：**

(1) 奈米光催化淨化實用化技術。

(2) 脫 SOx、脫 NOx(效率高於 90%)用奈米複合材料。

(3) 可再生之環境催化用奈米吸附材料(飽和吸附量大於 350mg/g)技術。

(4) 其他特殊奈米環境材料。

5. **奈米能源材料：**

(1) 低成本固態太陽能電池奈米材料與技術。

(2) 高性能可充電電池(含超級電容器)用奈米材料與技術。

(3) 溫差電池、燃料電池等用奈米材料與技術。

(4) 奈米材料在熱功能量轉換及儲存等方面的應用。

6. **奈米結構材料：**

(1) 奈米強化、形變誘導奈米化金屬製品及技術。

(2) 高彈性及高模數奈米複合材料。

(3) 奈米硬質合金材料及成型技術。

(4) 奈米強韌化陶瓷複合材料及超塑性奈米陶瓷材料的製備與加工。

7. **奈米特種功能材料**：

(1) 奈米特種功能纖維材料及製品。

(2) 潤滑及防護用奈米材料。

(3) 高性能稀土奈米功能(磁、光性能)材料。

(4) 安全監測用奈米敏感材料及器件。

(5) 高效輕質阻燃奈米高分子複合材料。

(6) 生物芯片及微系統用奈米材料(增強增韌、潤滑、防護)。

(7) 結構材料表面奈米功能化技術。

六、德國[8]

德國聯邦教育研究部(BMBF)部長 Edelgard Bulmahn 2002 年元月於柏林宣布政府將重新制定奈米技術策略的新方向。該項計畫的目標將是增進奈米研究動力，並期使能帶來新的突破。BMBF 對奈米科技研發經費的補助由 1998 年的 2,760 萬歐元成長到 2002 年的 8,850 萬歐元，成長率超過 200%。Bulmahn 部長提出了 10 點全面性研究方案，做為該戰略的一部份，以促進奈米技術發展。此 10 項全面性研究方案為：

(1) 科技基礎安全。

(2) 研究組織－整合創新定位。

(3) 奈米技術商用化。

(4) 扶植創新企業。

(5) 強化中小企業角色。

(6) 歐洲的機會及國際合作。

(7) 促進下一個新世代的科學。

(8) 縮短認證期限，加快研發腳步。

(9) 評估社會責任。

(10) 進一步發展相關法律及配套措施。

Bulmahn 亦宣布將資助 7,500 萬歐元進行新世代材料研究(其中亦包含奈米材料)，補助國內外優秀的奈米研發科學家。此外，BMBF 將展開 "燈塔計畫"，該項計畫目的乃在促進經濟和科學的和諧共處並創造最大利益。燈塔計畫研究在產學合作下效果顯著，目前仍繼續尋找能投入產業進行商業行為的學界研究，並對中小型企業研發技術移轉的計畫仍持續進行中，但已大幅簡化申請手續，預計未來將可大幅縮短由初期研發試產至商品化的時程。BMBF 於 2002 年 5 月出版兩份最新奈米研究報告，分別爲「德國奈米技術發展方向(Nanotechnologie in Deutschland – Standortbestimmung)」與「德國奈米技術策略新轉向」。

七、紐西蘭[9]

微小化的奈米技術發展已在科技界受到相當的關注，研究範圍在分子與原子尺度的紐西蘭工程師與研究人員們，認爲此項技術將是紐西蘭及全球技術未來發展之路，研究機構與大學都正著手奈米技術基本理論與應用。奈米技術除將提供科學知識、人力資本與進步的微米與奈米製造，也將會增加國際參與的興趣，因而提高紐西蘭相關工作的價值。

奈米技術在紐西蘭將應用在下列四方面：

(1) 電子(Electronics)。
(2) 兆赫通訊(TeraHertz communication)。
(3) 生物技術(Biotechnology)。
(4) 光電(Optoelectronics)。

設在紐西蘭 Canterbury 大學的奈米結構工程與科技(The Nanostructure Engineering，Science and Technology，NEST)研究群非常熱衷於奈米技術的研發，NEST 主要的研發項目是：Nano-engineered Materials、Low Cost Nanofabrication、High resolution Reactive Ion Etching (RIE) and Damage Effects、Si/SiN Nanostructures、Integrated Micronmachined TeraHertz devices、Structure of Nano-scale particles。

八、澳洲[10]

2002 年 3 月 30 日舉辦的「澳洲工業中的奈米技術」研討會之會議報告。報告中討論奈米技術在澳洲實際技術移轉中的機會。它綜合 70 位產、官、學、研界與會者的觀點，而不代表澳洲政府或科技部的意見。

由來自美國、英國、日本及澳洲的 4 位專家作研討會基本背景資料準備，並就各國奈米發展情形進行講說，而後與會者分成：製程、材料、醫藥衛生、能源與環境、技術擴散與電子等 6 組進行討論。每小組仍將討論焦鎖定在：現況、未來 5 年的發展、策略評估與建議行動。

　　討論對話以「對化地圖」(Conversation Mapping)及「不確定性與衝擊矩陣」(Uncertainty/Impact Matrix)方式進行，以使與會者的想法和經驗充分表達，並將其歸納成 12 主題，並得到 7 項主要建議。12 主題分別是：合作溝通與行動、關鍵物質的欠缺、技術人力缺乏、產業缺乏願景、公眾認知、知識轉移障礙、奈米技術中心、能力建立、國際夥伴、政府領導與投資、創投資金募集、及倫理變化。7 項主要建議為：國家奈米技術策略計畫、相關群體關係建立、資訊選集、公眾認知、技術人力訓練、國家奈米技術中心、非傳統知識轉移。

▶ 6-2　各國奈米科技網站整理

6-2-1　重要奈米科技網站介紹

1. Invest Technologies(http://i-t.ru/english/)
   奈米金屬粉末：鎳、銅、鈷、鎢、鐵、Mo 產品介紹。

2. Technanogy - World Leader in Nano-Aluminum(http://www.technanogy.net/)
   奈米金屬粉末：鋁(40nm)產品介紹。

3. Nanopac(http://www.nano-pac.com/en/defdult.asp)
   Anti-static electricity、coating solution(TiO_2、自清潔材料、抗菌)技術與產品介紹。

4. Materials and Electrochemical Research Corp.-Tucson，AZ(http://www.opusl.com/~mercorp/index.htmlx)
   碳奈米管產品介紹。

5. Nanobase(http://itri.loyola.edu/nanobase/)
   介紹最新奈米科技的網站，主要報導 major research centers，funding agencies，major reports and books 三個區域，每則報導都經過仔細篩選，將來會將組織和工業加入報導。

6. Nanotechnology Industries(http://www.nanoindustries.com/)
   有最新有關奈米科技的新聞介紹，此外還提供兩個有關奈米科技工業的 Email list，分別是 The Nanotech Group 以及 The Nanogirl News Group，前者不但報導新聞還提供討論區供讀者討論，後者僅提供新聞但不提供討論，此網站台提供一些有關奈米的定義、奈米重大事記，以及一些其他的奈米網站連結。

7. Larta，the think tank for technology businesses(http://www.larta.org/)
   為政府、公司、教授提供可行的奈米資訊，並透過以下四個方式來經營奈米市場：
   (1) Research-定期提供期刊並且已經發表超過 30 篇的研發報告。
   (2) Consulting-提供公司顧問已經幫助近百家公司成立。
   (3) Training-每年教育超過 1000 人。
   (4) Capital-提供 1.5 億資金。

8. Welcome to Hurricane Electric Internet Services - Your Industrial Internet!
   (http://www.he.net/)
   最早的商業科技服務提供網站，提供指定與共區域的侍服器網站服務。

9. MITRE Page Not Found(http://www.mitre.org/tech-nology/nanotech)
   此網站主要提供三個研發機構的資訊，第一個為 Department of Defense C3 的系統工程與整合工作的研發機構，第二個為 Federal Aviation Administration and other Civil Aviation Authorities 的系統研發工作研發機構，第三個是提供有關重要的科技與程式管理的建議給 Internal Revenue Service and the Treasury Department。

10. Argonide Nanoscale Filtration and Purification Products—(http://www.argonide.com)
    介紹 Ar 在發展、合成奈米級的 energetic material 上的應用，主要用於先進武器、推進系統、微機電、粉末冶金和生物各方面。尤其是在火箭的使用上，Alex aluminum particle 更可加倍固體推進物的速度、並可用作加速器、點燃器等功用。

11. Carbon Nanotubes - Materials and Electrochemical Research Corp.
    (http://www.mercorp.com/mercorp/nanotubes/nanotubes.html)
    介紹 single wall 和 multi wall 的碳奈米管，但主要是銷售為主。

12. Nanospot -- a search tool for Nanotechnology(http://www.nanospot.org)
    簡介奈米科技的重要性和無線的發展性，是一個專門提供奈米科技相關的搜尋網站。

13. Feynman's Talk(http://www.zyvex.com/nanotech/feyman.html)
    這是 Richard Feynman 在一場研討會所發表的講稿，以物理學的觀點來看微小尺度所代表的意義。從最簡單的 "小" 這個字眼出發，一直講到原子，進而延伸到電子學、生物學各領域。

14. http://www.nano-lab.com/
    碳奈米管的應用及販賣。

15. http://www.iljinnanotech.co.kr/en/home.html
    碳奈米管的網站，介紹其各種用途及銷售。

16. http://logistics.about.com/library/blnanotechnology.htm
    介紹一些奈米的常識、相關連結以及有關於產業界相關的奈米資訊。

17. http://news.yahoo.com/fc?tmpl=fc&cid=34&in=tech&cat=nanotechnology
    yahoo 對於奈米科技的搜尋主要是新聞網頁。

18. Welcome to QSR-quantum science research(http://www.hpl.hp.com/research/qsr/)
    HP 的 QSR 實驗室是在透過集中於奈米尺度架構和測量的製造，研究他們的性質。David Pa-Pckard 在 1995 年在 HP 的實驗室推行對於微小單位下，分子物理性質的研究。在該網頁下提供了一些高倍電子顯微鏡觀察到奈米等級的半導體材料的圖形。

19. Hyperion Catalysis International(http://www.fibrils.com/)
    Hyperion Catalysis International 公司的網頁，主要是介紹公司所販售不同組成的碳奈米管資料，應用在不同官能基上的一些實驗結果。最近這個公司在研究碳奈米管在半導體加工與汽車控制儀以及燃料系統上的應用。

20. IBM Zurich Research Laboratory，Nanoscale science
    (http://www.zurich.ibm.com/st/nanoscience/index.html)
    介紹 IBM 的蘇黎世研究實驗室，其中介紹了許多不同的顯微鏡，以及新技術在不同材料上的應用，包括懸背感應器(Cantilever sensors)、Chemical AFM、Magnetic resonance imaging 等的介紹。

21. Molecular Electronics from California Molecular Electronics Corp
    (http://www.calmec.com/index.html)
    加州分子電子公司的網頁，其中介紹了該公司的創立經過，分子電子學技術的簡介，分子電子學在半導體科技上的應用，包括 Vapochromic Photodiode，Vapochromic LED 的研究結果。

22. http--www.nanocs.com
    NANOCS 公司主要是研發 hydrocarbon polymer，碳奈米管，奈米複合材料等的製程。以及氮化物，碳化物，氧化物薄膜的應用。還有各種 flat panel displays (FPDs)，例如：field emission displays (FEDs) & vacuum fluorescent displays(VFDs)。

23. Nanosphere Inc(http://www.nanosphere.com)

    一家醫學與藥物的研究公司網站，除了研發新藥外，還有研究藥物載體(drug delivery)。主要有兩個技術

    (1) nanocoat technology：The primary research and development focus is to develop nano-thick particulate coatings onto microscopic and macroscopic structures by means of a novel pulse laser deposition technique.

    (2) nanobreath technology：此種技術主要是可形成一種監測系統，除了監視病人的吃藥情況，還可瞭解臨床試驗的結果。

24. NanotechNews.com，Daily News on Nanotechnology

    (http://www.nanotechnews.com/nano)

    專門收錄一切關於奈米的報導與資訊。

25. Center for Nanotechnology(http://www.ipt.arc.nasa.gov/)

    此研究中心主要是輔助 NASA 的未來所需所設立的，研究方向包含 electronics，computing，sensors，and advanced miniaturization of all systems。

26. http://www.nyacol.com/moreabout.htm

    Nyacol 公司

    發展：多種奈米微粒專賣，用於生產專門無機膠體，有獨一無二的膠體矽或矽溶膠製程，並將此技術延伸到金屬氧化物如：五氧化銻，氧化鋁、鈰、錫的氧化物，氧化釔，氧化鋯。

    產品：提供水溶液膠體分散劑、有機分散劑、粉體和以無機奈米氧化顆粒為主的高分子濃縮液膠體金屬氧化物、五氧化銻、膠體矽、有機矽溶膠。

    研究：防火材包含了固體無機粒子，通常對高分子和合成纖維物性有相反的效果，研究銻氧化物(<0.1μm)對防火特性影響。

27. http://www.hybridplastics.com/

    介紹 Polyhedral Oligomeric Silsesquioxanes，POSS 是目前唯一具有混成與奈米結構的化學原料，易和塑膠以共聚合方式結合，只要少量且不需改變原有製程即可對樹脂熱性質和物理性質有顯著提升，其特色為：

    (1) 一中介於 SiO_2 和 R_2SiO 的中間物 $RsiO_{1.5}$。

    (2) 分子大小在 1-3nm。

    此網站包含 POSS 其他網站的連結，含有此結構衍生物的產品目錄，文獻及專利的整理。

28. http://www.nanocor.com
   為一個奈米黏土的供應商，用於塑膠奈米複材。

   關於防火材的研究：應用於蓄電組件，以 PP 為基材添加其公司生產的奈米黏土 (Nanomer)後，以達到增加硬度，減少重量，維持難燃等級(V-0 rating)和降低售價為目的。

29. http://www.personal.rdg.ac.uk/~scsharip/tubes.htm
   碳奈米管的一些簡介，主要是關於碳奈米管的連結，包含提供商品公司的網站連結，以及書籍和文獻的整理。

30. Nanonet(http://www.nanonet.de/english/indexe.php3)
   德國的網站，介紹些奈米概念。目前在奈米科技方面注重五個領域，分別是超薄膜，側向奈米結構，超精確表面，奈米結構分析，奈米和分子組裝。網站並介紹奈米科技的應用，相關研究機構，最近相關發生事件，奈米相關著作以及成果展示。

31. IBM(http://www.research.ibm.com/nanoscience/)
   介紹目前 IBM 在碳奈米管上的研究成果，如何去利用 STM 和 AFM 去觀察和控制碳奈米管，並介紹如何用理論來得知碳奈米管的形狀。並介紹隨著碳奈米管的結構變化，在力學上的相對變化。不僅如此，網站也提出如何利用碳奈米管做出奈米級電晶體。除了直鍊碳奈米管之外，另外在環狀的碳奈米管也做了部分介紹和應用的構想。網站上附上研究室成員名稱和聯絡方式。

32. Exploratory Research for Advanced Technology(http://www.tokyo.jst.go.jp/erato)
   介紹日本 JST 公司未來高科技的發展方向，目前研究計畫，先前的計畫，研究室的分佈以及其中的研究成員之研究方向及背景介紹。

33. National Nanotechnology Initiative (NNI)(http://www.nano.gov)
   網站上公布了最近美國政府部門最近在奈米科技上相關的新聞報導，以及參與奈米科技研發之相關機構的資料。另外並提供美國各研究機構，包含學術界及工業界在奈米科技研究上所發表的相關資料。除此之外，並提供些奈米科技的相關課程，包含高階和基礎課程及相關介紹，還有近期所舉辦的活動。

34. Nanostructure Science and Technology (IWGN)(http://itri.loyola.edu/nano)
   網站介紹 National Science and Technology Council (NSTC)的作用。另外，並介紹 Interagency Working Group on Nano Science，Engineering and Technology(IWGN)的成員。

6-2-2　日本奈米技術相關網站

一、政府

1. 綜合科學技術會議

   http://www8.cao.go.jp/cstp/project/nanotech/index.htm

二、國、公立研究所

1. 產業綜合研究所

   http://unit.aist.go.jp/nanotech/index_j.html

2. 產業技術綜合研究所

   http://unit.aist.go.jp/narc/index.html

3. 通信綜合研究所關西先端研究中心

   http://www-karc.crl.go.jp/nano/index-J.html

4. 奈米材料研究所

   http://www.nims.go.jp/nml/

5. 原子技術研究所

   http://www.jrcat.or.jp/jindex.html

6. 理化學研究所

   http://www.riken.go.jp/index_j.html

7. 岡崎國立共同研究機構分子科學研究所

   http://www.ims.ac.jp/indexj.html

三、大學

1. 京都大學　化學研究所

   http://www.kuicr.kyoto-u.ac.jp/index_J.html

2. 東京大學　先端科學技術研究中心

   http://www.rcast.u-tokyo.ac.jp/index-j.html

3. 東北大學　金屬材料研究所

   http://www.imr.tohoku.ac.jp/

4. 大阪大學產業科學研究所
   http://www.sanken.osaka-u.ac.jp/

5. 東京工業大學精密工學研究所
   http://www.pi.titech.ac.jp/index-j.html

四、媒體

1. 日經先端技術
   http://www.nikkeish.co.jp/nano/

2. 日經 Nanotechnology
   http://nano.nikkeibp.co.jp/nano/index.html

參考文獻

1. 工研院奈米簡報資料(2002)。

2. 林金雀、郭東瀛、葉仰哲，"奈米科技市場與發展概況"，經濟部科專成果報告 (2002)。

3. 工研院經資中心，產業分析師，洪世淇，"中國大陸與先進國家在奈米科技發展 趨勢的比較"，2002/02/07。

4. 工業技術研究院,經資中心巢佳莉研究員，"美國奈米產業投資現況"，2002/7/28。

5. 工研院經資中心，產業分析師，洪世淇，"日本奈米科技相關專利分析及未來展 望"，2002/06/11。

6. 王惟貞，"韓國投入鉅資發展奈米技術"，2002。

7. 國科會奈米科技交流會，2002。

8. 陳秋燕，"德國重新定位奈米科技策略新方向"，2002/1。

9. 王麗娟，"紐西蘭的奈米技術研發現況"，2002。

10. 王麗娟，"澳洲工業中的奈米技術"，2002/7/28。

11. NNI(2001/12)。

12. NNI；工研院經資中心 IT IS 計畫(2001/01)。

13. 日本總合研究所(2001/08)。

14. 我國奈米國家型科技計劃規劃報告，2002.9 月。
15. 國科會奈米科技交流會，2002 年。

國家圖書館出版品預行編目資料

奈米材料科技原理與應用 / 馬振基編著. --
三版. -- 新北市：全華圖書.2016.11
面 ； 公分
ISBN 978-986-463-389-0(平裝)
1. 奈米技術
440.7   105019353

奈米材料科技原理與應用

作者 / 馬振基

發行人 / 陳本源

執行編輯 / 林昱先

出版者 / 全華圖書股份有限公司

郵政帳號 / 0100836-1 號

印刷者 / 宏懋打字印刷股份有限公司

圖書編號 / 0546502

三版二刷 / 2020 年 2 月

定價 / 新台幣 570 元

ISBN / 978-986-463-389-0 (平裝)

全華圖書 / www.chwa.com.tw

全華網路書店 Open Tech / www.opentech.com.tw

若您對書籍內容、排版印刷有任何問題，歡迎來信指導 book@chwa.com.tw

臺北總公司(北區營業處)
地址：23671 新北市土城區忠義路 21 號
電話：(02) 2262-5666
傳真：(02) 6637-3695、6637-3696

中區營業處
地址：40256 臺中市南區樹義一巷 26 號
電話：(04) 2261-8485
傳真：(04) 3600-9806

南區營業處
地址：80769 高雄市三民區應安街 12 號
電話：(07) 381-1377
傳真：(07) 862-5562

歡迎加入 全華會員

● 會員獨享
會員享購書折扣、紅利積點、生日禮金、不定期優惠活動…等。

● 如何加入會員
填妥讀者回函卡直接傳真 (02) 2262-0900 或寄回，將由專人協助登入會員資料，待收到
E-MAIL 通知後即可成為會員。

如何購買 全華書籍

1. 網路購書
全華網路書店「http://www.opentech.com.tw」，加入會員購書更便利，並享有紅利積點
回饋等各式優惠。

2. 全華門市、全省書局
歡迎至全華門市（新北市土城區忠義路21號）或全省各大書局、連鎖書店選購。

3. 來電訂購
(1) 訂購專線：(02) 2262-5666 轉 321-324
(2) 傳真專線：(02) 6637-3696
(3) 郵局劃撥（帳號：0100836-1 戶名：全華圖書股份有限公司）
※ 購書未滿一千元者，酌收運費 70 元。

OpenTech.com.tw 全華網路書店

全華網路書店 www.opentech.com.tw
E-mail: service@chwa.com.tw

※ 本會員制如有變更則以最新修訂制度更見為準，造成不便請見諒。

讀者回函卡

填寫日期：　　／　　／

姓名：　　　　　　　　　生日：西元　　　年　　　月　　　日　　性別：□男 □女

電話：（　　）　　　　　　傳真：（　　）

e-mail：（必填）

註：數字零，請用 Ø 表示，數字1與英文L請另註明並書寫端正，謝謝。

通訊處：□□□□□

學歷：□博士 □碩士 □大學 □專科 □高中・職

職業：□工程師 □教師 □學生 □軍・公 □其他

學校/公司：　　　　　　　　　　　科系/部門：

・需求書類：

□A. 電子 □B. 電機 □C. 計算機工程 □D. 資訊 □E. 機械 □F. 汽車 □I. 工管 □J. 土木
□K. 化工 □L. 設計 □M. 商管 □N. 日文 □O. 美容 □P. 休閒 □Q. 餐飲 □B. 其他

・本次購買圖書為：　　　　　　　　　　　書號：

・您對本書的評價：

封面設計：□非常滿意 □滿意 □尚可 □需改善，請說明

內容表達：□非常滿意 □滿意 □尚可 □需改善，請說明

版面編排：□非常滿意 □滿意 □尚可 □需改善，請說明

印刷品質：□非常滿意 □滿意 □尚可 □需改善，請說明

書籍定價：□非常滿意 □滿意 □尚可 □需改善，請說明

整體評價：請說明

・您在何處購買本書？

□書局 □網路書店 □書展 □團購 □其他

・您購買本書的原因？（可複選）

□個人需要 □幫公司採購 □親友推薦 □老師指定之課本 □其他

・您希望全華以何種方式提供出版訊息及特惠活動？

□電子報 □DM □廣告 （媒體名稱　　　　　　）

・您是否上過全華網路書店？（www.opentech.com.tw）

□是 □否 您的建議

・您希望全華出版那方面書籍？

・您希望全華加強那些服務？

~感謝您提供寶貴意見，全華將秉持服務的熱忱，出版更多好書，以饗讀者。

全華網路書店 http://www.opentech.com.tw　客服信箱 service@chwa.com.tw

2011.03 修訂

親愛的讀者：

感謝您對全華圖書的支持與愛護，雖然我們很慎重的處理每一本書，但恐仍有疏漏之處，若您發現本書有任何錯誤，請填寫於勘誤表內寄回，我們將於再版時修正，您的批評與指教是我們進步的原動力，謝謝！

全華圖書 敬上

勘誤表

書號		書名	作者
頁數	行數	錯誤或不當之詞句	建議修改之詞句

我有話要說：（其它之批評與建議，如封面、編排、內容、印刷品質等...）